国家出版基金项目

近代以来海外涉华艺文图志系列丛书

本卷主编：张明杰

中国建筑史

[日] 伊东忠太 著

廖伊庄 译

中国画报出版社
CHINA PICTORIAL PRESS

图书在版编目（CIP）数据

中国建筑史 /（日）伊东忠太著；廖伊庄译. —— 北京：中国画报出版社，2017.11（2021.10重印）
（近代以来海外涉华艺文图志系列丛书）
ISBN 978-7-5146-1318-6

Ⅰ.①中… Ⅱ.①伊…②廖… Ⅲ.①建筑史 – 中国 Ⅳ.①TU–092

中国版本图书馆 CIP 数据核字（2016）第 137153 号

"十三五"国家重点图书出版规划项目
国家出版基金资助项目

中国建筑史　　　　　　　　　　　［日］伊东忠太 著　　廖伊庄 译

出 版 人：于九涛
项目主持：于九涛　齐丽华
本卷主编：张明杰
校　　审：任　凯
责任编辑：田朝然
责任印制：焦　洋

出版发行：中国画报出版社
地　　址：中国北京市海淀区车公庄西路33号　邮编：100048
发 行 部：010-68469781　010-68414683（传真）
总编室兼传真：010-88217359　版权部：010-88417359

开　　本：16开（787mm×1092mm）
印　　张：21
字　　数：427千字
版　　次：2017年11月第1版　2021年10月第5次印刷
印　　刷：三河市金兆印刷装订有限公司
书　　号：ISBN 978-7-5146-1318-6
定　　价：88.00元

主编序 [1]

伊东忠太（1867—1954）是最早来华实地考察的日本学者。其一生涉华调查不下十次，著有《中国建筑史》、《中国建筑装饰》（五卷本）、《东洋建筑之研究》（上下卷）、《法隆寺》等大量著作。他不仅是近代日本建筑学科的创始者，而且也是东亚建筑研究的先驱，甚至有"工学泰斗""建筑巨人"之称。其于1925年撰述的《中国建筑史》，是日本第一部较全面系统的中国建筑通史，在学界影响深远。[2] 这一著述的问世受惠于多次来华实地调查，是其二十余年来对中国建筑考察与研究的结晶。此前，他已先后六次来华开展建筑考古活动。

第一次是在1901年7、8月份，八国联军占领北京期间。伊东忠太受官方派遣，偕同摄影家小川一真等来到北京，参观史迹，并重点对紫禁城及其建筑进行了详细考察、测绘和拍摄，事后出版了大型图录《清国北京皇城》以及附有大量实测图的《清国北京紫禁城殿门之建筑》等。伊东也因此而成为第一个对皇城进行全面实测调查的外国人，其所得调查资料也是最早关于紫禁城建筑的公开文献。直到20世纪20年代，瑞典汉学家喜龙仁（Osvald Siren）才获准进入紫禁城考察，并留下测量和拍摄记录。[3]

第二次是1902年3月开始的长达3年的海外游学时期。其中有一年多时间在中国境内考察，足迹遍及北京、天津、河北、山西、河南、陕西、四川、湖北、湖南、贵州、云南等十余省市。这次长时间大范围的调查，收获颇丰，仅事后发表的相关论文或考察报告等就多达十余篇。其考察对象不仅局限于各地建筑，而且还有云冈、龙门、千佛崖等大型石窟以及五台山、峨眉山等佛教圣地。其中山西大同云冈石窟的"发现"，可谓此次考察的最大收获。他根据文献记载和实地寻访，找到了这一湮没已久的艺术宝库，

---

1 本丛书的整体总序，请参考张明杰《越境的学术——中国艺文图志总序》（北京大学《国际汉学研究通讯》第十三、十四合辑 2016年12月）。

2 伊东忠太《中国建筑史》，最初连载于国史讲习会《东洋史讲座》（第5—16期，1925年8月—1926年7月）。《东洋史讲座》再版时，《中国建筑史》独立成册，伊东忠太曾将单行本赠送给营造学社。后收录于《东洋建筑之研究》上卷（龙吟社，1936年）。中文版《中国建筑史》（梁思成校，商务印书馆，1937年）即由陈清泉据其单行本翻译的。

3 参见 Osvald Siren, *Walls and Gates of Peking*, John The Bodlley Head Limited, 1924.

并公之于众，轰动一时。[1] 随后，有众多日本学者来此考察，并留下大量考察文献，仅近代日本人的云冈石窟调查一项，其分量就足够一本书来记述了。[2]

第三次是 1905 年对东北地区的调查。日俄战争硝烟未泯，伊东等人即奔赴旅顺、奉天等地，对寺庙、古迹，尤其是宫殿建筑等进行考察。事后发表《满洲的佛塔》（1907）、《满洲的佛寺建筑》（1909）等论文或报告。

第四次是 1907 年对江苏、安徽、浙江、江西诸省的调查。有《南清地方探险记》(1908)、《南海普陀山》（1908）等报告。

第五次于 1909 年末至 1910 年初对以广东为主的中国最南端省区的考察。发表《广东之建筑物》(1910)、《广东之回教建筑》（1910）、《北、中、南清建筑之特征》（1910）等，并在此基础上撰写了《中国建筑总论》（1—6）。[3]

第六次是 1920 年山东省调查。东自青岛，西至泰安、曲阜，对齐鲁大地之遗物、遗迹进行了详细考察，并多有所获。此次考察详见于其《山东参观旅行记》（1920）。

通过以上六次调查，伊东忠太几乎踏遍中国主要省区，基本掌握了各地古建筑实况，并在此基础上，发表了有关中国建筑与遗物的论文或报告四五十篇，还与人合编了《中国建筑》图集。[4] 当然，这些实地考察及其成果为其撰写《中国建筑史》打下了坚实的基础。不过，他仍谦虚地承认："其实中国广大无边，予既往之探查，只不过是沧海一粟、九牛一毛而已。"[5] 因此，他认为中国建筑史之大成，需建立在全面彻底地考察中国所存文献与遗迹之基础上。其后又多次来华考察，并出版了五卷本《中国建筑装饰》。[6]

---

1 关于云冈石窟之发现，伊东忠太除通过演讲等形式介绍之外，影响最大的当属其发表于大型美术杂志《国华》上的《中国山西云冈之石窟寺》(《国华》第 197—198 号，1906 年 10—11 月）。

2 近代日本涉及云冈石窟调查的人员和文献众多，普通考察记中，集医师、作家、宗教美术评论家于一身的木下杢太郎所著《云冈日录》（即《大同石佛寺》、1921 年），影响最大。其初版多半毁于关东大地震（1923 年 9 月），1938 年改版发行后，仅两年多时间再版三次，成为当时的畅销书。可以说，正是由于其作家的才笔，云冈石窟才广为日本读者所知。学术调查文献中，以京都大学人文科学研究所出版的 16 卷 32 巨册的《云冈石窟》（1951—1956 年）为最，这是中日战争期间长达七年的调查成果，由东方文化研究所主导实施，直到战后才得以问世。

3 伊东忠太著《中国建筑总论》（1—6）、《建筑世界》第 6 卷 7—9 号、11 号、第 7 卷 1—2 号（1912 年 7 月—1913 年 9 月）。

4 伊东忠太、关野贞、塚本靖合编《中国建筑》图集（两册、附解说、建筑学会、1929 年），收录三人所拍摄的有关中国建筑的图片计七百六十余幅，当时可谓中国建筑图录之集大成者。

5 伊东忠太《中国建筑史》、《东洋建筑之研究（上）》（伊东忠太建筑文献编纂会编《伊东忠太建筑文献》第三卷、龙吟社 1936 年），第 16 页。

6 伊东忠太《中国建筑装饰》（1—5 卷、东方文化学院、1941—1944 年）。第 1 卷为中国建筑及装饰概说，第 2—5 卷为图集，收录精美图版九百余幅，多为作者实地拍摄、手拓、实测手绘所得各种图谱。另外，伊东忠太还担任大型图集《中国工艺图鉴》（1—5 辑，帝国工艺会编、1932—1933 年）第 5 辑（上）《中国建筑装饰篇》的解说。

可以说，这是其中国建筑艺术研究之辉煌成果，也是对前述《中国建筑史》之补充。

在实地调查的同时，伊东忠太还与营造学社、中国画学研究会等机构及成员多有交往。营造学社成立后不久，伊东即前往拜访朱启钤先生，"晤谈竟日，颇恨相见之晚"。[1] 还应学社之邀，做了"中国建筑之研究"的讲演。[2] 其在讲演中指出："在古来尊重文献、精通文献之支那学者诸氏，调查文献绝非难事。对于遗物，如科学的之调查，为之实测制图，作秩序的之整理诸端，日本方面虽亦未为熟练，敢效犬马之劳也。但最为杞忧不能自已者，文献及遗物之保存问题也。文献易为散佚，遗物易于湮没。鄙人于支那各地之古建筑，每痛惜其委弃残毁；而偶有从事修理者，往往粗率陋劣，致失古人原意。……在理想上言之：文献遗物之完全保存，乃国家事业。一面以法律之力，加以维护；一面支出相当巨额之国帑，从事整理。然在中国现今之国情，似难望此。然则舍盼望朝野有志之团体，于此极端尽瘁，外此殆无他途。"[3] 因此，他将保存中国古建筑文献与遗物之理想，寄托于以朱启钤为首的营造学社同仁。其在讲演最后所言，尤震人耳目："鄙人为中国建筑计，以为将来所取之针路，不在模仿外国，必须开拓自家独创之新建筑。独创之新建筑，如何可以出现？曰：以五千年来中国之国土与国民为背景而发达之样式为经，以应用日新月异之科学、材料构造设备等为纬；必于其间求得清新之建筑。此为目的，即中国古建筑之研究，亦为当急之务，不辩自明。温故知新，虽属老生常谈，实历久如新之格言也。"[4]

伊东的这一建议或忠告，在时过八十余年后的今天读来，仍不失其现实意义。

继伊东忠太之后，又先后有关野贞、塚本靖、伊藤清造、藤岛亥治郎、村田治郎、长广敏雄、水野清一等来华进行建筑及建筑艺术考察，并留下一大批考察报告或研究成果。[5]

本卷主编 张明杰
初稿于 2015 年夏秋之交
小改于 2017 年初

---

[1] 《社事纪要(3)欢迎日本伊东博士》、《中国营造学社汇刊》第 1 卷第 2 册（1930 年 12 月）。

[2] 伊东忠太 1930 年 6 月 18 日在营造学社所做的《中国建筑之研究》讲演，由钱稻孙译成中文，刊载于《中国营造学社汇刊》第 1 卷第 2 册（1930 年 12 月）。同时还连载于《湖社月刊》（第 35—46 册）。

[3] 伊东忠太营造学社讲演《中国建筑之研究》、《中国营造学社汇刊》第 1 卷第 2 册（1930 年 12 月），第 9 页。

[4] 同上，11 页。

[5] 只要翻阅一下《大东亚建筑论文索引》（京都帝国大学工学部建筑学教室编纂、清闲舍刊、1944 年）这本书，就会为近代日本涉华建筑调查及其文献之多而感到震惊。这本长达 370 余页的建筑文献索引，其中 270 页都是有关中国的。

目 录

第一篇 中国建筑史 ... 1

绪言 ... 2

第一章 总论 ... 3

第一节 中国建筑的定位 ... 3

第二节 外国人眼中的中国建筑 ... 4

第三节 研究中国建筑的方法 ... 7

第四节 中国的国土——地理 ... 9

第五节 中国的国民——历史 ... 13

第六节 中国建筑的历史分类 ... 17

第七节 中国建筑的特征 ... 21

第二章 前期 ... 35

第一节 有史以前 ... 35

第二节 周 ... 36

第三节 秦 ... 46

第四节 汉 ... 49

第三章 后期 ... 68

六朝[1] ... 68

第二篇 清代北京紫禁城的殿门建筑 ... 127

绪言 ... 128

第一章 北京城的沿革 ... 129

一、辽都 ... 129

二、金都 ... 129

三、元都 ... 130

四、明都 ... 130

第二章 现在的北京城 ... 133

一、外城 ... 134

二、内城 ... 134

三、皇城 ... 136

四、紫禁城 ... 137

---

1 魏晋南北朝。因作者对六朝有独特解释，断代与我国惯例不同，故译本照原文使用「六朝」，以下同，不再另注。

第三章 紫禁城内的九重殿门..138
　　　　一、外朝..138
　　　　二、内廷..145
　　第四章 明清建筑的共性..149
　　第五章 明清建筑的异同..157
　　第六章 明清建筑的长处与短处..160
　　　　一、长处..160
　　　　二、短处..163
　　第七章 中国明清建筑与日本建筑的历史关系..165
　　　　一、与奈良朝建筑的关系..165
　　　　二、与平安朝建筑的关系..165
　　　　三、与镰仓、室町时代建筑的关系..166
　　　　四、与桃山、江户时代建筑的关系..167
　　第八章 明清建筑的由来..168

第三篇 关于中国北方地区建筑的调查报告..171
　绪言..172
　　　一、明陵..172
　　　二、居庸关..175
　　　三、宣化的钟楼及玉皇阁..176
　　　四、张家口长城..178
　　　五、新怀安的昭化寺..179
　　　六、天镇的慈云寺及文庙..181
　　　七、阳高的昊天阁及文庙..183
　　　八、大同的大华严寺..183
　　　九、大同的善化寺..186
　　　十、云冈的石佛寺..188
　　　十一、应州的八角五重塔..193
　　　十二、五台山..196
　　　十三、曲阳的北岳庙及塔..198
　　　十四、定州的塔及文庙..199
　　　十五、结语..200

第四篇 东北地区的佛寺建筑..203
　绪言..204
　　第一章 各地区有关佛寺的记载..205
　　　　一、熊岳城..205
　　　　二、海城县..206
　　　　三、枍木城..208

四、辽阳州..........211
　　　五、兴京古城..........214
　　　六、奉天府[1]..........214
　　　七、铁岭县..........223
　　　八、开原县..........228
　第二章　东北地区佛寺建筑的特征..........232
　　　一、平面..........232
　　　二、立面..........232
　　　三、台基与台阶..........232
　　　四、柱础..........233
　　　五、柱与柱头(大斗)..........233
　　　六、斗拱..........234
　　　七、屋檐..........234
　　　八、藻井..........234
　　　九、梁架结构..........234
　　　十、屋顶..........235
　　　十一、窗牖及门扉..........236
　　　十二、内部的规格..........236
　　　十三、装饰绘画及纹样..........237
　　　十四、塔及相轮..........239
　第三章　东北地区塔的起源..........240
　　　一、东北地区塔的名称..........240
　　　二、东北地区塔的产生..........240
　　　三、东北地区塔的地理分布..........242
　　　四、东北地区塔并非唐式..........243
　　　五、东北地区塔实为辽式..........243
　　　六、辽式塔的起源..........244
　　　七、结语..........245
　第四章　东北地区文化与史迹的历史性考察..........245
　　　一、概述..........245
　　　二、东北地区的地理..........246
　　　三、东北地区的民族..........247
　　　四、东北地区的历史..........247
　　　五、汉文化对东北地区的影响[2]..........248

1　今沈阳。

2　此书出版于1943年，作者所持偏见按原意译出。

六、遗迹的分布 ... 249
　　七、有关遗迹的概述 ... 251
　　八、有关特殊遗迹的研究 ... 255
　　九、结语 ... 258

第五篇　佛山建筑概述 ... 259

第一章　崖山 ... 260
　　绪言 ... 260
　　第一节　探险记 ... 260
　　第二节　海战记 ... 274

第二章　五台山 ... 280
　　绪言 ... 280
　　　一、五台山的地理 ... 281
　　　二、五台山的沿革 ... 283
　　　三、五台山的寺院 ... 284
　　　四、五台山登山路线 ... 286
　　　五、五台山杂观 ... 288

第三章　南海普陀山 ... 289
　　绪言 ... 289
　　　一、僧人慧锷开基 ... 289
　　　二、两种传说的真伪 ... 289
　　　三、实地踏勘的结果 ... 290
　　　四、梵刹 ... 291
　　　五、佛寺·佛塔·坟墓 ... 292
　　　六、名胜 ... 293
　　　七、其他(旅行须知类) ... 294

第四章　关于五山十刹图 ... 294

第六篇　其他 ... 303

第一章　广东的伊斯兰教建筑 ... 304
　　一、绪言 ... 304
　　二、有关广东伊斯兰教寺的文献诸例 ... 305
　　三、斡葛思的有关事迹 ... 307
　　四、调查经过 ... 309
　　五、怀圣寺及光塔 ... 312

第二章　中国的住宅 ... 317
　　绪言 ... 317
　　一、总论 ... 317
　　二、实例 ... 320

第一篇 中国建筑史

绪 言

本篇所讲述的中国建筑历史，主要是就其艺术方面进行的观察，而不是以其材料构造为主进行的土木方面的观察，是按照时间顺序，阐述有关中国艺术的一般概念。

我们现在使用的"艺术"这个词，与英语的 Art，德语的 Kunst，法语的 Beaux arts 意思相同，一般是指雕刻、绘画、建筑等造型艺术，从广义上解释，还网罗有诗歌、音乐、舞蹈等技艺在内。中国自古没有和 Art 之意相同的词汇，但很早就有了"艺"这个字，并有孔子的弟子七十二人精通六艺之说。所谓六艺指的是礼、乐、射、御、书、数。礼包括从制度律令、宗庙祭祀到冠婚丧葬等仪式，是一种技艺，大多并非所谓的艺术。乐包括音乐、舞蹈、雅乐，大多伴随祭典仪式，当然属于所谓的艺术。射指弓箭射术，御是马术一类的身体技能，这些也并非所谓的艺术。书是中国特有的技术，从广义上解释，其在某种程度上与绘画相通，是堂堂正正的艺术。书写文字到底是不是所谓的艺术，这个问题虽曾引起争论，但将其认定为艺术应该没有问题。数即是算术，这是一种技能，也并非所谓的艺术。

总之，中国所谓的艺，比我们现今所说的艺术范围更为广泛，大体是指作为绅士或有识之士应该具备的一种素养，而并非指特殊的艺术。

那么中国就不存在所谓的专门艺术吗？不然！专门艺术是作为另外一种特殊的东西存在的，如金石，如绘画。雕刻实际上包含在金石之中，建筑历来被作为木工工作的一部分而不被尊重，而各种美术工艺事实上则长期被包含在金石之内。

中国所谓的金石，比如金属类的有铜制祭祀用具、饮食器皿、古钱、兵器、文具、装身饰物、铸造雕像等，石质类的有碑、碣、各种石雕、玉器、砖瓦等。中国人自古尊重金石，但与其说尊重其本身的艺术价值，不如说是尊重其作为古董的价值。也就是说，书画金石的学术只是一种考古学的艺术，或者应该称之为艺术的考古学。

为此，中国固有的艺术论必然要以书画金石为本。最近有一位名叫弗格森（John Colvin Ferguson）的美国人就持此见地论述中国艺术，从某种意义上说，他的见解颇为有趣，但是和我本人要在这里讲述的建筑问题相去甚远。建筑也是一门艺术，但在中国，雕刻和绘画与金石最为接近，建筑则是独树一帜的。因此我认为在论述中国建筑史时，对金石既没有必要深入阐述，也不能完全置之不理，特别是在考察古代建筑的时候，总要或多或少地与金石相伴，以期能相互参照。

建筑这门学术，无论在中国还是在日本，自古都不大受重视，相反在欧洲则备受重视，因此建筑的研究方法在欧洲得以迅速发展。我在论述中国建筑时援引了欧洲进步的研究方法，不过在说明中国式特殊建筑时，还需要有特殊的准备。在这种特殊准备方面，欧洲人有着很多不足之处。我本人的研究方法是不限于以书画金石为本的古老中国方式，但又充分尊重书画金石，力求从中得到有益的启示。因此我在此要讲述的建筑史，特别是在古代建筑史中常会见到一些书画金石的影子。

中国建筑史涉及范围很广，详细讲述需要众多时日。现在要求我在很短的时间内完成实在勉强，不要说尽道原委之难，即便是仅得要领亦属不易。我只是想尽自己的最大努力，力求叙述得通俗易懂，但难免会涉及某些专业问题，出现一些深奥费解的言辞。这一点谨请诸位读者予以谅解。

第一章 总论

第一节 中国建筑的定位

中国建筑在世界建筑界中居于何位？如果按世界古今建筑大致分为东西两派的说法，自然是属于东洋建筑。"东洋"一词，本来是以欧洲为本的命名，近东、远东之称均以距欧洲远近而定。而从建筑的角度来看，东洋亦有三大系统并存。

这三大系统，一是中国系，二是印度系，三是伊斯兰教系。这三大系统各有自己的特色发展，并逐渐扩展到亚洲大陆全域、非洲北半部以及欧洲的部分区域和南洋的部分区域。可以说在东半球范围之内，除了欧洲的大部分地区之外，其余都是属于东洋建筑的领域。

中国系建筑由汉民族所创，以中国本土为中心，南至安南、交趾[1]，北及蒙古，西抵新疆，东含日本，地域之广，达1200余万平方公里，人口超过5亿，占世界总人口的30%。其艺术在幽深难测的古代历史中诞生并发展，保持着古时的风貌，迄今连绵不断，并在世界建筑界大放异彩，实在是令人惊叹。

印度系的艺术始源于印度五河地区，在印度河、恒河沃野发达并逐渐扩展到印度、后印度（除安南、交趾以外）的东印度诸岛的大部分地区，面积达830余万平方公里，人口约为3亿5千万，相当于世界人口的20%。印度艺术的起源亦极为悠远，性质亦极为特殊，但是自伊斯兰教传入之后，远古的风貌就几乎不复存在了。

伊斯兰教系的艺术起源于阿拉伯，随着伊斯兰教的勃兴而迅速传遍各地，领域之广堪称世界第一。亚洲没有伊斯兰教痕迹的地方仅是西伯利亚的大部分和日本。非洲

---

[1] 现越南北部、中部和中国广西的一部分。

尚未受伊斯兰教侵入的地区仅有南部和中部的一小部分。在欧洲，俄罗斯南部及巴尔干半岛的一隅，阿拉伯影响迄今犹存。伊斯兰教曾经在西班牙繁荣，在西西里岛扎根，所覆盖区域的精确数字不得而知，但至少有4500余万平方公里，人口恐怕也有过达到3亿的时代。但是伊斯兰教艺术现在却有些不振，就连曾经极其隆盛的巴格达文化和莫卧儿王朝时的印度伊斯兰教艺术，现在剩下的也只不过是些残迹而已。

东洋的三大艺术中，至今仍然生机盎然且傲视世界的只有中国艺术了。印度艺术随着国土的消亡而衰颓，伊斯兰教艺术也是伴随着国土的衰亡而陷入不振。中国艺术有不少值得观赏的地方，其最高潮时代的作品不乏冠绝世界的优秀作品，这已是世界公认的事实。近来欧美的学者都把目光一齐转向了中国艺术，从考古学的角度、从文学史的角度、从艺术的角度以及其他领域开始精心研究中国的原因就在于此。

中国艺术是何时产生的？又是如何发达的？这是个难题。产生的年代是在多少万年前恐怕谁也说不清楚，产生的地点也将是个永久的谜团，发生的经过也仍是个未知数。不过，中国艺术是独自生成的，不是从其他国家传习来的。有学者认为中国国民及汉族人种的发祥地是在西亚地区，主张中国艺术远受巴比伦、亚述传统的影响；也有人说中国艺术带有迈锡尼式的性质，对这些研究观点的评说姑且留待日后。但汉人所创建的所谓中国艺术的确有一种不可思议的特色，就像每个人直觉感到的那种全然不同于欧美的趣味，同属东洋却又相异于印度系，与伊斯兰教系也是大相径庭。要想说明这种奇异的特色十分困难，但我要在以下篇幅中逐一尝试。对中国艺术价值的认识，世人自然是仁者见仁、智者见智，而我则认为中国艺术有其伟大的气魄和难以捉摸的技能。

第二节 外国人眼中的中国建筑

自古以来有关中国建筑的研究就不够完善。中国人自己并没有把建筑放在重要的位置上，因此相关的文献相当匮乏。据我所知，仅有宋代编纂的《营造法式》、明代著本《天工开物》以及近代出版的数种图书而已，并且这些书都深奥难解，与今日的科学系统相去甚远，不能不让人抱有隔靴搔痒之憾。

欧美学者开始注意中国建筑的历史大概不过百年。近来研究工作虽然不断推进，但仍然是既幼稚又不得要领。为什么对中国建筑的研究会如此地推而不前，究其原因有很多，试例举几条如下。

第一，欧美人一开始就没有把中国放在眼里，对其建筑更是低估，完全没有想去深入研究的态度。

第二，欧美人不谙中国内地实情，仅仅在沿海的一些地区看到少数的建筑例子，便认定那是些在形式上、手法上、趣味上都相悖于欧美建筑，只是些走板走调的奇怪产物，故而一笑了之。

第三，欧美人不通中国历史。他们见到了建筑本身，却因不明其历史含义而引不起兴趣，因不懂建筑变迁的路径而难辨新旧异同，致使他们的评述难免支离破碎。

第四，欧美人读不懂中国文献。当然，近来出现了不少有特殊造诣能够熟读中文原文的域外学者，而稍前的学者往往是读不懂的。连建筑的历史渊源都搞不懂，建筑的研究也就无从做起。

第五，对欧美人来讲，到中国内地探险不是件易事。他们不知道内地有很多珍贵的历史遗物，这成了横在他们建筑研究面前的一大障碍。

由于以上的这些原因，欧美人有关中国建筑的记述都是些粗糙杜撰之物。举其中一例，大约四十年前英国人詹姆斯·弗格森（James Fergusson）所著《印度及东洋建筑史（History of Indian and Eastern Architecture）》中有如下一节：

"中国无哲学，无文学，亦无艺术。建筑作为艺术毫无观赏价值，只不过是一种工业而已，极其低俗，极其不合理，如同儿戏。"

中国无哲学无文学的说法完全是一种盲者不惧蛇式的荒谬认识。所谓建筑不合理，弗格森指的是屋顶轮廓由曲线构成，特别是指反翘度很大的房檐。按照欧美人的见解，建筑物的房顶应该都是直线型的，用了曲线就是不合理。这种见解完全是一种谬误。世上没有建筑物的屋顶一定要用直线型的道理。中国人眼里的欧美建筑也会是不合理的。总之，弗格森视本国建筑为合理，并以此为标准来衡量他国建筑，这和用本国的语法来约束他国语言从而判定他国语言是错误的做法是一样的。

弗格森所说中国建筑如同儿戏，指的是这样一种现象：堂、塔房顶上装饰着一些带有滑稽趣味、像小玩具似的人形或动物，房檐上挂着风铎，微风习习，铃声叮叮，人们因此而心情愉悦。这又是他的偏见了，可见他完全不懂中国建筑所具有的趣味风格。

弗格森的谬论不止于此，漫骂中国建筑的唾沫继而也溅到了日本，谓"日本建筑是取既低俗又不合理的中国建筑之糟粕，不值一论"，而对日本建筑不屑一顾。

再举一例，十几年前英国建筑家弗雷彻尔（Banister Fletcher）写了一本《世界建筑史（A History of Archiecture）》，书的最后一章题为"非历史的样式"，内容包括了伊斯兰教、印度、中国诸系的建筑，有关中国建筑的数页写得实在是支离破碎不成体统，此处不予引用。弗雷彻尔所谓的"非历史"实属偏见，这个问题留待其他机会讨论。但他又把中国建筑与南美的古代秘鲁、古代墨西哥等相提并论，视其为不可思议的灭绝建筑，此种提法实在是令人费解。

古代墨西哥与古代秘鲁的建筑，其真相虽迄今尚未被阐明，但实际上的确是灭绝了。除了那一点点东洋气氛中尚存的若干考古学趣味之外，我认为它们绝不具有伟大建筑的价值。而中国建筑从数千年前起便蓬勃发展，至今日仍雄踞世界一方，为有 5 亿之众的国民所用。这不正好说明弗雷彻尔的相提并论是出于偏见吗？

弗雷彻尔还认为中国的建筑千篇一律，自远古至今毫无进步和发展，只是一种工业行为，因而不能看作艺术。不过，弗雷彻尔认为唯有中国塔类颇有意思，在这一点上他比弗格森有进步。

弗雷彻尔认为中国建筑千篇一律的说法是一个谬误。实际上中国建筑有相当大的变化，只是初见者看不出来而已。这就像日本人刚见到欧美人，最初看哪张脸都觉得一样，看得多了才渐渐地分出每个人之间的差异。弗雷彻尔主张中国建筑千篇一律，恰恰证明了他对中国建筑观察之肤浅。

最近又有德国人敏斯德堡（Oskar Münsterberg）以《中国艺术史（Chienäsische Kunstgeschichte）》为题出书两册，其中有一节是关于建筑史的。

他的论述虽比弗雷彻尔进了一步，但依然认为中国建筑为低俗之物，自远古以来千篇一律，民宅、宫殿、寺院等皆陷同型，毫无变化。但他同样认为塔颇富变化，很有趣，解释得颇有道理：

"塔因由印度传来，并非中国固有之物，所以不同于中国的千篇一律而富于变化。而且塔和堂不相融合。在欧洲，几个会堂和钟塔开始各自相对独立，渐渐地就会融为一体。可是在中国，佛堂和佛塔却永远融不成一体，因为一个是中国系，另一个是印度系。"

对于北京的宫殿建筑，敏斯德堡禁不住惊奇地赞道"不愧是足以显示中国帝王威严的雄伟景观"，继而又评"曾经有日本建筑家指出宫殿建筑手法流于卑俗，但从大局来看可谓毫无缺点"。他指的"日本建筑家"就是我等一行，我们曾去北京宫殿实地考察，并将考察所见发表在东京帝国大学工科大学的学术报告中。

敏斯德堡在著作中所举的许多建筑实例，选择不得法，关于年代的见解不确切，因此得出的结论也就必然有偏颇。

此外还有不少外国人对中国建筑的片面研究和论述，在此不一一介绍。但对那些与建筑紧密关联的学术调查研究还是应该予以关注，特别是历史考古学探险和对一般艺术的探险近年来有了长足的进步，具有世界规模影响的著作不断发表。众所周知的有：印度政府派奥莱斯坦因[1]自克什米尔向和田方面探险获得了巨大成功；法国的伯希和[2]发掘敦煌给中国六朝时期到唐朝间的艺术研究带来光明；法国的沙畹[3]在中国北部探险、德国的勒柯克[4]在中国吐鲁番地区探险、俄国的奥登堡[5]在新疆部分地区探险，

1　Marc Aurel Stein (1862—1943)，英国探险家。

2　Paul Pelliot (1878—1945)，法国东方学家。

3　Edouard Chavanes (1865—1918)，法国汉学家、碑铭学家。

4　Albert Von Le Coq，德国探险家、吐鲁番考察队成员。

5　S.F.oldenburg，俄国探险家。

他们都争先恐后并频繁地有探察业绩发表。

相比之下，日本人不得不因没有能和以上诸例相比拟的业绩而汗颜。日本人关于中亚探险的权威著作只有大谷光瑞一行的《西域考古图谱》而无其他，关于中国内地的探险报告也都流于只言片语尚无系统总结式的著作问世。不过，事实上日本人已经在中国很多领域进行了探察，如在军事、政事、商业、科学、艺术等领域以及抱着各自目的的各界人士进行的各种专业性的探险。但遗憾的是，这些探察活动都相对孤立，没有综合性的联系，没有研究系统，而且日本人的探险总是小规模进行，成绩也不显著。加上日本人对发表研究成果多少有些不够大胆、不够积极的倾向，又有不少人很难得到发表的机会，这就是日本人难出世界性著作的原因，实在令人遗憾。

尽管如此，对中国的研究，无论是艺术，还是历史，主力军非日本人莫属。日本自古以来和中国有着密切的关系，比起欧美人来更加了解中国。首先两国文字相同，日本人可以读懂中国的文献，也方便去中国内地探险，在兴趣及其他一些方面有相似之处，因此，今后对中国的研究有充分的理由应该由日本人来担当。可是，我之所长同时又是我之所短，是因为日本人熟知中国的表象，恐怕却又因此难以捕捉到中国的神髓，很难从根本上有新的发现。这一点，由于欧美人一直对中国知之甚少，使他们处在更能找到崭新视角，更能产生飞跃性的有独特见解的环境。史学大家弗里德里希·希尔特[1]有关中国古代历史的著作，打破了以往的旧框，展示了全新的见解，可谓见识独到，令人折服。这正是他所处的环境使然。

第三节 研究中国建筑的方法

研究中国建筑的方法包括两个方面：第一是文献研究，第二是史迹调查。这两方面的成绩如果能够相互吻合，就可以被认作是真正的事实。

中国的文献足以让世界惊叹。自周朝起就有确切的文献，上溯四千年还能有确切的文献记载真是世界罕见，其浩瀚的规模也是无与伦比的。想要读完这些文献几乎是不可能的。但要想真正、彻底地研究建筑史，就必须阅读，同时还要用火炬般的洞察目光去发现其中的新材料，就好比在广阔无垠的沙滩上寻找金刚石一样。另一方面，中国文献的记载中有不少夸大的记述，不可全盘信赖，取舍选择甚是困难。

史迹调查是一个相当庞大的事业。中国全境分布着夏商周三代以来的大量遗迹，如同夜空中的繁星，无论是谁也不可能全部知晓。为使研究全面则又必须去亲历和熟知这些遗迹，因此要花费漫长的时间和很大的劳力。

举例说，比如这里发现了一处遗迹，首先要查阅文献资料，搞清这是个什么遗迹，

---

[1] Fridilch Hirth(1845—1927)，德国史学家。

是哪个年代的,还要研究遗物的样式手法、材料、工程,如果可以确认与文献记载的年代相符,则可作为标准的实例。如果两者不一致,问题就复杂了。因为文献会有误传,遗物也有可能遭后世篡改。当地的传说往往比较重要,但也不能绝对相信。于是乎,仁者见仁,智者见智,以至形成学术争论。

如上所述,有关中国建筑文献和史迹的研究,现阶段依然很幼稚。我之所以非要在此尝试阐述与完善状态相去甚远的中国建筑史,实在不得已而为之,姑且允许我略述一下自己关于中国建筑的研究经历。我迄今前后六次前往中国,第一次以北京为主,考察了北京周边地区。第二次从北京启程,经河北、山西、河南、陕西、四川、湖北、湖南、贵州、云南后进入缅甸。第三次去东北奉天地区探险。第四次去了江苏、浙江、安徽、江西诸省。第五次去了广州。考察多有收获。但是中国国土宽广无垠,我已去之处不过是海水一掬,九牛一毛而已。现在我踏上了山东的土地,这是我于数年前开始的第六次探察。山东调查是一项非常大的事业,此处是古时的齐鲁之地,古迹之多堪称中国第一,不必赘叙。三代遗迹有齐桓公之墓、孔孟之墓,秦代遗物存于泰山,汉代遗迹有武梁祠,六朝隋唐以后有青州云门山、驼山、济南府附近的佛迹、曲阜文庙的石碑等。

仅山东一省,想要探察其全部遗迹都有难以想象的困难,更不要说全中国范围了。要成就中国探险,成就中国建筑史研究的大业,究竟要到多少年后,大业的完成,恐不是吾辈人能够等到的。我在此只能是依照自己所收资料来阐述自己所信,期待日后研究有进展时再行补充及修改。这一点敬请读者理解。

继之,作为研究中国建筑的方法之一,想附加上一段有关的研究内容。

凡是想研究中国的人,不管他的研究事项是什么,都不能忽视对中国文字的研究。中国是文字之国。中国文字和其他国家的文字从根本上截然不同,文字本身就是一种有意义的研究资料。在建筑方面,研究有关中国古代建筑的文字,实际上等于对建筑本身的研究。

对于中国文字的研究自然是另有专门的学科,在此我并不想太过深究。但文字成立的一大契机来源于实物写生,亦即象形。我们根据对象形文字的研究,从而知道实物的形状性质。认读最古老的象形文字属于一种特殊的专业,很不容易的。此处只想略述几个和建筑有关的文字,与此同时,我想着力强调文字研究的重要性和文字里所包含的丰富趣味。

与建筑有关的汉字多冠有"宀"。"宀"就是从建筑物的屋顶形状写生而来的,表示山形屋顶,栋形也被同时表现出来,如家、宇、宫、室等均属此例。堂上面的"⺌"是比"宀"更多一重屋顶装置的表现。亭上的"亠"表示省略,屋顶看上去比较简朴。

"广"字旁的字表示只有一面坡顶的房屋,如廊、庑、厢、廉、廓等。可以想象出,古时这些都是只有一面墙,另一面用支柱顶着单面坡顶式的檐廊。"厂"也属同系,屋顶更为简单，如厕、厨等。

门、窗等古字也明显是实物的写生。窗的古字是囪或囧，是对嵌入各种富于匠心的格子窗户的写生。据文学士后藤朝太郎君的研究，囪和囧的古字有以下几类，都表明了窗子的轮廓和格子的意象。

囪古音为 tang，是窗字的原型。如"在墙曰牖，在屋曰囪"。

囧古音为 kang，《说文解字》中有"囧者，窗牖丽廔闿明"，是象形字。

另外还可根据文字结构得知物体的材料，如柱从木，甄从瓦，钉从金之类。中国建筑材料以木为本，故建筑用语大多从木字边，如柱、楹、梁、栋、桅、枓、栱、檐、栀、楣、桁等。

也许现在稍稍有一点儿离题，从文字结构中还可以看出字的形成过程，如葬字，是在草之间放置死者，可以想到这个字来源于远古的丧葬方式，也提示了墓穴建筑的渊源。

第四节 中国的国土——地理

无论哪个国家，艺术都是从该国的国土和国民中产生的。国土和国民是艺术的双亲。因此在讲述中国建筑史之前，必须先说一说中国的国土和国民。

先来看看中国国土。这里所说的中国国土指中国本土，即黄河、长江以及注入中国海的江河流域。这一区域被划在了亚洲大陆东端，向东南以渤海、黄海、东海为界，往西有崇山峻岭，与印度等地相隔，往西北方有茫茫沙漠，与蒙古接壤。这种闭塞国土中产生的中国艺术，从远古时代就未受到任何外来因素影响。虽然随着时间的推移，西域地区、印度以及西亚、西欧的文明渐渐传入，但在相对闭塞的初期，这种文化是充分发挥了汉族风格的集大成的体现，并进而影响了周边的民族。朝鲜、日本、安南、琉球以及其他民族都传承了中国文化，这些国家及地区共同使用汉字，使用年号，使用中间开方孔的钱币，这在世界其他国家是未见同例的。

中国艺术因地而异，这与欧洲艺术因地而异的现象相同。中国建筑也是北方、中部、南方各具特色，恰似欧洲建筑中英、德、法、意等国情调各异的情形。总而言之，单讲中国建筑和单讲欧洲建筑都太笼统。中国各地虽然有共通性，但论详细之处仍然有明显差异。原因在于，其一土地状况不同，其二住民风俗不同。

以建筑为背景看中国国土，大致可分为三个地区：一是北方即黄河流域，二是中部即长江流域，三是南方即注入东海的江河流域。

北方例如现在的河北、山东、山西及河南、陕西的北半部、甘肃省大部，面积约110万平方公里。除黄河下游及山东地区之外，土地荒凉、气候严酷、山多裸露、树木稀少，唯水边略有几株杨柳之类。河流也是河床露出，河水干涸，一旦下雨又会山洪爆发，淹没田野。从蒙古方向吹来的狂风会卷起万丈黄沙，吹得不见人畜。说其风土凄厉惨淡，实不为过。

中国北方如此的风物自古未变，黄河自尧舜时即泛滥肆虐，后有大禹治水，情景可以想像。毕竟水源地的山峦无森林，平素少雨，时降暴雨立即成洪。山中无树的佐证有唐代杜牧的《阿房宫赋》，赋曰："六王毕，四海一。蜀山兀，阿房出。"是说秦始皇在咸阳修建宫殿时，所用大量木材都采自蜀山，以致蜀山光秃。如果当时附近的山上有良材，就不会千里迢迢地去四川伐木，再千辛万苦地越过秦岭搬运木材。从《阿房宫赋》的内容可以知晓，当时秦都附近黄河流域的山上树木极少，大概和现在的情景相差无几。阿房宫的建材主要是木材，楚项羽烧掉阿房宫时大火持续了三个月的记录足以证明这一点。

北方如此缺乏木材，所以建筑材料就需要以粘土、砖瓦为主。粘土和砖瓦的原料十分丰富。现在与蒙古邻接的边境村落的民宅多以粘土建成。用粘土堆成粗糙的墙壁，房梁上架着高粱杆，高粱杆上再铺粘土当作房顶。高粱是那一带唯一的作物，一般能长到5~6米高。梁间3~4米的小屋，这种高粱杆足以致用。当然这种小屋一遭暴雨就会坍塌，可当地极少下暴雨，却常刮狂风。狂风也足以将这类小屋摧毁。摧毁了再建，当地居民倒并不觉得身受其害。

比较讲究的房屋使用砖瓦，大概是远古以来就使用的粗糙软质的那种。砖瓦是从何时开始使用的没有确切的证据，据《史记·龟策传》记载"桀为瓦屋"，可知夏时就开始用砖瓦作为建材了。更远的舜曾于河滨做陶，证明中国在有史记载之前就使用瓦器、陶器、砖瓦等作为建材了。

在河南省的洛阳以西到陕西北部地区，有很多人住在丘陵垂直面上横向挖出的洞穴式住宅里。这种土窑里往往有数个房间，家具设备讲究。有人说这里的住民本来没有汉人的血统，皆因中国北方地区缺乏建材，而且气候严酷，所以产生出这样一种习俗。《易经·系辞》有"上古穴居而野处，后世圣人易之以宫室"之句，可知穴居在远古是一般的风俗。《诗·大雅》也有周先祖太王在沮、漆二水之滨穴居营生的记载。

当然因后世人文发展、交通发达，中国北方建筑风格也与其他地区相互交融，开始输入木材及其他各种材料，形成了今天木材与砖瓦混用的标准。就是说，建材发展变迁的顺序是：粘土——砖瓦——木材——木材加砖瓦。

中国北方建筑的性质一般均呈厚重，这是因为北方的风物和人物都很厚重的缘故。依愚见，虽同是汉人，但北方汉人的体格丰满，容貌宽厚，举动迟缓。建筑风格也和人一样，宫殿庙宇都有一种悠扬大气，不求立异，不陷拘泥，不过于刻意却又活泼稚气的风格。

中国中部指包括现在的江苏、浙江大部、安徽、江西、湖北、湖南、四川、河南、陕西南半部、甘肃东南部、贵州、云南北半部的长江流域，面积约有200余万平方公里，占中国本土的一大半。土地丰饶，平地充作田亩，山脊有森林覆盖，有许多大江，舟楫便利，气候远比北方温和宜人，各种物产极为丰富。所以说中国的生命大多靠中部支撑也绝不为过。

在中国中部发达起来的艺术必然是蓬勃旺盛、泼辣而充满活力。中部的人们也必然具有才气焕发、英迈俊敏的资质。自古有楚才一词，所以说楚地出才人不是偶然的。由于楚地木材十分丰富，所以都是以木材建筑为主。我在湖南边界见到过原始的房屋，就像日本所谓的"天地根元宫造"一类，全部用木材造成，屋顶铺上茅草。其他宫室也都以木材为料，很少有和砖瓦混用的实例，结果使中国中部的建筑往往呈现出轻快热闹的气韵。与北方舒缓的屋顶曲线相比，中部屋顶的曲线明显强烈，装饰性的手法也明显复杂。图1-1是中国北方代表建筑之一的北京文庙大成殿，图1-2是中部建筑的代表——杭州灵隐寺山门。比较两者，能够明显地感受到其间的气氛是多么不同。

中部建筑材料的变迁过程是木材到木材加砖瓦，没有使用和北方一样的粘土。砖造房屋是北方的发明，之后逐渐传入中部。而木造则产生于中部，然后逐渐地传到北方。这种看法应无问题。

北方和中部风土的不同在绘画方面表现得也十分明显。描写北方自然的绘画常常带着干涸峻险的气韵，山谷线条嶙峋，适用于大斧砍、小斧劈，乱柴乱麻式的褶皱法。

图1-1 北京文庙大成殿

图1-2 杭州灵隐寺山门

而南方的绘画丰满湿润，雨点皴的发达极为合理。书法方面，以长安、洛阳为中心的中国北方书法雄劲有力，以长江一带为中心的中部地区书法优雅委婉。

中国南方例见今天的福建、广东、广西、贵州、云南南部以及浙江南部地区，面积有80万～90万平方公里。这个地区从纬度来讲，一部分应该属于热带。北面是南岭山脉，东南临海，气候温暖，土地丰饶。山上郁郁葱葱，无数条江河水量充足，运输交通皆靠船筏。风土使然，故当地住民的气质比中部的住民更加灵敏，更思进取，往往流于偏激。因此其建筑也带有热带建筑奇特矫造的共通特征。

这类地区的建材当然必须是以木材为本。我在云南边境地区见到了吊脚楼，这种吊脚楼式的民宅在木材盛产之地必然发达。而在广东地区，一直以来都是砖石混用，我常常能见到使用石柱盖起石墙的实例，这大概是因为要防白蚁和其他虫害的缘故，同时也说明这个地区的石材丰富。

作为中国南部建筑的一例，在此介绍汕头的一座庙宇（见图1-3），其房顶厚重繁杂的手法比中部的更甚一筹。这种手法越往南越明显，举中国原住民在交趾¹、柴棍²附近堤岸所建的一座祠庙为例（见图1-4），房顶装饰复杂繁缛难以形容，真想象不出如此这般的方案是如何问世的，设计者的想法吾辈实在是无法揣度。

图1-3 广东省汕头庙宇

总之，由于中国国土非常辽阔，风土、气候因地而异，并无统一模式，所以其建筑模式也不统一，各地相异。地区以北、中、南三部分来划分最为适宜，三部分的建

---

1 今越南北部。

2 今越南西贡。

图1—4 越南南部附近堤岸的祠庙

筑特征概括而言是北方厚重；中部灵活；南方偏激，这些特征也是三个地区住民的性格特征。

这三大部分还要分成很多小部分。比如，中部地区是一片面积有200余万平方公里的大陆，土地情况各处不同，江苏境内住民的气质和湖南境内的也不同，地势相异，再往四川走就更不一样。必须知道中国有无数小地方的建筑样式存在。所幸的是北、中、南三大部分都是东西走向，纬度相互平行，又有一条大河介乎其间，使得风土人情尚能比较统一。试想如果三大部分为南北走向经度平行的话，不仅会造成南端北端气候的截然不同，其他各个方面都会因此生变，建筑方式也会全无统一可言。

中国自始迄今的命运皆由地理支配，具体来说，地形是西高东低，黄河、长江自西向东流淌，把国土横向分成三个大区。三大地区彼此风物各异，政治自然也不易统一。中国的历史就是受地理支配的历史。这个历史应该怎样看？我将在下一节中讲述。

第五节 中国的国民——历史

中国历史的问题十分重大。我之所以要在此略述其简史，实在是因为它和建筑史的研究有着太过密切的关联。

中国的历史到底是从何时开始的，对此，目前的学说认为，周朝之前应属于有史以前的传说时代。周的发祥地是黄河上游，国都在今天的西安附近，大概是汉族与外族的混血，希尔特先生起名为"半蛮族"。周以前的朝代，根据传说是在现在的山东、河北、河南建立的都城，可以认为汉民族在有史以前很早的时候就已经在黄河下游的平原地区发达起来了。

我想就周以前是架空的传说时代的说法讲上几句。希尔特先生认为尧舜只不过是儒教思想人格化的产物，而不是实在的人物。也就是说，尧舜是儒教的宣传工具，是捏造出来的圣人。文学博士白鸟库吉氏也发表了尧舜禹抹杀论，白鸟氏认为汉民族之间自古存在两种思想，一个是道教思想，另一个是儒教思想。儒教思想派作为宣传工具假想出了尧舜禹这样的圣人。尧代表天，舜代表人，禹代表地，也就是天地人的人格化。儒教经典《书经》以尧为始，尧以前则不予提及。尧舜以前的三皇五帝是道教思想派的假托，颇为神秘。总之，正史是从周开始的说法，当时认为是很有根据的。

中国人写的中国史是嵌在一种固定模式里的记录，和我们现在所说的历史的趣味全然不同。一直以来，日本的中国历史学家都被限制在那个模式里，致使研究不能出新。今后对中国历史的研究必须完全脱离旧时的状态才行。以往的中国史，要么是历史人物的言行录，要么是重大事项记录一类的史料，而我们则必须从这些史料中发现真正的历史构成。

那么，周以后，也就是有史以后的汉民族又是如何发展的呢？周初期把都城建在长安附近的丰，然后东迁至雒，即今天的洛阳，在长安东约350公里处，靠近黄河。文化的中心沿着黄河逐渐东进，向着河口处的沃野发展过去。原来住在那里的先住民因汉民族的入住而被驱赶，被灭亡，或者被汉化，或者退移边疆。闽、越、苗、缅等诸族即是其例。到了秦始皇时，领土扩展到东海之滨，中部南部中国也一并统一了。可是秦仍然以长安附近的咸阳为都，为的是防范北方和西方的那些经常觊觎中原的匈奴人。

居住在中原四周的民族常常使汉民族感到困扰。特别是北方的匈奴人自远古时起就是汉人的劲敌。獯鬻、猃狁、犬戎等虽叫法不同，但所指相同，都是沙漠地区的游牧民族。他们由于物质资源匮乏，生活所迫，常常企图掠夺中原的肥沃土地。西面的西藏民族也是一样，唯有东面是一片大海可谓安全。南面的民族因物资丰富也就没有必要去侵犯中原土地。汉人用东夷、西戎、南蛮、北狄来称呼四周的民族，自称中国，以文明为荣，实则受北狄侵犯之苦。秦始皇大修长城正是出于这个原因。

汉取代秦统一中国，怀柔匈奴，扬威西域，完成了汉民族大发展的伟业。汉代在文化史上应该特书其详的有两件大事，一件是汉武帝时派博望侯张骞出使月氏，张骞途中被匈奴所擒，逃出后继续西行，越过葱岭到达月氏。当时月氏与希腊殖民地的大夏国即巴克特利亚合并，汲取了希腊的文明。张骞在此接触到了泰西（旧泛指西方国家）的古典文化，再前行至安息即帕提亚国，接触了更为古典的文物。虽然张骞没能走遍西域，但他带回来的西域文物无疑给了汉代文化很大影响。

中国和西域的交通就是从这个时候开始的。东汉桓帝时，罗马皇帝安东尼诺思[1]派使者到中国朝贡。中国当然也应该派了回访使者。汉代时丝织物从中国向欧洲的输出就是一件显著的事件。

东汉明帝时佛教的传入是第二件大事。从现在的印度西北部即当时的犍陀罗地区出发，大月氏的沙门迦叶摩腾[2]和竺法兰携佛典越葱岭进入中国，来到洛阳，建起了佛刹即白马寺。与佛教一起，各种佛教艺术兴起，给中国的艺术界带来了一个大变动。这些当然是印度系的艺术，不过因为是犍陀罗，其间必然会掺杂着欧洲古典艺术的分子，这一点不说自明。

汉代灭亡，继之是三国两晋，趁着动乱，西、北、东北等处的民族一起侵入中国，相互征战，成五胡十六国之乱。不久，众小国渐次灭亡，最终由两个民族平分中国，形成南北对峙之势，即南北朝时代。北朝属鲜卑族的拓跋氏，国号魏，占领了整个黄河流域，建都洛阳。南朝是汉民族王朝，宋齐梁陈相继，建都南京。北朝是东魏、西魏、北周、北齐相传[3]，隋兴并统一南北，中国再次回归汉人之手。这一时期史称六朝，作为佛教艺术振兴的时期备受瞩目。

唐取代隋统一中国，其威几乎盖压亚洲全境并远及欧洲，成了继汉代之后又一个中华民族大发展、中国艺术达到最高潮的时代。当时欧洲的古典艺术已经衰亡，基督教艺术尚未成熟，文化方面可观之物甚少，故而世界文化之重是在亚洲。在亚洲大放文化光芒的有三处：一在西亚的伊斯兰教国，以巴格达为中心；二在戒日王朝的印度；三在中国，以长安和洛阳为中心。三者中又属中国文化最为灿烂，印度、大食国等都前来中国朝贡。日本也派遣唐使、留学生来学习中国的文化。中国的文化是怎样获得如此发展的，这是个饶有兴趣的问题，尚未得到彻底的解答。依我之所见，那是因为从汉到六朝期间输入中国的各国文化得到了适时适宜的吸收和融合之结果。事实上，唐代时，世界文化悉数集于中国，中国则以宽宏的度量迎接吸纳，并成功地使之为我所用。例如犹太教、景教、摩尼教、祆教、伊斯兰教等相继传来，中国不但不予迫害，反之大力保护，或给予布教自由。现在，犹太教的遗迹尚存开封，景教的古碑残留西安，而伊斯兰教则以现在进行时流行于中国各地。佛教方面，从印度渡来的众多高僧开展了多彩的活动。从中国向外国输出的文化也不乏其量，出国后在传播文化方面做出成绩的也不乏其人。比如六朝时，东晋的法显经陆路越过哈拉和林的峻岭进入印度，周游五大天竺，经锡兰、爪哇后返回中国的山东。唐太宗时，玄奘三藏从西安出发经陆路越葱岭进入印度西北地区，周游五大天竺后再入中国境内，经吐鲁番归国。唐高宗时，

---

1 按日文读音音译。应与《后汉书·西域传》第七十八中所记"大秦王安敦"为同一人。

2 原著用字如此，照引。后面又用摄摩腾。

3 原文排列顺序如此，照引。

义净三藏经海路去印度，费时二十五年才返回。法显的《佛国记》，玄奘的《西域记》，义净的《南海寄归传》都是佛教上同时也是历史上的珍贵资料。另外从中国周边向西域等其他各地远征的人也为数众多，创立了日本奈良唐招提寺的鉴真大和尚就是其中的佼佼者之一。

唐逐渐走向衰微时，蒙古和通古斯的混血民族契丹在东北地区兴起并南下入侵中原，不久占领了今天的河北和山西北部，建国号称辽。唐灭亡以后是五代十国的乱世，时间不长，后来宋平定了天下。而辽之后是通古斯族的女真兴起，灭辽建金，逼迫于宋。宋舍弃国都汴京即今日开封南逃，迁都于临安即今之浙江杭州，号南宋。金占领了黄河流域的全部地区，还把手伸到了长江流域。在和南宋讲和的期间，北方的蒙古人崛起，以秋风扫落叶之势，转瞬即将中亚、西亚全部征服，继而蹂躏俄罗斯，并长驱攻至德奥。这就是成吉思汗的雄图，其子窝阔台时灭金，其孙忽必烈攻迫南宋，南宋舍弃临安逃至海边，在广东的崖山全军覆没，蒙古人从而占领了中国全土，国号元，建都北京。中国全土沦入其他民族之手这是第一次。

宋及南宋继承了唐文化，但已没有了往日的风光。虽然其绘画及各种艺术出现了一些禅宗的新趣味，工艺品的精巧值得观赏，但不见了唐代雄劲伟大的气魄。元文化一方面承继宋，另一方面又独放异彩，这是因为元以世界性的眼光尝试超出常规的结果。聘用西藏的八思巴为国师，以藏传佛教为国教，挽留意大利旅行家马可·波罗十七年之久并允许其参与国政机密，让波斯人阿合马任宰相、司国政，迎罗马法王使者建天主教堂，所作所为均别具一格。元虽只经九十余年即灭，但其历史却令人兴趣盎然，其艺术也颇具独特之处。

明灭元后恢复了中国，在今北京修筑国都，命脉延续了三百余年。其文物颇为隆盛，但多为古典的复兴而全无独创。无论哲学还是文学，几乎都是重述先哲或者加以改窜，拘泥枝节而忘却根本。艺术领域亦是流于细枝末节的技巧，缺乏创造，工艺品只注重大量生产用于出口的大路货，品位低下。洪武、永乐初期尚存的一些坚实倾向，到了末期就荡然无存了。

明末国运倾衰之际，女真族爱新觉罗氏在东北边境兴起，趁明内乱纷扰之机夺了明的天下，建都北京，国号为清。中国国土被非汉族占领这是第二次。

清继承了明的文化，依然急速地下滑。如果把明比作欧洲文艺复兴的话，清就是彻头彻尾的洛可可。康熙、乾隆时期有一线光明，可是光明转瞬即逝，难阻急转直下之势。学问艺术都没有生命，只是徒然地重复古人的皮毛。举清初之例来说，比如《康熙字典》《古今图书集成》《渊鉴类函》《佩文韵府》《西清古鉴》等大作虽时有问世，但毕竟都是对古人著作的整理编纂，不能称之为新著。艺术方面亦是如此，大型建筑虽不乏其数，但大都停留在蹈袭前代样式的水平。

伴随国运衰微，内忧外患相继而起，鸦片战争、太平天国等事件不断。国家多事，外敌觊觎，此时的"北狄"已不再是蒙昧的原始民族而是可怕的俄罗斯，"南蛮"不再是来中国朝贡的尚未开化的南洋人而是可怕的欧洲人。以往周边的蛮族必然同化于汉土文化，但这一次的蛮族不再同化，不断反复的中国历史到此停顿下来。清亡是必然的，而步其后尘的民国尚在五里云雾中彷徨。

以上简述了中国五千年的历史。既往的中国史是汉民族和少数民族争夺中原的历史，与汉民族相比，少数民族的文化明显低级，故汉人轻视其为夷狄，自称中国，确信自己是世界上最优秀的民族。夷狄在武力方面的确勇猛，但是缺乏自身的文化，一旦接触到汉人文化立即心醉并与之同化。如拓跋氏的北魏，打败汉人占领了汉土北半部却自禁胡语、胡服，皈依汉人的风俗、语言，武力赢，文化败。如此，不论哪一个民族占有中国，最终都摆脱不了被汉化的结果。

汉人在武力方面难敌夷狄，代之以巧妙的外交权谋操纵进行攻克。如汉元帝用怀柔政策使王昭君和亲匈奴，唐太宗为笼络西藏藩王嫁出文成公主。汉人历来有微妙的外交伎俩用来对付其他民族。到了清代后期欧洲诸国开始干涉中国时，清朝表现得十分淡漠，相信欧洲人不久也会被汉化。十分遗憾，由于欧洲诸国的侵略，使清朝陷入了十分尴尬的地步。

总之，中国文化自周起明显发达，汉时威震西域，唐时隆盛威名冠于世界，成为中国文明的最高峰。宋以后渐次下滑，元曾一时回光返照，明以后越发下滑最终行至清灭。民国后，国情纷扰无暇顾及艺术。我认为，今日中国没有可值观赏的艺术。当然作为有五千年历史的老大国，古代文化的底蕴不会轻易消失，必须承认还有令吾辈惊叹的艺术存在，但那只不过是以往的积蓄，而不是现在才产生的现代艺术。

第六节 中国建筑的历史分类

中国艺术史的分类也是个相当困难的事业。此处举两三个先例，再试陈我一己私见。

英国布歇尔 (Bushell) 把中国艺术史分为三期：第一期是原始时代，从远古到汉末；第二期谓之古典时代，自汉以后到唐末；第三期称为发达到衰颓时代，综括宋以后至清。

对这种分类我不敢苟同，因为不能把业已有了惊人文化的周汉认定为原始时代。第二期的六朝及唐与其称之为古典时代不如应该称之为鼎盛时代。布歇尔最后把宋以后作为发达时代，而我认为宋以后文化已开始走向下坡，绝不应是发达时代。对于其中的时期，我与布歇尔的看法不一致。如果把周以前作为原始时代，周汉为古典时代，六朝及唐为鼎盛时代，宋以后为衰退时代，明清为衰颓时代，则大体上与我意见相合。

弗里德里希·希尔特先生把远古到唐分为三期，第一期从远古到西域之路开通即前汉时代，称为中国固有艺术时代。第二期到佛教传入，称为希腊大夏文明影响时代。第三期到唐，称为佛教艺术时代。

我认为这种分法相当学术，也颇得要领，但很遗憾他没有对唐以后的分法发表看法。

敏斯德堡的分类法目前被认为最为贴切。列图如下：

如果将中国艺术史大体划分为前后两大时期的话，以汉末为界是最佳方案。前期是汉民族固有艺术发达的时代，后期是佛教传来之后接受各国艺术影响的时代。

把前期再细分出四个小期十分有趣。不用夏、商、周等历史上的王朝名称，而用石器、铜器等名，从中既可悟出对周以前王朝是否实际存在的怀疑，又可示出对正史以前属于考古学领域的承认（见表1-1）。

第一期的石器时代是从远古到夏中叶。中国早在远古时期就开始使用石器的事实不容置疑，直到周汉之世仍留有余韵。玉器有五瑞、六瑞、五玉六瑞的说法，五瑞见于《尚书·舜典》，六瑞见于《周礼·观礼》。五玉是一种礼具，《白虎通义》中举珪、璧、琮、璜、璋五种。至于铜器，有关黄帝铸造了铜器的说法不足为信。铜的制造恐怕应该是商代才开始的。根据文献和文物考证，铜应是周以前就有。铁是周中叶时开始使用。春秋时管仲向齐桓公（公元前685—公元前643）献策对盐和针课税，那是因为每个家庭都要用盐和针，对此课税可得财源。针由铁做成，但当时尚不知铁可以用来制造兵器。

铁是何时被发现的，现在尚不明了，根据史书记载，黄帝时的蚩尤用铜铁护额，黄帝造出了指南车。指南车上的磁石常指南北。如此说来黄帝时就已经知道用铁，可是此论颇应质疑。因为一般都认为铁制兵器是从越王勾践（公元前496—公元前466）时开始使用的。春秋时代，楚王问风胡子兵器之沿革，风胡子答曰："轩辕、神农、赫胥之时以石为兵。黄帝之时以玉为兵。禹穴之时以铜为兵。……当此之时作铁兵威服三军。"还有记载说吴之干将莫邪有剑锐利无比，想必是铁制。然而周朝的武器应为铜制，无论是遗物还是文献都可以证明，秦始皇统一天下之后，尽熔天下之兵器铸成金人。这个金人肯定是铜制，因为铜制铸像较为容易，铁制铸像实为难事。

公元前		朝代	年代			日本年代
	2700	黄帝				
	2600	少昊				
	2500	颛顼				
	2400	帝喾				
2300		尧	第一期		石器时代	
2200		舜				
2100		夏				
2000						
1900						
1800						
1700			前	第二期	铜器时代	
1600		殷				
1500						
1400						
1300						
1200			期			
1100						
1000						
900		周			铜铁时代	
800			第三期			神武天皇即位
700		春秋				
600						
500		战国				
400						
300		秦				上
200						
100		汉	第四期	发达时代	汉艺术	古
0						
100						
200		西晋				
300		东晋	第一期	传入时代	西域艺术	
400		南北朝				
500		隋				飞鸟
600						奈良
700		唐	后 第二期	极盛时代		
800						平安
900		五代 辽				藤原
1000		宋		低下时代		
1100		金	期 第三期			
1200						镰仓
1300		元				南北朝
1400		明				室町
1500			第四期	衰颓时代		桃山
1600						江
1700		清				户
1800						
1900						明治

表1-1 中国历史年表

有张良在博浪沙用铁锤投掷秦始皇之说,但很难说那就真的是铁。周末汉初是铜铁混用的时代,汉也是到了后期才完全使用铁兵器的。无论如何,敏斯德堡的分类法还是很有趣的。

对于后期分类,敏斯德堡只用朝代名称分期之法略显不足,如改成下列名称也许更为适合。

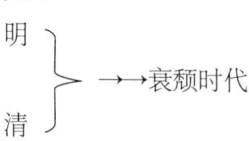

六朝 →→ 西域艺术汲取时代

唐　 →→ 鼎盛时代

宋 ⎫
　 ⎬ →→ 衰退时代
元 ⎭

明 ⎫
　 ⎬ →→ 衰颓时代
清 ⎭

把宋元列为衰退时代,世人肯定会有异议。当然,如果是单看宋元艺术,非但不能说衰退,反而必须承认其相当优秀。但这些与唐的鼎盛时代相比,的确已呈下降的趋势,如此评价也是不得已。

把明清称作衰颓时代,世人恐怕也会有不同意见。但因未能找出一个比此词更恰当的名称,故此处姑且用之。

我在本篇的分类基本援引敏斯德堡的方法并略有取舍,另在各论中具体说明。

先就中国建筑种类该如何分类做个简单说明。按照一般建筑史的常规看,用以下分法较为方便。

（甲）宗教建筑

　　① 坛、庙

　　② 佛教建筑,即佛寺、佛塔类

　　③ 道教建筑,即道观、风水塔、庙祠类

　　④ 儒教建筑,即文庙、书院类

　　⑤ 伊斯兰教建筑,即清真寺

　　⑥ 陵墓

（乙）非宗教建筑

　　① 城堡

　　② 宫殿、楼阁

　　③ 住宅、商店

　　④ 公共建筑,即剧场、会馆、官衙类

　　⑤ 牌楼、门、城关类

　　⑥ 桥

第七节 中国建筑的特征

世界建筑之中尚无像中国建筑那样具有特殊性质的。现将其最显著的七个特征列举如下。

一、宫室本位

考证各国建筑发生、发展的顺序，无论在哪个国家，都是宗教建筑首先发达进而影响整个建筑界。这是由于在原始时代，人类对伟大而不可思议的自然现象产生畏惧之感，想象着有神灵存在，为崇仰神灵建起了神祠。人们在考虑自己的居室之前，把力气首先竭尽给了祠堂建筑。然而在中国，首先重视的对象是宫室住宅建筑，宗教建筑方面几乎未见经营。是什么原因使然？是因为中国古代没有宗教，还是因为自己本位的思想强于宗教之心，这是一个有趣的研究课题。

中国自古无疑存在着一种宗教，那是祭祀天地日月、山川草木的习俗，是祭祀祖先的礼节，即所谓的自然物崇拜和祖先崇拜。但是这种对天地山川的祭祀只是针对天地山川本身，而不是相信天地山川有灵才祭，对祖先的祭祀并不是相信祖先的灵魂不灭，而只是把祖先视做虽死犹生式的侍奉。古代中国有所谓的儒教思想和道教思想，儒教讲究人伦之道，自始不道鬼魂，不道神灵。孔子曰："敬鬼神而远之""不语怪力乱神"。门人问死，孔子一喝曰："未知生焉知死。"总之，儒教不说人之灵魂，不说现世之外的神界。从这个意义上讲儒教不具宗教实体，力主祭祀祖先不是从宗教意义出发，而只是出于一种永远不忘祖宗恩德的道德意义。

道教方面虽然说神仙，讲怪异，但其神仙是实在之物而不是灵界之物。既与印度教的神灵相异，也与基督教的神不同。可以说道教中也不包含深刻的宗教意义。当然，待后来佛教传入之后，道教为了与佛教对抗，逐渐形成了自己的一套宗教仪式。

总之，中国人的宗教意识十分淡薄，因而不具备成就宗教建筑的能力。外国的宗教建筑以特殊样式得以大成，只看外表就能够与一般的宫室住宅相区别。但在中国，无论是佛寺还是道观都与普通宫室样式没有多少不同。

外国建筑中最壮观最美丽的是宗教建筑。日本自古至今最伟大的建筑是奈良东大寺的堂塔，罗马最伟大的是圣彼得大教堂，东罗马最壮观的是圣索菲亚教堂，英国最豪壮的是圣保罗大教堂，埃及最雄伟的是金字塔和卡尔那克神殿。然而在中国，现在最大最雄伟的是北京宫城内的太和殿，大约有613坪[1]，其次是北京北部明十三陵中长陵的隆恩殿，大约有580坪。作为宗教建筑则当数曲阜文庙的大成殿为最，大约有350坪。道观、佛寺超过300坪的建筑为数极少。

---

[1] 按1坪等于3.3平方米换算，太和殿约2230平方米，隆恩殿约1920平方米，大成殿约1160平方米。

根据古代文献记载，宗教建筑也有十分巨大的，比如北魏时胡太后在洛阳建造的天宁寺塔，说是高达百丈，但难以置信。如果信此，则也要信秦阿房宫。传阿房宫殿下可立五丈大旗，殿上可坐万人，五步一楼，十步一阁，楼阁连绵可达南山。如是，可堪成世界第一大建筑了。

以中国国土之广民众之多，最大建筑却只有600余坪，远不及日本一流的大本堂，看起来很矛盾，实际上是有别的理由。中国建筑之大，讲究的不是一宇一室的大小，而是追求宫殿、楼阁、门廊、亭榭互相连接俨然一体的大观。比起孤立的一宇一室，这种俨然一体更为庄严，更能显示帝王的威严。

中国古代没有真正意义上的宗教。国民大多重现世、重物质，十分功利。虽有祭祀天地山川和祭祀祖先的习俗，却没有为此创作特殊建筑的执著和热情。祭祀天地山川时，他们仅仅是搭筑祭坛，在祭坛上举行一定的仪式而已。初期的祭坛只是简单的土坛，堆砌些石头，种上几棵树。天子在帝都南郊设坛祭天，叫作郊祭。现在位于北京城南的天坛就是这种郊祭的遗址。现在的北京北有地坛，东有日坛，西有月坛。诸侯祭社稷，社是土地之神，稷是五谷之神。

祭祀祖先神灵有庙堂。庙堂和普通住宅完全是同一样式，安放上祖先的牌位施行礼拜。方法是在牌位前供上饮食，奉读祭文。毕竟有如孔子所说"祭神如神在"的意境，祭祀是如祖先就在面前。因此庙堂建筑与普通住宅相同就十分合理，如再另外造出个不同的样式手法来就违背原义了。

祭祀君主祖先的地方叫太庙，虽是重要的建筑，实际却与普通的宫室同型。对功臣和特殊人物等也作为神灵加以供奉，其庙大致也与普通住宅同型。中国建筑是住宅宫室首先发达，庙祠等建筑则仿之而造。欧美建筑家批评中国建筑千篇一律，自古至今毫无发展就是出于此因，却也不无道理。

二、平面

欧美学者批评中国建筑千篇一律的理由之一，是因中国建筑不论建筑种类如何，一般都采用左右对称的格局。所有国家一般都是在仪式或观赏目的的建筑上采用左右对称的格局，在住宅类的实用生活建筑上则以实用为主，并令其逐步发展，从而形成不规则的平面。然而在中国，就连住宅形式也从远古至今全部采用严格的左右对称形式，实属天下奇迹。

考察住宅建筑发展的路径，原始时期首先做成平面最简单的一室式住所，如果是木制建材，当然就成了直角形建筑。随着家庭成员的增多，变得窄小的居室就要不断扩展。扩展方针因家族制度而异，如果有大家族一直混住的习惯，则需要不断增建屋室，不规则的布局形式便在增建的同时得以发展。如果注重一人一室或者一对夫妇一室，就需要在原有住宅之外另建新栋。中国的制度属于后者，所以一个家族要建数栋宅院，并按照中国人固有的信仰、趣味、嗜好排列成左右对称的形式。

大户人家把全宅中心最大的正房作为主人的居所，正房后面是夫人住的厢房。正房前一定要有宽阔的庭院，左右两侧相对有面向庭院的厢房，由眷属分住，各房之间有回廊连接。此外还有厨房、奴婢住的下房、仓房等分别建成的独立的别栋。这类住宅也是自古至今没有变化。当然临街店铺根据需要各有自己的特殊布局，没有余地去确保左右对称。

图 1-5 是中国各种建筑的平面设计，比较来看，宫殿、佛寺、道观、文庙、武庙、陵墓、官衙、住宅等大体都是按照同样的方针进行配置。中心部是最大的正房，前面有庭院，庭院两侧配置相称的房屋，房屋间由回廊相接。日本藤原时代[1]的"寝殿建"造仿自唐代制度，所以初期保持了严格的左右对称形式，但后来逐渐破格，发展了与主殿相融的"书院造"，最终形成了今天的普通住宅。而中国不仅一直固守古式，还出现了新的倾向，特意造些并不需要的房屋以确保左右均衡。这是中国人先天的秉性使然，在其他领域里也多有显露，十分有趣。

中国人对左右对称形式的喜好可谓极端，不仅是建筑配置要左右对称，即便是一栋之内也会追求左右均衡。例如，住宅的正房或厢房是横向的长方形，一般分为三间，中间用于会客，左右为起居室。外观亦照此左右同型，中间一间设门，左右两间开窗。会客室内也是左右对称地摆上桌椅，门口左右的柱子要贴上对联。

左右对称建筑还要冠以左右对称的名号。比如奉天宫城的东西两门分别为文德坊、武功坊，北京紫禁城内太和殿左右的楼门为体仁门、弘义门，如此名称数不胜数。这种风俗也传到了日本，平安京大内里的八省院太极殿前有苍龙楼、白虎楼，应天门前有栖凤楼、翔鸾楼，内庭外廊有建春门、宜秋门等，不胜枚举。中国人日常生活中又多用对仗语句，这也是源于左右同形的思想。比如形容建筑物壮观使用的常套语有高楼大厦、金殿玉楼、丹楹碧瓦。写律诗时对仗则更是绝对条件，一般文章也是动辄连发对句，以表文法之美。日本人亦受此影响，平日里不知不觉也喜欢用对句愉悦自己，可见习惯之力的强大。

不过，中国人也会应特殊场合的需要打破左右均衡的格局，采用不规则的配置。比如北京宫城的西苑里有曲状的小桥，有波状的墙垣。杭州西湖上有折线状的九曲桥。这都是为与庭院风格吻合而故意避开均衡布局的所为。日本严岛神社曲廊的构思大概就是从这九曲之桥中得到的启示。

总之，中国建筑的平面是长方形屋宇加回廊的左右均衡配置。日本以八省院、丰乐院及紫宸殿为中心的大内布局，寝殿建，还有宇治平等院的凤凰堂，几乎都是按照此法配置的。如上一节所述，中国建筑规模之所以宏大，正是因为那些由众多堂室回

---

[1] 日本延续约 400 年的平安时代中自废止遣唐使以后的 300 年左右，是日本文化史、美术史上的一个重要时期。

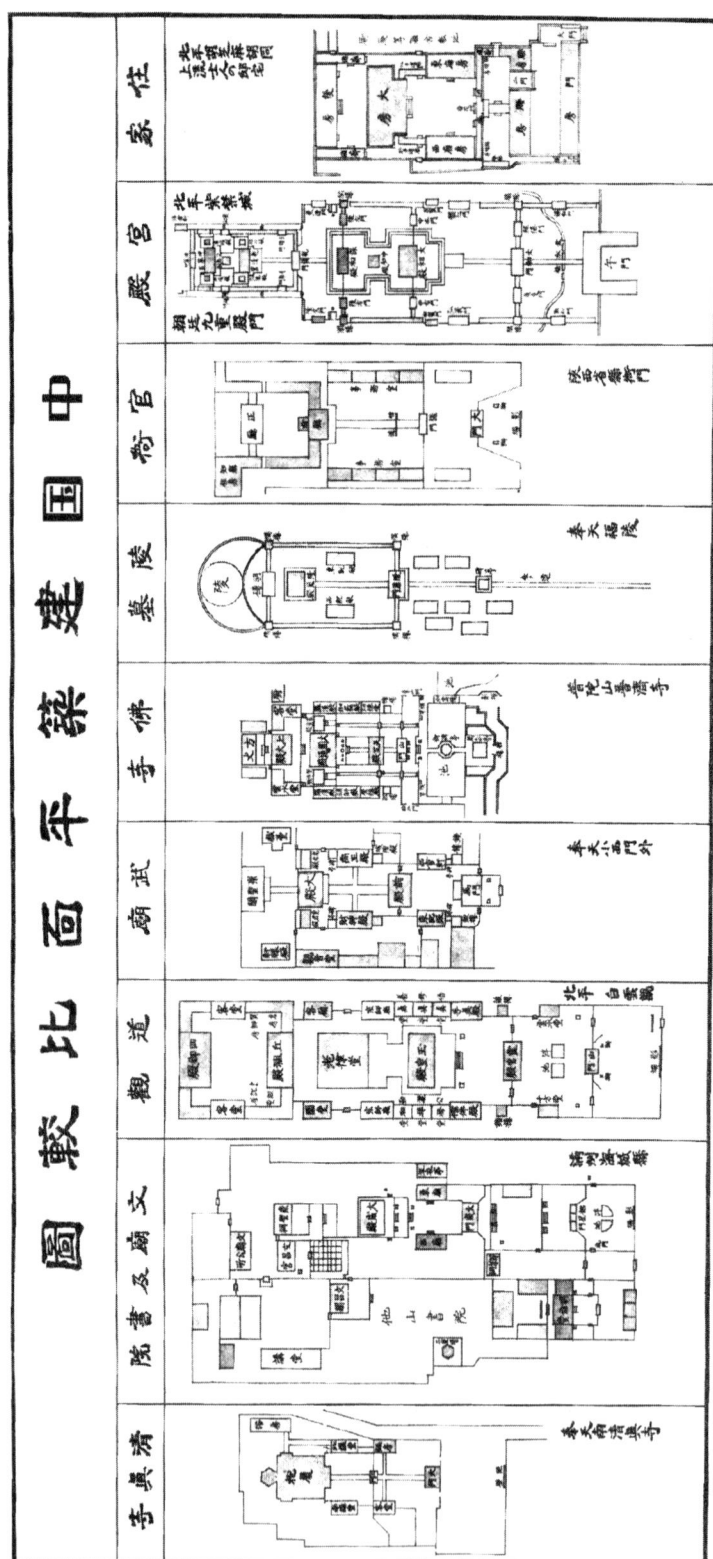

图 1-5 中国建筑平面比较图

廊连锁反复而形成的广阔群体。单看一堂一室既不宏大也不庄严，中国建筑之美是群体的综合美，不是单体一室的形状美。正房、厢房、门廊、楼阁、亭榭，大小高低各不相同，形式手法交替变化，又在变化之中一脉相承，构成浑然一体的雄伟规模。

三、外观

中国建筑的外观因材质和结构不同而产生差异，这一点在以后的章节里介绍。本节不问材质、结构如何，专论所有建筑物共通的特殊外观。这个外观就是屋顶。

已如常人所知，中国建筑的屋顶大致可分为庑殿顶、歇山顶、悬山顶、攒山顶四类，各类的共通原则是：斜面成凹曲线，房檐不呈水平，左右两端上翘。屋顶轮廓由曲线构成，小型建筑基本上是水平线，大型建筑则一定是自两端处反翘。当然一般民宅也有直线屋顶，但是高级宅第、庙祠宫殿等无一例外都是曲线。这可谓是世界奇观。

如此的珍奇现象是怎样产生的？这在学界一直是个疑问，迄今尚未搞清。曾有帐篷起源之说为常人所信，现在也许仍有人信，但我本人无意苟同。据说帐篷起源的根据是由于远古时期汉民族在中亚和塞北沙漠地区过游牧生活，从而由帐篷的形状想象出了曲线形屋顶。现在试想一下观察普通帐篷轮廓时的情景，当用力抻拽铺在梁柱坡顶的篷布端角时，篷布就会形成一些凹曲线。如再向梁柱两端斜外侧加力，必然会形成一些锐角，使之反转向上就成了中国建筑檐角反翘的形状。

从这个现象推测，中国建筑的帐篷起源说似乎颇为合理，但现实中却存在着用此学说难以解释的事实。中国建筑的屋顶凹曲线和房檐反翘是迟至六朝以后才有的，汉代并没有这类实例。这一点将在后面的章节里说明。总之，越到后世反翘程度越甚。如果说是从有史以前的帐篷形状生成屋檐反翘的话，那么周汉时代就应该有确凿的实例。另外反翘程度越往南方越甚，越到北方汉民族的乡村越少。如果说屋檐反翘是北方乡村的习俗，则程度应该是北方强南方弱才对，所以应该考虑屋檐反翘是在南方兴起之后传到北方的。帐篷起源说虽然有趣，却不能令人马上首肯。

第二种说法是结构起源说，是弗格森等人的主张，他们认为屋檐反翘是结构本身造成的必然结果。比如要在这里建一所房子，中央作为正房，外侧为厢房，厢房外面再接上椽廊。正房屋顶呈急坡"∧"形，厢房屋顶坡度稍缓，厢房外侧的椽廊屋顶更缓，如此，屋顶轮廓形成三段折线，自屋脊向屋檐方向呈凹状。这一直线形凹状渐次被美化，三段折线便融合成了一条曲线。这个说法也有一定道理，但这种结构并不只是中国才有，其他地方也有很多，为什么其他地方的折线依然故我，只有中国的折线进化成了曲线呢？所以，反翘是因结构本身需要的说法难以立足，一定还会另有原因。

还有一种奇特的说法，说中国有一种喜马拉雅针叶杉，枝条呈人字形下垂，中国建筑的屋顶凹曲线就是从这种人字形中得到的启示。我尚且不知道这类繁茂得令中国建筑样式的形成从中得到启示的树木是否真的存在，想来应该都是些揣测臆说，不足为取。

我认为，中国建筑屋顶形状的由来不应该用片面的理由进行解释。那种形式应该是由汉民族固有的趣味使然。也就是说，他们只是觉得曲线形的屋顶比直线形的好看，所以就用了曲线形，这个解释既简单又合理。上一节里讲到的，中国建筑几乎都是直角形的组合，如再加上一个重重的直线形屋顶，就会像是在堆积材木，感觉过于沉重，无变通之余地。所以动脑筋使屋檐上翘，让坡顶凹曲，这样一来，整体感觉轻快，线条富于变化，屋檐深垂的视觉误差得以纠正，一种温情多趣的形式诞生了。图1-6的甲乙两例同高同大，甲的屋檐因是直线所以感觉沉重，乙用曲线所以感觉轻快。

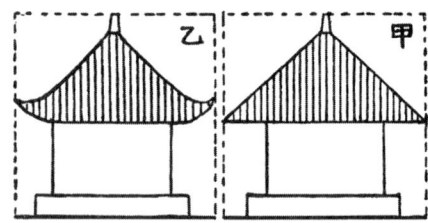

图1-6 中国古建筑屋顶的基本样式

屋顶是中国建筑中最为重要的部分，因此处理方法十分考究。第一，为避免大面积大容积的屋顶陷于平板单调，对其轮廓和周围的界线、屋顶各面接触的界线都竭力施以装饰。正脊、垂脊、戗脊、博风板上的悬鱼卷草、屋檐端角等都用上了特殊的材料和手法。正脊的两端装吻兽（也称大吻、正吻、吞脊兽等），以加固屋顶。正脊本身就是一种装饰手法，中间嵌上宝珠或其他特殊的装饰。垂脊和戗脊的端部有垂兽、戗兽，戗脊端角有数个或数排奇怪的小蹲兽。南方建筑由于屋檐反翘度极高，顶尖部分向里侧反转，戗兽就会倒悬过来，仿佛是在表演杂技，成一奇景。檐端瓦当上刻着各种各样的纹样，设计之精巧令人惊叹。

屋顶颜色也是煞费苦心，这在下面的章节详述。规格高的建筑均铺彩瓦，并用彩瓦勾勒出屋顶图案。中国建筑对屋顶如此的苦心经营，实属世界罕见。毕竟对于中国建筑，屋顶占外观的主要部分，屋顶就是中国建筑的特色，就是中国建筑的招牌。日本古代建筑，尤其是佛寺，也都有巨大的屋顶，但是手法极其简单。即使是日光庙那样梁柱装饰竭尽华美的建筑，其屋顶也较为单纯平板。中华民族的心理状态与日本国民有着明显差异，这一点在对屋顶的取向上也得到了明示。

四、装修

装修即装饰建筑的各个细部，如柱、窗、顶棚、地面、窗户等，装修这个词汇用得可谓极为恰当。

装修是要统一建筑物内外的体裁，负有十分重要的使命，从某种意义上说，装修掌握着建筑的生杀大权，在中国建筑中占有极为重要的地位。中国建筑的轮廓相对简单，很容易流于平淡雷同，只有从富于变化之妙的装修中才可获得补救。

装修变化之多，除中国建筑之外，在任何国家都难寻其例。试举两三例说明。先看窗户，其外形的种类可以说是不计其数。日本一般是直角形，偶尔也会有极少的几个圆窗或花窗。欧洲也是直角形，间或有一些圆拱、尖拱形而已。而在中国几乎可以竭尽想象，除直角形外还有圆形、椭圆形、木瓜形、塔窗形、扇形、三盖松形、心脏形、双菱形、画卷形、多角形、壶形、窄棂形、瓢形、桃形、石榴形等。

窗棂也有无穷的变化。日本一般是直角形纵横相交或略加上一些斜线，棂格的种类不过十几种。而中国的种类除日本也有的之外，还有无数的变种，尤其以卍系、多角形系、棂格形系、冰纹系、文字系、雕刻系等最为流行。我曾经就中国的窗棂样式进行过一些调查收集，仅在一个小地方旅行了短短的一两个月就收集到了三百多种。如果以中国全境为范围的话，种类恐怕会达到数千之多。

斗拱也和窗棂的情况相仿。日本的斗拱种类虽然不少，但充其量不过数十种。而中国斗拱之繁杂之多样，恐怕难以查清。日本的斗拱是向前后和左右两个方向发展，而中国又加上了斜方45度角的前后、左右、上下几个方向的发展，相当复杂。

屋顶的山墙装饰，在日本是以尖山或圆山的人字坡顶以及马鞍形的卷棚顶为主，虽偶尔也会有些类似尖圆结合的异样形状，但种类极少。中国的恐怕有日本的数十倍之多。图1-7只是其中的数例而已。

再举悬鱼之例，日本的悬鱼已基本定型，类别不过十几种，但中国的悬鱼可以说没有定型，有一栋建筑就有一种样式，类型何止数千，且其中不乏有趣之物。图1-8是我在陕西、四川见到的一些例子，有的干脆直接做成了鱼形，还有蝴蝶、蝙蝠、草花等。任凭想象，自由施展，所出的作品自然也就有了无限的情趣。

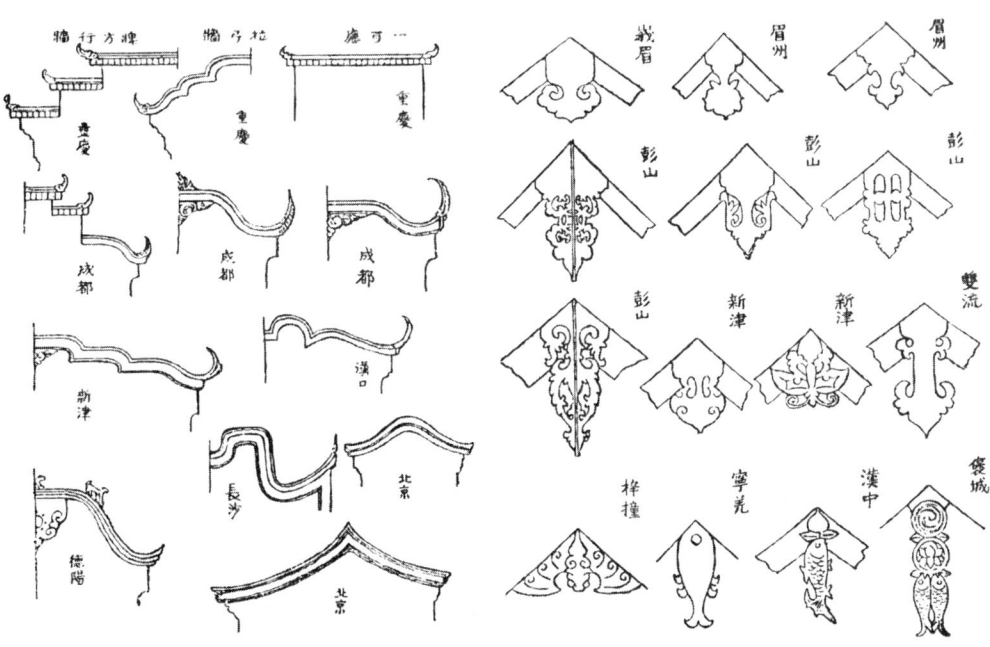

图1-7 中国建筑的山墙形式十二种　　　　　　　图1-8 中国建筑悬鱼十四种

另外，屋顶装饰、宝顶、瓦、檐、驼峰、梁、柱、栏板、勾栏、门扉、石坛等，无论哪一个都能生出无穷变化，短时间内实在是难以道尽。对这些装修方面的设计制作，有一点要特别加以注意，即装饰设计是以与建筑本身的协调为主，而并不注重装饰本身的形式如何。比如屋顶上装饰的动物，那些动物是什么并不重要，其形状自然与否、奇异与否也不重要，唯一重要的是作为建筑物的一部分是否有和谐之感。屋顶装饰动物位于屋顶，只要从下面仰视时好看就可以，卸下来放在地面上观察时，即使不好看也毫无关系。做工的粗细也一样，需远看的粗糙些，需近赏的细致些。在这一点上，日本的做法往往错误。把用来装饰屋顶的东西当做摆在地面的观赏物一样精雕细琢，可结果却失去了与整体的协调。这类例子不在少数。

中国装修设计最根本的是要有吉祥的寓意。吉祥思想自远古时期就和道教一起发展起来，每个人都有自己独特的表现方法。前面已讲过装修的形态变化既多种多样亦颇得要领，但须注意，装修的原始种类并不很多，而且都是些出自远古年代的创意，后世的作品几乎没有。也就是说，后人只是把古人的创意拿过来进行了种种改变、变形和不合理的捏造。

中国人无论对任何事情都具有改造变通的才能。比如中国的字音，原本是一字一意一种拼写法，字音不过只有四百种，可是在此基础之上加了平上去入四声，即使同音也会由于语气、缓急、长短、抑扬的程度不同而生出种种不同的意思。

欧美人评中国建筑，认为手法不合理、等同儿戏、低级等，这些认识皆是不懂中国手法的详尽内容，只观察表面毛皮而产生的结果。中国装修多有吉祥寓意，离奇、怪异、复杂、稚气等，常有出人意表之妙趣。不懂得这种妙趣的人根本就没有资格妄谈中国艺术。

五、装饰纹样

中国的装饰纹样也是个颇有趣味的问题，题材多取自吉祥思想。汉民族历来重视因缘，擅长空想，常能想象出一些外人想不到的怪异形象，并用作雕刻、绘画乃至建筑、工艺品的装饰纹样。读一下《山海经》就知道中国人是多么喜好怪异形象了。

根据一般纹样学的法则进行分类的话，大致可分为动物、植物、自然物、几何、人文故事等数类。中国除此之外还有文字纹，所以数量之丰富远远超于他国。

总之，中国人自古有关纹样的思考就极为发达，根据《周礼》记载，周王朝初期就有了按照官位高低来规定官吏服饰纹样的做法。

按照朱熹门人蔡沃[1]的说法，上古时天子祭祀时所穿的衮服由"衣"和"裳"组成，"衣"上绘日、月、星辰、山、龙、华虫（雉）的图案，"裳"上绣宗彝（虎蜼）、藻、

---

[1] 原著用字为蔡沃，疑为蔡沈之误。

火、粉米、黼（斧）、黻（亚）的图案，并称此为十二章。理由是，日、月、星辰取其照，山取其镇，龙取其变，雉取其纹，虎蜼取其孝，藻取其洁，火取其明，粉米取其养，黼取其断，黻因两己向背之形取其辨。这些都来自于吉祥思想，每一种纹样的选定都有其相应的理由，完全是汉式的趣味。另外《论语》里有"山节藻棁"之述，说明春秋时代就有了精湛的建筑装饰纹样。周朝古铜器上的纹样足以作为具体的例证，证明当时已有令人惊叹的图案才华尽得发挥。

现在按照顺序略述一下纹样的种类。首先看动物纹样，主要有龙、凤、麒麟、狮、虎等，还有多种鸟兽鱼虫类，如蝙蝠、马等的兽类，水禽类，鱼特别是双鱼，虫类里有螭、虬、虺等爬虫和蝉、蝶等昆虫。还有如饕餮、夔等空想出来的动物。龙在中国最受尊崇，用来象征天子，是一种综合了鸟兽鱼虫特征的图案。传说伏羲时有龙瑞显现，因此以龙纪官，黄帝时有龙垂须来迎，大禹时有黄龙负舟，孔甲时有二龙从天而降。另外还有孔子把老子比作龙的说法。关于龙的传说自古以来数不胜数，但在汉代以前却找不到龙的具体形象。铜器上的纹样有称为龙子的螭、虬、虺等，还有蛆虫、蚯蚓类的形象出现，但是没有龙。汉代以后的龙形将在以后章节说明，但在周以前中国人是如何想象龙形的不得而知。

传说凤与埃及火凤凰的发音有些关联，是一种空想出来的鸟。有记载说东汉和帝时，安息条支献上了一只大鸟，推测那应该是一只鸵鸟。鸵鸟在中国当成凤的实例可见于唐陵。总之古代的凤是中国人假设出来的灵鸟，铜器上可见其形态变化。

麒麟应该是 giraffe（长颈鹿）的音译。麒的古音是"ramu"，与"giramu""giraffe"之音相通。从非洲经西域传入中国，中国人将其灵化，加上种种传说，形象也被窜改。

龟作为四灵兽之一，常以蛇缠身之形出现。古代龟甲兽骨用于刻字，龟甲还用于卜筮，由此可推知龟被视作神灵之物的事实。龟形后来作为石碑底座用以观赏，叫作龟趺，不过现已为今人所忌不再使用。

狮子本自西域及印度传入，由梵音"simha"音译，写为狻猊，用"si"音充当了狮字。为了表现百兽之王的威严，后世脱开写生之域臆创出了种种形态，又与麒麟、龙等相连，继辟邪、角端、白泽之后成了所谓的灵兽。

饕餮的起源有多种异说。一般认为那是一个贪食无厌的蛮鬼，因为贪食所以没有下颌，面目丑陋，古代铜器上常常用之。

夔传说是一种怪物，人面兽身，头有双角。这个不得要领的形象要么与凤凰一起，要么和蔓草相配，经常用来做古铜器的装饰纹样。

动物纹样更是无法数清，在此省略。现在看一看植物系的纹样。中国的植物系纹样远古时并不发达，发达的都是几何纹和动物纹。这是因为汉人居住地在荒凉的原野，美丽的红花绿草少见，滴翠的山林贫乏，因此对植物的观察不够详尽。据文献记载推测，蔓草纹样自周朝开始用于建筑，但古铜器上没有见过实例。汉代带有植物的实物极为稀少，真正活泼动感的植物纹样的出现是在六朝，毋庸赘言，这是伴随着佛教从西域传入的，宝相花就是其中最显著的一例。

时到今天，植物纹样已经相当发达，可是却都像石榴、牡丹、藤蔓那样既普通又平凡，还没有过古怪离奇得令人瞠目的东西。可以说汉民族在对待纹样上没有对动物纹样那样惊人超凡的观察和创作。

自然物是指日月星辰、山水云冰、岩石等，种类不多，其中云和水更多用于观赏，其与龙凤的密切关联也受到极度重视。山岳和岩石因有永久坚固的吉祥寓意而被经常使用。几何纹样的种类非常多，自远古时代就十分发达。试观赏古铜器时，无论看哪一面，都能见到雷纹、云纹或粟纹、文纹、蝉纹（蝉虽是动物但已被几何图案化）等的纹样，到后世，种类更是逐渐增加。除了欧美纹样之外，说我们今天使用的纹样在中国无所不有亦绝不为过。

人文故事纹样指根据人物传记故事等绘制或雕刻并用于建筑装饰的图案。这些图案往往都是些历史故事，题材选自二十四孝、列仙传等。也有一些不带特殊含义的娃娃嬉戏类图案。人文故事被纹样化的大多是八宝、钱币、文房用具等，用来画房间隔扇的，也有被称为喇嘛八宝的八种佛具（白盖、双鱼、法螺、莲花、宝瓶、宝伞、长盘节、法轮），用来画或雕刻藏传佛教殿宇的栏板。每一种都出自吉祥祝福之意，每一种都是从信仰意识出发，这在其他国家是很难找到同例的。

中国建筑装饰里还有一种特殊的文字纹样最有趣味。中华民族有尊重文字的习俗，所以在柱子上写对联，在匾额上刻字，更把字幅精心装裱后挂在墙上。一方面这是一种建筑装饰，同时文字本身也有了作为纹样的功效。不过文字被纹样化后，仅仅作为纹样使用的情况颇为普遍，像寿、福、喜、囍、富、吉等吉祥文字被变通为纹样，配合其他纹样用在器具上、染织物上。很久以来就有百寿百福的说法，即寿字、福字各有一百种写法，而实际上又何止百种。喜、囍用于文字纹样的例子也非常之多。这些文字经过巧妙的处理之后还常被用在窗棂格子上。

纹样的使用大体上都很得要领。根据物品、形状、场合、位置的不同选择布置纹样，颇费了心思，其中不乏有大胆之作。如在柱间的小额枋、大额枋和额垫板三种材质不同的面上画一幅大图案，以求其远观效果，以免在各种材质面上分画纹样会显得过小之弊。这样的设计多少有些怪异，但很遗憾现在不是对此进行详尽讨论的时候。

六、色彩

中国建筑是色彩的建筑。如果把色彩从中国建筑中抽去，剩下的就只有死灰残骸了。中国建筑的里里外外都全面地经过颜色处理，原色部分丝毫不留。

中国人为什么如此喜欢施用颜色，固有的嗜好是一方面，另一方面大概因为建筑的主要用材是木料，原色的木料看上去十分粗糙，施用颜色不仅可以遮盖粗糙的材质，还可以用来掩盖粗劣的施工。

此外，施用颜色对保护木质建材也是有益的。

我在中国屡屡看到一些工匠建造木制房屋的工地现场，他们用极劣质的木材和十分糙劣的施工方法营建时的丑态实在令人难忍。然而，当全部施上粉彩之后，情况就会大为改观，一切都被颜色美化了。我因此知道了中国建筑施用色彩实属不得已而为之。如果能像日本建筑那样使用优质木材加上精巧施工，就没有了用色彩去遮住劣质木材的必要，如果能有像日本那样丰富的优质木材，保存期限将会更长一些，也就不会产生这类施色处理的想法了。

那么，中国人在建筑上又是如何使用颜色的呢？要说明这个问题，首先要从他们对颜色的心理状态讲起。

汉民族素有阴阳五行之说，认为世间天地万物均由五种元素生成，五种元素之间又相互生成。这金、木、水、火、土的五种元素，木生火，火生土，土生金，金生水，水生木，循环不尽。天地万物都与五行相配，特别是与季节、方位、颜色的关系更为紧密。列图表如下：

五行	季节	方位	色
木	春	东	青
火	夏	南	赤
土		中央	黄
金	秋	西	白
水	冬	北	黑

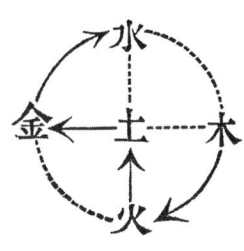

颜色中也有与五行相配的五色元素，即蓝红黄白黑。今天看来这并不太符合科学道理，因为蓝的性质不仅限于蓝，而是把青、绿、蓝都归于蓝，把绯、红、朱、丹都归于红，土黄、雌黄、橙黄都归于黄。

蓝色寓意暖春，是树木萌芽之色，方位为日出的东方。红色寓意暑夏，是燃火之色，方位为正午的南方。黄色寓意土地，是泥土之色，方位为中央。白色寓意冷秋，是金属光泽之色，方位为日落的西方。黑色寓意寒冬，是深渊之水色，方位为午夜的北方。这五色还有各自的特殊含意：

蓝——永久的和平

红——幸福、喜庆

黄——力量、财富、皇帝

白——悲哀、和平

黑——破坏

汉民族在这样的理想环境中选择建筑装饰的颜色。希望幸福和富有时主要选择红色，祈祷和平时用蓝色，黄色是皇帝的专用颜色，一般百姓不可滥用，只能用极少的一点点。白色几乎不用，黑色除了用墨勾勒线条之外基本不作为颜色使用。这样一来，中国建筑大体上就都成了红色，即使需要施加彩色也只限在青、绿、蓝系，很少用其他色彩。

五色之外的间色不大显著，但紫、赭、灰、茶等几种颜色尚可见到。中国人大都喜欢强烈的原色，尤以红色为甚，不喜欢轻淡之色和间色。他们本来就是喜欢寻求强烈刺激的民族，除了建筑，在饮食方面嗜好浓厚辛辣，服饰方面追求华美夸张。日常生活中也是无论什么都爱好红色，如桌布、椅套、名片，甚至连信纸、信封上都要着上红色。白色是最忌讳的，衣服只有丧服才是白色，白色名片也只限丧事时使用。裸木材质的房屋非特殊场合也都不用。

中国的宫城以及与帝王有关的殿宇都用黄色琉璃瓦铺顶，内部多施金黄色彩或贴金箔。天子之服在黄底上加龙纹，是因为黄色寓意中央，是皇帝之色的缘故。皇太子的宫殿用蓝色琉璃瓦铺顶，是因为太子居东方，人称东宫，与春相配，故施蓝色。日本自奈良时代到平安时代[1]，大内里的大殿都使用蓝色琉璃瓦，据说那是因为要对唐朝表示自谦才未使用皇帝之色，而是选用了相应东宫的蓝色。这种解释很是得当。

配色方面中国人也极富才华。他们考虑的往往是在拉开相当距离时的观看效果。这种考虑也适用于服装的颜色。中国人的礼服原则上是单色，上面用浓度极高的相同色调点出大幅图案，颜色大多鲜明强烈，所以远远望去，一群身着礼服的中国人红黄蓝绿甚是好看。而远眺一群身穿礼服的日本人时却与此相反，只能看到黑乎乎的一团，毫无美感，只有接近他们，把衣服拿到手里，甚至放到显微镜下细细观察，才能看出那些细微的条纹模样，才能体会到那种高层次用色的考究。

中国建筑和颜色的关系就像他们的服装和颜色的关系一样，是以远眺时的效果为主旨。如果细观某一局部，会感觉色彩十分随意十分粗笨。不过，像居室那样日常生活中常常近距离观看的东西，色彩也很精致。小摆设、小工艺品之类，是供拿在手里放在眼皮底下把玩之用，其色彩更是妙趣入微。这说明中国人在色彩方面具有十分成熟的考察和技巧。

作为中国建筑的特殊手法之一，屋顶的色彩应该谈及。前面已经讲过，宫殿、庙宇、祠堂的屋顶根据各自的资格分别铺有黄、绿等颜色的琉璃瓦，此外还有其他各种颜色。北京天坛祈年殿的顶瓦用的是强烈的绀青，非常耀目。北京西郊万寿山的离宫众香界，屋顶是在黄底上铺陈紫色、蓝色的纹样。北京皇城内中南海里有一座极为华美的建筑——瀛台，每间殿宇的颜色各异，屋顶用不同颜色的琉璃瓦铺成，屋脊、屋

1　奈良时代指 710 – 784/794 年以平城京即今奈良为都的时期。平安时代指 794 – 1185/1192 年的约 400 年间。

檐均施装饰，远远望去宛如一座神话世界的宫殿，给人以身临梦境之感。而日本的日光庙，梁柱部分虽施以重彩，屋顶却仅用黑乎乎的铜板一块铺盖，相比之下，趣味上可谓天壤之别。

七、材料与构造

中国建筑的现状是以木材和砖瓦混用建材作为标准，但其他建材的种类也不少，因此建筑构造的方法就有不同，形式也发生了变化。

据我掌握的范围，将中国建筑按其所用材料分类如下：

（1）泥土——多用于中国北部特别是长城以北的民居
（2）木材——主要用于长江流域及云南边境地区的住宅
（3）木材和砖瓦——用于中国各地的各类一般建筑
（4）砖瓦——用于中国各地的城堡、无梁殿等
（5）砖石——用于中国各地的牌坊、牌楼等
（6）石料——用于墓碑
（7）铜——用于特殊的殿堂如佛塔等
（8）铁——用于特殊的佛塔

如果仔细地观察还会发现有很多类别，如石材、砖瓦、木材混用类，砖石、泥土混用类等，这里举出的只是主要材料。另外还有主体是砖石，而表面贴上了陶瓦或石材的例子，这一类暂且按照主体材质是砖瓦类。

以木材为本位的建筑，结构自然是梁架组装式，檐深而轻，整体上给人以轻快之感。以砖瓦为本位的建筑，结构自然是拱形堆砌式，檐浅而重，整体上让人感觉厚重。木材和砖瓦混用时，其中一部分用梁架组装式，一部分为拱形堆砌式。木柱大多用砖材包住，或全包，或只包住外侧，室内部分的木材露出。檐以上的重量由柱子支撑，砖壁起补强作用。这样的建筑一方面可以展示木材梁架结构的列柱，另一方面又可以在砖瓦部分展示拱券窗型，这种奇观没有丝毫的不融洽、不自然之感，真是绝妙。

在以砖瓦为本位叠砌而起的墙壁之上冠以中国式屋顶的形式，不由会让人产生一种困惑。柱子上方的斗拱全部用砖做成，使得斗拱等形状与木造的必然大不相同，既不可能像木造的那样让屋檐远远伸出，也不能像木造那样轻巧上翘。因此，一种新的手法，一种新的均衡产生，在木造向砖造发展的过程中，木造的均衡转换成了砖造的均衡。这就像希腊古典建筑的结构和均衡是从前期的木造结构和均衡中变化进步而来，最终达到了大成之境一样，二者走的是同一路径。我们如果想用石材、砖瓦等不燃材料去建造由于木质建材而发达起来的造型时，中国的这些实例将会给我们很多启示（见图1-9）。

在中国，砖自周朝以前就开始使用，这一点已经被证实，当然拱券也应该是同一

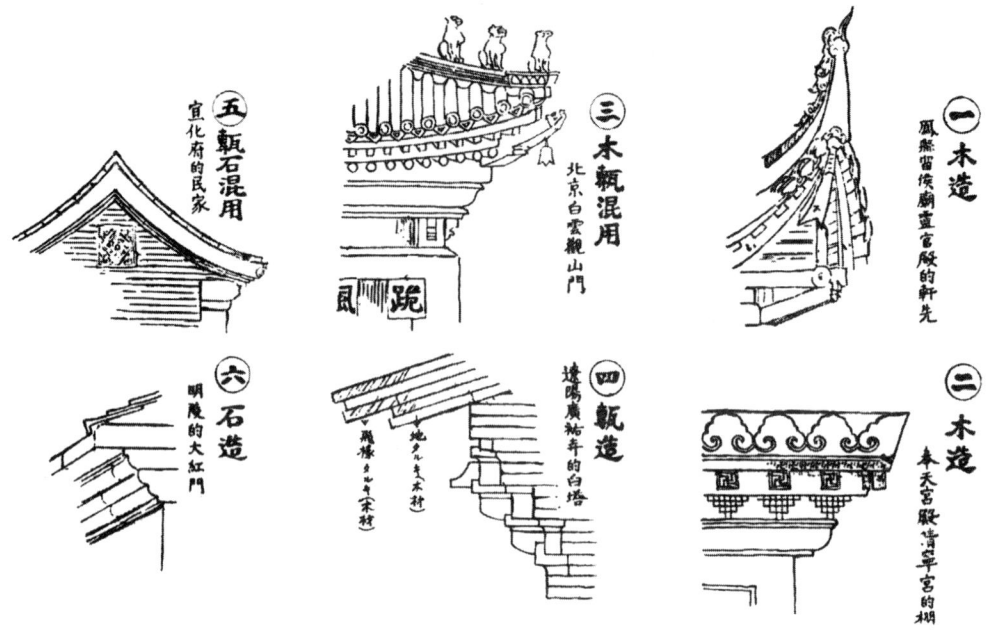

图1-9 材料构造与样式的关系

时代的发明。相传秦始皇在渭水架桥，桥长360步，有68个拱券。真伪虽然不详，但可以想象当时拱券已经存在。如果拱券已经实用，穹窿也必定已被发明。世界上最早知道拱券和穹窿的也许就是华夏民族。穹窿用得最巧妙的建筑是无梁殿。我在几处见到过无梁殿的遗迹，南京附近灵谷寺作为藏经所建的无梁殿最值得观瞻。该殿全部用砖建造，没有使用任何木材，天井是美丽的砖造穹窿。各地方大城市建在十字路口的鼓楼、钟楼就是所谓的十字穹窿，都是些相当进步的构造。其中一些还往往加上较为复杂的扇形拱，犹如西方哥特式的建筑一般。奇怪的是，拱券和穹窿的轮廓基本上都不呈正半圆形，而是上端稍稍接近尖拱的椭圆形，与波斯萨珊王朝的拱券多少有些相似，这是个有趣的现象。

一般来讲，中国建筑的构造如果从科学的角度看还存在着很多幼稚之处。特别是那种屋檐向上反翘程度很高的构造，虽然煞费了苦心，但是由于考虑得不够充分，以致古建筑的屋檐角处或受损或下垂，加之修缮工法不完善，施工又粗糙，极易发生破损。檐下配置的翼角翘椽多是马马虎虎地一头钉在椽槽上，另一头钉在大连檐上，极易脱落。中国的工匠在设计宅院建筑时，并不绘制正确精密的图纸，而是仅画一张粗略不全的草图而已。既无正确的缩尺图，也不绘制详图核对实际尺寸。临场发挥式地敷衍行事，按理说这样做是不可能有精巧善美的建筑出现的，可是建成之后却未必丑陋，粗糙之处亦尽数不见了。如此，原材料和施工费用虽然都比较低廉，但往往效果还算不错。如果能让中国的工匠们掌握一些科学知识，构造上再做一些改良的话，中国的建筑将会更有价值。

第二章 前期

第一节 有史以前（？~公元前1122年）

从本章起进入中国建筑史的分题专论，首先就有史以前的建筑略行考察。

中国真正的历史应该从何时开始的问题至今尚未解决。上一章已经提到，白鸟博士认为周朝以前不是正史，但是由于发现了被认定是周朝以前的遗物，这些遗物证明当时已经有了相当的文明，所以很明确，周朝以前的中国决不会是混沌蒙昧的时代。在这里姑且把周朝以前作为"有史以前"考虑。

中国的古代从远古、三皇、五帝说起，其年代至少要上溯数十万年。当然很明显，这是后人的假设，并不是正史。不过，关于古典建筑和工艺的记载却不失为一种艺术上极为有力的好资料。试举两三例说明。

首先，"有巢氏构木为穴"，这是有关建筑的最初文字记载，在燧人氏钻木取火的发明之前，不知那是几万年前的事，只知是暗示用木材构架建造了原始的房屋，比挖地穴居的时代又进了一步。当然这是发生在木材资源丰富的地区，而木材匮乏的地方仍然要穴居或建泥土房屋。

其次，尧时的"茅茨不剪，土阶三等"，这时距有巢氏的时代已经过了几千年，制度文物渐次完善，建筑方面也有了长足的进步。所谓"土阶三等"是指尧在制造宫室之时，本可用石料筑九级的高台，但却为了节俭，仅筑了三级高的土坛。屋顶在当时应该可以用瓦来铺，但因尧提倡节约，所以只用茅草铺葺，且茅草也不予修剪。

瓦从何时开始使用尚不能详，但《诗经·小雅》里已有了瓦字。《周书》中"神农作瓦陶器"，《古史考》中"夏桀时昆吾氏作瓦"等记载，实际上证实了夏时瓦已存在的事实。但是在中国，瓦是素陶的总称，瓦字本身象征着黏土卷曲的形状，并不一定就是屋顶上铺陈的瓦块。甄、甑、瓶、瓮、甕等字一看就可以被认同为瓦器的一种。总之我相信，自殷代起就已经开始在墙壁上用砖瓦，地面上用甓，屋顶上用甕，日用品用瓶、瓮、甕等物件，粘土的制作品有了显著的发展。

到殷代，建筑技法已有了相当的进步，这一点可以从最近在河南省彰德府城外发现的殷墟遗物中得到证明。遗物中虽然没有直接关系到建筑的物品，但是数量众多的工艺品足以显示当时艺术之一斑，也足以用来推测建筑的水平。根据《周礼》记载，殷代的宫室已有围墙环绕，围墙壁和宫室的墙壁都涂上一种用贝壳做成的白灰，这种涂过的墙叫作白盛。上等的墙壁用砖瓦垒砌，中等以下的用泥土堆砌，最后再涂上白灰。

《周礼》还把殷代宫室描述为"重屋四阿"。所谓的重屋是指重檐的建筑，屋顶为四坡的庑殿顶，这是中国宫殿建筑的典型样式。这种样式早在殷代就已大成。箕子在慨叹纣王暴虐时说："象箸玉杯，必不羹菽藿，则必旄象豹胎；旄象豹胎必不衣短褐而食于茅屋之下，则锦衣九重，广室高台。"根据这个记载可知当时的玉器制造也是十分精巧的。茅茨屋顶表示家境贫穷，宫室已是九重之深，可以想见筑高台、营广厦的技术已经成熟。此外还有纣王以极刑处置罪人时，在铜柱上涂抹膏脂，烧热之后让罪人横过的记载，可知铜制品已被用作了实现各种目的的工具。

殷代的陵墓制度也可见于《周礼》，当时已筑圆坟，坟中做圹，通过墓道与外部相通，圹中筑椁，椁中收棺，棺中殓入尸骸及各种陪葬品。陪葬品中有一种用稻草做成的人偶，叫作刍灵。到了周朝，刍灵逐渐被手脚可动的俑人代替。

陵墓的实例可参照河南省卫辉府北约十里处的殷代比干之墓。真伪虽尚不可辨，但那是一座圆坟，看作是最古的坟型应无问题。中国最早的葬法，恰如葬字所示，草上放个死，死上再放草，仿佛尸体被搁置于荒原野草之中，上面以草覆之的样子。后世埋尸于地下再以土覆之，使呈小坟之形。这种坟墓的原始形状一定是圆锥体或半球体，所以最古的陵墓必定成为圆坟。今天在中国各地的田野上、丘陵斜面上点点散见的庶民坟墓，几乎都是这类原始形的小圆坟。

有史以前的建筑风格甚是模糊，研究事项更多应属考古学范畴，故在此不予深入。总之，数万年前的远古时代，黄河下游地区繁衍起来的民族根据其土地状态和材料资源，或掘穴而居，或泥土做屋，或构木为巢。

今天在长城附近或长城外的村落里仍然可见泥土房屋，河南、陕西地区可见土窑式的民宅，湖南地区可见类似日本"天地根元宫造"式的小屋，云南边境地区可见酷似远古建筑吊脚楼的农家，这些都能让我们依稀见到远古建筑的影子。当然，这些原始屋宅本应是栖息在此的原住民们在汉民族移住此地之前的居所，但其中也肯定不乏汉民族为顺应当地条件而改造出的各种屋式。

中国人最早开始使用石器，渐渐知道了制作玉器，进而制出铜器，同时开始用泥土制出瓦，造出砖，建造起坚实的墙壁，又进步到了以瓦铺顶。建筑形式至此已然大成。自开天辟地以来发展到有了如此的进步，其间真不知费去了多少时日，自三皇五帝到殷，再到周，美轮美奂、堂而皇之的建筑终于建成了。

第二节 周（公元前 1162[1] – 公元前 256 年）

一、总论

中国确切有实的历史是从周朝开始的[2]。周的祖先自中国的西北边陲兴起，势力渐

---

1 原著标为 1162 年，如接上节，疑为 1122 年之误。此断代与我国惯例不符，照引原著所用年号。

2 原著出版时，殷墟的发掘成果尚未被公认。

次扩大，至文王时已经号称天下三分有其二，武王时终于灭殷统一天下。之后王位延续了37代，到被秦朝灭亡时已经过了867年。

一句867年说来简单，但是如此之长的王朝，古今中外很难找到。这些年数如果从昭和六年[1]开始上溯的话，正好是冷泉天皇的康平七年，也就是宇治的凤凰堂建成后的第11年。现在，当人们观赏凤凰堂时都会禁不住地赞叹那是一座稀有的古代建筑，那么在观赏周初至周末的稀有遗物时，这种感觉就会更为强烈。周初至周末近900年文化的进步与兴盛，当然不宜拿来与最近900年的发展相提并论，但总得要承认其间存在着显著差异。现在想要既明确又正确地搞清整个周朝的那段历史恐怕过于困难，只能是概括而论。如果说现在的研究稍有了一些进展，那就是我们了解到周朝具有至少可以划分为三个阶段的性质。

第一期：初期，武王元年至平王四十八年，即周初时代，前后400年。

第二期：中期，平王四十九年至敬王三十九年，即春秋时代，前后242年。

第三期：后期，敬王四十年至赧王五十八年，即战国时代，前后225年。

第一期是汉民族固有艺术的开端，也是艺术作为有价之物出现的时期；第二期是向着更洗练更精巧发展的时期；第三期是更趋成熟并以惊人速度发展的时期。我凭借不够完全的遗物和文献想象，认为事实理应如此。

周文化的兴盛已为众所周知，孔子赞叹曰："周鉴于二代，郁郁乎文哉！"实际上自文武周公以来，周就以文为国，竭力于学术技艺的进步与发展，其结果是，春秋以来涌现出了所谓的九流百家。哲学、文学、法制、经济、兵学、医术，所有领域都有巨人辈出。那种相互倡导各自学说的壮观景象，中国自古至今的任何朝代都难以超越。

周朝文化既然如此发达，建筑也就毋庸赘言。《周礼》是可以用来证明的最佳文献。我们可以通过《周礼》了解周朝的宫室建筑是如何按照井然的秩序营造出来的。除此之外还有不少可以窥见当时建筑一斑的文献。建筑的现存遗物几乎为零，只有少量与建筑有直接或间接关系的物件遗留，如陵墓、石器、玉器、铜器之类。这些物件中有很多还尚存疑问，但大体上被认定是周朝的遗物。我们通过这些遗物足以想像当时的建筑迹象。

周朝建筑的性质，更详细说是建筑的特殊平面、外观等，从今天的中国建筑推测起来并不难。中国建筑从出现到实现样式大成的周朝经过了几万年，而大成以后再到今天不过刚刚过去三千年，在中国悠久的历史长河中，三千年不过是一个很短的时期，因此性质上没有发生多大变化。不仅仅是建筑问题，今日中国的人情、风俗、工艺、学术等和三千年前的古代相比，都没有显著的不同。衣食方面也一样没有根本差异。所以居住亦即建筑方面，古今并无大别，可以在某种程度上用今日的建筑来律定三千

1　昭和六年 = 1931年。

年前的建筑。

从商朝传承到周朝的建筑，想来已经具备了上一章介绍过的中国建筑的特性：材料仍是木材与砖瓦混合，屋顶覆瓦，地铺石条砖，随处可见雕刻，外部全涂色彩。虽然地区不同会有差异，但一般远古时代木材相当丰富，建筑应该基本上以木材为本。《资治通鉴》里，子思对卫公说："夫圣人之官人，犹匠之用木也，取其所长，弃其所短。故杞梓连抱而有数尺之朽，良工不弃。"用工匠作比之处很是有趣，因为建筑的事情为一般人士所知，引出工匠之例很容易使人理解。砖瓦当然也已被广泛使用，内外装饰均用雕刻，纹样也是多种多样，对此，下面将依次根据文献和遗物加以说明。

二、坛庙

如前所述，中国远古时的宗教是崇拜祖先、崇拜自然。为祭祖先建庙，为祭自然即祭天地、日、月、山川等设坛。在中国，这些坛庙的设施自古以来受到极度重视。

坛是用石料修造的土坛，上面种着树木，祭祀在坛上举行。有关树木的种类，《论语》里有这样的记载：孔子的门人宰我就鲁哀公问社的答复是，"夏后氏以松，殷人以柏，周人以栗，曰，'使民战栗'"。此回答不当，所以宰我被孔子狠狠地批了一顿。总而言之，祭坛上是一定要种上树的，这和日本远古做祭典时要筑矶城植神篱的做法异曲同工。日本的祭典方法是从中国传习而来，还是在日本固有的方式上加入了中国样式，对此虽尚存疑问，但毕竟这种形式是一个极为重要的问题。今天北京现存的天坛、地坛、日坛、月坛等的构造样式当然与古代样式相去甚远，非常壮观，但并未失去其根本性质。

祭祀方式根据祭祀对象而异。古籍[1]中有"至舜，类于上帝，禋于六宗，望于山川，遍于群神。……至于岱宗，柴……"的记载，这应与今天日本所行的祭祀之礼基本上没有大的差别。即王者于大祭之时，先在地上洒酒祈求神降，然后奏乐，供神馔，行祭仪。祭祀终了，停乐撤馔，行送神之仪。唯一不同的是，中国供祭牲畜之习日本没有延用。中国自古畜牧，国民常食兽肉，而日本自古以菜食为主，兽肉自佛教传来之后就不再多作食用，更不用来祀奉神前。《论语·八佾》篇中有"禘自既灌而往者，吾不欲观之矣"之句，从中可以想象出降神仪式的场景。"禘"意为王者之祭。此文的大意是，大祭之时，洒酒行降神之礼后不久，祭官和参列者皆失诚敬，仪式有失尊严，实不忍睹。同篇中还有"三家者以雍彻"一句，可推测撤馔时的情景。"雍"指王者祭祀时所奏的音乐。大意是，鲁国的三位大夫以臣下之身份奏王者之乐行使撤馔，实在僭越。《雍也》篇有"子谓仲弓曰：犁牛之子骍且角，虽欲勿用，山川其舍诸？"之句，由此可知如何供奉牺牲。文意是，如果耕牛之子是红色且牛角端正的话，可以作为山川坛的祭祀牺牲来用。

1　指《尚书·舜典》。

庙祀自远古即已有之。据古籍记载，尧时已行五帝之庙祀。五帝之庙，唐虞时称五府，夏时称世室，殷时称重屋，周时称明堂。有关明堂放在下一章节详说。一般来讲，祭祀君王共同祖先之处称为太庙，其建筑与普通宫室毫无差异。只是主宇即正殿的正中要安置祖先的牌位，从宇即左右的配殿作为正殿的陪衬。现在北京宫城里的太庙在天安门内东侧，与社稷坛相应，奉天的宫城里也有太庙现存，但那都是些平凡的普通建筑，没有值得特别关注的美轮美奂之处，祖先的位牌亦并非特别出色之物。后世不过是传承了一套祭祀祖先的仪式，而不是出自对祖先的虔敬之念才对那些庙祀予以崇敬。日本模仿中国的称号，也把伊势神宫的内外两宫称作太庙，作为祭祀皇室祖先之处。

庙中牌位也有用造像代替的。太庙里虽无同例，但越王勾践念及范蠡功绩曾铸金像，楚国宋玉慕念屈原也为其造像。宋玉所作《楚辞·招魂》篇中有"像设君室，静闲安些"之句，朱子加注曰："今人已死，设形貌于室以事之，乃楚俗也。"造像之习起于周末，自楚越之地渐次发达，这一点值得注意。楚人、越人原本都不是汉民族，而是被汉人叫作南蛮，后来和汉人混血形成的种族，风俗上与北方汉民族存在差异。

"庙"这个字在中国也逐渐被广义应用。现在除了祭祀帝王、圣贤、功臣、伟人等处之外，祭祀属于道教神仙的地方，祭祀属于佛教的堂宇等一概都被俗称为庙。有关这类建筑将在以下章节分别阐述。

三、都城与宫室

有关周朝的都城宫室制度《周礼》中有详细记载。现摘记如下：一则曰："匠人营国，方九里，旁三门。"是说城市规划应为建筑家之责。城之大小为九里四方，一面开三个门，即所谓宫城十二门之制。次曰："国中九经九纬，经涂九轨。"是说城内纵横区划分为九条，日本平成京、平安京的街区设计源出于此。纵横的街道（即涂）为九轨，即是车轨的九倍。当时的车乘的宽度为六尺六寸，左右各伸出七寸，全宽为八尺，九倍就是七十二尺，等于十二步宽的路幅。

又曰："左祖右社，前朝后市。"王宫以中轴为大路，左设太庙，右配社稷坛，现在的北京城正是依此遗风。"市朝一夫"即市与朝各为百步见方。

就宗庙曰："夏后氏世室，堂修二七，广四修一。"世室指宗庙，修是南北纵深，二七等于十四步。夏朝以步为度量单位。广四修一即横宽要比纵深长出四分之一，即十七步半。再曰："五室，三四步，四三尺。"堂上成五室配以五行，大小为南北纵深六丈，东西横宽七丈。一步为五尺。又曰"九阶"，指南面为三，其他三面各为二。"四旁两夹窗"指四方各开一门两窗合计四门八窗。"白盛"即以贝壳调制而成的蜃灰涂抹。"门堂三之二"指门侧堂室的尺度取正堂的三分之二，南北九步二尺，东西十一步四尺。"室三之一"指门堂二室与门各占横宽的三分之一。

言及殷宫室时曰："殷人重屋，堂修七寻，堂崇三尺，四阿重屋。"重屋指王宫的正殿，其纵深为七寻即五丈六尺，一寻为八尺，横宽为九寻即七丈二尺。四阿重屋即双檐四坡屋顶。

言及周宫室时曰："周人明堂，度九尺之筵，东西九筵，南北七筵，堂崇一筵，五室，凡室二筵。"明堂即明政教之堂。周朝以筵为单位，一筵等于九尺。由此可知自夏殷至周，规模已逐渐增大。本文中夏朝举宗庙，殷朝举王宫，周朝举明堂，种类不同，虽难以直接相比，但均为同型的建筑。周朝的明堂图载于聂崇义的《三礼图》，但极不得要领，仅能用来大致窥见五室配置法和窗牖取寸法。

"室中度以几，堂上度以筵，宫中度以寻，野度以步，涂度以轨"，是指要根据物品来选择适合的尺度。

"庙门容大扃七个。"庙门的宽度为大扃七个即二丈一尺。大扃即牛鼎扃，长三尺。

"闱门容小扃三个。"庙中门即闱门的大小为六尺。小扃即膷鼎扃，长二尺。

"路门不容乘车之五个。"路门即寝宫之门，乘车的宽度为六尺五寸，五个就是三丈三尺。"不容五个"指原尺寸的一半，可理解为一丈六尺五寸。

"应门二彻三个。"朝门宽度是三个二彻，一彻八尺即二丈四尺。

"内有九室，九嫔居之。外有九室，九卿朝焉。"内指寝以里，外指路门之外。嫔是执掌有关妇人法规的人。

"九分其国，以为九分，九卿治之。"此为对九卿职务的说明。

"王宫门阿之制五雉，宫隅之制七雉，城隅之制九雉。"王宫门的梁长为五雉，宫隅城隅指京城城墙。雉用于测长度时为三丈，测高度时为一丈。

"经涂九轨，环涂七轨，野涂五轨。"此为道路宽广之制，宫城内的大路为九轨，环城之路为七轨，野外之路为五轨。

"门阿之制，以为都城之制。"都城是京师以外用来册封给王室子弟之处，京城的门制可通用于都城。即都城之隅高五丈，宫隅门阿皆高三丈。

"宫隅之制，以为诸侯之城制。"京城之外的诸侯城隅高七丈，宫隅门阿皆高五丈。

"环涂以为诸侯经涂，野涂以为都经涂。"王城道路与诸侯城道路之间要有等级差别。

以上是《周礼》中有关宫室建筑的记载，当然要完全理解十分困难，不过我们可以通过这些记载了解当时的制度是如何制定的，规矩是如何匡正的。除此之外还有一些文献可以帮助我们想像周朝宫室建筑的状况。试举两三例加以说明。

图1-10是帝王的宫寝，载于聂崇义的《三礼图》。虽甚不得要领，但据《周礼》的解释，王者有六寝，路寝在前，亦称正寝。燕寝在后分为六室，春居东北室，夏居东南室，秋居西南室，冬居西北室，仲夏居中央室。如按中国北方气候考虑，这种居住方法极不合理。至少冬天应该居住在东南室堵塞北方更为有利。也许这是一种为配合五行之说所做的牵强解释。五行之说把五行与季节相配，木即春配东，火即夏配南，

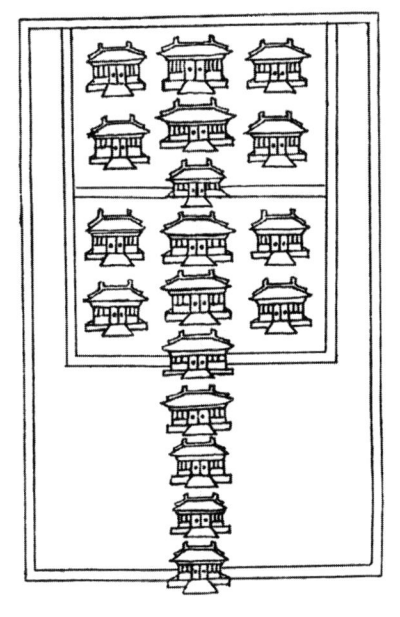

图 1-10 宫寝制

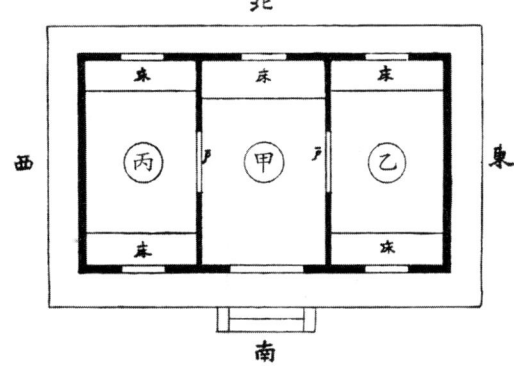

图 1-11 中等住宅假想平面图

金即秋配西，水即冬配北，土即中央配中。如图 1-10 所示，各栋房子建于坛上，单层顶四坡，正面分为三间，中央为入口有门，左右配窗。合于《周礼》的"四旁两夹窗"。

中等普通住宅的堂宇形状也基本与此相同，是目前最为普遍的一种。图 1-11 是其假想图。以居中的甲室作为会客室，左右的乙室、丙室作为居室或寝室。《论语·雍也》篇中有相关文字甚是有趣。

"伯牛有疾，子问之，自牖执其手，曰：'亡之，命矣夫！斯人也，而有斯疾也！斯人也，而有斯疾也！'"

按当时的习俗，病人躺在北窗前，主君前来探视时移至南窗前，需让主君面南而见。伯牛本来躺在乙室或丙室的北窗前，因老师孔子来访所以移至南窗前等待。孔子本应从中间入门先进至甲室，再进乙室或丙室，面南见伯牛。但也许是要避免烦劳病人，或者还有其他理由，孔子并未入室，只站在外面，从窗户伸进手去握住病人述念诀别之辞。从这段文字中我们不仅可以推知伯牛家的样子基本上与现代的中国房屋相同，而且还能想象出窗的高度与病床高度的关系。

当时的宅第大体上都保存着传统习俗，周围用墙壁围起，正面开门。墙壁是为了保家护院。地位越高财产越丰，墙壁也就越高，装饰也就更豪华。《论语·子张》篇中，子贡被问与老师孔子孰为贤者时对曰："譬之宫墙，赐之墙也及肩，窥见室家之好。夫子之墙数仞，不得其门而入，不见宗庙之美，百官之富。"意思是说平民百姓家的外墙往往不及人之身高，而天子宫室则高数仞。数仞可推知有三四间高，一仞等于七周尺，一周尺约等于现在的七寸五分。

墙在商代就以白灰涂饰，周代想来必然会有更进步的方法。孔子的门人宰予昼寝，孔子斥曰："朽木不可雕也。粪土之墙不可杇也。"据此我们知道了当时良木施有雕刻，用普通泥土砖瓦砌的墙壁最后要涂上色漆等物。

门的制度前面已经提过，《论语·乡党》篇有"立不中门，行不履阈"，由此可知门上有阈[1]，置于门扉处，以不踏阈而跨过为知晓礼节。缙绅宅第的大门内外应有影壁。现在大门内有影壁之家仍不在少数，官衙门前则要建造高大的影壁，上面画上一些奇奇怪怪像龙一样的动物以示威慑。《论语·八佾》篇中"邦君树塞门"讲的就是此事，树即墙也。

接门之处有门房，上面已经讲过，现在这种习俗仍未改变。门随身份高低增减其数，从第一道门经院子即中庭进至第二道门，再依此循序进第三、第四道门。天子的宫城自古以来宫门重重，其中规模最大的就是今天的北京城。

有关宫室的材料构造，详细情况不得而知，但都是外部以砖、内部以木、屋顶以瓦兴建而成，这一点是十分明确的事实。内外的装修也非常考究。雕刻随处可见，纹样皆着彩色，柱上齐备斗拱。《论语·公冶长》篇有如下一节：

"子曰：臧文仲居蔡，山节藻棁，何如其知也？"

这是批评鲁国臧文仲的僭越之举，指臧文仲放占卜用具的房间，竟敢在斗拱即节上雕山岳，在梁的短柱即棁上画草纹。现在"棁"字已被注上读音，专指日本伊势神宫的两宫正殿梁上的短柱。从这段文字中我们可以得知当时宫室构造的大要，即柱上有斗拱设备，室内梁体露出，其上立棁，棁上架栋，彩绘椽架露出。棁上刻有草花纹，其他部分也都涂上色彩加以装饰。所谓山节藻棁不过是为了押韵，节棁都用"屑"音，并不是说只有节和棁上加有装饰，而是说建筑的各个部分都有装饰。

春秋时代诸侯因富强而流于奢侈，这是不争的事实。鲁庄公非礼刻桓宫之桷，晋灵公[2]厚敛以雕墙，齐景公为曲潢横木龙蛇，立木鸟兽也。另外《石索六》中记载，宗周[3]丰宫的瓦当上有四神塑饰，足以说明制瓦技巧有了很大进步。图1-12是其拓本，四神像已磨损得模糊不清，但正中的"丰丰"字仍分外清晰。"丰丰"就是"豐"，一见便知。

图1-12 宗周丰宫瓦当文

1　即门槛。

2　原著为"齐灵公"，应为晋灵公之误，见《左传·宣公》"晋灵公不君，厚敛以雕墙"。

3　即镐京，今陕西西安西南。

四、陵墓

中国的陵墓建筑自然是自远古发展而来，根据历史年代，周朝以前多为简素之物，至周末大规模陵墓始告完成。但不过是"帝尧之葬，欵木为匮，葛藟为缄。其穿，下不乱泉，上不泄殠[1]"而已。舜葬于苍梧，二妃不从，市廛不变其肆。禹葬会稽，树不改其列，农不易亩。殷汤葬处不详。周文王、武王、周公葬于陕西省渭水北岸的毕，皆无丘陇之处。周公葬兄甚薄。孔子葬母于防，称墓而不坟，葬子鲤有棺而无椁。

周朝葬仪与陵墓之制皆详记于《周礼》，录之如下：

冢人掌公墓之地，辨其兆域而為之圖。先王之葬居中，以昭穆為左右。

凡諸侯居左右以前，卿大夫士居後，各以其族。

凡死於兵者不入兆域。凡有功者居前，以爵等為丘封之度與其樹數。

王宫曰丘，诸臣曰封，列侯之墓高为四丈，关内侯以下至庶民各有等级之差。

大喪既有日，請度甫竁，遂為之尸。

及竁以度為丘隧，共喪之窆器。

葬仪时，开始挖竁即墓穴之际，要行仪式禀报土地之神后才可下棺入穴。下棺时要在墓穴两侧立碑，以棒穿碑，捆棺之绳网要结在棒上棺方可下。隧即墓道，是从外部通往墓室之路。

"及葬言鸾车象人。"

葬仪时需放入驾鸾车的像人即俑人。俑人如前章所述，是从殷代的刍灵演变进化而来。

"及窆执斧以莅。"

"遂入藏凶器。"

临下棺时放入凶器亦称明器。明器是陪葬品。想来使用明器之习自夏后氏时即已开始，周朝应属承袭。

"正墓位。蹕墓域，守墓禁。"

"凡祭墓為尸。"

"凡諸侯及諸臣葬於墓者，授之兆，為之蹕，均其禁。"

以上是《周礼》的有关部分。周朝自春秋开始，葬仪日见隆重，坟墓逐渐广大。《论语·子罕》篇中亦可见孔子宣传葬礼隆重，自己亦希望得到厚葬的章句：

"予纵不得大葬，予死于道路乎？"

言外之意暴露了孔子的心理。

孔子的门人颜渊死，门人欲予厚葬。其父请求孔子卖掉车乘为颜渊造椁。孔子拒

---

[1] 见《汉书·杨王孙传》。

绝请求说，吾子鲤死时有棺而无椁。由此可知，当时的富裕之家皆于墓中造椁，椁内藏棺。

周朝的陵墓已有作为葬仪装饰用的石兽石人。《水经注》有记载说，周宣王时仲山甫之冢有石羊、石虎，但拓跋魏时已溃碎殆尽。墓地种植柏树、放置石虎的由来，据说是因为魑魅魍魉好食死者肝脏，却因怕柏也怕虎不敢近前。关于石人也有特例，即春秋以后厚葬之风盛行，晋文公向周襄王请求在墓中修隧未获准许，却仍建了极为僭越的灵公冢。已被发掘的汉广川王冢，甚为壮观，四角有石制獲犬，还有四十余男女石人捧烛侍立。尸体九窍中皆有金玉，其他物品均已腐烂无从知晓，只剩下一只玉制蟾蜍，大小如拳，腹部可装水五合，光泽宛如新玉，取之即滴水。此记载见于《西京杂记》。石人之例此外还有，同书还记载了魏哀王冢的发掘：石床上有石几，左右各立三个石人，皆武冠带剑，云云……石床左右各有二十个石妇人侍立，或执巾栉镜镊之象，或执盘奉食之形。

越王勾践的大夫文种之墓在广州东面，墓下有石，为华表柱，上有石鹤一只。此说见于《述异记》。这说明墓室立华表周朝时即已出现，但我不敢苟同。华表是从阙变化而来，历时很久才在后世出现的。墓室里的或许是石鹤或石凤之类亦未可知。

齐景公墓在贝丘县东北，唐代曾被人掘开过，向下三丈处有石函，自函中得一鹅。此说见于《酉阳杂俎》。这些都是深埋之例。似此，春秋以后奢侈之风盛行，葬仪坟墓亦尽其奢华，以至墨子要写下《节葬》。

现存的陵墓实例甚少，其类型有二，一为圆丘，二为方丘。圆方两型皆或有阶梯，或半球体或梯形。今陕西省咸阳县以北一带即是古时的毕原，累累古坟散在其间，一部分是周陵，一部分是汉陵。周陵里有被称为文王、武王、成王的陵寝，但其真伪尚未充分确定。文王陵在咸阳北 15 里[1] 处，长方梯形。据关野贞博士的考察测定，陵长 375 尺[2]，宽 320 尺，高约 60 尺，顶面 153 尺乘 154 尺见方。周朝初期竟有如此之大的陵墓实属可疑，但现阶段还不能予以否认。武王陵位于文王陵南面，是座圆坟。成王、康王之陵分别在文王陵之北和西北处，均为正方形布局的梯形。当然，这些陵寝的轮廓已经崩毁，原状不存了。

吴王阖闾之墓在江苏省苏州城西郊，名为"虎丘"。据《越绝书》记载，阖闾冢在阊门外，名虎丘。下池广六十步，水深丈五尺。铜椁三重，顷池六尺，玉凫之流。扁诸之剑三千，方圆之口三千，有槃郢鱼肠之剑。征调十万余民工，临湖取土以葬之，葬后三日因有白虎居其上，故号虎丘。现在丘坟轮廓已经溃破，原型无以考察，丘上屹立一塔，为明代修造。

---

[1] 1 里 =500 米

[2] 1 尺 =0.333 米

齐桓公之墓在山东省青州，山东铁路沿线附近皆是阶状方坟，尚未能详细调查。管仲之墓也在其附近。

孔子之墓在山东省曲阜，原称马鬣封，即前低后高，形状如棺之类，但现冢为圆坟。鲤及子思之墓也在附近，也都是圆坟。据说邹县的孟子墓亦为同型。另外江西省南昌市有一称为澹台灭明的陵墓，虽真伪不详，但以叠石堆成的方锥形状实属罕见。

总之，周朝王室及诸侯的陵墓形式虽然简单，但规模甚是宏大，足以想象其国力何等兴盛，文化何等进步。

五、建筑装饰及纹样

周代的建筑装饰已经发达至足供观赏的程度，这一点参考前举数例虽已明确，但具体形象仍不能知晓。

"山节藻棁"的字义，可解释为，节即斗拱上刻山形，棁即梁上短柱上画藻即草花样。以山做饰之例见于史传，云自远古起，帝王衣饰上即画有山形，所以没有理由否认。不过有关草花纹样确有值得商榷之处。本来中国远古的纹样，多如周汉时期的古铜器、玉器上可见的那样，皆以动物、天体或几何纹样为主要题材，植物性的纹样几乎不见。这是由于古代中国人比起客观地观察自然界来，更加重视主观地考察人类，或遵阴阳五行之说，或祈祥瑞之兆，或重阶级制度之约，表示纹样特殊意义比外观的美感更为重要，所以工匠们不可能各自随意发挥。总之，古代中国的纹样僵硬而不委婉不流畅，漾溢着谜一样神秘气氛的原因就在于此。同时，纹样于古代，由于多是刻制在石料玉器等物质坚硬的材料上，当时的工具尚不足够锐利，刻出僵硬的轮廓也是在所难免。从植物界获取的纹样极为稀少之原因，大概是由于中国北方树木贫乏，对自然植物的观念也就随之淡漠的缘故。不过中国北方并不乏花卉、蔬菜、杂草之类，想来本该有些植物可以演化为纹样，可迄今未见实例，不可思议。藻是水草，认为这种水草逐渐演化成为草花纹样似乎是顺理成章，可又觉得不太靠谱。即使假设藻是藤蔓，亦不会是优柔委婉，而应如汉镜上所见僵硬强直的半几何造型。

《石索六》中所见宗周丰都瓦当前面已经提过，如果周初就开始在瓦当上加了装饰文字的话，屋顶的边边角角都会见到作为装饰用的物件，由此推之，有关刻桷、刻墙等记载亦应见于传记。

中国的玉器、铜器上使用的特殊纹样是否也用在了建筑上，这一点尚不明确。但可以认为，对其中的某些种类稍施变形使用于建筑的想象是恰当的，也有后世的建筑实例作为佐证。梁、脊、枋、短柱等架构材料上所施的雷纹、云纹或许就是由此发展出来的变形纹样，如藻文等皆有其适用的理由。可以联想当时的窗扉已用某种较为复杂的造型进行装饰，建筑内外当然都涂有颜色，而颜色大概和今天一样以红色为主，细微纹样则施以蓝色。

第三节 秦（公元前256～公元前207)

一、总论

秦至始皇时兼并六国统一了天下，中国至此第一次实现统一，第一次建立大帝国。

秦治世极为短暂，但其在文化史上的意义重大。周朝时业已发达的艺术到了秦代更加华彩。豪放英迈的始皇帝无论何事都喜欢做成开天辟地的大事业，胸中自有要超越前代文物、创出更新文艺的气概。他派蒙恬在北方边境修筑长城，以防匈奴进犯。相传长城西起临洮，东到辽东，翻山越岭，蜿蜿蜒蜒不知长为几许，俗称万里长城。但这并不是始皇一代之功，早在战国时代，燕赵就随处筑城以御北狄，始皇不过是将其补缀连接而已。以后的六朝、隋朝均加以补缀，明朝亦予修补，故始皇所筑部分究竟在哪里尚不明确，但至少应该考虑与现存长城位置不大相符。

有关长城起源，文学士桥本增吉氏曾有研究发表。桥本认为："长城在因对外缘故建筑之前，实为春秋战国时群雄对峙的内需而筑。文献上最早记录的长城是公元前378年齐国所筑，之后又有了公元前369年的中山国长城和公元前306年的秦、赵长城。当时的城墙多以土筑。《诗经·大雅》有'以尔钩援，以尔临冲，以伐崇墉'之句，墉即土壁之意。《易经·泰》中有'城复于隍'，指掘隍所构筑的城墙坍崩又复归于隍，由此可以想见当时的城墙构造，也有了可以考虑砖造城墙的理由。"

始皇帝统一天下，将既成的长城加以补缀增筑，从而完成了他的巨大工程。但这决非那座翻山越岭从临洮延至辽东的长城。踏勘现在的长城，相当于在汉土通往北狄的主要道路一线上，国境处设有关卡，城门左右筑有城壁，这些城壁依据地形而划界相异，有的仅长数百米即止于断崖，有的则沿山脊绵延起伏十数里，形状千变万化。根据我们的实地勘察，河北省北部的张家口长城遗址为最古（见图1-13、图1-14），但分不出是秦代所筑还是以后的朝代所筑。那段长城残存在城门以西的丘陵之上，与其说是城墙，不如说是用小石子堆砌而成的单纯等边三角石垒。底宽和高不过各为一丈至一丈五，石料取自丘陵上裸露的岩石，一块的大小约在一尺到二尺，正好是一人可抱运之程度，石与石之间不用灰浆类的粘结材料，只是杂乱堆积而已，攀援而上并不困难。处处可见望楼遗址和坍塔残骸。不知这些石壁的确实长度，放眼望去约有数百米之远。如此简单的城壁筑造起来也应十分容易，即使延长数十数百里，只要多用工役，不需数年即可完成。总而言之，古代长城根据所建场所不同，筑造时或用石，或用土，或用砖，各处的规模、材料、构造亦不尽相同。

始皇帝喜好大型土木工程，阿房宫是最显著的例证。阿房宫隔渭水与咸阳相望，建在今西安城西郊。相传阿房宫东西500步，南北50丈[1]，上可以坐万人，下可以建

---

1 1丈=3.333米

图1-13 河北省张家口的长城遗址

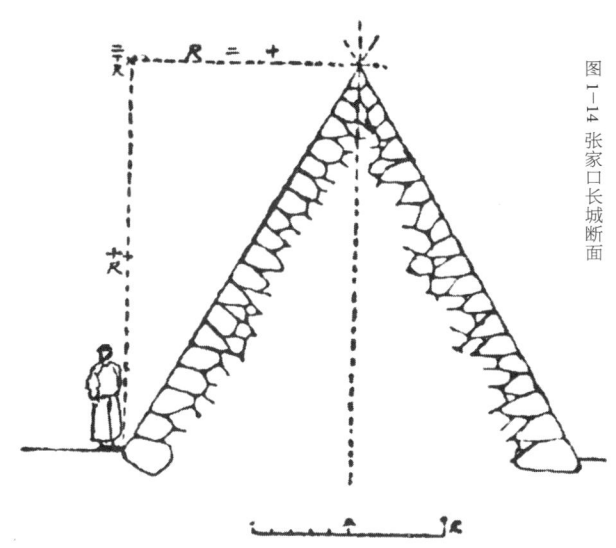

图1-14 张家口长城断面

五丈旗,周池为阁道,自殿下直抵南山,五步一楼,十步一阁,规模之宏大可想而知。武梁祠的雕刻也表现了秦王的宫殿,其中楼阁可供想象所谓的五步一楼,十步一阁。记录文字固然夸张,但从始皇帝的性格推断便可知阿房宫是多么雄伟和华丽(参照第一章第四节)。

始皇帝又架石桥于渭水之上。传说当时由于铁墩过重无人能动,乃刻力士孟贲等人石像供祭,铁墩遂移。又传桥长360步,宽60尺,有68个桥拱,东汉初平元年(190年)及东晋义熙十三年(417年)各行修复,唐高祖武德元年(618年)拆毁。

始皇帝收天下兵器集于咸阳,熔化之后铸成钟镰和铜人各12个,立于咸阳宫外。

铜人每个重达千石，或曰重24万斤。钟镶高两三丈，铜人身高五丈，足履六尺，其巨大可以想见，也可知当时的铸金术有了显著发展。

有关秦代明堂之规模，聂崇义的《三礼图》（图1-15）中虽有记载，但所举之例不得要领。据其解说，周时改五室为九室，三十六户，七十二牖，十二级。但周围的城门各开三拱，值得注意。有关拱形，此图难以令人置信，但抛物线式的画法十分有趣。不呈正圆弧，几分椭圆加上抛物的曲线，看上去会让人感觉很像今天诸城门的门拱。

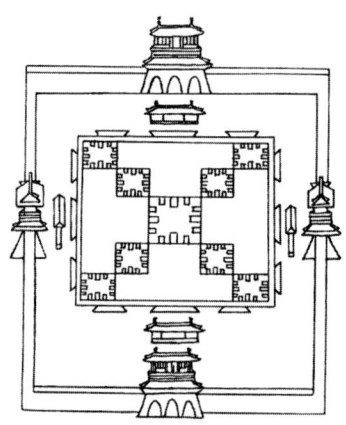

图 1-15 明堂《三礼图》

二、遗迹

作为秦代遗迹，应该特别一提的是秦始皇陵。陵寝位于陕西省临潼县的骊山山麓，今西安城东约五十里处。据史书记载，始皇帝即位之初就开始动工，征用七十余万人，下穿三泉，上筑山坟，其高五十余丈，周围五里余，内有石椁，上画天文星宿，下以水银为四渎百川，金银凫雁、金蚕、琉璃、杂宝龟鱼、雕玉鲸鱼、衔火珠星及其他珍宝奇器庋藏满之。楚项羽入关发掘此陵时，用三十万人掠夺三十日仍不能尽运。陵上还有石兽，后被移至汉五柞宫，其高一丈三尺。

观察今日现状，皇陵依旧巍然耸立于平原之上，但有部分轮廓遭损，创建当初的规模不明。勘测得知，其平面为方形，一边之长据关野贞博士测量为1130尺，据本人测量则约1000尺。高度现已不足百尺。从整体的平衡考虑，创建当初的高度也应不过百尺左右。现形状为阶梯式方锥型十分明确，但确实的轮廓不能知晓。石兽和其他饰品在今天的现场已是不留片影，不过如果发掘此陵，大概还是可以收集到一些项羽搬剩下的明器物件吧（图1-16）。

无论如何，此陵规模应是中国自古至今最大的，其表所覆面积据关野博士勘测的数据是35000坪[1]，我的数据是28000坪[2]，比埃及的大金字塔还大。日本仁德天皇陵是超过10万坪[3]的巨大陵墓，除此之外，始皇陵当数世界第一流的巨型陵墓。

有关秦瓦类别，《石索》里记录了十六种瓦当和一种平瓦，应该可信。瓦当中央有"维天降灵延元万年天下康宁"的文字，据说是在阿房宫遗址发现的。直径四寸五分（图1-17），另外还有几块带有"卫"字，大概是模仿卫国宫殿做的卫瓦（见图1-18）。

1　按 1 坪等于 3.3 平方米计算，约为 115500 平方米。

2　计算同上，约为 92400 平方米。

3　计算同上，约为 33 万平方米。

图1-16 陕西省秦始皇陵

图1-17 秦瓦当文　　　　　　　图1-18 秦瓦当文　　　　　　　图1-19 秦瓦当文

对此《史记》中有记载："秦每破诸侯，写放其宫室，作之咸阳北阪上。"《长安志》中也有"瓦作楚字者秦瓦也"之句，根据这些可以知道秦兼并六国后便仿建其国建筑，并把国名刻写在瓦当上。秦地处边隅，文明开化较晚，因此很注意汲取中原诸国的进步艺术。

有一种珍奇的瓦当，下绘飞鸿，上写"延年"二字，直径约五寸，是秦鸿台之瓦。鸿台是秦始皇二十七年所建，高四十丈，上方建有展望台，因皇帝曾在此台射过飞鸿而得名（见图1-19）。

阿房宫之瓦皆有"西瓦廿九六月宫瓦"字样，原由不明，是在阿房宫址发现的。今天人们仍偶尔从阿房宫遗址处发现古瓦。

第四节 汉（公元前207－221年）

一、总论

东西两汉前后长达四百余年，其间文明进步神速，于周秦即获大成的汉民族文化到了汉代更被精练。当时国力的发展也实在令人瞠目：北方平定匈奴，南方兼收安南北部，西方将新疆全部归入版图，葱岭以西的大夏、康居、大月氏、安息等都被其划入势力范围。更处西方的条支、大秦等也都知道了汉的强大并开始与汉交往。印度的佛教也传入中国。如此，当时的世界列强皆与汉土有了往来，物品的交换亦随之进行。

如果从史实角度考察汉代艺术的变迁，可以划分为三个时期。第一期从汉初至武帝之前，是继周秦遗风的纯汉民族的艺术时代。第二期从武帝时博望侯张骞前往西域诸国的探险旅行开始到东汉明帝时为止。这个时期，以往的纯汉民族艺术里加进了西域艺术的韵味。所谓西域艺术是指泰西古典艺术与当地艺术的结合物。第三期是自东汉明帝时来自印度的摄摩腾、竺法兰传播佛教以后，可以推测这个时期的传统艺术中又加入了更多佛教艺术的成分。

据史实分类应为以上三期，现希尔特先生的见解亦同于此，这在前面已经讲过。但事实是否的确按此分类推移，是一个需要考虑的问题。比如，说葡萄是张骞自西域带回之物，但很难说葡萄藤草纹样是从武帝时期以后才开始盛行的。说海马葡萄镜是西汉创作的，但又没有确凿的证据。说佛寺是东汉明帝时才开始兴建的，但很难确定其建筑使用的就是印度式手法，建筑装饰中也难以确认有印度式的手法和纹样。一般来说，对于外国艺术的融合是要经过长期接触才能逐渐实现和普及的，史实中出现的时代新事物并不能马上就反映在艺术上。我认为中国普及西亚地区艺术是从东汉班超的远征开始，佛教艺术的普及是从汉代以后即两晋时开始的。

总之，汉代四百年间，艺术当然传承于周秦，纯汉族艺术更为发达，虽有西域潮流涌入，但尽被融合于汉族艺术的大海之中。西域艺术多少给了汉族艺术一些影响，但远远未达改审其色彩之程度。佛教艺术于汉代以后成了一大势力，但汉末以前仍属弱势。

汉代艺术自始至终依然保持了汉民族的固有形式，对其间的样式变化并没有特意划分时期的必要。只是与周代的相异之处需要提及：第一，一般艺术从周代的古朴发展为庄严；第二，伴随国力的发展，艺术亦趋于雄大；第三，由于西域诸国文物的输入而增添了新意；第四，由于佛教传入，佛寺即迦蓝建筑开始勃兴，佛教艺术出现萌芽。下面分类依次详述。

二、宫室

汉代宫室雄伟奢华的程度与阿房宫相比，可以说是有过之而无不及。当然现在没有可以用以佐证的遗迹，但通过史料记载足以知之。汉高祖时营建的未央宫、长乐宫，武帝时营建的上林苑，其壮观之记述既便是夸张的，也足以令人惊叹。汉刘歆著《西京杂记》曰：

> 漢高帝七年，蕭相國營未央宮，因龍首山製前殿建北闕未央宮，周廻二十二里，九十五步五尺，街道周廻七十里，臺殿四十三，其三十二在外，其十一在後，宮池十三，山六，池一，山一亦在後，宮門閣凡九十五。武帝作

昆明池，欲伐昆吾夷，教习水战，因而于上游戏养鱼，鱼给诸陵庙祭祀，余付长安市卖之，池周廻四十里。

《西京杂记》中还有很多有趣的资料，如描述成帝的宠妃赵飞燕与其妹同在宫中沉湎游乐，有如下记载：

> 赵飞鷰女弟居昭阳殿，中庭肜朱而殿上丹漆砌皆铜沓黄金涂白玉阶壁带往往为黄金釭，含蓝田璧明珠翠羽饰之。上设九金龙皆衔九子金铃五色流苏，带以绿文紫绶金银花镂每好风日幡旄光影照耀一殿，铃镂之声惊动左右，中设木画屏风文如蜘蛛缕，玉几玉牀，白象牙簟绿熊席席毛二尺余，人眠而拥毛自蔽望之不能见坐则没膝其中，杂熏诸香一坐此席余香百日不歇……

如此的奢侈足以令人瞠目结舌。另外还有关于哀帝宠臣美少年董贤的记载[1]，哀帝完全为之迷惑，见文如下：

> 哀帝为董贤起大第於北阙下，重五殿，洞六门，柱壁皆画云气萼藕山灵水怪，或衣以绨锦，或饰以金玉，南门三重署曰南中门南上门南更门，东西各三门，随方面题署亦如之，楼阁台榭相连注山池玩好穷尽雕丽。

当时的宫殿楼阁都是以浓重的色彩、纹样、金银、珠宝作为装饰，纹样推崇中国一流的特殊的奇怪的动植物，珠玉主要是从西域输入的宝石类。

班固所作《两都赋》中也有描写当时壮丽景观的文字。班固担心和帝不愿离开洛阳，于是作此赋上呈。赋中讴歌了长安城的规模和城内的繁荣景象。赋曰：

> 建金城其万雉呀周池而成渊，披三条之广路立十二之通门。内则街衢洞达，闾阎且千，九市开场，货别隧分，人不得顾，车不得旋，阗城溢郭，旁流百廛，红尘四合，烟云相连。

关于上林苑，赋曰：

> 西郊则有上囿禁苑，林麓薮泽，陂池连乎蜀汉，缭以周墙四百余里，离宫别馆三十六所，神池灵沼往往而在。其中乃有九真之麟，大宛之马，黄支之犀，条支之鸟，踰昆嵛，越巨海，殊方异类，至於三万里。其宫室也，体象乎天地，经纬乎阴阳，据坤灵之正位，倣太紫之圆方。树中天之华阙，丰冠山之朱堂，因瓌材而究奇，抗应龙之虹梁，列棼橑以布翼，荷栋桴而高骧。雕玉瑱以居楹，裁金璧以饰铛，发五色之渥彩光烂朗以景彰於是左城右平，重轩三阶，閨房周通，门闼洞开，列钟虡於中庭，立金人於端闱……

文章的确十分有趣，上林苑内集聚了世界各地的动物，条支的鸟大概指的是鸵鸟吧。宫室内雕镂施彩之华美，似乎所有的景象都呈现在眼前，从而可知当时汉朝势力是如何向世界扩展的。宫殿建筑以五彩装饰，楹和珰用宝玉金银充斥。有趣的是梁架做成

---

[1] 见明朝王世贞《艳异编》卷三十一·男宠部。

龙的形状，用的是虹梁手法，可以推知当时的建筑雕刻几乎发达到了极点。

再举一个与此相关的例子。武帝的上林苑在长安西郊，渭水以南。因瓦当上刻有"甘泉上林"，故被认为与甘泉宫有关系。还有说法是，甘泉宫是秦二世皇帝所建，现属于陕西省淳化县，在西安西北约一百五十里处，应与上林不属同一区域。上林苑到武帝时大举扩建修理，武帝于元封二年（公元前109年，一说为元鼎元年）在此建起通天台（又称候神台、望仙台）。高二十丈，以香柏做殿梁，其香十里可闻，所以又称柏梁殿。台上立有铜柱（金茎），高三十丈，柱上有仙人，手举玉杯以承云表之甘露，即承露盘。盘大七围，传说离长安二百里处仍可望见。《西都赋》中有歌为证：

"抗仙掌以承露，擢双立之金茎。"

金茎双立，是说看上去似乎有两个金茎并立。

传说昭帝元凤年间，台自破毁，椽桷皆化作龙凤乘着风雨飞之而去。这是在暗示椽桷之上有雕龙刻凤。

又传曹魏明帝景初元年（237年）十二月，正要把长安的钟虡、骆驼、铜人和这个承露盘一起搬到洛阳去时，盘即折断了。

除通天台以外，长安还建造了飞帘柱馆。这里把铜制的飞帘放置于馆顶之上。献帝建安十五年（210年）曹操建铜雀台，十八年又建金虎台，也都在屋顶放上了铜雀、金虎的铸像。铜雀台的遗址在今河南省丰乐镇东十五里处，最近从遗址里发掘出了数种雕刻砖瓦，其中有一尊石狮子栩栩如生，技法之巧妙，实在是天下极品，现珍藏在东京的大仓集古馆。大正十二年[1]因大地震加火灾损坏严重，真是令人惋惜。

三、陵墓

陵墓发展到了汉代更趋完美，仪式形式也已具备。即使没有像秦始皇陵那样雄伟的大作，也不失历代帝王陵式的巨大规模，石阙、石兽、石人、石碑等并立陵前。还可见外陵前建有享殿，以供祭祀时使用之例。

根据《水经注》记载，郦食其之庙在河南省偃师县，门前有两个石人对立，石人西侧有两个石阙，北魏时虽已颓毁，但高仍有丈余。石阙是石门的一种，有一对坚实的柱子，中间无门。石阙始于何时不明，但东汉的遗物上已经有了精巧的雕刻。《阿房宫赋》中有"表南山之巅以为阙"之句，表明"阙"于周秦时就已经存在。

另据颜师古考证，陕西省兴平县的冠军侯霍去病墓前有石人石马，丹阳的大姑陵有两尊石麒麟，弘农太守张德之墓在河南省密县浈水之阴，有两个石阙，些许石兽，两个石人，几根石柱和三块石碑。此类记载见于文献，可以推知当时的陵墓制度。

遗址中的主要帝陵列举如下：

1　大正十二年 = 1923年。

（1）惠帝安陵，陕西省三原县

（2）景帝阳陵，同上

（3）元帝渭陵，陕西省咸阳县

（4）宣帝杜陵，陕西省西安城南

其中规模最大的要属元帝的渭陵，平面为长方形，立面为五级阶梯形。幅员长 790 尺，宽 725 尺，占地约为 16000 坪[1]，高约 90 尺，面积大于埃及的大金字塔，由此可推知汉陵规模之大。陵底面的大小和高度的比例并不确定，一般以高度是底面的五分之一至八分之一作为标准。图 1-20 为关野贞博士所测惠帝、景帝、元帝、宣帝各陵图。

图 1-21、图 1-22 是收录在 1914 年至 1917 年法国维克多·谢阁兰[2]（Victor Segalen）、吉尔伯特·万桑（Gillbert de Voisins）、让·拉赫里格（Jean Lartigye）探险报告书中的"西汉五帝一后陵"。帝陵之外的遗址中，最有名最重要的当属山东省嘉祥县的武氏祠和肥城县的孝堂山之墓。以下就此加以说明。

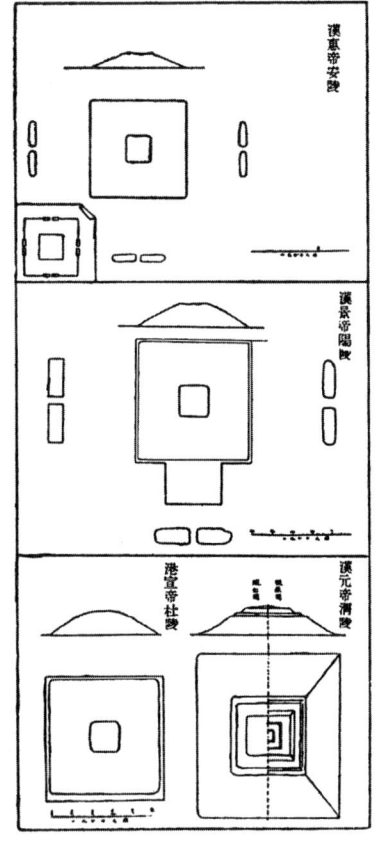

图 1-20 惠、景、元、宣四帝陵墓

武氏祠在嘉祥县东南三十里，紫云山之西，武翟山（又名武宅山）之北，是武氏之墓。武氏是殷代武丁的后裔，汉代以后渐成当地名家并屡受爵位。其墓地入口处有武始公、绥宗景兴、开明等兄弟为其父武斑所建的石阙，石工为孟孚、李丁卯，工费十五万。狮子以四万费用由雕刻家孙宗做成。这些石阙石狮今日尚存。石阙上所刻文字述明此墓由来，建立时间是东汉桓帝建和元年(147 年)丁亥。墓地区内还有几处坟茔，各有享堂，可由武梁石室、武氏前石室、武氏后石室等名知之。乾隆五十四年修缮之时，又在祠之左侧发现一石，予名为武氏左石室。这些石类于修缮之时被集中于一处，之后被收容于新建成的享堂之内，现场整理井然。一般称此为武梁祠，梁是绥宗之名，绥宗死于桓帝元嘉元年(151 年) 六月三日，梁的享堂当然是那以后所作。因此，此处遗址称为武梁祠并不恰当，应称武氏祠，或依先人之习称为武家林祠。

观察此墓，坟丘现皆毁尽全无痕迹，故原型如何不明。坟丘前有享堂，墓区入口

---

1 约 5.2 万平方米。

2 1878～1919，20 世纪初法国著名作家、旅行家、探险家。

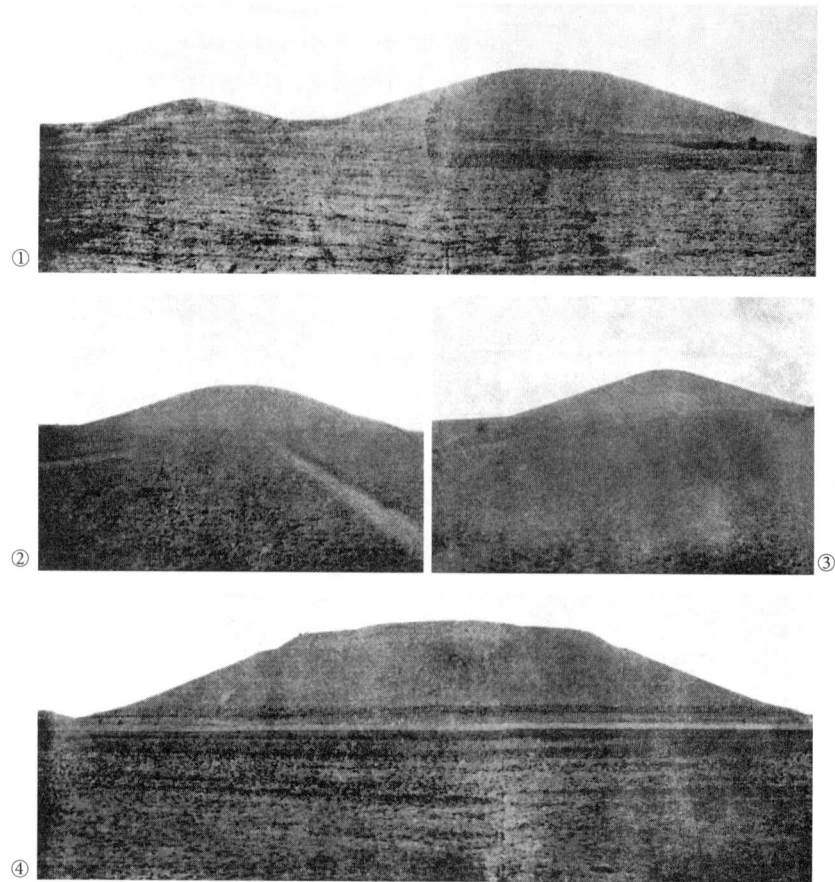

图1-21 ①汉高祖陵 ②汉吕后陵 ③汉文帝陵 ④汉明帝陵

图1-22 甲 汉元帝陵 乙 汉成帝陵

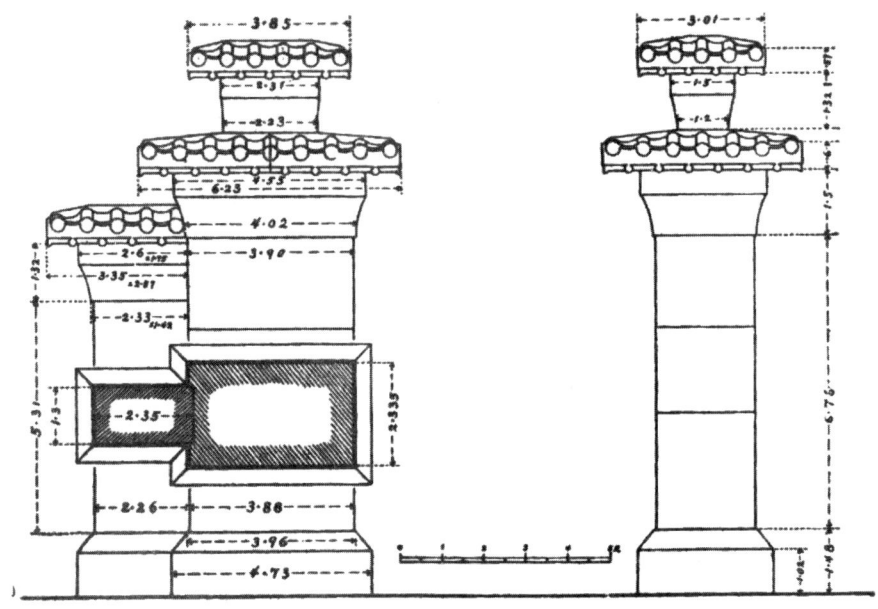

图 1-23 武氏祠阙横断面

处有一对石阙，阙前有一对石狮。可明事实唯此，不知此外还有何种仪饰。石狮大概是迄今发现的动物雕刻品中最古之物，稍带写生韵味，十分巧妙。阙如图 1-23 所示，主柱与副柱相连，主柱有双顶，柱体有整面的名画浮雕。此处无暇详述浮雕，但内容皆取材于古代圣贤的传记、神话、祭祀风俗等，与享殿内的画像石异曲同工。享殿内的石面上有表现其他建筑物的画面，这是研究当代建筑样式手法的贵重资料。对此的详细说明放在后面。

孝堂山祠在肥城县西北 60 里的孝里铺，两间石室刻满了画像。但坟丘、阙等遗址已全部毁损不得而知。高齐的陇东王胡长仁曾途径此地，听长者说此墓主名为郭巨，遂加以重修并建了颂碑。此说是根据祠外的感孝颂而来，却颇有可疑之处。据一小说式传记云：郭巨是西汉时人，因孝养老母欲葬其子而获黄金一釜。如果这里果真是郭巨之墓，应属西汉。可是后人的题刻中又有如此两句：

"平原湿阴邵善君以永建四年四月二十四日来过此堂即头叩头谢贤明"

"泰山高令明永康元年七月廿一日敬来观记之"

永建四年 (129 年) 是东汉顺帝时，永康元年（167 年）是东汉桓帝时，祠堂肯定是永建以前所建，但是何时所建仍存疑问。从其雕刻的手法来看，应考虑与武氏祠的手法相去不算太远，认为是东汉遗物更为妥当，但也不完全排除是西汉的可能。

武氏祠、孝堂山祠之外，山东方面还有一些汉代墓祠的遗址。山东省济宁城南八十里处的两城山遗址发现的十六石，上面雕刻着历史和有关风俗，被收入《山左金石志》。东京帝国大学工学部建筑学教室所藏墓石中有大小六块是在孝堂山脚下发现的，和前面说的诸石是同种类型，属石质坚硬的石灰石。估计属于同类但出处不明的墓石以后还会常有。

有关陵墓前立石人文献中可见记载。作为实例有现曲阜瞿相圃的石人。石人原在曲阜旧县南八里处鲁国诸王墓区里，恭王馀及其子孙葬于此处，原有大墓 20 余座，石兽 4 个，石人 3 个。其中的两个石人于乾隆五十九年迁移到现在的地方。一个铭文为"府门之卒"，另一个刻着"汉故乐安太守麃君亭长"，都十分古朴、十分重厚，各高七尺许。

四川方面也有不少汉代遗址。《石索》中记载，新都县向北行 12 里，官道西侧，汉兖州刺史王稚子（名涣，字稚子）的墓前有一对阙，但今已不存。

前面介绍了法国三个探险家的报告书（*Mission Aacheologique en Chine 1923*）中有很多珍奇的发现，其中最令人瞩目的是渠县冯焕之墓。冯殁于公元 121 年即东汉安帝建光元年，图 1-24 是其墓阙。斗拱之制明显发达，在日本镰仓时代[1] 末期才开始使用的唐式双斗，此处已经出现，同时日本镰仓时代开始实用的扇椽也在檐部上出现了。

绵州平杨的墓阙（见图 1-25）里发现了更为复杂的斗拱。曲曲弯弯的拱形用法相当奇特。檐下小壁之隅皆施刻灵兽浮雕，柱上斗拱之隅也施有某种雕刻。其构思之前卫实在令人慨叹，大概为 2 世纪初期所作。

与此相同的是雅安县北二十里处的高颐墓。现已认定是 209 年即东汉献帝建安十四年所建。檐下小壁上的画像鲜明可见，其样式与武氏祠、孝堂山祠相似，而且更为考究。斗拱与平杨的阙几乎完全一样（见图 1-26）。

四、庙祠与道观

中国的庙祠已在第二章第二节中略述过，除祭祀祖先之灵以外，也祭祀特殊人物和神仙等。祭祀祖先的就纯然成为祖庙，而祭祀神仙的则逐渐宗教化，最终完全形成了一种宗教，即道教。秦始皇和汉武帝等热衷崇拜神仙，为人共知，因此庙祠的修建必不可少。传秦始皇封泰山而禅梁父，泰山是五岳之一，说明在此之前就有祭祀五岳神的习俗。所谓的五岳是：河南嵩山为中岳，山东泰山为东岳，陕西华山为西岳，湖南衡山为南岳，矗立于河北山西交界处的恒山为北岳。五岳崇拜之风起于何时虽不可知，但可以想像是大禹划定九州时就指定了四周和中央的高山。

这类庙宇以安置神位的堂殿为中心，入口建阙，并备有石人石兽等。其规制与陵墓几乎相同。祭祀特殊个人的庙祠也可解释为同工异曲之物。

现存的汉代遗址有嵩山西南麓的中岳庙，位于河南省登封县东八里处，庙前有两个石人。右侧石人的顶部刻着"马"字，形态古朴，比例奇特。大概和下面将要记述的太室石阙为同时代产物，或者更早也未可知。

---

[1] 镰仓时代 = 1185 年 ~ 1333 年。

图1-24 四川省冯焕的墓阙（左图）

图1-25 四川省平杨的墓阙（右图）

图1-26 四川省高颐的墓阙

太室石阙在中岳庙南约百余步处，据铭文得知此为元初五年(118年)四月阳城县长吕常所造。形式手法与武氏祠的石阙几乎完全一样，表面有人物和动物的浮雕。大概是现在已知的带铭文之物中最早的建筑遗物。

登封县北十里，崇福观东二十步处，有阳城县开母庙石阙。其样式、构造、表面的雕刻几乎与前者完全相同。铭文上有"延光二年"，与前者同属东汉安帝时期，时间上仅晚五年(123年)。

登封县以西四十里，邢家铺西南三里处有嵩山中岳少室神道之阙。这也和前者几乎同样，但铭文上的年号已经残缺。但比较铭文之样式手法，可断定是延光二年之作无疑。

关于筑台祭祀神仙也有相关记载。《汉书·郊祀志》载，"王莽二年(9年)兴神仙事，以方士言，起八风台于宫中"。台是积普通石料筑起的高台，台上还有其他建筑，但不知八风台用何手法。《石索》中记载了一种带有"存当"之字的瓦当，可以认为是建八风台所用之物。

道观是道教的迦蓝。道教本来是老子倡导的哲学，以后宗教化了。这是因为与佛教竞争致使最终出现了特殊的迦蓝，所以应该有理由考虑道观的发达是在晋代以后。

据传说，东汉的顺帝(125～144年)时，张道陵自称从太上老君处得受秘术，遂创天师道。这恐怕是以老子为教祖，首次创立出的宗教形式。其后桓帝在宫中祭祀老子。如此，道教逐渐得势，终于发展到可以与佛教抗衡的地步。汉末之前，祭祀神仙的庙祠、一些不得要领的杂祠已有很多，而冠名为道观、体裁工整的迦蓝此时尚未发达。

五、佛寺

佛教传入中国是东汉明帝永平十年(67年)时的事。有关当年的情况已在史籍中明确记载。摘其要录之：永平七年(64年)，明帝梦见有金人自西方飞来，遂遣郎中蔡愔、博士秦景、王遵等人前往西域。他们到达大月氏国，遇见天竺的沙门摄摩腾、竺法兰，迎回汉土。摄摩腾以白马负驮佛经先出发，于永平十年抵达洛阳。继而竺法兰亦达，在洛阳雍门西兴建迦蓝，名称"白马寺"。二人住入此寺翻译佛经。相传白马寺是中国佛寺的开端，但有很多学者认为这是后世的捏造而不予相信。

不过，据文献记载，佛教早在此之前即已传入中国。明帝之弟楚王英因崇尚浮屠之仁慈，明帝遂于永平八年(65年)归还其所献赎品，以助伊蒲塞桑门之馔[1]。西汉哀帝元寿元年(公元前2年)，一个名叫景宪的人自大月氏国王使臣伊存处得到口授浮屠经，武帝元狩年间(公元前122～前117年)伐匈奴获金人，香华礼拜供祭在甘泉宫。秦始皇时(公元前246～前210年)沙门室利防等18人赍佛经来华，帝以异其俗因之。当然这些传记的真伪难以判断，但西域地区早已盛行佛教，所以认为佛教至少从汉初开始就已传入中国的说法并不是无稽之谈。

虽说白马寺建成之前佛教已经传入，但佛教的特殊建筑并不存在，应该说白马寺是最早可以称作佛寺迦蓝的建筑。

白马寺在洛阳城西，《洛阳迦蓝记》中也有西阳门外三里御道南的记载。现地在洛阳县东郊所辖国道北侧，这是因为洛阳的位置古今变迁的缘故。现状是一大迦蓝的

---

[1] 见《后汉书》。伊蒲塞即男居士，桑门即出家沙门，助馔即供养沙门之意。

规模尚存，但创立当时的遗物未能发现。

有关白马寺的建筑没有任何考证，据日本工匠的传说，白马寺迦蓝是模仿天竺的祇园精舍营建的，而日本的四天王寺迦蓝又是模仿白马寺建成，这完全是空想，没有任何根据。印度建筑和中国建筑性质上根本不同，样式上彼此的趣味也不同。如果白马寺有仿照印度式之处，也应该只是限于其中的一部分，或者是细微手法，或者是佛像安置设施以及装饰等方面运用一些印度样式而已。这一事实从六朝遗物中能够得到充分的证实。

中国建筑正如前述，是由一种特殊的发达成就了一种特殊的样式，中华民族以此作为自己民族固有的优秀建筑而引以自豪。他们一定认为西域的佛教迦蓝是一种奇丑的低级建筑，所以不会把迦蓝作为典范加以模仿。这和日本初期的佛教建筑几乎都是模仿中国建筑的情况完全不同。想来，东汉时期开始兴建的佛教建筑就是我们今天还能在中国各地见到的普通佛寺，和中国的宫殿官衙异曲同工。只是因为当时人们不知佛教教义、作法仪式、佛像安置设施、内外的庄严宗教形式等，在这些方面须要遵从西域做法，如此而已。这就如同罗马刚刚修建基督教堂时，把曾经作为法庭使用的罗马式巴西利卡原封不动地转用为教堂，还有日本刚开始修建佛寺时，将苏我稻目[1]的宅第权充寺庙，这些情形都如出一辙。所以说，中国最初的迦蓝并不是特别为佛刹迦蓝创造出来的新型建筑样式，而是把已有的宫殿官衙样式按照原样充作了佛寺建筑。

现在存在问题的是塔之建筑。关于白马寺创立当时曾否建塔，现在没有文献可考。假设曾建塔类，塔是为收藏舍利而建，必定使用印度的特有样式，中国自古没有如此性质的建筑，所以也无法以原有的中国建筑作为替代，也就是说必须要以西域样式为准方可。

中国最初的塔是何种形式，既无文献亦无遗迹可考，直到六朝时期才能在石窟寺的雕刻中见到塔形。最初的形状是三重、四重、五重乃至多重形，塔身多为四角形，也有少量多角形，与今天一般可见到的中国塔基本上没有差别。这种多重的中国塔与印度乃至西域的古代诸塔在趣味上有着很大差异，看上去两者间没有密切关系。唯独塔顶相轮稍示彼此略有关联而已。

这里又有一个问题，假设中国最早的塔与出现在六朝初期的遗物为同一类型，那么，这类塔型果真是从印度塔窣堵婆(Stupa)变化而来的，还是中国自己的新创呢？

认为中国塔是从窣堵婆变化而来的说法确实有些根据。中印度的窣堵婆(见图1-27)传到大月氏国即犍陀罗地区后明显地融入了泰西古典手法，同时又带上了几分中国情趣(见图1-28)。再看东土耳其斯坦发现的窣堵婆遗址，趣味更加接近中国的。事实上窣堵婆越向东进就越接近中国样式，最终从印度的窣堵婆发展成了中国式的佛

1　苏我稻目：日本古代的中央豪族，钦明天皇妃之父，用明、崇峻、推古三天皇之外祖父。

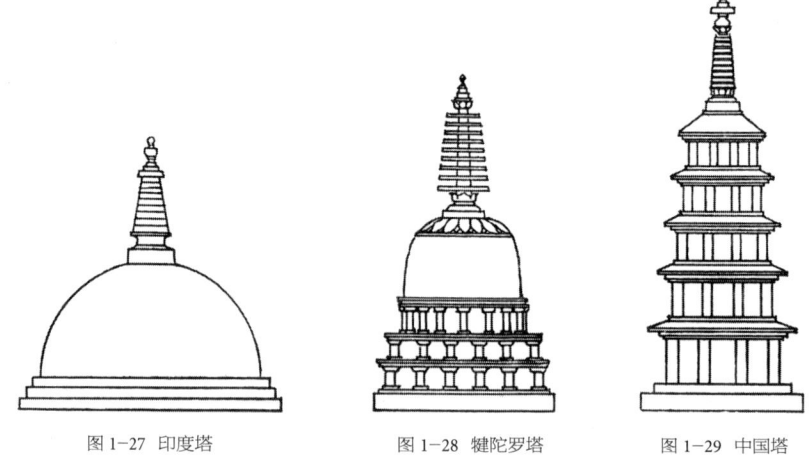

图 1-27 印度塔　　图 1-28 犍陀罗塔　　图 1-29 中国塔

塔（见图 1-29）。

中国塔的性质明确地显示出多重形式，每层必有天顶，远远伸出的房檐暗示塔为木造，而檐部较浅的暗示塔为砖造。每层都有房间的功能，而不仅仅是为了外观。这个事实自唐代以来已被具体证实。这样一来，说中国塔是从印度窣堵婆变化而来的解释就不够充分了，必须还要得到某些其他的启示。

用来说明这个问题的学说是楼阁起源说。我辈曾试提过建议，我们考虑，中国自周秦以来就有楼阁发达的痕迹，而楼阁正是两重、三重的建筑。中国在营建新塔之际，一方面从原有的楼阁建筑中得到启示，另一方面又在窣堵婆里寻求佛塔建制，两者互相融合，最终成就了一种中国佛塔的样式。

白马寺创建以来，汉和西域的往来更加密切。桓帝建和元年（147年），安息国僧人安世高来到洛阳。同帝永康元年（167年）月氏国僧人支娄加谶来到洛阳。此外还有很多佛教徒从西域来到中国。他们必然会从西域各地传来各种佛教艺术，给予佛教建筑极大影响。当时的西域佛教艺术当然是指所谓的希腊印度系的艺术。就这样，在汉土上，这些新艺术渐渐地普及起来。

自佛教传入到三国终结的这个时期，有关佛寺建筑的记录十分匮乏。搜集散见于文献的记载不过只有以下数种：灵帝建宁三年（170年）建豫章大安寺；献帝初平四年（193年）笮融于广陵建佛寺；同帝延康元年（220年）建武昌昌乐寺等，各寺均未载详情。三国时代，吴孙权黄龙元年（219年）武昌建慧宝寺，嘉禾四年（235年）金陵建瑞相院，赤乌元年（238年）苏州建通玄寺，同四年（241年）金陵建保宁寺，同五年（242年）四明建德润寺，同十三年（250年）扬州建化城寺。这些都是中国中部地区，特别是长江以南的实例。中国北部一定也兴建了很多佛寺。但是佛教的鼎盛，佛寺建筑的大发展还是要等到两晋以后的六朝，汉代还处于萌芽状态。

六、碑碣及砖瓦

碑碣原本不该独立于建筑物之外，而应作为建筑的附属物进行观察才较为妥当。但因其形式颇富趣味，是研究建筑的重要资料。故在此简单记述其概要如下：

碑碣起源于何处尚未得到证实，但是，周代祭庙时，为系牺牲之用而在庙庭竖碑，葬仪之际，为下棺于墓穴而在穴之两侧竖碑，碑的上部开一圆洞，以棒穿洞，棒上结绳，以绳吊棺，传说这就是碑的起源，为常人所信。

现存的实例中比东汉时期更早的古碑尚不得见。最古的形式是下有台基，名为"趺"，上立板状碑体。碑的顶部为尖形呈兜巾状，名为"圭首"。碑的上部开小圆穴，名为"穿"。图 1-30 是山东省济宁文庙的汉碑，合于此例。"穿"即为系牺牲供品或下棺时嵌棒之用。

下一例的碑头一变为半圆形，图 1-31 的汉碑和图 1-30 同出一处，是此类碑的典型代表。再下一例，与半圆形外轮并行刻有垂虹形覆轮，这条覆轮名为"晕"，有单层的，也有多层的，有左右均齐的，也有偏向一方的。此外还有若干异例，在此省略不述。图 1-32 载于山东省曲阜的文献中，是汉故博陵太守孔彪之碑，是此类碑的典型。

碑的表面一般要阴刻铭文，上方篆刻题铭。后世又出现了碑阴碑侧都刻铭文的类型。

碑的形式到六朝时有了变化，到唐代再变并于此大功告成。其变迁的过程将逐章按年代加以说明。

汉碑之例颇多，文献有《寰宇访碑录》《金石萃编》等，记载了很多碑例。实例渐次也有新发现。如举其中最为显著之例，则有山东济宁之益州太守北海相景君碑（汉

图 1-30 山东省济宁文庙的汉碑

图 1-31 山东省济宁文庙的汉碑

图 1-34 汉白鹿观的瓦当文

图 1-32 山东省曲阜文庙的汉碑（右上）

图 1-33 四川省高颐的碑（左下）

安二年即 143 年）、同处之汉故郎中郑固之碑（延熹元年即 158 年）、同处汉故执金吾丞武荣之碑（建宁元年即 168 年），此皆为有圭首之例。山东曲阜故博陵太守孔彪碑（建宁四年即 171 年）（见图 1-32）有正晕。山东曲阜泰安都尉孔宙之碑（延熹七年即 164 年）有三条偏晕。其他作为碑面有雕刻之异例的有白石神君碑（光和六年即 183 年）。另外，碑的表面刻有四神即青龙、白虎、朱雀、玄武的，或四神中只刻朱雀、玄武二神的，还有头部之晕渐变成龙形的。四川省的高颐之碑（见图 1-33）为其中一例。

下面有必要就砖瓦费上数言。汉瓦的种类繁多，在此不可能一一赘述。其中，世上使用最多的是刻有以下文字的瓦当：长乐未央、长乐万岁、长生无极、千秋万岁、长生未央、延寿万岁、永奉无疆、亿年无疆、延年益寿、宜富当贵等。此外还有刻着万岁、上林、延年、甘林等二字的瓦当，也有刻着特殊建筑名称的。总之，由于远古的中国习俗极崇尚文字，所以瓦当上一般也刻文字，如后世那样使用动物或花纹之例则很少见。图 1-34 是汉白鹿观所用之瓦，瓦上并刻二鹿实属珍奇。《石索》的解释是："三辅黄图上林苑中二十一观，有白鹿观，疑即此观之瓦也，鹿甲天下所以表瑞"。

砖近来也常有发现，有铭文的不在少数。《石索》所载最早的有铭文砖是竟宁元年（公元前 33 年）。砖形也有若干类，纹样的种类也是各式各样，难以一一讲解。最令人感兴趣的一例是盛冈的太田孝次郎收藏的四神砖（见图 1-35）。与此同工异曲的一例《石索》里有记载，见图 1-36。几何学纹样例属图 1-37 之形的不在少数。武氏石室的画像中可见楼阁图，图中屋顶上的砖肯定就是此类中的一种（见图 1-42）。下节再就此说明。

七、汉代建筑的细部

以上略述了汉代的各种建筑物，现综合以上事实，考察一下当代建筑的细部手法。当然，能够明确了解细部详尽情况的遗物十分匮乏，难以期待正中核心。作为试验，一半参考石阙上残留的部分手法，一半研究武氏祠、孝堂山祠和其他所谓像画石中见到的建筑图样，更参考坟墓中发现的明器中具有建筑性质的物品，彼此进行比较考察，以期探知当代建筑的大体手法。

为方便计，先就建筑各部进行考察，最后再予以综合判断。

（一）柱础

关于柱础，《石索》中可见两类（见图 1-38）。其一，(1) 是安装自然石原物，只在柱底部加上相应的修饰。这种类型适用于比较高级的建筑。其二，(2) 是把础石的上面切成平面，再把柱子的底面也切成平面，两个平面相接而柱立。这种类型适用于低级建筑。没有见到刻成刳形的础柱或相似之例，日本自奈良时代就有刳形础石，故可以想象中国自六朝开始也用了此种础石。

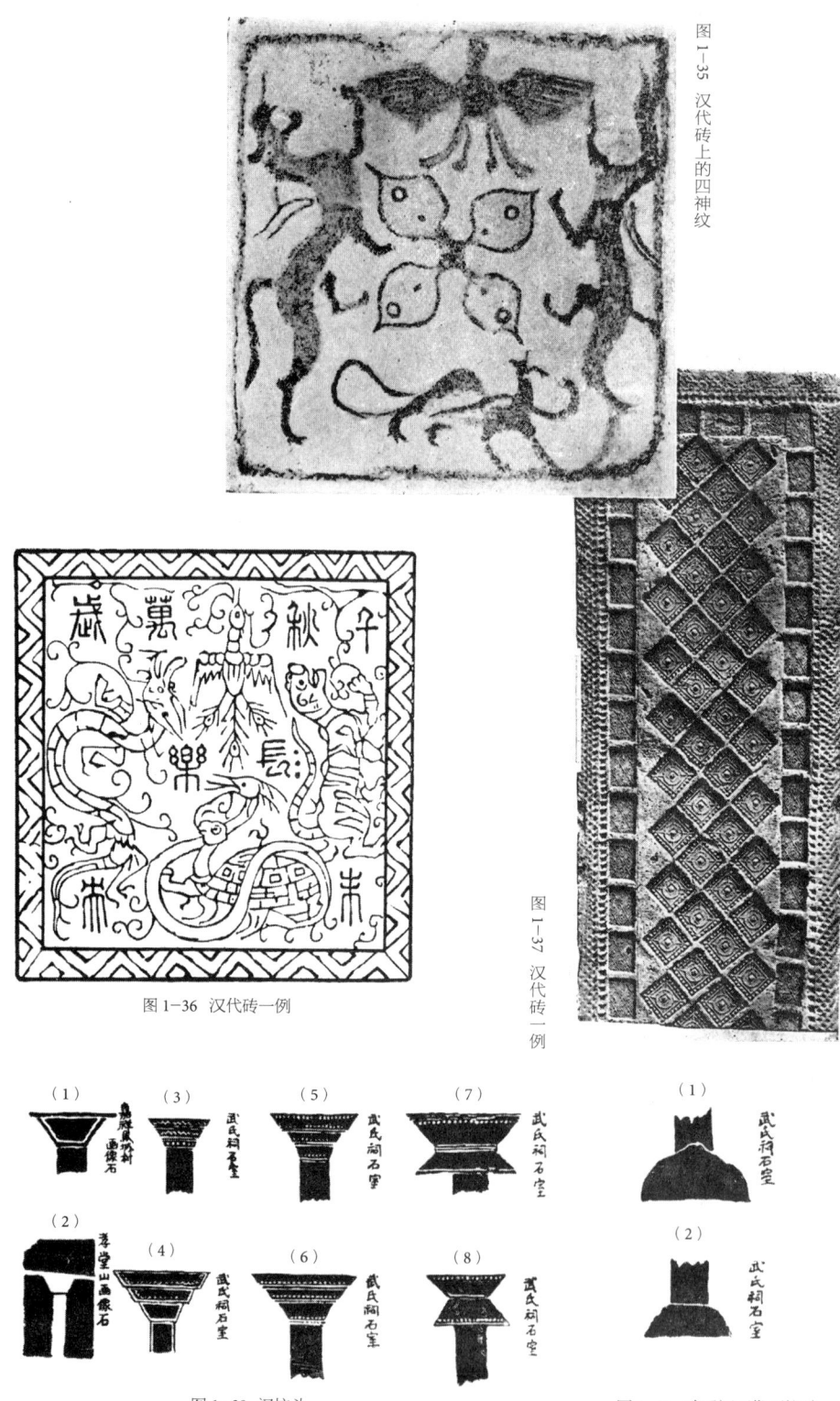

图1-35 汉代砖上的四神纹

图1-36 汉代砖一例

图1-37 汉代砖一例

图1-39 汉柱头

图1-38 武氏祠画像石柱础

中国建筑史 | 64

（二）柱

柱当然是指圆柱。本来"柱"的注音就是マルバシラ[1]。但《石索》中可见的图1-39(4)是角柱，因此认为角柱也同时存在应无问题。大建筑所用常为圆柱，正如现在中国各地所用都是圆柱一样。柱的上下同大，外轮廓是并行的垂直线，这说明凸肚状支柱此时尚未传入。

（三）斗拱

中国的斗拱从周时起即已发达，到了汉代更加发展，并产生了多种多样的变化，这在前面已经讲过。图1-40各式是从《石索》记载中搜集而来的，此外的图1-41、图1-42中也可见到特殊之例。《石索》所载武氏祠、孝堂山祠、焦城村等石刻中的图样十分僵硬，以此来推测当时的斗拱手法相当困难。幸亏有四川省的石阙遗例（见图1-40），二者对比多少可以做出一些解释。图1-39(1)和(2)大概是要在柱顶放上大斗之形。图1-39的(3)(4)(5)(6)可以解释为大斗上还要再放一个拱，表面的装饰手法也各有小异。图1-39的(7)(8)的轮廓较之前者形状不同，不知鼓形的意义何在，大概下部是个突出来的拱，上部是普通形状的拱。图1-41明确表示了斗拱组织，图1-42与图1-39的(3)(6)同工，装饰方面更下功夫。

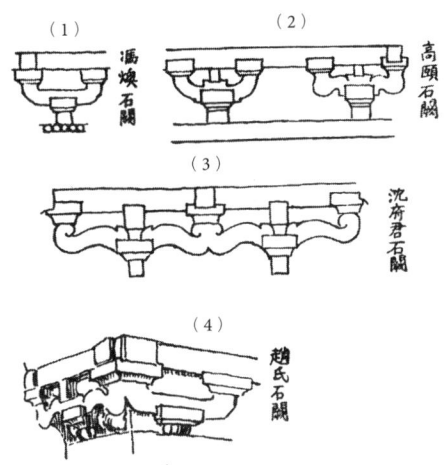

图1-40　四川省石阙的斗拱

图1-41　孝堂山画像石屋脊装饰

四川省的实例是具体表示汉代建筑性质的重要材料，就此，京都帝国大学的滨田文学博士在为祝贺内藤博士花甲的《中国学论丛书》里发表了论文，以"关于法隆寺的建筑样式与中国汉六朝的建筑样式"为题。其中第五章的题目是"汉代至六朝唐代的斗拱变化过程"，介绍并记述了四川的这件遗物。图1-40是该书插图，其中(1)为少见的二升斗，瓜拱上有绘纹。(2)的左侧也是二升斗，瓜拱的弧度很大，有明显绘纹。

---

[1] "丸柱＝圆柱"的日文读音。

右侧也是二升斗，瓜拱成 S 形，曲线强劲有力。(3) 是连续二升斗，拱成缓弯 S 形，末端成涡形。这些手法和日本法隆寺正心瓜拱的手法之间一定有些因缘，这样认为决不是凭空杜撰。滨田博士在他的论文中特别提到，尤摩·弗普罗斯收藏的明器（望楼）的斗拱与法隆寺的正心瓜拱几乎完全相同。(4) 隅角处用了一种奇特的手法，和 (1) 和 (2) 之右图所示手法有关联。此外还有若干有趣之例，因未能现场观察，故不免有隔靴搔痒之感。总之，汉代斗拱的发达程度要在我们的想象之上，期待今后能有新发现来进一步阐明汉代建筑的真相。

图 1-42　武氏祠画像石装饰

（四）屋檐

屋檐在阙上表现为"椽"或"扇椽"，圆檩条以下相当于小壁的部分常可见雕刻的实例。雕刻或是灵兽或是人像。这类雕刻最常见的是刻在阙柱直上方的斗拱之间，也有把四神刻在柱面上的实例。屋檐远远伸出，微微上翘。但是有画像石的屋檐是绝对不上翘的，另外观察作为副葬品的明器，上面的宅屋模型也没有发现上翘现象。可以说，汉代无论宫殿还是民宅，屋檐皆无上翘。即使有，其程度也低得未能引人注目。

（五）屋顶

屋顶形状在遗物的画刻中几乎都是庑殿顶，低级建筑里可见悬山顶，但没有歇山顶。不过可以考虑歇山顶也同时存在。

屋顶的轮廓看上去几乎都是直线，即使有若干弯曲，程度也极轻微。

葺顶材料当然是瓦和砖。用瓦时即所谓的大式瓦作，盖瓦和仰瓦混用，屋檐处用勾头、花边瓦或滴水瓦交替排列。砖瓦混用的葺形见于图 1-43 的 (5)(6) 及图 1-41。图 1-42 看上去似乎全部用砖葺成。屋脊则用各种功能不同的瓦葺成，两端装有蚩吻之例，见于图 1-43(6)(7) 以及图 1-41。传说蚩吻本是龙的九子之一，因生性好水，所以放置屋顶以防火灾。又传，此习自西汉武帝筑柏梁台时开始有之，甚不足信，应该从周代就开始作为某种装饰使用了。《石索》中所载的蚩吻并不像从动物之形变化而来的，但也无法以此来考证当时的实物。另外，屋顶的坡度较缓，多为四至五寸，但用这些说明事实也不够充分。作为明器的房屋模型一般也只有四五寸的坡度，所以应该可以认定当时的建筑物屋顶就是如此。

屋脊上装饰物之例见图 1-41 和图 1-42，都是些灵鸟灵兽，但创意的根据不详。

（六）人柱

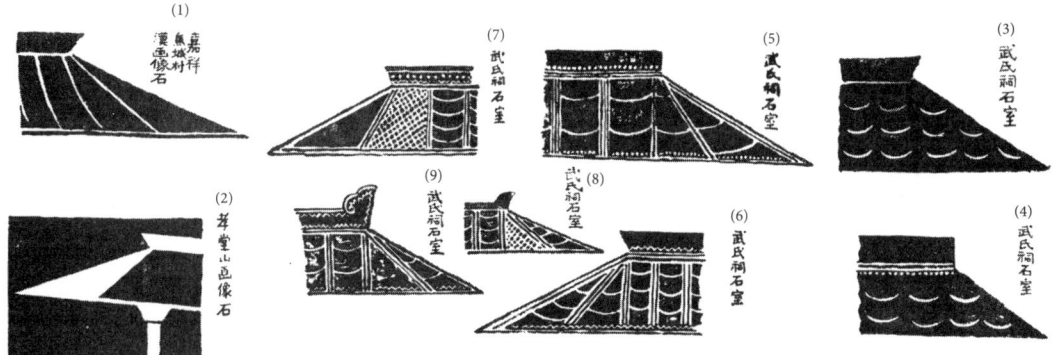

图 1-43 汉屋瓦

以男女人像代替支柱的手法很早即用于西亚,其中最精彩之例见于希腊。而武氏祠石室的画像中亦有同例,实在令人生趣。图 1-42 一方的女人用头和手,另一方的怪人用双手支撑着屋顶。这种怪人左右各有一对,还有怪人倒立着用脚支撑屋顶,既觉奇特亦觉残酷。

（七）栏杆

栏杆例见于图 1-41 和图 1-44。图 1-44 过于简单不得要领,为普通栏杆。图 1-41 中的栏杆装饰漂亮。

除以上略述内容之外,还有一些细微之处应该举例,但在此省略。以上细部手法展

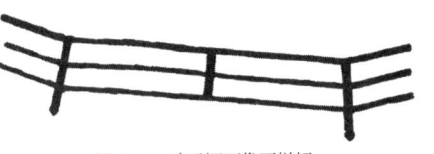

图 1-44 武氏祠画像石栏杆

示得较好的,作为实例有四川汉阙,作为画刻有武氏祠石室（见图 1-42）。有关石室的画像《石索》里有如下解说:

> 此通三四層為一事在第三石之末雖無標題狀在前二段秦事之後其樓閣工麗人物精嚴疑當日阿房宮之制所謂五步一樓十步一閣者否亦君侯宅第也畫樓重櫺上綴鳥獸屋瓦鱗次鏤柱樓有四阿,左右有㭼㮈各琱刻石人相承為柱兩柱左右夾輔相望閣道相屬……

此解说恰当与否姑且不论,这里虽比不上阿房宫的五步一楼,十步一阁,但也确实是秦汉时代最善最美最理想的建筑表现。由此也证明了前面宫室一节里引用的宫室之壮丽华美的叙述绝不是架空的妄言。

八、装饰纹样

汉代的装饰纹样比起周代有了显著进步。周代的纹样古朴而迟重,虽有异常的威力却缺乏流畅清秀。汉代纹样去掉了周代的迟重进而畅达,且又不失古朴,仅雄健之气尚存这一点就足以令人惊叹。

汉代纹样在金石及其他工艺品中实例不少：于金属有镜类，于石器有玉类、画像石、砖瓦等，于工艺品有最近朝鲜平壤南郊属汉代乐浪郡遗址的坟墓中发现的各种家用器具。这些实物足以推知当时工艺美术的进步状态，但对这些实物本身的说明当别属他项，故在此省略。

对适用于建筑的纹样现在知之不多。现存之物主要是瓦当纹样，前项已就此略行观察。关于装饰室内所施色彩纹样尚无可用作参考的遗物。

在此想就周汉纹样的性质比较说上几句。周代的纹样中，有数种属于动物，但都与写实相去甚远，要搞清其实体十分困难。但汉代以后，手法明显接近写实，如镜、墓石上刻画的四神，既简单又得要领，让人感到一种飘飘然的神韵。龙在周代终未得见，到汉代才开始出现其似于兽类的形象。周代没有足以称为藤草花纹的植物形纹样，汉代则出现了此种纹样。周代有几何纹、雪纹等多种纹样，但都带有坚硬凝重的气氛。进入汉代以后，那种气氛得到化解，产生出较为柔和的感觉，每一根线条都开始活跃起来。可以推知，建筑领域也走过了与此相同的行程，比起周代，明显地变得丰丽起来。

第三章 后期

六朝（221－618年）

一、概说

汉代于献帝建安二十五年遭遇魏之篡权，翌年蜀刘备宣称承继汉统即皇帝位（221年），吴孙权也在江东称帝，形成了三国鼎立之势。魏不久就被晋取代，蜀、吴也相继灭亡。至此，天下似乎又归了一统。可是，北方的民族趁中国动乱之机，逐渐出入于黄河流域，最终灭掉了晋朝。晋的同族在建康建都，国号为东晋，长江以北地区放任给北方民族互争。北方民族各自建国称帝，攻来伐去的相互争夺持续了一百四十年。所谓的五胡十六国乱世出现，纷纷扰扰不可收拾。南面宋、齐、梁、陈各朝传承，保持着所谓的六朝社稷。北方民族最终被同族的魏（亦称后魏、元魏）统一，魏又分东西两国，东魏传北齐，西魏传北周，这些朝代总称为北朝，江南的汉族历朝称为南朝。这个南北朝时代后被隋统一，不久，隋又被唐灭掉，是时618年。

所谓的六朝，按照古代中国史的规定，应该是吴、东晋、宋、齐、梁、陈，是指把国都建在建康（今南京）的几个南方朝代。西晋定都北方所以不在此列。但是从艺术的角度考虑，这种划分有不合理之处。吴与蜀、魏同具汉末的性质，而西晋是六朝文化的先驱，把吴编入六朝而除去西晋并不恰当。倒是应该除去吴加上隋，把晋、宋、齐、梁、陈、隋作为六朝更为合理。当今很多艺术史家都遵从这个见解，本篇也姑且随之。

自汉灭亡（221年）到晋建国（265年）的四十四年间是三国时代，属于汉与六朝的中间期，自古称作汉魏或六朝，但基本上随于汉。本篇前章汉的部分也提到了这个时期的佛寺，方便起见在这里把汉亡至隋亡的一段作为六朝时期。

汉灭亡到唐兴起约四百年，其历史错综复杂之程度可谓空前绝后。考察这个时期有关建筑的事项时，想要明确知晓其地区和其历史的关系颇为困难。减轻困难的一个方法，列一张五胡十六国时代和南北朝时代的王朝略表。

	国名	民族	始祖	国都	年代
五胡十六国	前赵（汉）	匈奴	刘渊	平阳、长安	304—329
	后赵	羯	石勒	襄国、邺	318—351
	成（汉）	氐	李雄	成都	304—347
	前凉	汉	张轨	姑臧（甘肃、凉州）	302—367
	前燕	鲜卑	慕容皝	蓟、邺	337—370
	前秦	氐	符洪	长安	351—394
	后凉	同	吕光	姑臧	386—403
	后燕	鲜卑	慕容垂	中山、龙城（内蒙古、朝阳）	383—408
	南燕	同	慕容德	广固（山东、青州）	398—410
	南凉	同	秃发乌孤	西平（甘肃、西宁）	397—414
	后秦	羌	姚苌	长安	384—417
	西凉	汉	李暠	敦煌	400—421
	西秦	鲜卑	乞伏国仁	苑川（甘肃）	385—431
	夏	匈奴	赫连勃勃	统万（陕西、榆林）	407—431
	北燕	汉	冯跋	龙城	409—435
	北凉	匈奴	沮渠蒙逊	张掖、姑臧	402—439

此外还有西燕和北魏，因西燕只有短短的十一年，而北魏日后成了开创北朝的大国，故此处一般不记。

	国名	民族	始祖	国都	年代
北朝	魏	鲜卑	拓跋珪	平城、洛阳	386—534
	东魏	同	孝静帝	邺	534—549
	西魏	同	文帝	长安	535—556
	北齐	渤海	高洋	邺	550—577
	北周	鲜卑	宇文觉	长安	575—581

续表

	国名	民族	始祖	国都	年代
	西晋	汉	司马炎	洛阳	265—316
	东晋	汉	琅琊王睿	建康	317—420
南朝	宋	汉	刘裕	建康	420—478
	齐	汉	萧道成	建康	479—501
	梁	汉	萧衍	建康	502—556
	陈	汉	陈霸光	建康	557—588
	隋	汉	杨坚	长安、洛阳	589—619

这个时代实为非常混乱，而于文化隆盛方面又实在令人瞩目。其文化性质较之周代有了明显变化，主要原因是西域文化趁五胡十六国动乱之机涌入了中国。特别是佛教的广泛流布使印度系佛教艺术得到了很大发展。当然，传统文化不会因此覆灭，而是要走以周汉文化为基础，与新来的印度、西域等文化相融合的道路。建筑界也随之在多方面进行了样式手法的新尝试。留存至今的实例虽几乎都属于佛教，但其他建筑，如宫室、陵墓、道观等也留下了很多重要建筑。以下依次加以叙述。

二、宫室

五胡十六国的国都和南北朝的国都，有关其规模设施的详情我还不大清楚，但现在对北方长安、洛阳的都城沿革所行之研究如果就绪，对相差不多的六朝时代的制度，也应该能够予以具体阐明。拓跋北魏的古都在今山西省大同市城南郊，城郭的残址仍在，对此也可以进行全面考证。关于新都洛阳的宫城，《洛阳迦蓝记》记述了其中一段，但整体的详细规模无从知晓。更何况是在极为短暂的期间内存在的众多小国的都城，如今恐怕已全部化成了废墟，想要明示实在是过于困难。

南朝的国都历朝都在建康即今日的南京，虽各朝都城的位置稍有移动，规模也互不相同，但相传今天的南京城包括了当时的各期都城。果真如此的话，那么历朝都城的规模恐怕都不太宏大。现阶段对此问题的研究应已有了若干进展，对传说中位于南京城内的古都遗址的考察也一定会在某种程度上有了结果。遗憾的是我现在还没有机会接触，自己也还没有得到可以去亲自调查的方便。

有关都城内的王宫规模和建筑物如前所述，目前尚未进行考察。只是通过《大业杂记》对有关隋东都洛阳的帝城和宫殿多少有些了解。《大业杂记》是根据南宋刘义庆所记而成[1]，很难判断其确实程度。在此简单介绍其中一部分内容，仅为提示当时的城郭宫殿制度之例。

---

[1] "南宋"应为"南朝宋"，《大业杂记》有说为唐朝人杜宝撰。

> 東都大城，周廻七十三里一百五十步，西拒王城，東越瀍澗，南跨洛川，北踰谷水，城東西五里二百步，南北七里，城南東西各兩重，北三重，南臨洛水開大道，對端門街一名天津街，濶一百步，道傍植櫻桃石榴……

文中相当详细地记述了宫城的殿门楼阁等配置。根据这些记载制作大体平面图并不困难，我也着手进行了尝试，可惜尚未完成。

位于宫城中心最壮丽的是乾阳殿。基高九尺，从底面到鸱尾高一百七十尺，十三间二十九架三陛，此规模比现存的号称中国第一大建筑北京紫禁城的太和殿还要大很多。殿的东西有东上阁和西上阁，南有南阳门。殿北有大业门，再往北是大业殿。此殿虽比乾阳殿小，但雕工过之，大概是宫城里最美的建筑。乾阳殿东侧一带有文成殿，以东华门作其南门，西侧一带有武安殿，以西华门作其南门。乾阳殿南面有永泰门，再往南有则天门，门外东西有朝集堂，更远之南面有端门，即宫城的正门。端门南面的黄道渠上架有三座黄道桥。渠南有洛水流淌，上架天津浮桥。桥长一百三十步，南北耸立四座重楼，各高百余尺。桥南又有重津桥，桥外百步处横着大堤，堤南即是天津街，街道终结处立有罗成门，这是都城的正门。门南二里有甘泉渠，此渠将洛水疏导向伊水，渠上架有通仙桥，桥的南北立有华表，其长四丈，高百余尺。此处向南可达龙门，从端门到龙门二十里。

以上仅记录了位于贯穿都城南北中轴线上的桥梁殿门，以此足以想见该都城是多么雄伟，与秦汉宫城相比也毫不逊色。只是十分遗憾，有关如此建筑样式手法、装修等具体细节的资料难以得到。

隋之江都即是今天的江苏省扬州。炀帝为了连通黄河和长江开凿运河，工事完成之际在长江北岸靠近运河之处兴建了这座城市。扬州现在仍是古风犹存，《大业杂记》里也能见到简单的记载。此外，同书还记载了许多地方的都城和宫室，不过要彻底阐明亦非易事。总之，隋代统一了南北朝，使大帝国再次复活，加之炀帝生性傲慢，且嗜好土木成癖，当然也就在建筑方面留下了很多功绩。建筑的样式手法方面仍是中国固有的传统，假设加入了若干西方乃至印度的趣味，其程度也会极其轻微。

三、佛寺

（一）概述

中国佛教是东汉明帝时传来的，其显著发展一般被认为是从六朝时开始。但三国时期已有月氏国的支谶、支亮、支谦等僧人来到魏国宣传佛教，受到世人尊崇。西晋时五胡入侵中国，西域佛教徒趁此机会陆续入境，终于弥漫到南方，其势似要把中国变成一个佛教国度。在此之前有月氏国的竺法护，后又有西天竺的佛图澄，还有佛图澄门下的道安。道安得到秦苻坚的笃诚尊崇，作为中国北方佛教的开拓者而名声远扬。

东晋时，道安门下的慧远开庐山，为南方佛教奠定了基础。同时龟兹国的鸠摩罗什先随秦将吕光进入后梁,又被后秦的姚兴迎入长安。他竭力于佛教的功绩实在是伟大。从中国前往天竺求法的僧人也为数不少,其中最著名的是法显三藏。他的纪行《佛国记》成了研究领域中最为珍贵的史料。

进入南北朝时期,中国和西域的交往愈加频繁,彼此往来如织,不遑迎送。远者来自波斯、安息,或来自嚈哒、罽宾、五天竺、狮子国,还有的来自扶南、林邑等地。当时的佛教国无一不与中国交往,所有的一切都已在中国普及。藩僧中最有名的是罽宾的求那跋摩,南天竺的菩提达摩等。中国的求法僧以智猛、昙纂等一行,昙无竭一行,慧生、宋云一行最为著名。

如此事态之下,佛寺建筑的兴隆也自然不令人惊异。北方的中心是洛阳和长安,南方的中心是金陵(即建康)和庐山。另外还有无数的小中心分布于中国全境。特别是洛阳佛寺的盛况,通过《洛阳迦蓝记》的描述仿佛就在眼前。金陵的宏伟之貌读了《金陵梵刹志》即可想象。当然,由于所谓"三武一宗"的厄事影响,佛教一时间遭受迫害,佛寺被毁,但从大势上看并没有形成太大的阻碍。

我曾经根据《佛教大年表》(望月信亨师著)搜集了当时的佛教以及佛寺的重大事项,现记录在此。我对大年表中所载记事存在若干疑问,亦感有不少遗漏,想就此进行调查补充,但调查补充暂留待他日,此处只原封收录大年表所载。方便起见,分为三项:(1)西域来访者,(2)出访西域者,(3)佛寺年表。我们可以通过这些列表了解六朝时代的佛寺建筑历史,并可把这些列表作为解释建筑样式手法的绝好资料。

由西域到访中国　　自吴初至隋末

国名	人名	事迹	年代
印度	维祇难	与竺律炎同至武昌	224
印度	康僧会	至建业	247
中印度	昙柯迦罗	至洛阳	250
中印度	康僧铠	至洛阳	252
安息	僧昙谛	至洛阳	254
西域	支疆梁接	在交州译经	256
西域	白延	至洛阳	259
敦煌	竺法护	至长安	265
?	竺法崇	在湘州麓山建寺	268
于阗	祇多罗	至长安	286
?	诃罗竭	入洛阳	288
安息	安法钦	至洛阳	289
于阗	无罗叉	在陈留译经	291
西域	佛图澄	至洛阳	310

续表

国名	人名	事迹	年代
西域	帛尸黎密多罗	至建康	312
西域	智山	至建康	312
天竺	竺慧理	至钱塘建灵隐寺	326
?	竺法慧	入襄阳羊叔子寺	343
月支	支施仑	在凉州译经	373
罽宾	僧伽跋澄	至长安	383
龟兹	鸠摩罗什	随秦将吕光至凉州	385
西域	伽留陀迦	入晋	392
?	僧伽提婆	入建康	397
龟兹	鸠摩罗什	至长安	401
罽宾	昙摩耶舍	至广州住白沙寺	401
罽宾	弗若多罗	至长安译经	404
?	昙摩流支	至长安	405
锡兰		将白玉佛塔献于晋	406
罽宾	卑摩罗叉	至长安	406
迦毗罗卫	佛驮跋陀罗	至长安	408
中印度	昙无谶	至姑臧	412
林邑国	范阳迈王	贡于宋	421
罽宾	昙摩密多	入蜀寻至建康	424
西域	畺良耶舍	至建康	424
迦毗利	月爱王	遣使将金钢指环、摩勒金环及红白鹦鹉各一只献于宋	428
锡兰	摩诃那摩王	摹小乘经献于宋	428
锡兰		尼众至建康	429
罽宾	求那跋摩	至建康	431
印度	僧伽跋摩	至建康	433
锡兰	尼铁萨罗	至建康	433
扶南	持黎跋摩王	遣使贡于宋	434
中印度	求那跋陀罗	至广州	435
锡兰		王遣使贡于宋	435
苏摩黎	那邻那罗跋摩王	遣使贡于宋	441
斤陀利	释婆罗那邻陀王	遣长史竺留陀及多贡于宋	455
狮子国	僧邪奢遗多、浮陀难提	至洛阳	455
西域	功德直	至蒚州入禅房寺	462

续表

国名	人名	事迹	年代
疏勒		遣使将佛袈裟献于宋	465
印度	迦毘梨国王	遣竺扶大、竺阿珍等贡于宋	466
婆黎		遣使贡于宋	473
中印度	求那毘地	至建康	479
印度	屈多王	遣竺罗达将琉璃唾壶等献于梁	502
干陀利		遣使将画工及玉盘献于梁	502
南天竺		遣使将辟支佛牙献于魏	503
扶南国	曼陀罗仙	至杨都献珊瑚佛像	503
扶南国	僧伽婆罗	在扬州译经	506
中印度	勒那摩提	至洛阳	508
北印度	菩提留支	至洛阳	508
于阗		国王遣使贡于梁	510
扶南		国王将佛教佛像等献于梁	519
印度	菩提达磨	至广州	520
龟兹	尼瑞摩珠那胜王	遣使贡于梁	521
丹丹国		将象牙及塔献于梁	530
波斯		将佛牙献于梁	530
盘盘国、菩提国		遣使将真舍利画塔等献于梁	534
于阗		遣使将刻玉佛像献于梁	541
嚈哒		遣使贡于魏	546
葛盘陀	葛沙王	遣使贡于梁	546
乌长国	那连提黎耶舍	至邺都	556
波头摩、摩伽陀	攘那跋陀罗、阇那耶舍	在长安译经	558
嚈哒		遣使贡于周	559
健陀罗	阇那崛多	至长安	560
龟兹		遣使贡于周	561
优禅尼	月婆首那	至匡岭	565
安息		遣使贡于周	567
南印度、罗啰国	达摩笈多	至长安	590
安息		国王遣使贡于隋	609
龟兹	白苏尼咥王	遣使贡于隋	617
漕国	顺达王	遣使贡于隋	617

由中国西渡	自魏至北齐		
目的地	人名	事迹	年代
于阗	朱子行（魏）	求梵本	260
月支	僧建（晋僧）	得僧祇尼羯摩及戒本	342
拘夷	僧纯（晋僧）	从佛图舌弥受比丘尼大戒等	379
龟兹及焉耆等	吕光（秦将）	率车师王等讨伐	382
		（吕光平定西域携鸠摩罗什归凉州）	385
西域	支法领		392
印度	昙猛（后燕）	至王舍城	395
南印度	慧（晋僧）	自蜀之西界入	397
西域	宝云、智严等（晋僧）		397
印度	法显（晋僧）	与慧景、道整、慧应、慧嵬等赴天竺	399
印度	智猛、昙纂等（后秦）	一行十五人赴印度	404
		法显归青州	413
印度	昙无竭（宋僧）	僧猛、昙朗、志定等二十五人经河南国至高昌国由北道入印度	420
		（智猛等自印度归凉州）	422
阇婆		宋帝遣使迎求那跋摩	424
西域	道泰（北凉）	当年归梁	427
于阗	安阳侯京声（北凉）	至衢摩帝寺	427
印度	道乐（魏僧）	经疏勒道入印度	451
		（昙无竭自印度返扬州）	453
于阗	法献（宋）	出金陵经芮芮国至于阗	475
		（法显欲渡葱岭不果归齐）	477
印度	郝骞（梁）	出建康	502
		（郝骞等返杨都）	511
印度	慧生、宋云（魏）	出洛阳	518
		（宋云、慧生返洛阳）	521
扶南	云宝	奉梁命迎佛发	539
扶南		梁赠释迦佛像及经疏	540
宕昌、蠕蠕		梁帝赠涅槃经疏	541
西域	道判（北齐）	一行二十一人启程	560
西域	宝暹（北齐）	道遂、僧昙、智周、僧威、法宝、智照、僧律等十一人出发	576

佛寺年表	自吴初至隋末	
地名	寺名	年代
武昌	建慧宝寺	229
金陵	建瑞相院	235
苏州	建通玄寺	238
金陵	建保宁寺	241
四明	建德润寺	243
建业	建建初寺	247
扬州	建化城寺	250
明州鄞县	建阿育王塔	281
金陵	建甘露寺	312
苏州	通玄寺迎维卫伽叶二石像	313
长沙	建莲华寺	314
建康	建禅林寺	316
建康	建白马寺	319
于阗国	建王新寺	321
武昌	寒溪寺迎广州海上所得之金像文珠	325
会稽	建崇化寺	330
建康	长干寺迎于张侯桥所得之金像	334
建康	建灵曜寺	336
庐山	建归宗寺	340
建康	建延兴寺	344
剡州	建石城山隐岳寺	345
荆州	建长沙寺	346
金陵	建庄严寺	348
定阴里	建永安寺	354
金陵	建瓦官寺	364
建康	建安乐寺	365
洛阳	于东寺讲法华、维摩	368
平江	建虎丘山寺	368
建康	建建福寺	369
金陵	建长干寺三级塔	372
建康	建新林寺	372
襄阳	建檀溪寺	373
襄阳	改檀溪寺为金像寺	375
金陵	长干寺慧达于地下得阿育王塔	375
庐山	慧永建西林寺	376
武陵	建平山寺	376

续表

地名	寺名	年代
建业	绍灵寺慧护铸丈六金铜释迦像	377
越州	建嘉祥寺	378
长安	道安住五级寺	379
建康	建新亭寺	380
会稽	建简静寺	385
庐山	建东林寺	386
金陵	重修瑞相院	388
金陵	长干寺旧塔之西建三层塔	391
金陵	瓦官寺火灾	396
南燕	建神通寺	396
洛阳	建五级塔、耆阇山及须弥山殿、讲堂禅堂	398
明州鄞县	建阿育王塔塔亭	405
余杭	建法华寺	417
建康	建崇明寺	418
钟山	重修延贤寺	418
苏州	建净寿院	418
建康	建祇园寺	420
?	建石壁山招提寺	420
钟山	建灵味寺	422
青州	建景福寺	422
金陵	建治平寺	423
	（魏改称寺为招提）	424
建康	建东青园寺	426
金陵	建能仁寺	429
建康	建王园寺	430
建康	建南涧寺	430
建康	建南林寺戒坛	434
钟山	建定林上寺	435
广陵	建菩提寺	438
庐山	建招隐寺	438
建康	增建东青园寺	438
广陵	建南永安寺	441
建康	王园寺被毁	444
广陵	南永安寺建外国佛塔	445
	（魏诏诸州坑沙门毁佛像）	446
邺城	五层塔为魏所毁	446

续表

地名	寺名	年代
会稽	建龙华寺	447
	（魏复兴佛教）	452
建康	建兴福寺	453
建康	建禅灵寺	453
武州西山	魏开石窟五殿、镌佛像、建灵岩寺	454
丹阳	改中兴寺为天安寺	459
钟山	建药王寺	463
永兴	建柏林寺	464
金陵	建谢镇西寺	464
建康	建幽栖寺	464
建康	建兴皇寺	465
恒安北台	魏建永宁寺七级塔高三百余尺	467
建康	建湘宫寺	468
建康	建正胜寺	470
洛阳	建鹿野佛塔	471
金陵	建延祥寺	471
建康	建弘普中寺	472
?	宋建闲居寺	474
洛阳	建建明寺（当时魏北台有寺百余，僧尼二千余，四方诸寺六千四百七十八，僧尼七万七千三百五十）	476
方山	建思远寺	477
秣陵	建白塔寺	478
广阳	建齐国寺	479
洛阳	建报德寺	480
盐官	建齐明寺	482
建康	建法音寺	482
陈留	建齐兴寺	487
摄山	建栖霞寺	488
建康	建枳园寺	488
建康	建慧光寺	488
（齐	张欣泰陈言二十条主张废毁寺塔）	490
秣陵	建安国寺	491
建康	建济隆寺	494
嵩山	建少林寺	496
邺	建安养寺度僧尼一万四千人	499
洛南伊阙	开石窟二处镌佛像，二十四年完成	500

续表

地名	寺名	年代
扬州	建光宅寺	502
洛阳	建景明寺	503
金陵	建净居寺	506
建康	建慧光寺	507
建康	建小庄严寺	507
洛阳	建正始寺	507
扬州	建光宅寺塔	507
洛阳	建永明寺	509
金陵	建本业寺	510
钟山	建大爱敬寺	512
	当时魏有一万二千七百二十七寺	513
钟山	建开善寺	514
洛阳	建永宁寺九层塔、高四十余丈	516
三茅山	建菩提白塔	516
金陵	建佛窟寺	519
金陵	建圣游寺	519
金陵	建法清院	519
金陵	建永庆寺	519
金陵	建鹫峰寺	519
秣陵	建法云寺	519
金陵	建安国院	520
邺都	建大觉寺	521
明州	于鄞县阿育王塔古迹建木浮屠，号阿育王寺	522
伊阙	佛龛建成	523
秣陵	建南冥真寺	524
洛阳	建景明寺七层塔	524
洛阳	永宁寺宝瓶被大风吹落，新铸之	526
（梁）	同泰寺建成	527
洛阳	建追光寺	528
	魏帝造五精舍及石像一万	530
洛阳	建建中寺	531
扬都	建本生寺	532
长安	建陟岵寺	532
洛阳	平等寺五层塔建成	533
洛阳	永宁寺九层塔起火三月不灭	534
长安	建般若寺	535

续表

地名	寺名	年代
金陵	改修长干寺阿育王塔	537
邺都	建天平寺	540
明州	改造阿育王寺塔	544
金陵	重建旷野寺	546
建康	建同泰寺十二层塔	546
建康	建天宫寺	549
句容	重修永定寺	549
（北齐）	建报德寺	551
龙山	建云门寺	552
洛阳	建建国寺	555
（北齐）	建大庄严寺	558
扬州	建东安寺	558
凉州	建瑞像寺	561
荆州	长沙寺火灾	562
静陵	建大明寺	562
并州	建大基圣寺、大嵩高寺	569
金陵	谢镇西寺火灾	570
金陵	重修谢镇西寺改称兴严寺	573
邺都	重修白马寺塔	576
（北齐）	建大宝林寺	577
晋阳	凿西山大佛像	577
北周克齐，毁齐境内之佛寺经像，使僧尼三百余万还俗		578
长安、洛阳	各建陟岵大寺（北周）	579
鄜州	建大像寺	579
江都	建安乐寺	580
五岳	隋敕令各置佛寺一所	581
襄阳	隋郡江陵晋阳各置佛寺一所（隋）	581
并州	建武德寺	581
长安	改陟岵寺为大兴善寺	582
	隋复兴天下之佛寺	583
定州	建恒岳寺	583
长安	建灵感寺	583
长安	建清禅寺	583
长安	建大云经寺	584
长安	改延众寺为延兴寺	584
长安	改建德寺为大兴国寺	584

续表

地名	寺名	年代
长安	建宣化尼寺	585
兖州	改广济寺为法集寺	585
长安	建纪国寺	586
终南山	建龙池寺	587
长安	建净影寺	587
兖州	建净行寺	588
?	建法明尼寺	588
鄜州	改大像寺为显济寺	589
循州	平等寺火灾	592
荆州	建玉泉寺	593
扬州	建长乐寺五层塔	593
长安	清禅寺十一级塔建成	594
杭州	建南天竺寺	595
荆州	建长沙寺正北大殿	595
天台山	建国清寺	598
	雍、岐、径、秦等三十州建舍利塔	601
长安	建仁觉寺	601
	恒、泉、循、营等五十三州建舍利塔	602
长安	建禅安寺	603
	博、绛等三十余州建舍利塔	604
长安	建西禅定寺	605
扬州	建长乐寺四周僧房	608
凉州	改端通寺为感通寺	609
长安	建七重塔二基	612
	改寺院之称为道场	613
长安	改禅定寺为总持寺	616
	隋敕令以大平宫等九宫为寺度僧	617

（二）实例

六朝时代的建筑物，尤其佛寺甚为丰富，其中北方更显优势。但如今残存下来的实例却为数很少。我们只能主要从文献中来想象当时的建筑有多么宏伟多么壮丽。根据文献记载，整个六朝时代中最伟大的大概要数北魏胡太后所建的洛阳永宁寺了。《洛阳迦蓝记》曰：

"永宁寺，熙平元年灵太后胡氏所立也。在宫前阊阖门南一里御道西。中有九层浮屠一所，架木为之，举高九十丈，有刹复高十丈，合去地一千尺，去京师百里已遥见之。刹上有金宝瓶。容二十五石宝瓶。下有承露金盘三十重。周匝皆垂金铎。复有铁锁。

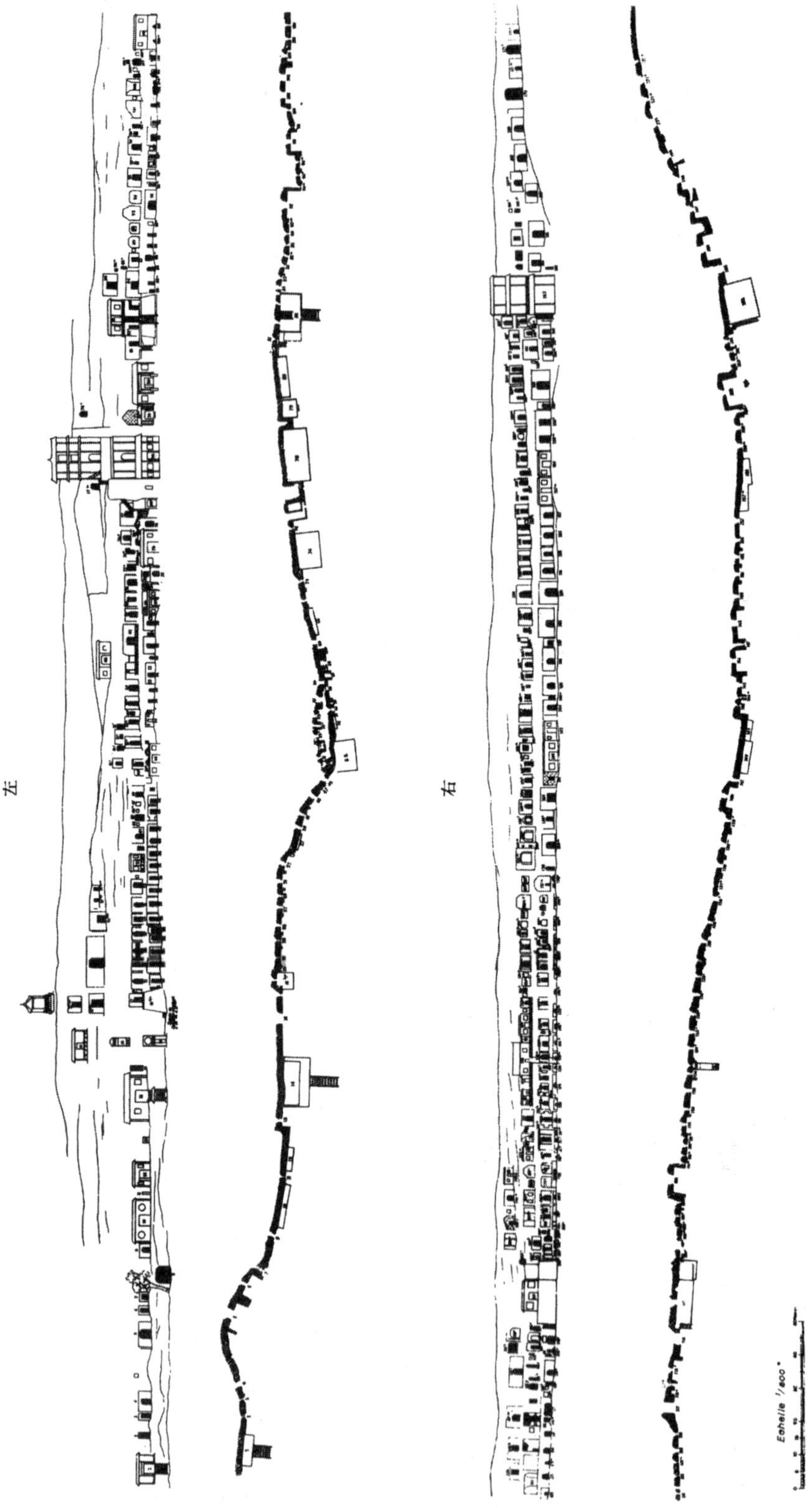

左

右

Echelle 1/800

图 1-45 甘肃省敦煌全景

四道引刹向浮屠。四角锁上。亦有金铎。角皆悬金铎。合上下有一百二十铎。浮屠有四面。面有三户六窗。户皆朱漆。扉上有五行金钉。合有五千四百枚。浮屠北有佛殿一所。形如太极殿。寺院墙皆施短椽。以瓦覆之。若今宫墙也。四面各开一门。南门楼三重通。三道去地二十丈。形制似今端门。"

据此记载可知，永宁寺的平面属于日本飞鸟时代百济式七堂伽蓝的四天王寺型。这种类型皆在塔后建佛堂，因而推知。但塔的总高有一千尺，恐数虚妄之言。《魏书·释老志》记其高为四十余丈，或许更可信。如按此高用今天的日本曲尺计算则应有三百二十尺，确是中国古往今来最高的塔。除古代巴比伦塔外，此塔应该是东洋第一高建筑，但与日本东大寺的两塔相比似乎稍有逊色（有记录说犍陀罗的雀离浮屠、锡兰的无畏山塔高约四十丈或更高，但用今尺当不足三百）。总之，六朝建筑之壮观已超出了世人想象。

构造建筑的实例今日几乎无存，不过，关野贞博士介绍了二塔，今后也许仍会有新发现，但毫无把握。巨大的石窟寺实例现已发现很多，其研究亦达到精密周到之境。其中最大规模的当属甘肃的敦煌、山西的云冈、河南的龙门。敦煌以石窟延伸面广、窟内装饰完备为优，云冈以气魄宏伟为胜，龙门则以技巧之精为秀。此外还有山西的天龙山，河北的南响堂山，河南的北响堂山，山东的云门山以及驼山等，每一处都是珍贵的遗迹。而且，广袤无边的中国境内一定还会不断有新发现，值得期待。新发现当然是在文化的中心点附近，在这个意义上讲五胡十六国的首都附近是应该加以关注的地区。以下就遗迹之现状简单记述如下：

（1）敦煌

敦煌现编入甘肃省，在安西西南约九十华里处。汉代时就以通西域之要道闻名，五胡十六国时为西凉首都。敦煌东南约七十华里处有一座鸣沙山，山腰处凿有石窟，即千佛洞。传说是乐僔和尚于前秦苻坚建元元年（366年）开凿的。以后经六朝、唐宋，最新开凿的是元代以后，石窟数目据伯希和的统计主要有171个，但一个洞窟中又含数窟，故总数到底有几百个不得而知，或许真如其名有上千之多。图1-45是伯希和制作的勘测图，由此可知其规模多么宏大。第1窟到第171窟的距离约达三千余尺，尚无尽头。石窟大多数属唐代，其次为六朝、宋。六朝之物又按时代分成几个阶段，要确知何为最古，不行实地考察则十分困难。这里只能借用伯希和图录，在属于六朝之物中选出几件有建筑意义的加以介绍。

图1-46是第111号窟的右侧壁面，下部并排凿有三个印度拱券，里面有佛像。值得注意的是拱券的手法和柱子。这类拱券在六朝时即已被使用，拱券内轮的两端向外反转，呈忍冬卷草纹型，带有浓厚的六朝趣味。柱头如叠布式，强力地结向中央，使之出现如小鼓形轮廓（方便起见，称此型为结花）。这种轮廓的柱头在云冈、龙门和其他石窟均可见到，但各自内容又有不同。左上部可见到天花板的一部分，手法是

图1-46 敦煌第111窟右侧壁面

图1-47 敦煌第120窟右侧壁面

在方形天花板上插入回转45度的第二斜方形框格，再将此格回转45度插入第三框格。这种手法是印度石造天花板的通用手法，中国、朝鲜也能见到，大概是从西域传入的。中国固有的木造手法是藻井、示井字型，整体像一张棋盘。

图1-47是第120窟的右壁。图中示出两龛之上的印度拱券内轮，其两端呈忍冬卷草纹样的手法与上图相似。外拱券上有背光状的轮廓，轮廓里可见连续使用半忍冬的手法。这是六朝时期的常套手法，在日本法隆寺诸佛像的背光里常常可见。轮廓内以大胆雄浑的忍冬卷草纹填充。

图1-48是第77窟的前壁上部。值得注意的是天花板的手法，这是一幅美丽的华盖图案。很明显，这个华盖的创意与日本法隆寺金堂内的华盖完全相同。这也是六朝时期的特色之一，在云冈、龙门等各处反复使用。

图1-49是第120窟的左壁前部。下面可见的背光轮廓及内面的手法与图1-47相同。背光上方的壁面画有战争场面，让人饶有兴味。左侧弓手、矛手混战的阵中活跃着一员骑马大将，右侧的场面是押着俘虏去见殿堂内的国君。这大概描述的是敦煌军与敌军作战，最后胜利的情景，画法十分轻妙自由，笔简而意尽。上方的飞天和忍冬花表现得最为生动有趣，而且所有的画都是先画在画布上，然后再悬挂在天花板上，这种作法也很有趣。

六朝时代的遗窟此外也还有不少，但大多数异曲同工，没有特别出色的珍品。关于敦煌，我一直有一个疑问至今尚未找到答案。这就是东晋安帝隆安元年（397年），北凉的沮渠蒙逊想要开凿的沙洲、三危山石窟寺。我就沙洲和三危山的位置进行了一些考察，但还没能得出正确的结论。有二三篇文献，其中所记内容相去甚远难以置信。地图也没有精确之品无法指望，如若吴汝伦题字的大清全地图基本可信的话，那么古沙洲应该在敦煌西南约五十五里处，而三危山在沙洲的东南约七十里处，是与鸣沙山相连的丘陵。三危山与鸣沙山为同一山系，踞鸣沙山西方数里。沮渠蒙逊开凿的三危山石窟就是鸣沙山石窟，我也曾听说过此处是前秦所开，

图1-48 敦煌第77窟前壁上部

图1-49 敦煌第120窟左壁前部

之后由北凉相继。确定此事的真伪本应不是难事，但很遗憾我还没能搞清。还有一件要附记的是，三危山的石窟应该就是莫高窟，文献上既有记为沙洲莫高窟的，也有记为敦煌莫高窟的，如是说，沙洲就是敦煌了。众说纷纭莫衷一是。

敦煌以西的新疆省方面的叙述留在后章，近年欧美探险家频繁涉猎，有益发现颇多，其中大多属于唐以后的物品。但如能充分调查的话，六朝时代的遗物也应能够不断发现。我特别关注的是于阗，法显在《佛国记》里特别提到了王新寺，如果这里的遗迹也能发掘出来的话，难以预测将会为学界提供多少可观资料，我相信并期待着不远的将来能听到这类吉报。

（2）云冈

云冈位于山西省大同西郊三十华里处的偏僻小村。此处的武周河北岸有一片砂岩丘陵贯穿东西，丘陵的南面开凿成了一群石窟寺。鲜卑族拓跋氏统一五胡十六国并占有了中国北部，创建北魏，其最初的首都就是大同，当时叫作平城。这也就是说云冈的石窟寺是北魏所建。到底是何人于何时开凿了此窟，对此有确实记录传世。

最初，北魏明元帝时世风笃信佛教，但后因太武帝醉心道教，曾极其残酷地废灭佛教。文成帝再兴佛教，一是为抵偿祖辈暴行，二是出于欲以佛教开发文化的信念，遂于武周山开凿大石窟。时为兴安二年（545年），当时承此任者是昙曜。《魏书·释老志》记曰：

> 昙曜白帝於京城西武州塞鑿山石壁開窟五所鐫建佛像各一高者七十尺次六十尺雕飾奇偉冠於一世。

据此，云冈石窟的开凿年代已然明了，但另外还有异说，《大清一统志》《山西通志》

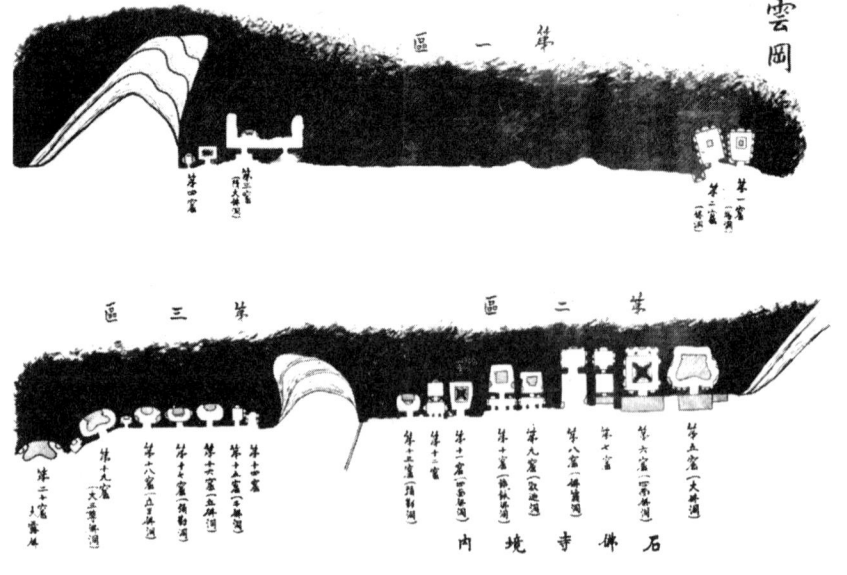

图 1-50　山西省云冈石窟寺第 1 窟至第 20 窟平面图

中国建筑史 | 86

图 1-51 云冈全景

《府县志》等记载："元魏建，始神瑞终正光，历百年而工始完。"神瑞属明元帝之年号，创立如果是在神瑞的话，那么可以解释为太武帝时遭遇废佛一度中断，至文成帝时得以复兴而形成如此之大的规模。此神瑞创立说因根据不足而未受关注，不过我倒以为不能置之不理。细查现状即可明白，如果解释为因遭太武帝废佛之厄从而被毁似乎不大可能。总之，现在的石窟寺以昙曜的五大窟为始，开凿工程一直持续到隋末唐初。

还有一件值得思考的事情，昙曜开窟之际建造了灵岩寺。这个灵岩寺大概是管理五窟的迦蓝，但其所在不明。据《通志》记载，此处应有十处佛寺，即一同舛，二灵光，三镇国，四护国，五崇福，六童子，七能仁，八华严，九天宫，十兜率。现在确知其由来沿革的资料甚为稀少。

云冈石窟的现状如图 1-50 所示，分为三区，东部为第一区，中部为第二区，西部为第三区。第三区以西还有一群小窟，本可以称之为第四区，但因没有什么可观价值，一般都不予光顾。石窟寺的主要洞窟是第一区的 1 至 4 窟，第二区的 5 至 13 窟，第三区的 14 至 20 窟，第 1 窟到第 20 窟的总长 1500 尺左右，全景如图 1-51 所示。以下是有关诸窟寺的记载，要知其详尽几乎不大可能，在此不过是极简单地说明而已。

图 1-52 山西省云冈第 20 窟佛像

昙曜开凿的五窟是第三区的第 16 至 20 窟，这是根据其规模、其手法认定的。第 16 窟内的立佛像高四十余尺，第 17 窟内的弥勒佛像几乎有五十尺高，第 18 窟的立像和第 19 窟的坐像也都高近五十尺。第 20 窟的前壁倒塌，内部的坐像全身都露在外面，膝部以下全被埋没，但其全高恐怕也会有四十尺以上（见图 1-52）。《魏书》

87 | 中国建筑史

上所谓的高者七十尺，次六十尺是魏尺所量，应该基本符合于现状。

此五窟内部原皆以雕刻覆之，但现在破损严重，仅存下的部分也难耐精查。第二区的诸石窟平面颇大，内容各异，细部残留部分保存相对良好便于调查。当然第三区的手法也和第二区的同工异曲，于根本性质方面没有差异。第二区诸窟，第5窟称为大佛窟，里面的大佛坐像高约六丈，比日本奈良东大寺的大佛还要大，是中国现存立体佛像中最大的一座。洞窟的内径宽七十二尺，进深五十八尺四寸。第6窟宽深均为四十六尺余，中央凿出四面四佛三层的巨型结构，周壁排列有三重佛龛，其装饰雕刻纹样之丰富令人目眩。第7窟的西来第一山洞，第8窟的佛籁洞里也有有趣的雕刻纹样，但大都残毁。第九窟的释迦堂，第10窟的持钵佛洞于装饰手法方面可观者不多。第11窟四面佛洞，第12窟倚像洞均为同工异曲之作，第13窟的弥勒洞之本尊倚像，两脚交叉，高约五十尺，十分雄伟。

第二区洞内皆施以色彩，但经过多次补修改窜，逐渐恶化，已经完全失去了创立当时的韵味。雕刻也或被风化或遭破坏，或被后世胡乱修补而改变了本来的轮廓，六朝固有的风貌几乎被蹂躏殆尽，实在是令人可惜。第二区诸窟的年代无从确认，但根据第11窟里发现的大和七年(488年)造像铭，可以认为诸窟大概就是在此前后陆续开凿的。第三区的工程之后第二区相继着手，第11窟于483年完成，又经若干年后第二区工程亦告竣工。

第一区第一东塔洞内镌刻有二层塔，第二西塔洞内刻有三层塔，均为六朝时代的精华所现。而第三大佛洞的年代稍后，诸家认为这是隋代之物，或属于更后的唐初。总之，认为属隋唐之间应无大差。此洞工程虽未能完成，但是在其宽约一百三十尺，进深约四十尺处才终止，本尊的倚像也远远高出三十尺。

以上诸窟中最值得观赏的是雕刻和佛像。但此处不做有关这方面的评论，而主要就建筑方面予以略述。本来云冈石窟寺的艺术性质，根据其创建缘由以及当时与西方佛教国的交往等推测，当然应该考虑传承的是中亚样式，承认是秉承于敦煌千佛洞之后并深受其影响，所受印度笈多时代之感化也甚为显著，更从当时狮子国僧人的来魏事实而有理由说其中也有南天竺国乃至锡兰的艺术

图1-53 云冈第10窟

图 1-54　云冈第 10 窟　　　　　　　　　图 1-55　云冈第 10 窟

痕迹。但要想彻底考察这些事情，则必须更加深入更加细腻，还是留待他日。在此仅选择诸窟中出现了有关建筑手法的数件重要之物，试进行溯源探流。

图 1-53、图 1-54（第 10 窟）是爱奥尼式柱头的实例。爱奥尼柱头无疑是大成于希腊，并有遗物证实潜入了犍陀罗的大月氏国。其后来的去向行踪无人知晓，现却突然现身云冈，实在是有趣的事实。想来一定是自中亚潜行而来，如若探察其路径，当确属我辈事业上之趣事。

图 1-55（第 10 窟）应该认为是科林斯式柱头，至少也应该是显示了与科林斯柱

头同型的手法。科林斯式发祥于希腊,大成于罗马。这种手法可在拜占庭见到同类,在犍陀罗也能见到很多科林斯式柱头,其手法与本图手法有很大差异。彼方以阿康图斯叶构成,此方则以忍冬叶组合。这种奇异手法的源流尚不能明确认定,但应该是从西亚方面经过波斯传来的。

图1-56(第11窟)是印度的拱券和印度柱头。这种印度拱券和柱头已常见于敦煌(见图1-46)。云冈也大量使用了这种形式,但毕竟是从印度经中亚,又一度在敦煌生成了若干变化,然后才传入中国内地又蔓延于四面八方。

图1-57(第11窟)是犍陀罗系的梯形拱券和梯形楣以及壁面的千体佛像。梯形楣的实例在犍陀罗可见很多,而在中印度却几乎见不到。因此可想像这是在犍陀罗发祥之物。壁面上佛像的镌刻风格虽在印度亦可常见,但在犍陀罗更多。如本图所示体裁,我认为是带着犍陀罗系的趣味。

图1-58(第2窟)有一梯形拱券和两基塔身。这种场合下的梯形拱券,要在内外轮之内加以区划,里面放入飞天。这种手法在犍陀罗见不到,飞天的手法是印度式。拱下垂着华盖式璎珞的形式于葱岭以外地区难以见到,可以推定是在玉门关和葱岭之间产生的。这与波斯特有的锯齿纹有何关系尚未及考证。我认为,有关塔的形式应该深入研究。上一章关于汉代建筑的部分已经讲过,中国塔本来是从中国发达起来的楼阁型发展而来的,本图左侧的二层塔和右侧的三层塔都可在二层三层楼阁的顶部看到

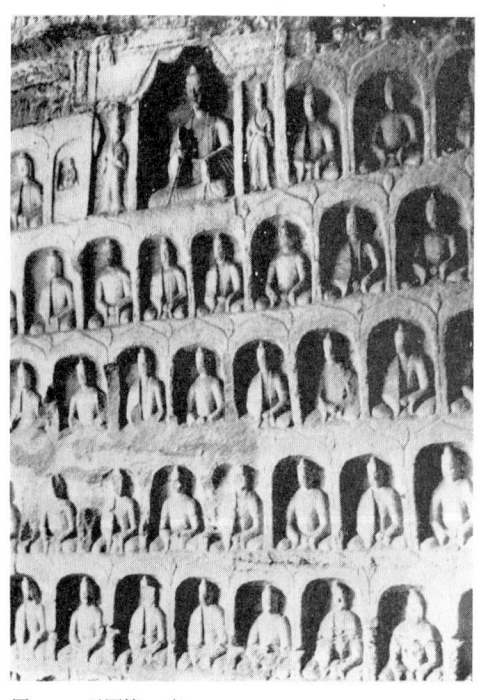

图1-56 云冈第11窟

图1-57 云冈第11窟

有印度式窣堵婆（塔）之形，并暗示楼阁为木造。图 1-59 是图 1-58 左侧二层塔的放大图，顶上的窣堵婆很是特殊，尚无同例，基坛（即露盘）与塔身（即覆钵）之间有仰莲，与图 1-55 的科林斯式柱头的手法相同。相轮似有七重。总之这个窣堵婆能让人感到若干西藏塔起源的暗示，此外虽云冈的塔雕样式还有很多，但此塔对暗示当时构造多重塔的样式极为重要。

图 1-58 云冈第 2 窟

图 1-59 云冈第 3 窟

图 1-60 云冈第 6 窟

图 1-61 云冈第 6 窟

图 1-60（第 6 窟）是一座有鲜明雕刻的五重塔。各层都有印度式拱、梯形拱和佛像。支柱与其说是中国式的大斗拱，不如说是印度系或印度波斯系的更为妥当。顶上的窣堵婆在这里稍有变形而更接近于普通的相轮，但其构思与前记塔相同。不过九轮竟有三个并立，颇为有趣，可以认定和日本白凤时代[1]长谷寺铜板上见到的塔有密切关系。

以上主要就外来的手法进行了叙述，当然属于中国固有手法的也有很多，图 1-61（第 6 窟）就是其中一例。大式瓦作葺成的庑殿顶，正脊两端的鸱尾，脊上三角形装饰物，其间立式的凤形，都是周汉以来的常用手法。檐部的圆椽，下面的一斗三升和人字形驼峰是形成日本飞鸟时代建筑的根基。同样的手法可见于图 1-62（第 2 窟），且顶部冠有华盖型的手法多少让人联想起日本的橘夫人厨子[2]。此外第 10 窟内的勾栏与日本法隆寺的勾栏完全相同，饶有兴味。

图 1-63（第 6 窟）表现了华盖，自然是佛像头上的那种，与日本法隆寺金堂内的华盖属于同型，于敦煌屡屡可见（见图 1-48）。云冈较为频繁地使用这类华盖并根据使用地点加入适当变化。究其起源，我认为是来自西藏，这留待下一章说明。

关于装饰纹样，这对研究六朝艺术的源流极其重要，将在该项中言及。

（3）龙门

龙门位于河南省洛阳南约三十里处。依水由南向北流入洛阳盆地，河的两岸由石

---

[1] 白凤时代和飞鸟时代均指 645 年日本大化改新前后的一段时期，因断代方法不同而有名称之异。
[2] 橘夫人念持佛厨子：据镰仓时代的《圣德太子转私记》记载，为光明皇后之母橘三千代所作。现藏于法隆寺大宝藏殿。

中国建筑史 | 92

图1-62 云冈第2窟

图1-63 云冈第6窟

灰岩构成丘陵，右岸不足一提，但左岸东腹所凿石窟不计其数，总长约有两千尺。这就是伊阙龙门的石窟寺，各洞窟内镌刻着佛像，周壁上施有雕刻纹样，其精巧程度胜过云冈。但石窟和佛像的规模远比不上云冈的宏伟，纵横无碍和奔放自由的装饰手法也不能与云冈比肩。龙门的手法已经形成了一定的模式，想随意超越似乎很难。这是因为龙门的年代稍后于云冈，云冈时代仍为试作时代，能够不拘一格，但龙门已进入成熟时期，需要采取慎重的态度。那么龙门是哪一年代的产物呢？

一般认为，龙门是北魏迁都至洛阳，即孝文帝大和十七年（493年）以后的事。据《魏书·释老志》记载，宣武帝先为其父（孝文帝）其母（文昭皇太后）开凿二窟，以后为自己再开一窟，此为龙门石窟之始。这些石窟应该是哪一窟现在已无人知晓。总之，龙门石窟里最早的铭文是大和十九年之物（第21窟），但根据其他铭文所记，大和七年就已开凿施工是肯定的。也就是说龙门在北魏尚未迁都洛阳时即已开凿，以后经东魏、北齐、隋乃至唐代一直持续，并留有各时代的铭文或存有相关文献。

如此，龙门是因网罗有历朝之作而重。龙门西部诸窟的略图见图1-64（中国佛教史迹评解所载），其中最重要石窟有21个，第3窟（宾阳洞）、第13窟（俗称莲花洞）、第14窟、第15窟（北魏开凿、唐改做）、第17窟（俗称魏字洞）、第18窟（北魏开凿、唐改做）、第20窟（俗称药方洞）、第21窟（古阳洞）是北魏作品，第2窟及第4窟推定为隋代所做，其他皆属唐代。

图1-64 龙门西峰石窟简略位置图

图1-65 龙门全景

现就以上北魏至隋的诸窟进行考察，从建筑角度看，其中最重要的当属第21窟。此窟最迟应是在大和七年开工，大和十九年左右完工，据窟内铭文也可明了，与云冈第二区的石窟应为同代之物。且其壁面充塞着具有明确建筑意义的雕刻。第3窟的宾阳洞在潜溪寺内，是龙门六朝时代石窟中规模最大且最为华彩的。宽三十六尺，进深三十三尺五寸，后壁的本尊、罗汉、菩萨、左右壁的三尊佛，无论哪一个都非常出色，背光的纹样，天井的装饰等也极为丰富。遗憾的是有可观价值的建筑雕刻过少，又无铭文，年代难以推测，不过属于北魏之作应无问题。

第13窟莲花洞亦属北魏优秀之列，佛像秀美之外，壁面的佛龛和千体佛上所施雕刻更值观赏。第20窟药方洞虽经后世北齐、隋、唐加工，但大体上保留了北魏的特色，佛像朴素而佛龛等雕刻甚为精巧。总之，龙门的六朝艺术性质与云冈艺术根本上属于同系，却比云冈明显规整，自西亚诸国传来的成分有所减少。如爱奥尼式柱头，科林斯式柱头，东罗马情趣的纹样等已见不到了。佛像上云冈初期的异国风貌也已淡化，几乎全部统一成了所谓的六朝形式。印度式手法也大经洗练，中国固有的手法已鲜明地体现其中。概括言之，云冈更富西亚成分，而龙门更富印度成分。云冈有堂堂魁伟之风貌，龙门则具明敏巧慧之特征。云冈有令人倾倒之魅力，龙门有拯救人心之情味。以下举若干实例试说明龙门的建筑手法。

图1-65是龙门的全景图，右方可见第12窟、第13窟附近的状态，左方可见第

图 1-66 龙门古阳洞

14窟至第19窟大佛的状况。以此图足可推知龙门之大体规模。图1-66是古阳洞的内壁，有一印度拱券式佛龛，其轮廓线条极为精妙，拱内雕刻手法之纤细令人惊叹。毕竟因此处岩石为细腻的石灰岩质，故云冈砂岩难以比拟。右拱两端上翘呈凤头，左拱两端呈龙头，这是加入中国固有思想的表现。拱下以二尊仁王代替支柱，拱内佛像的台座下左右各有一对狮子，虽姿势各异，但样式明显同源。其他细微之处此处无暇言及。

图1-67显示出拱与柱的手法。拱的内轮两端为龙头，用来支撑此拱的支柱确认属印度波斯系。龛下做栏，上面趺坐本尊，此栏一般也属印度式。但龛之左右小碑上的螭首是颇为巧妙的六朝式龙的组合。拱龛下面直接连着梯形拱龛，这种类型已在云冈见到许多，但拱内由飞天飘逸的着衣演变成的忍冬藤蔓，其轻快韵味在云冈则未曾见过。

图1-68的拱和柱稍有不同。左上龛的印度拱券已明显变形，柱头的手法也从敦煌的布波形即结花形发生变化，从而更接近于印度波斯系。相同手法还反复用于支柱中央部，应该可以认定为独创。柱下的侏儒像，再下面的狮子，狮子下面的小龛，层层相叠，手法自由流畅。左下龛梯形拱和印度拱相重，右上龛却未特别用拱，而是用交叉的璎珞轮廓直接做了龛的上轮。下面的龛

图 1-67 龙门古阳洞

图 1-69 龙门古阳洞

图 1-68 龙门古阳洞

图 1-70 龙门长身观音洞

上加入单纯的梯形拱，变化之自如实令人惊叹。

图1-69是建筑物的雕刻例。中央呈直角形的龛上冠有歇山式屋顶，坡线略有上翘，但檐为水平，正脊两端的鸱尾，中央鸟之手法于云冈亦可见，檐下斗拱亦然。上部小龛暗示小佛堂，其柱上部以人像代雀替是印度的惯用手法。下方右手处刻有鲜明的三重塔。此型在龙门屡屡可见，大概是在暗示当时构造型塔的一般样式。图1-70是佛堂建筑例，画面上有三栋建筑，坛上都有木制构架，坛的正面有扶栏台阶。柱上有斗拱，其间有人字形驼峰，屋顶为山花部极小的歇山顶，看上去几乎像是庑殿顶。檐呈水平，坡线弯曲，正脊两端鸱尾上翘，左端佛堂中央冠有宝珠。当然屋顶都是大式瓦作葺成。

图1-71是一座四重塔，与图1-69的三重塔属于同型。三重塔宽一间，此塔为两间，三重塔屋顶坡面呈直线，此塔是鲜明的曲线。

图1-72是一座二重塔。此塔不依普通塔手法而自成一体。其顶部不做饰檐而是采用三层叠涩，上层也用相同手法，是小品建筑的绝好标本。龙门还可见其他数种塔之雕刻，但云冈则见不到楼阁式塔顶加萃堵婆之例。故可推测龙门时塔之形态业已形成一定之规。

以上列举之外还有一些建筑方面的物件，基本上皆与云冈之物同型。但华盖于云冈随处可见，于龙门却甚为稀少，且已生变化而与原形相异。斗拱方面，云冈之物皆为一斗三升人字形驼峰，龙门之物则有双层一斗三升及干阑式扠束木条等手法，实是

图1-71 龙门微妙洞　　　　　　　图1-72 龙门莲花洞

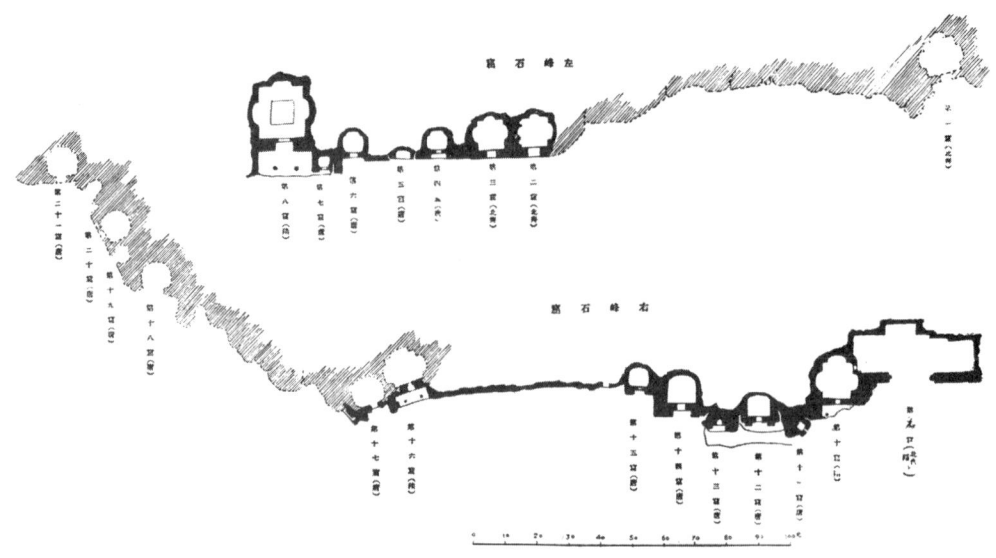

图 1-73 天龙山石窟简略位置图

图 1-74 天龙山全景

有趣。凸肚状支柱在云冈可见其近似物，而在龙门则全无踪迹。但龙门明显地存在着竖凹槽的使用例（第21窟），还发现有女像柱，是合掌菩萨之形。女像柱皆知是希腊产物，于犍陀罗亦可常见，印度也有类似之例。龙门之例必定是自犍陀罗传来。对云冈、龙门两石窟进行细致入微的对比研究，不仅是件有趣之事，也是个十分有益的题材。

（4）天龙山

天龙山在山西太原城外西南三十里处，左右两丘山腰处各有一群面向东南的石窟。太原是东魏将领高欢的居城，其子高洋建北齐定都于邺之后，此地作为陪都繁盛，成为山西文化中心直至今日。古代的晋阳就是此都，天龙山石窟寺从北齐时代开凿，经隋至唐更加发展。

图1-73是其平面图（《中国佛教史迹评解》所载），左峰第1窟至第8窟，右峰第9窟至第21窟最为重要。六朝时期所开发的是：第1窟至第3窟属于北齐的三个，属于隋的第8窟、第10窟、第16窟，属于北齐至隋的第9窟，其他皆属唐代开发。天龙山诸窟内诸佛像，以其相貌端庄微妙者众多而闻名于世。在此列举数例。

图1-76 天龙山第3窟后壁右方

图1-74为全山的远景。图1-75是第3窟，是个宽八尺四寸三分，进深七尺九寸的小洞，是其东壁所凿佛龛。印度拱券的轮廓已明显地改变了六朝初期之式，内轮顶点施有一种结花手法。这种结花与在敦煌、云冈、龙门的柱头上见到的鼓形手法为同根同源，同法在佛龛两柱的顶部亦可见到。但其上部完全成为柱头，下部则接近所谓的金栏卷之性质。柱头上立有凤形，且不是拱券内轮的延长，此法他处亦可常见。

图1-76是第3窟后壁的右方。图左是佛龛的右柱，柱头用写生式的莲花实属珍奇，相反暗示了印度乃至印度波斯系柱头的起源。柱头上立凤，柱右侧立着阿罗汉像，足以想像当时雕刻技巧的精妙。

图1-77是第1窟的全景。入口处拱券的柱头用开放莲花，这也是不见同类的珍奇之举。柱头上照例有立凤。入口上方的壁面上雕刻有极为鲜明的斗拱，最令我辈兴奋。斗拱成一斗三升及人字形驼峰之列，一斗三升之斗与日本法隆寺的皿斗相似，瓜拱有

图1-75 天龙山第3窟

图1-77 天龙山第1窟

强劲的背刳,同时其两端又有绘成的刳形,实为一重要现象。驼峰在云冈、龙门也颇多见,但都用粗朴的直线形,而此处出现了强劲的曲线,成为唐代婉丽曲线的先驱。

图1-78是第3窟的西壁。图右方可见佛龛柱头上半开的莲花。轮廓与一般的西方或印度系的柱头相同,但用写生式的莲花仍属珍奇。此拱内末端非凤,而是用了龙首。壁面浅刻的菩萨像佛坛前垂有幔帐,即六朝式的华盖,与敦煌、云冈以及日本的法隆寺金堂内可见的华盖属于同型,只是此处的更有几分单纯,同时更加洗练。华盖上端左右及中央部的金属装饰的手法亦颇得要领。

图1-78 天龙山第3窟西壁

天龙山诸窟除以上所举之外,还有很多值得观赏之处,在此姑且省略。总之,这个石窟群继云冈、龙门之后亦极有价值。即使规模上无法与前者相比,但在技巧方面绝不比前者逊色。随着年代的推移,在豪宕风貌逐渐失去的同时,细部手法则越来越显示出了纤细的技巧。

(5)南北响堂山

响堂山分南北两处,南响堂山属于河北省磁州西方四十五里的彭城镇,北响堂山属于河南省武安县的义井里,在南山的西北三十五里处。这里有一群北齐时代的石窟,大正十一年[1]十一月常盘大定博士首次寻访至此,以后未再听说有研究者到访。

南响堂山的布局如图1-79(《中国佛教史迹评解》所载)所示,分上下两段。上层有五窟,下层有两窟。全景如图1-80所见。诸窟手法中具有显著建筑意义之例则举图1-81上段第5窟的画面。入口处的柱子呈暗示竖凹槽的多角形,柱头及柱中央施有已屡次提到过的结花手法,拱券的形式有了更多的变化,很近似于所谓的华灯形。小壁面上的斗拱几乎与图1-77的天龙山手法完全相同。檐椽、瓦口、瓦当等手法也十分鲜明,不失为考察当时构造手法的极好资料。

图1-82是上段自右数第2、第3、第4窟的前面。此处应予注意的是中央第3窟的入口,其柱为八角形且立于狮子之上,实属罕见。我曾在南印度的多拉维达式建筑

---

1 大正十一年 = 1922年。

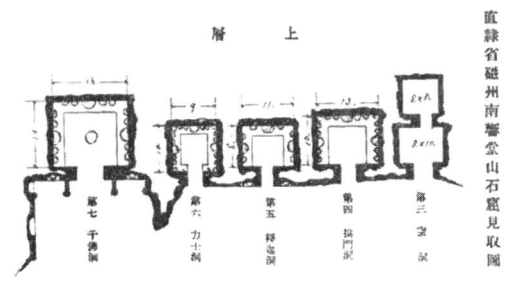
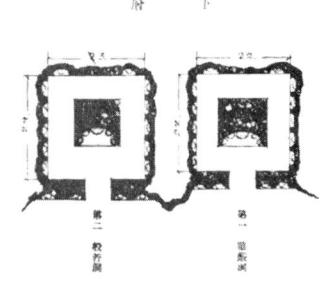

图 1-79 南响堂山石窟简略位置图（上层）　　　　南响堂山石窟简略位置图（下层）

图 1-80 南响堂山全景

中见过此类手法，但对彼此双方有过哪些交融，目前尚不能拿出可自信的结论。柱头及柱中央部的结花手法与图 1-81 中的大体一致，但其斗拱又有变化，可以说已经最终失去了原有的性质，当然此中也有因后世补修使然的因素。拱之左侧刻有小型三层塔亦应予以瞩目。

图 1-83 是上段第 1 窟内部壁面的手法，比前述之例更为优秀。佛龛凿成一座宝塔形，屋顶为丰满的半球覆钵，表面施以美丽花纹，檐角突出，末端垂铎，相轮左右两根条链结住檐角，条链上也悬铎。这让人想起洛阳永宁寺塔，半球覆钵的手法自然是来自印度，龛拱和柱子的手法亦与上例基本相同，其构思及技巧方面均示出淳朴之风。

北响堂山有七个重要石窟，每个布局见图 1-84（《中国佛教史迹评解》所载），

图 1—82 南响堂山石窟上层第 2~第 4 窟

图 1—83 南响堂山石窟上层第 1 窟

图 1-81 南响堂山石窟上层第 5 窟

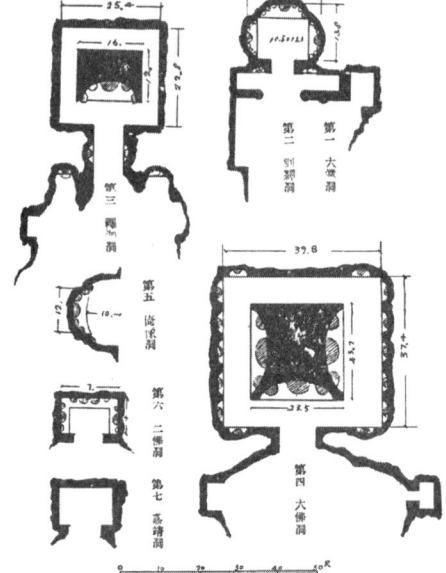

图 1-84 河南省北响堂山石窟平面图

图 1-85 北响堂山全景

全景见图1-85。常盘博士命名第1窟为大业洞，第2窟为刻经洞（北齐），第3窟为释迦洞（北齐），第4窟为大佛洞（北齐），第5窟为倚像洞（唐），第6窟为二佛洞（疑为隋），第7窟为嘉靖洞（明）。这些洞窟的精华当属第2至第4的北齐洞。仅看照片亦可感到后世的修补已致使旧观损逝。与天龙山的北齐式相比，此处风格不同，颇为珍贵。

图1-86是第4窟的南壁。此窟是诸窟中最大最美的一座。宽三十九尺八寸，进深三十七尺四寸，中央刻有巨柱，柱之左右及前面刻着佛像，内壁左右各作五龛。本图是其右壁。各龛之间立有柱子，柱之表面以美丽的忍冬藤草雕刻充填，柱础为莲花形，柱中央的结花与之相应。柱顶有莲，莲上有宝珠，以火焰包之的手法为常套。柱础下雕有带翼鬼形怪兽。柱的上部横贯连接，每龛之上均冠有半球覆钵，钵上又有莲花、忍冬、莲花光炎相重等壮丽构图。龛上的印度拱券因其外轮顶部缺少尖点，故已失印度拱券之实，仅为一种装饰手法而已。其内外两轮内的纹样也缺乏与他处的调和，令人遗憾。图1-87是同窟前壁内面佛龛，与前图完全相同。

图1-86 北响堂山第4窟

图1-87 北响堂山第4窟

总之，响堂山的建筑手法已远离西方乃至印度的趣味，相反朝着任意中国化的方向发展，不久将踏上成就唐代新型样式之路。从这个意义上讲，响堂山的诸窟极具历史价值。

通过以上列记敦煌、云冈、龙门、天龙山及响堂山各例，已可知六朝建筑变迁的大概情况，但在此想再加举两个实例，即巩县石窟寺、云门山及驼山石窟。

（6）巩县

河南省巩县城外西北约三华里处，有一群面临洛水开凿砂岩小山而成的石窟。此处原称净土寺，开凿年代有碑铭为证：

自后魏宣帝景明之间凿石为窟刻佛千万像世无能烛其数者

后世对此还有若干追记。

石窟主要有五个，三个在东，两个在西，皆面南。东西两群之间有露佛三尊。

诸窟中最大最值观赏的是第 5 窟（见图 1-88）。宽深均为二十二尺，中央立有九尺方角巨柱。四面刻四佛的手法已在云冈见过。内壁三面列有四龛，拱券当然是印度式，图的右方是拱券内外轮之间饰入的忍冬纹，此处的运笔甚是重厚。左右两拱的末端综合以忍冬构成，下方置饕餮承之，其法甚妙。

图 1-89 是第 3 窟的天井。第 3 窟是仅次于第 5 窟的大窟，内部的形式与此相似。图示是其天井，格子顶的各格之间有花纹和飞天，构思巧妙且富于变化。

图 1-88 河南省巩县第 5 窟

图 1-89 巩县第 3 窟

图 1-90 云门山石窟

（7）云门山及驼山

云门山位于山东省青州市城南约十里处。一丘之顶开有洞门，门上刻着云门山大云寺。门西有两个佛龛，因有隋开皇十七、十八、十九年等铭文而知其年代。图 1-90 是西侧的佛龛，没有明显的建筑雕刻，只有六朝时期共通的印度拱券，但佛像雕刻方面有相当的观赏价值。另外还有几个佛龛多属唐代之作。

驼山是与云门山隔谷相对的一座小丘，在青州东南约十华里处。山上有大小六个佛龛，年代属隋至唐代。其中第3窟最大最重要的，宽十八尺，进深约二十三尺，佛像颇为优秀，年代为后周的建德六年(577年)至隋开皇十四年(594年)之间，此为文献所证实。但窟内外未见特别值得关注的有关建筑的手法。

图 1-91 驼山第 2 窟

图 1-91 是第 2 窟的壁面。此窟内的佛像似为隋初之物，技巧之美实属罕见。窟之内外建筑手法未被多用。佛龛轮廓属印度形。

（8）嵩岳寺塔与神通寺塔

六朝时代的构造形建筑遗物几乎皆无。幸有关野博士发现了河南省嵩山西岳的嵩岳寺十二角十五层塔和山东省历城县的神通寺四门塔。根据关野博士的解说，嵩岳寺是原北魏宣武帝的离宫，孝明帝正光四年(528年)，使净财建寺并造此十五层砖塔（图1-92）。平面十二角有十五层的塔，此外不见同例。二层以上层层相接，整体轮廓恰如一颗炮弹。第一层柱头的手法：有莲花的拱券窗户，窗上下的球盖及束腰板壁的装饰，第二层以上的小莲花拱券窗等皆为北魏形式。我未到现场观看，仅凭照片认为那的确是六朝形式，但明显接近北齐式，而不是北魏式。云冈、龙门等窟未见此类塔形实在有些不可思议。

关于神通寺的四门塔(图1-93)，关野博士说，寺是前秦时竺僧朗居住的古刹，四

图 1-92 河南省嵩岳寺的塔

图 1-93 山东省神通寺的四门塔

门塔建于东魏的武定二年(544年),除了汉代的石阙,这里是中国最早的石制建筑,方形的壁体上置有宝形屋顶,冠有石制相轮,形式虽简单但十分工整,四面开有半圆拱式入口,内部的四面坛上安置着佛菩萨。其建筑手法是否发挥了六朝形式这一点关野博士未予提及。我只观照片,不知六朝当时之特色在何处仍有留存,此处姑且只介绍关野博士所谈。

四、道观

东汉末张道陵创建道教时,还没有具备称为独立宗教的程度,至东晋初葛洪著《抱朴子》讲说神仙之道以后,道教才逐渐抬头,但亦不乏受当时异常隆盛的佛教的刺激,想努力造成与之抗衡局势的结果。原本浅薄的道教本来没有和深远佛教抗衡的实力,凡事都要从佛教得以启示,模仿佛教的形式作经典、制道法,终于形成了一种宗教的形式。其殿堂建筑没有任何特殊之处,与宫殿、佛寺毫无异样。殿内的陈设等初见也仿同佛殿。安置本尊的祭坛、祭坛前面的祭桌、道士跪坐诵经的设施、坐侧的摆钟、金鼓等几乎都与佛教相同。以至于我辈要等进入殿内看到本尊才能知道到底是佛寺还是道观。

如此,道观是何时出现,由何人所创,道观之型又是怎样得以大成的,我现在尚不能知晓。恐怕应该是东晋初期的事情。东晋时的陶渊明、陆修静、齐时的陶弘景等都对道教的兴隆做出了努力。东晋道士王符[1]作《老子化胡经》,说老子出函谷关行至印度说教,释迦摩尼是因为听了老子讲道才创建佛教,所以道教应该位于佛教之上。此诡辩问世以来,佛道两教之间的反抗争辩便一直没有间断。南北朝时最笃信道教的是北魏道武帝、太武帝和北周的武帝,太武帝醉心于道士寇谦之,武帝信任卫元嵩、张宾之,其结果成了佛教"三武一宗之厄"的始作俑者,对佛教大施迫害。寇谦之成了当时最有势力的道士,太武帝授其天师之位,甚至把当时的年号也改成太平真君。

南方对道教不似北方那样深度尊崇,尤其是梁对道教的迫害很重。不过,道教的根基源自中国的固有思想,牢不可破。即使被佛教所压,状态十分不振,但也能推测出当时其道观、神祠庙宇的兴建不在少数。可惜的是现在难以搞清当时的具体情况。有关佛道两教的消长,我想在此举一点应该特别值得注意之处。佛教教理深奥,所以除知识阶层以外很难理解,即使将其通俗化,欲得一般民众信仰也不是易事。那么佛教又是因为什么能够得以迅速发展的呢?究其原因,当时兵乱不止,国民无以安居,为避兵乱,为逃战时过重的苛捐杂税,或成僧尼,或遁佛门。遁入佛门即可免遭掠夺杀戮。兵乱最盛的五胡十六国时期,北方皆化为兵乱之镇,这成了佛教在北方发达的一大要因。当时的道教尚未进入大成之域,宗教体系也尚未完备,故国民尚无皈依之途。

---

[1] 一说为西晋时人。

道士犯乱遭诛的事情时有发生，这可以说是道士们采用的一种过激宣传并付诸行动的办法。但是，道教思想是中华民族的固有之物，开天辟地时起既已有之，与崇拜天地日月、山川草木的原始宗教相结合形成了巨大的潜力。即使在当时与佛教相比处于劣势，其潜在力量却意外地强大。今日佛教萎靡不振，道教方面的庙祠却仍处于国民信仰的中心位置，就是这种伟大潜力的功劳。

参考外国之例，如印度，五千年来婆罗门教即后来的印度教是国民思想的根基，二千五百年前兴起的佛教可以认作是反抗印度教的新思想，并一时隆盛之极，但如今却几乎踪迹全无，甘于印度教一方独盛。正如说印度教是代表印度国民思想一样，代表中国国民思想的就是道教。道教发展的历史在中国文化史上最为重要。从这个意义出发，我痛感六朝时期的道教研究、道观庙祀建筑的研究十分重要。下面列举数项"佛教大年表"中有关道教的重要记录以供参考。

道教事迹	年代
晋道士陈瑞自号天师谋乱	276 年
道士卢悚自称大道祭酒谋乱	366 年
（魏）京师东南建天师道场	427 年
（魏）镇州建道坛，于天下佛寺建祝寿道场	431 年
魏帝登道坛受符录	442 年
（魏）道士寇谦之卒	448 年
（魏）移道坛于洛外，改称崇虚寺	491 年
梁武帝舍道教归佛教	504 年
邵陵王舍道教归佛教	505 年
（梁）废天下道观道士	517 年
（魏）使佛道二教门人于禁中对论	520 年
（梁）道士袁敢矜起乱伏诛	539 年
（北齐）废道教	555 年
（北周）定三教位次，儒为先、道次之、佛为后	573 年
（北周）废佛道二教毁经像使沙门道士二百余万还俗	574 年
（北周）许立佛像天尊像	579 年
（北周）复佛道二教	580 年
隋帝幸道坛见老子化胡像怪之使沙门道士论其本	583 年
道士李士谦卒	592 年
毁佛像天尊像者以大逆不道论	600 年

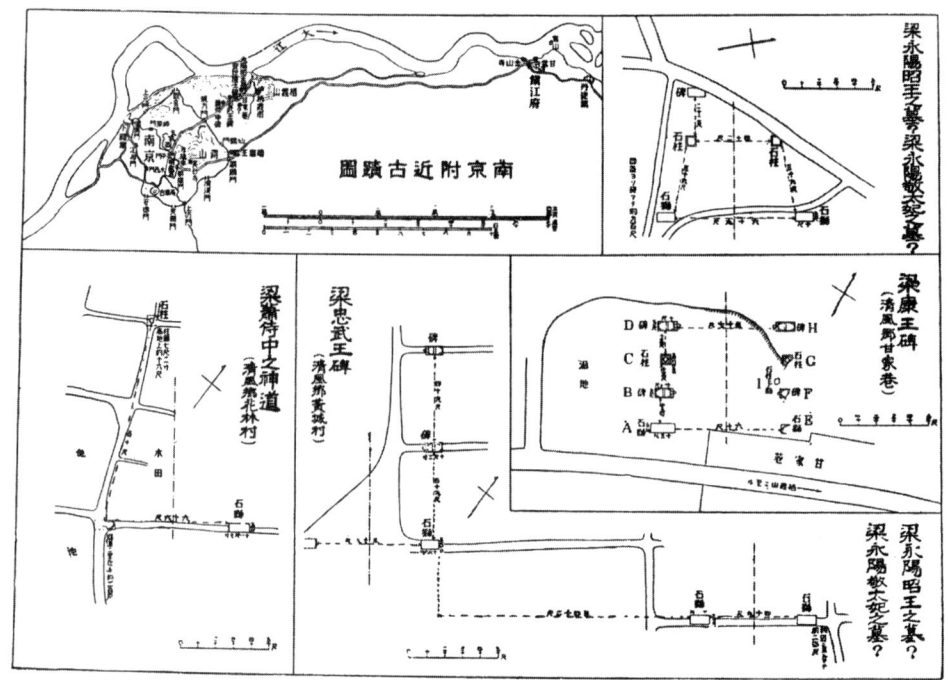

图 1-94 梁陵墓平面图

五、陵墓

有关六朝时代的陵墓，文献贫乏，遗物亦少，对其制度样式等做一般性考察很是困难。现在我们所知仅有南朝梁宋代的实例，对齐、陈、隋各朝的陵墓则一无所知。北朝方面也全然不知，仅听说北魏的陵墓在现山西省大同市即当时的魏都平城东北郊，其真伪难辨。洛阳存古阁里有一基神道石柱的断片，全貌不明。在此仅试就梁代陵墓加以说明，而不做推测六朝整体陵墓之用。

有关梁代陵墓我曾做过若干考察，就当时现状的布局归纳成图 1-94。其中有关梁萧待中的神道，《石索》中已载有石柱图并加以评介。其文如下：

> 梁萧待中神道石柱题额，在江宁府朝阳门外三十里花林田间南向额如排遍四周有莲枝花纹高二尺阔四尺中刻梁故待中中抚将军开府仪同三司吴平忠侯萧公之神道径三寸反书石柱高二丈周围八尺梁武帝普通四年萧景为安西将军郢州刺史卒，曰忠史作中抚军盖脱一将字耳其字反刻欲正面之内向也其柱用一已变石阙之制矣

另外《六朝事迹编类卷之十三》中记：

> 南史梁吴平忠侯萧景字照谥曰忠墓在花林之北有石麒麟二石柱一……

可想象其样式极为珍奇。一根石柱上嵌装着题额，以反字即左文刻铭，并解释其理由是为使文字朝里，以单柱代替双柱是为改古来的石阙之制。

图1-95 萧侍中神道石柱

图1-96 萧侍中神道石狮

我于明治四十年¹十月来访问调查此珍柱的结果，证明《石索》所述皆为错误。在此先记录下此陵墓之规模及石柱、石兽的状态，然后再言及其他实例。

现场在南京太平门外约三十五里处通向栖霞山本道的花林或称花岭。距街路左侧约三百二十尺处有一基石柱（见图1-95），石柱前约一百一十尺处向右约六十六尺，有一基石狮面左而立，一半被埋在了地下（见图1-96）。除此之外别无他物，石柱后方约三百余尺处有一处似坟丘之迹。

支柱的柱础部分被埋入地下，地上所现部分并非正圆，而是带有类似梭杀的性质，直径二尺三寸一分，周围七尺四寸，地上到六尺九寸处有24条竖凹槽，手法属希腊多立克柱式，但柱上无凸肚状。竖凹槽上绕有四寸宽的带子，带子表面有双龙相交的浮雕。上面又有宽三寸八分的带纹，再上面放着刻有三鬼的台子用来支撑题额。题额高二尺二寸二分，宽三尺二寸，厚八寸，表面周围绕有一寸六分宽的轮廓，上面刻着六朝式的忍冬花纹，厚处还有微妙的人像和花纹的毛雕。铭文从右向左以反书刻之，这是为了与应该曾在右方数十尺处存在的其他石柱相对应，绝不是为了好事而故意为之。相对当有各种形式，一方为正字，另一方为反字。我至少见过三种此类实例，示例如下：

---

1 明治四十年 = 1907年。

（甲）右方正字左书，左方反字右书

例：本篇的梁萧侍中神道石柱

（乙）右方反字左书，左方正字右书

例：江苏省丹阳县太祖文皇帝神道石柱

（丙）左右都用正字，右方左书，左方右书

例：江苏省句容县梁南康简王神道石柱

其格式如下：

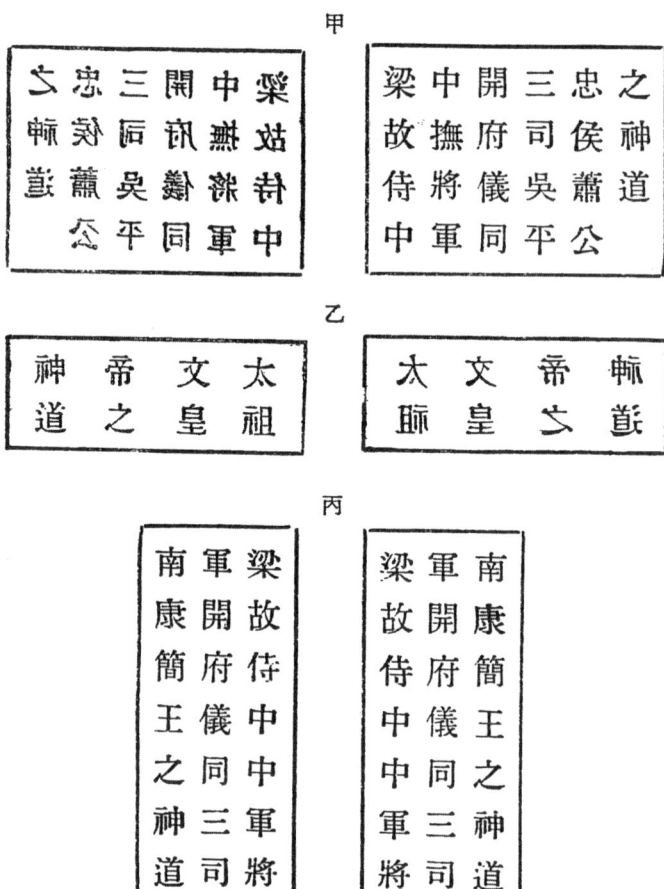

柱子上部刻出细细的芝麻壳图案代替竖凹槽，再上方冠以形似斗笠之盖，目测其大小，直径约有四尺六寸，高约一尺八九寸。轮廓像一只被压扁了的钟，表面由莲花构成。莲瓣有18片。盖顶上有一只立狮，挺胸垂尾，张开巨口吐着舌头，高约二尺五寸，宽约三尺，地面到狮头上端总高约十六尺五寸，《石索》所记高二丈基本对应。

石柱前右侧的石狮（见图1-96）应为原有一对石兽的右侧之物，我在此狮左方约六十六尺，即石柱前方约一百一十尺处，果然发现了半残的左侧石狮被埋在地下。右方狮子与石柱顶部狮子属于同型，长十一尺五寸，宽五尺，露出地面的部分高六尺。值得注意的是有翼，即为翼狮。翼狮在西亚地区，特别是巴比伦、亚述、波斯等地频繁出现，印度也不少见。中国的龙门石窟及其他地区都有出现，此为西亚传来无需再辩。

那么石柱自何处传来？我现在认为，这些石柱都是印度式，都是从印度自阿育王以来伴随佛教建筑而兴建的窣堵婆中得到的启示。印度石柱多在高高的圆柱上冠以波斯印度式钟型的柱头，上面再加些灵兽轮宝等。灵兽中狮子最多。萧侍中的石柱也应该认为具备了这种印度式的条件，不能认为就是中国固有的汉代石阙之变形。这一点将在"六朝建筑的性质"一章中补充说明。

从萧侍中墓沿栖霞山街道行不到二里处有个黄城村，路左方是梁忠武王墓。始兴忠武王是武帝第十一子，普通三年逝去。考察此墓，先见一对石狮相隔约 59 尺而立之形迹，右侧狮基本全存，长十尺六寸，宽五尺七寸。左侧狮已破损仅存断片。与此相距四十九尺后方应有一对石碑相对立于龟趺之上，但左侧碑全无踪影，右侧碑的龟趺没于地下，碑体全存，高十五尺，厚一尺，龟趺长十尺五寸。此碑具备当时特色，十分壮观，特别是上部开有称作"穿"的圆穴值得瞩目。题额的铭文刻着"梁故侍中司徒镖骑将军始兴忠武王碑"（见图 1-97）。碑后方距四十九尺处又有一对石碑的痕迹。右侧只存被埋掉的龟趺，碑体已失，左侧则完全废灭。神道石柱未见。由此例推之，萧侍中之墓的石狮和石柱之间也应该有石碑才对。

与忠武王之墓为邻，右侧约距 142 尺处又有一墓。这里仅存有一对石狮，其余全部灰飞烟灭。左右石狮的足部都埋入土中，地上部分高约十尺，长十一尺，宽五尺五寸，两狮相距四十九尺。此为何人之墓不明，大概是梁永阳昭王之墓，或是永阳敬太妃之墓。

从此处沿栖霞山街道再行一里左右是甘家巷，民宅后面路之左侧是梁安成康王之墓。这里的保存状态完好，最适合用来考察当时之墓制。图 1-94 布局的 A、E 是一对狮子，全身基本上完全露出。图 1-98 即左侧 A 狮，长十三尺，胸阔五尺，至头部的高度是十三尺，当属雄伟之物。B、F 是石碑，B 是龟趺，碑体已失。F 亦同。龟趺一半已没入土中。C、G 也是石碑，C 的盖和顶上狮子已失，G 仅剩台石且大部没入土中。根据这些遗迹我辈知晓了在萧侍中石柱处不得而知的部分。其构成是先在地上置放二重磐石，下石每边五尺六寸五分，高五寸，上石每边四尺六寸角，高一尺三寸。上面放由两只灵兽组合而成的石台，高一尺三寸，双兽台基本为圆型，直径与上石大小基本相同。石柱立于此上，周围七尺，高八尺二寸，有 20 条竖凹槽。上部高约一尺五寸的部分施以雕刻装饰，再上面载有宽约二尺七寸的题额。上部虽然缺损，但据萧侍中支柱足以推知定型。D、H 是石碑，完全留存，但文字及纹样皆不清晰。碑高十五尺，厚一尺九寸，龟趺长十尺，宽五尺，高三尺八寸，其中八

图1-97 忠武王神道石碑

图1-98 安成康王神道石狮

图1-99 安成康王神道石柱

寸为台高。I是G之石柱顶端小狮，已经坠落，大半埋于土中。此处值得注意的是，左右对称的石狮、石碑、石柱之列并不是相互并列，而是前宽后窄。想来一定是苦心设计的结果，这成为当时陵墓的重要条件。

再往前行进少许，路分岔为栖霞山路和镇江路。向左入镇江路不久可达药师庵，距甘家巷约二里。从此处向左约半里，有一座梁式墓。如例，一对石狮相距六十九尺，

中国建筑史 | 112

图 1-100 靖惠王神道石柱

狮长十尺，宽五尺，地上露出部高约八尺。其三十九尺后方有一对石柱，现仅存台石。石柱相距四十二尺，左右之例呈八字形，后方急剧变窄，颇为奇特。石柱后方二十二尺处应有一对石碑，其痕尚可辨认，左侧的仅存龟趺，右侧的已全无踪影。此墓墓主不明。既然与前记忠武王墓右邻之墓形成对应，推测此墓墓主或为梁永阳敬太妃，或为永阳昭王亦非不可。

从栖霞山路和镇江路的分岔点向右取栖霞山路前行少许，右方可见一对石块，是石碑还是石柱不明。有说此为齐侍中尚书令巴献武公之墓。如果真如此，该是唯一的齐之遗迹，有必要待他日详查。

南京外城之外，仙鹤门与麒麟门之间有梁靖惠王之墓。其第一石狮左侧之物倒伏于地半埋土中，右侧之物已不见踪影。狮子长十一尺，高九尺二寸。其后约三百零六尺处有一对石柱，左侧柱（见图1-99）已倒，右侧柱盖以上部分已失，但依然直立（见图1-100）。石柱的手法与安成康王的石柱基本同型，柱上有28条竖凹槽，题额宽四尺九寸，高一尺九寸，厚一尺，自最下部的盘底至顶盖之下有二十尺一寸。石柱后方十四尺八寸处立有一对石碑，相距五十九尺五寸。右侧碑完全保存，其高为：龟趺显于地上部分一尺四寸，碑体十四尺五寸，宽五尺三寸五分，厚一尺三寸。碑的形式与忠武王之碑完全相同。碑后方约一千二百尺处可见一小丘，或许是个坟丘。靖惠王是梁太祖第六子，身份为"假钺侍中大将军扬州牧临川靖惠王"。

以上诸例之外，根据文献还有不少遗例，但尚未被介绍于世。最近关野贞博士前往丹阳县、句容县方面调查又有了若干新发现，日后将会陆续发表。总之，根据以上实例，即使梁代陵墓之细部多少有些差异，但可知其一般制度大体相同，因此可以想像宋、齐、陈各朝之陵墓恐怕也与此制大致相同，只是手法上多少有些差异而已。

北朝系的陵墓形式虽未能找到完备的遗例，但前面已记洛阳存古阁所藏的石柱断片（见图101）已然给了我辈以极大暗示。这是一根柱身凹槽上部施有绳带，其上再置题额之例，铭文虽已残缺不可得知全部，但能读

图1-101 洛阳存古阁石柱断片

出"齐故散骑口侍骠骑将军南阳堵阳韩口口口神道"等字，由此可知齐之国号和南阳堵阳之地名，因此可以确认此石柱为北朝遗物无疑。堵阳是今日的古城，地点在河南省南部，自洛阳东南直径约一百六十里处，当时属魏国领土，之后为北齐领土。如此，认为这些石柱本来在堵阳附近后来移至洛阳保存之事就是理所当然的了。或许此墓的样式根据南朝之型而来，齐就是南朝的齐，韩氏之墓原来也在南方，那么何时搬去了洛阳，有说这些石柱原属南朝，那么就要立足于南北陵墓之制本来相异之立场考虑。我根据这些断片相信，应该可以断定当时陵墓之制南北同一。至于周汉陵墓之制是如何一变为六朝样式的，现在尚不能立刻断言，但西方乃至印度的文物与佛教一起传入，至少在其细部手法的变化方面起到了重大的原动力之作用。

六、装饰纹样

六朝时代的装饰纹样也和建筑样式手法同样，可以分为中国固有传统和西方传入的两大系统。中国固有传统即周汉的传承，以阴阳五行说或吉祥寓意为基础，其种类、构图、表现法等已在前面简略介绍。而外来的新式装饰纹样因是伴随着佛教传入，当然会带有印度乃至西亚的趣味。与周汉大多死板的风格不同，新式纹样具有流畅、活泼、动感、纵横自由之势。在此主要介绍属于外来系的若干种类。

纹样又分普通自然物和人为加工物两大类，自然物中又分动物、植物、天文地理三类，加工物中又分几何纹、人事纹、文字纹等数种，此为一般法则。现在想要依此

法则顺序来详细说明六朝时代的装饰恐怕不易。所以主要就用于建筑物的装饰进行说明，当然主要还是从以上所记的诸石窟诸墓石中选择适当题材。

首先是关于动物的，我们最常见的是龙、凤、灵鸟、狮子以及灵兽。龙凤是中国固有的，龙出现在东汉年间，凤自周代出现，其形体是从六朝时期开始完整。龙在诸石窟寺拱的内轮上，梁的石柱横带上，石碑的螭首等上面使用，和东汉阙碑上的形态相比有了飞跃，每条线、每一笔画都充满活力，使龙之面貌生威，四肢锐利，实为练达之艺术。凤和其他灵鸟可以在云冈、龙门等的石窟寺拱的起点、佛像的背光、殿堂的屋顶等处见到，这些不是要像龙那样表现神秘的威力，所以与周汉时期的例子相比，手法上要自由得多，变化也很多。

狮子作为装饰在诸石窟中可见的例子有：用作佛龛的柱础、用在墓志铭下方，作为独立的雕刻置于梁代的石柱顶部，与石柱一起立在梁代神道即墓地参道的入口处，等等。东汉的狮子更接近于写实，带有温和的相貌，而六朝的狮子大多更带有勇猛之气，相貌也颇怪异，姿势也有夸张之感，与东汉的淳朴之风相异，且带有羽翼一点应该特别引起注意。有关翼狮前面已经讲过，其起源是在西亚，其中应视为最珍奇的是梁陵墓之物。挺胸引颈，前肢伸出，反身吐舌，睥睨前方的姿势无论何时、无论何地都找不到第二个。其线条简单而强劲，真是少有的作品。

梁的神道石柱台上出现的灵兽不知来自何物，其线条柔软，用法也与其弯曲的躯体十分相应，且带有一种高迈的气质，值得称道。敦煌壁画里可以见到一种被巧妙地图案化了的马，画法虽很简单却又颇得要领，笔致一扫就将动姿静态淋漓表现，手法实在是轻妙。

植物系纹样皆为西亚传入之物，占了六朝时代纹样最重要的部分，且几乎都属于忍冬藤草系统。这和我国飞鸟时代常用的特殊唐草，即所谓的飞鸟唐草完全属于同一类型。有关这种忍冬藤草的起源和发达，我曾经发表过二三篇小文，在此并不打算重复，但为了使其系统一目了然，将以前所制略图再录于此 (见图 1-102)。本图制作颇为疏略，实有补充修订之必要，为此我也收集了许多资料。但那些资料已赶不上在此处刊载，深感遗憾。

日本的飞鸟唐草在中国应该是被叫作六朝藤草。其渊源远在埃及和亚述，最终在希腊得以大成，这已为众所周知。随着希腊文化的东渐，这种藤草先入中亚继而进入中国，这种说法很久以前就已被普遍承认。但是，我们今天仍有一个疑问不能释然。如果说这种藤草在六朝期间有很大势力，几乎被用于所有的物件，那么这又是出于何种缘故呢？建筑物、佛像、碑碣，还有其他金石品等毋庸赘言，比如花、云、火焰之类中也几乎都用了这种藤草的变化形态，甚至连衣服的轮廓上也用了这种藤草式的曲线，何以兴旺至此？虽然想认定这是来自西亚的影响，但为什么中亚以西却又见不到如此使用或者说滥用藤草的事实呢？犍陀罗以及中印度也没有太多的实

图1-102 各种忍冬唐草纹样

图 1-103　六朝时代的石枕

图 1-104　龙门宾阳洞的佛像

图 1-105　北响堂山第 1 窟的纹样

图 1-106　北响堂山第 2 窟的纹样

例。或者可以说藤草是进入中国以后，由于受到汉民族及五胡的喜爱才能够如此地得以发展，可是汉民族及五胡为什么会如此地喜爱这种藤草呢？这就是我们很想搞清却又搞不清楚的问题。

我曾经有一种直觉，这种六朝藤草和萨珊、波斯的忍冬藤草的气氛是一脉相通的，所以在波斯进行了有关忍冬草的调查。可是波斯的实例主要出现在染织品上，建筑物上的遗品极少，和其内外的装饰品一样几乎都归于湮灭，想要收集这方面的资料难上加难，最终也未能获得预期的成果。犍陀罗艺术方面的六朝藤草也意外地贫乏，不足以用来说明与中国的联系。中印度的情况就更为糟糕。但在拜占庭却意外地发现了与中国近似的实例。如此一来，六朝藤草的起源就被葬送于迷雾之中。

总而言之，六朝藤草运用之广泛，变化之奇幻令人难觅头绪。收集其例，分列其类，再一一进行解说，这项工作毕竟不是短时间之内能够完成的。下面仅举二三实例，期待以此想象一下六朝藤草应用范围的广泛和普遍。图 1-103 是东京帝国大学文学部所藏的六朝石枕，表面上阳刻的藤草是最正规的，多见于印度拱内诸佛像的背光和龛之上部。图 1-104 是龙门宾阳洞内的本尊，背光上可看到错综的藤草，乍看上去似乎与

图1-107 北响堂山第1窟

图1-108 北响堂山第1窟

六朝的藤草毫无关系，但仔细观察，其复杂程度恰恰就是六朝藤草。此类实例在云冈石窟内也随处可见。图1-105及图1-106是北响堂山石窟的拱券纹样，与六朝藤草相比又有了变化，花瓣明显厚重，所以尖锐劲挺的势头消失，取而代之的是新鲜丰满优雅的气氛。当然这是属于隋的物品，离六朝的真正韵味已有一段距离，但我们必须承认，在与时共进中，样式也好，趣味也好，都会发生变化，只有其惰力会永远地潜隐在后世之中。

总之，六朝的植物系纹样几乎都是六朝藤草的正形或者变形，只有数种本体来历不明的植物花纹存在，但在此无暇特意提及。天文地理系的纹样中有飞云、山峦等，几何纹样中有被几何化的花文、锯齿文、卍系及其他若干类，人事纹样中有很多被纹样化了的人像，这一种更具绘画的性质。很遗憾，有关这些问题在此只能省略，但必须特别提及一事：云冈和龙门处有与日本法隆寺完全相同的出现在栏杆上的卍系变形格。

最后，作为特例要举汉式纹样的六朝化。图1-107及图1-108即是其中一例，是北响堂山第1窟南端碑的纹样。这也是属于隋代之物，格调稍稍接近于唐，上端有六朝固有的华盖型，其下整面充斥着鬼龙错综的组合纹样，无论构思还是运笔都显示了旺盛的气魄。这些纹样本来是周汉以来开始使用的题材，但一改周汉的硬气，变得富于跃动感，线条的性质里包含着六朝式的趣味，随处可以见到暗示六朝藤草意味的形状。与此同型的还有碑碣上的螭首。有关碑碣的变迁应该另立一章加以论述，在此省略。

汉代的叠纹曾有向龙型进化的迹像，但到六朝却完全变成了螭首，下面也全部使用龟趺了。有关记述可参见上记陵墓之部。

七、六朝建筑的性质

（一）总论

六朝建筑在中国固有的建筑之外新增加了佛教和西方建筑，从而创建了中国建筑史上的一个新纪元。有关六朝建筑的研究在中国建筑史中是最受重视的部分，同时也是最令人感兴趣的部分。当然不仅是建筑史，在美术、工艺等方面也是同样，至于其真相到底如何，专家们众说纷纭，至今尚无定论。这是因为相关国家太多，而能够证明这些国家在艺术方面和中国有关的资料目前又太过欠缺。

对与中国六朝曾有过交往的西方国家的历史以及遗物之研究，既往三十多年来有了长足的进步，特别是在突厥即现在的新疆省各地的调查取得了伟大的成果。试将世界大战[1]结束以前的重要探险年表列示如下：

探险者	地点	年代
Bower（英）	库车（龟兹）	1890
Hornle（英）	库车附近	1893
Kremonz（俄）	吐鲁蕃（高昌）	1898
Stein（英）	于阗	1900～
Radloff（俄）	——	1901
Grünwedel（德）	吐鲁蕃、库车	1902
Le Coq（德）	塔里木河北岸	1904～1906
Stein（英）	敦煌	1906～1908
Pelliot（法）	敦煌	1906
大谷光瑞	塔里木河流域	1902～1914
Oldenburg（俄）	——	1909～1910
Le Coq（德）		1912
Stein（英）	新疆帕米尔地区	1913～1916

当然，在以上地区发现的遗物大多是唐以后之物，属于六朝的较为稀少，但依此也足以知道当地文化的性质，可以与文献一起作为了解六朝时代艺术真相的资料。

另外远在西亚及印度的研究也在逐年进步，以这些研究为基础，对六朝艺术源流

1　指第一次世界大战。

的研究也会随之逐渐发展。时至今日，以往的专家们主张酿成六朝艺术的元素主要在中印度，或者在犍陀罗的大月氏，但不管是哪一个，其间都需要有一群地处中国突厥周边的小国来作为媒介。这种主张无疑是正论，但仅仅以此还不能全部概括。如云冈石窟寺的佛像，有人说是印度笈多时代的手法，有人说是属于犍陀罗的雕刻系统，众说纷纭莫衷一是。下面我想试述自己的所见，希望能博世间好评，当然我也自知，如此的试述难免会被抨击为不完尽之妄谈。

（二）当代中西亚的艺术

在发表拙见之前，有必要先熟知当时中国近邻各地区的情况。但想要彻底阐明情况，就连东洋史的专家也不行，何况我辈等门外汉。因此此处仅能略记中西亚文化史上最重要数国里有关建筑艺术性质的概要。

第一是五胡十六国时代的羌氐之国。羌的姚氏建立后秦以长安为都，氐的苻氏建立前秦也以长安为都。吕光建立后凉以姑臧[1]为都，李雄建立成汉以成都为都。他们的故国就是今天的甘肃西部乃至青海直至西藏，他们曾经侵入中原一度争雄。我辈才疏学浅对西藏古代文化知之甚少，那里的民众被叫作西戎，以狞猛勇敢而闻名于汉土。那里的山中多产矿物，尤以昆仑山产玉著称，出产之玉输入汉土，以至于有了玉出昆岗之说。那里的地势险恶但无沙漠，平原可种蔬菜，畜牧业也相当发达，文化方面也确有若干值得观赏之处。自西域经塔克拉玛干沙漠南路进入中国的人一定会接触到西藏北部，他们接触到的不仅是文化的支角片鳞，而是要在到达长安之前出没于西藏民族部落群，而那些部落群中都是些佛教信徒。这一点已经在前面写过。

玉门关外，古代称国者大小数十，史上有名的有龟兹、高昌、焉耆、鄯善、于阗、疏勒等，都位于通向西亚或印度的路程之内，从今日在这些地方时有伟大佛迹被发现的情况可以想知，这个地区的往昔文化决非低劣，这里的佛教信徒皆为笃诚。

葱岭（即今帕米尔高原）以西即今日俄国（今属塔吉克斯坦）境内的突厥地区，在六朝前半期时大部分为大月氏的领土。大月氏是一个大国，以犍陀罗的布楼沙补罗为首都远远发展到了中印度恒河流域，其文化的性质广为世间所知，曾经被称为希腊印度式、希腊佛教式等。大月氏在进入六朝后半期时被嚈哒灭掉，嚈哒曾屡次朝贡于北朝。

俄属突厥西南角、面向里海东南角的地区，是安息国。当时，安息也时常与中国有所交往，是从汉代就开始与中国亲善的佛教国。安息即帕提亚，据史书记载是公元前250年（周惠王六年）兴起，延续到226年（蜀建兴四年）被萨珊朝的波斯所灭。而安息国一直保有首都赫克桐皮洛斯（和椟城），直到六朝末时国体仍然存在，这大概是由于帕提亚的庞大版图即使被波斯灭亡之后也还能有一部分得以保存的缘故。帕提

---

1 今甘肃武威。

亚的艺术属于稍带希腊风格的罗马式。这一点已被美索不达米亚的阿尔·哈特鲁(Al Hadhr)和瓦尔卡(Warka)的遗迹所证明。然而就此认为汉代以来与中国相通的安息国所带来的文化也是罗马式的，这个判断是否妥当，目前还没有确实的证据，不过推理上应该如此。

萨珊朝的波斯与中国也有亲善关系。其交往进入唐朝以后更为重要，但在六朝期间也曾屡次前来朝贡。波斯的建筑甚为特异，一半继承了阿契美尼德时代的传统，另一半又显示了罗马的色彩，而拜占庭建筑受波斯影响甚大之实也早为人知。波斯装饰纹样的意匠具有天才型的技能，这也是明确的事实，波斯给予中国的深厚影响应该不难想象。东罗马即拜占庭帝国的文化已经广为世间所知，其艺术给予中国的影响亦为事实所证。

再来看看印度方面，当时于五天竺之间建国者不在少数，一一道来实是难事。于北方夸示强盛的是笈多朝，当时正处于佛教的全盛时代。西北的大月氏已过隆盛期，被笈多朝压制，至五世纪末基本上全部消亡。其艺术传统仍存余命，没有失去所谓的希腊印度式的特色。罽宾顺依时代变迁，位置多少有所变化，但主要就在今天的迦施弥罗地区，那里曾是大月氏全盛时期的一部分，所以可以推测罽宾的艺术也尊奉了大月氏的样式。当然，罽宾也有自己特殊的地方色彩，明显含有泰西的古典趣味，其第七八世纪的遗物足以证明。南印度方面已有达罗毗荼族的诸王国，推测其艺术尚未达到完成了所谓的达罗毗荼式特色的程度。狮子国即锡兰[1]以阿努拉德普勒为首都达到了佛教艺术的高峰时代，其性质与中印度极为相似。

后印度方面大体上是位于今天缅甸地域的骠国，暹罗地区是扶南，安南地区是林邑。这些国家的艺术都属于印度系，当然都是佛教式的、印度式的，其影响主要延及到中国南方这一点毋庸赘言。

以上，对中国西方到南方存在的诸国文化，对具体体现这些文化的建筑和建筑艺术是如何影响了六朝时代建筑的问题进行了诠释，目的在于阐明六朝建筑的真相，但事情实属不易。我将在下面讲述自己所见的要点。吐露原本还很粗略的己见，实是为求取诸君对情况的了解。

(三) 六朝建筑之分析

以上记述的六朝时代建筑遗物，对其样式、手法、装饰等进行精细的调查、分析，目的是要从中找出元素，从而搞清六朝建筑的成因。很遗憾，成果并非如预期所想，但大体上可以说是已得要领。更待他日能有更加丰富的材料和更周到的分析技术，以补今日之不足，订正今日之谬误，届时本篇还会加以修订。

分析的结果，首先构造式建筑中明显出现的当然是汉式，几乎占百分之百，但是

---

[1] 今斯里兰卡。

其细部手法上则可见若干异国气氛。如嵩岳寺的塔，塔的第一层各面龛内拱券的样式就是印度的。但又不完全是纯粹的印度拱，而是有了若干中国化的印度拱。柱子的手法也不是普通的中国柱子，而是属于所谓的波斯印度式系统之物。装饰手法则让人感到印度乃至西域方面的情趣飘然其中。

石窟寺则与此相反，总体是西方的情趣浓于中国的元素。首先在开凿的岩壁上建造寺院这一点就不属中国式。这种方法于公元前二百年左右时起在印度流行，已持续了数百年，最有名的是阿姜塔、埃鲁拉、纳西克等，此外还有大小实例不胜枚举。必须承认中国的石窟寺从中受到了影响。当然中国自古就有土窟式的居家，在树木极少的地区，这种居家有益于防备酷暑严寒，石窟寺也可解释为是这种居家的进步。但儒教、道教以及属于宫殿式的建筑中几乎都没有石窟，唯独佛寺可见其例，所以必然要做由西域传来之想。特别是在一片丘陵的山腰处并列开凿大小石窟，长至数百尺甚至达数千尺的奇观，与在印度见到的真是同出一辙。

窟内的规制不一定与印度式相同，其中既有极为相似的，也有明显不同的。总体说来，印度石窟初期是以僧房为本，后期以佛殿为本，其中也有具备数个僧房的。而中国石窟常以佛殿为本，其中备有僧房的实例未曾出现。结果，印度的石窟寺规模较为宏大，建筑性质充实之物较多，中国的石窟平均起来比印度石窟规模小，建筑性质不足之物较多。在雕刻性质和绘画性质方面中国凌驾于印度之上，这一点值得关注。

关于佛像的雕刻样式，在此没有详论的余地，仅就六朝佛像而言，大体上已经有了一定的形式且获世间默认。但仔细地观察，其中存有几种不同类型。我把这些大致进行了区分，一为犍陀罗型，二为中印度型即笈多型，三为不属于以上两种的中国化型。云冈龙门的佛像中就混有这三种类型。松本文三郎博士主张云冈的诸佛像皆为笈多式，不承认有犍陀罗式，关野贞博士也认为犍陀罗趣味不是绝对没有，但甚是轻微，而我难以赞同二位。

下面探讨一下诸窟寺中出现的建筑手法。首先要举的是属于印度系的拱券。拱券的种类颇多，其中大多数属于印度式，其外轮顶部有流畅的双重线，内轮有似椭圆状的单曲线，两轮的线条越向左右端侧越相互接近，最后于末端向外卷成涡状而终结，这一部分往往形成花纹或成龙凤纹样。内外两轮之间嵌入飞天或花纹，这不是印度型而是要远溯至西亚。也有花纹和小佛像并列之例，这种则完全是印度风格。拱券方面应该注意的是半球覆钵型，实例在北响堂山见到。球型覆钵是西亚、波斯、印度等经常使用的手法，以后传入中国，其中由印度传来的说法最为妥当。支柱方面往往是印度风格最为显著，柱础下面放狮子，柱头上冠印度或古代波斯式钟型，再上面重叠一层厚盘的手法可以说是典型的印度式。但如果说其起因是在敦煌云冈也可以见到的近于鼓型的结花的话，问题就复杂化了。这种鼓型的结花式手法附加于柱子中央的意匠十分有趣。类似手法在印度没有，在其他西亚地区也不曾发现。以侏儒为柱支撑，侏儒下放狮子的手法自然是屡屡见于印度，毋庸赘言。

凸肚状支柱为数不多，但云冈有一种极为粗笨的带有凸肚性质的柱子，其渊源当然应该追溯到希腊系。

在龙门见到的龛下石栏纹样也应该看作印度式。地袱和寻杖之间通有两列横枋，以摆列小佛像代替格子的手法很巧，可谓印度式应用之妙。

犍陀罗系值得瞩目的手法意外地少，但都出现在重要部位上，也就是所谓的梯形拱或梯形楣。犍陀罗建筑之中反复运用梯形拱，这已为世间熟知，六朝石窟特别是云冈和龙门中也大量使用。但是犍陀罗和六朝之间，手法上有若干不同。犍陀罗是将泰西古典式的水平梁折曲成梯形，六朝一般是将梯形带适当地分割成小格，里面放入雕刻。不过六朝石窟寺的梯形拱券属于犍陀罗型一点不可否定。

应该承认装饰纹样也多少受了一些波斯的感化，但这种影响是在唐以后才明显出现的。

出自古典系的，首举云冈的爱奥尼式柱头和柯林斯式柱头。虽然这些柱式是从何处、经过了怎样的路径传来还是一个未知的问题，但认为自犍陀罗传来也应是合理的。因为在犍陀罗的塔克希拉发现了纯正的爱奥尼式的柱头，至于柯林斯式柱头就更是应用频繁。唯独令人奇怪的是，在犍陀罗与云冈之间的石窟寺或者寺院的遗址中还没有听说有古典式的柱头被发现，也许以后在中亚的某一地方会发现此类柱头。尽管如此，犍陀罗、柯林斯式柱头和云冈的柱头形式之间显而易见地存在着很大差异，这又该作何解释？对此我又进一步做了调查，结果是，在拜占庭建筑的断片（君士坦丁堡博物馆所藏）中找到了和云冈柯林斯式柱头异曲同工的实例。根据这个结果我认为，云冈的手法是从东罗马经波斯、安息、土耳其斯坦传来的。对于云冈的柯林斯式柱头，有人认为从用途的角度看作为柱头很难予以认可，但我认为那就是柱头。就算那不是普通的柱头，也没有必要深究，只要注意到毛茛叶或忍冬藤草已用于柱头纹样即可。

柱身上施用竖凹槽的手法在梁的神道石柱上十分明显，龙门石窟中亦可见到，但这是从何处传来的呢？南朝方面的佛教艺术初期自北方传入，后来直接从印度渡海传入。竖凹槽到底是从北方来的，还是从南方来的，这是个问题。印度方面，六七世纪时罽宾的祠堂以及其后的建筑中就开始使用竖凹槽柱，中印度从五世纪前后开始用此手法，看阿姜塔的石窟即可明了，南印度稍晚些时日之后也出现了此类实例。那么可以考虑梁的石柱手法是从罽宾方面经北路进入中国的，也可考虑从中印度经南路而来。即使经南路，也可不必考虑扶南、林邑、阇婆等的影响。因为当时这些国家在文化方面还很幼稚，而艺术是以自高向低的流动为原则的。无论是哪一条路径，认为竖凹槽的根源来自于古典建筑是理所当然的。人体柱的手法在龙门可见实

图 1-109　六朝初期的佛像正面　　　　　图 1-110　六朝初期的佛像背面

例,认为这一类来自犍陀罗应为妥当。作为中国固有的元素,首先应该注意的是屋顶。石窟内壁上雕刻着的殿堂屋顶都是同一形状,虽然线条上也有稍示曲线之例,但大多数以直线画成,屋檐亦为水平,绝无反翘。正脊两端一定有鸱尾,中央有立鸟,其间还加有若干其他装饰。屋檐开始反翘大概是在六朝末或唐初,这种看法现在已被普遍接受。但是最近发现了一例对此看法置疑的实例,即东京的大仓集古馆收藏的六朝佛像(见图 1-109),此佛像原是河北省涿县永乐村东禅寺之物。根据寺传记载,此像是东晋时代为蜀国刘备祈祷冥福所造,但由于背面的雕刻(见图 1-110)颇为异样,也由于地理位置的关系,所以此像又被认为是慕容皝的前燕时代所作。背面的雕刻表示什么难以理解,但中轴处有上下两座殿堂,其左右分别有塔,塔顶的檐角反翘程度极高,而檐角的反翘于六朝初期既已大成。不过再仔细观察得知,反翘的并不是檐角,而是在水平的檐端附加了貌似蕨类的弯曲装饰物。此类附加物的形状及手法与屋脊上的鸱尾完全属于异曲同工,所以只是一种装饰物而已,不能认作是屋顶的一部分。因此,仅靠此例不能动摇檐角反翘起自六朝或唐初之说。

　　与殿堂相关的斗拱也随处可见,大多是一斗三升加人字形驼峰的连续。斗拱早自汉代既已发展得甚为复杂,考虑当时应该出现了二斗以上的结构也是有道理的,可是迄今找不到相应的实例。勾栏方面,与日本法隆寺迦蓝可见的勾栏完全相同之物俨然存在于云冈。

云冈、龙门的窟内有十几座雕刻塔，其形式虽然平平，但大都是多重塔，布局似为正方，轮廓为直线，上部渐细。嵩岳寺塔式呈炮弹型曲线的仅那一例未见其他。云冈有单层或多层构造的顶部冠载印度式窣堵婆之例，窣堵婆塔身下以忍冬构成仰莲之形，用法和前述的柯林斯式柱头同巧。这种手法在龙门亦可见到，大概是时代推移使然吧。

日本法隆寺金堂内的华盖应该起源于西藏地区，此学说为平子铎岭君所倡，现在已逐渐得到具体证明。同型的华盖于六朝时期就已广泛使用，而印度以及西亚完全找不到同类。所以起源当然就是葱岭以东到敦煌之间。然此类华盖图案的最初实例出现于敦煌，最初开凿敦煌石窟的是氐族人苻坚，如此想来，华盖的意匠大概应该出自于此。何况现在西藏的喇嘛庙及宫室的入口处上方、佛像上方都挂有类似这种华盖的悬布。我推定，西藏文化当时已十分发达并对中国其他地区产生了很大影响。同时西藏的氐族人又拥有比今天的甘肃、新疆方面的匈奴人、土耳其民族更加强大的势力，与对峙的东方鲜卑人一起成了五胡中的两大势力。如前所述，当时建立国家的，最初是以蜀成都为都的成汉，接着是定都长安的前秦及定都姑臧的后凉，之后还有定都长安的后秦。从今天的陕西、甘肃、四川再向西至葱岭，南面从喜玛拉雅，北面到塔克拉玛干及与长安相接的广大地区都分布着氐族。苻坚曾一度占领了黄河流域的全部地区，并将佛教传入了朝鲜。我认为对这个民族的文化应该给予足够的重视。

（四）六朝建筑的东渐

六朝艺术是在中国固有文化的基础上加入西方诸国文化所酿成的。西方诸国的艺术大潮波涌东渐，覆盖了中国全土，又与中国固有的波浪结合形成了特殊波纹再向东进浸没了朝鲜，最终波及到了日本。

这个事实已为世间熟知，朝鲜的三国时代，日本的飞鸟时代，无数的遗物雄辩地讲述着这个故事。但是此处需要注意的是以力学角度观察六朝艺术东渐运动的一个方面。中国的黄河和扬子江下游的沃野，物质丰富，文化早开，原本是四周的少数民族觊觎的对象。特别是北方的民族为了生存感到有必要占领中国沃土，只要有机会就伺机而动南下入侵中原。这就是北狄南渐运动。西方的民族也以同样的理由不断觊觎东方，企图入侵中原。这就是西戎东渐运动。唯独南方气候炎热，天然作物丰富，处于自给自足状态，从而未感有北渐进犯中原之必要。西戎东渐与北狄南渐运动相互碰撞的结果就是五胡十六国之乱，北方之雄是鲜卑的拓跋氏，西方之雄是氐、羌。汉民族退至长江以南，以江为关守此天险。

西方东渐宛如怒涛的文化潮流，纵贯五胡诸国之间更向东方前进，而向南北方向发展的路途皆无。欲向北方发展则与自北向南的运动冲突，双方相杀而灭。更因北方是蒙古荒芜的沙漠，寂寥寒冷之地，文化不可能进入如此的地方。向南发展挺进南海，那里已有两千年的固有文化，有汉民族把守的文化坚城，不容异族侵犯。文化之波只剩下向东进入朝鲜，再东渡日本的一条出路。当时的朝鲜北方已经植入了汉文化，中南部还残有未开的沃土。六朝文化发展至此也是顺理成章。日本虽已有千余年文化，但仍属尚未成熟的幼稚文化，西方文化很容易地将其魅惑，并收入本系使之从属。

如此，六朝艺术以中国北半部为中心，南方只波及长江下游的周边地区。现在的福建、广东等南海地区即闽越地区并未受其影响，塞外蒙古方面亦十分稀薄，倒是朝鲜日本甚为浓厚。其渊源之处，即今日的新疆以西如何，因探查尚未彻底，在此难以速论。我期待日后能有更多更重要的发现来为解决这个问题提供希望。诚然，不仅限于此地，于中国全境的重大发现接踵而来之日，就是我订正今日所信之时，我期盼着这一刻能早日到来。

第二篇 清代北京紫禁城的殿门建筑

绪言

中国位于亚洲大陆东部，面积大约是日本的 37 倍，人口已过四亿。观其天然地形，滔滔的黄河、长江横贯中原大地，巍峨的大雪山、葱岭诸峰耸立西部高原，茫茫戈壁弥漫北方边陲，这里有世界的雄伟景观。再观其国民，自远古走来，数千年绵延不断，虽然国土屡屡受到夷狄侵犯，但中华民族依然故我，这何尝不是一种奇观！

如此的国土，如此的国民，他们创造出来的建筑会是怎样的形式呢？推测起来其实不难，北京地区的土壤荒芜，大多不生树木，山岳连绵，岩石裸露，由此可推知其建材之大概。北京地区的气候寒暑温差较大，空气干燥，雨水稀少，由此可推知其建筑之用意。观其国民之资质，自古以来好空想，喜夸张，爱修饰，由此可推知其建筑之形式手法。观其政治，实施极端的君主专制，欲以物质之威压服国民，由此可推知其宫城建筑异常庄严之理由。秦朝的阿房宫便是其中一例。

如此国土国民所创造的建筑，按理推之也必然会有其特色。但是西方的很多建筑学家对此或者视而不见，或者斥为丑恶之物，或者蔑为同于儿戏。究其原因，是在于东西方人的心理完全不同，欧美人多数对中国的历史没有详尽的了解。我们奉命前往北京，对紫禁城内的建筑进行了勘察。现能报告勘察结果，我深感荣幸。不过由于我们在北京逗留的时间过短，所以未能完成更全面的调查，不能不感到十分遗憾。

参考书有《光绪顺天府志》《大清会典事例》《春明梦余录》《宸垣识略》《啸亭杂录》《国朝宫史》《东华录》等，读之足以了解北京宫城沿革之一斑。另外还有不少有价值的参考书，但我最终未能得到，非常遗憾。弗格森有关中国建筑的著作中有一篇介绍北京城的文章，内容十分琐碎。艾得肯斯（T.Edkins）以《北京印象》（Deseription of Peking）为题出了一本小册子，其中也介绍了北京的宫城，内容虽详细了一些，但仍没有涉及建筑学方面。总之，有关紫禁城建筑方面的参考书可以说是全无，有两三本关于一般中国工匠艺术的书籍，但文字难解，不得要领。在本篇中，我只是对我所见到的北京宫城建筑做一个大概的介绍，不能保证这些介绍能触及中国建筑意匠的神韵，或者能阐明中国建筑的本质。

第一章 北京城的沿革

北京地处古燕地，自周汉时文化开启，辽时开始建都，以后金、元、明、清均以此地为帝都延续至今。北京作为千年古都，各朝代之间虽在位置、地形、广袤之域等方面稍存小异，但在整体规模上则是相互类通，基本上均依同一建筑手法进行营造。下面所记为北京城沿革概要。

一、辽都

辽都在今天北京的西南部。据光绪《顺天府志·辽故宫考》篇记载：

> 遼會同初受石晉獻幽州始至自南京備法駕入拱辰門禦元和殿行入閣禮又御昭慶殿宴南京群臣（遼史太宗紀按石晉繞以地獻太宗駕至既有元和昭慶等名則猶非遼所建之宮殿也蓋幽州自安史叛亂已稱大燕唐末劉仁恭復偕大號當時創建□久有宮殿名遼特仍其舊耳）

也就是说，宫城的建筑并非是根据辽人的意匠新造，只是沿袭了旧制而已。此说也许有理。辽代宫城三十六里[1]见方，高三丈，设有敌楼战橹，四方开八个门，城之南隅有皇城区域，全城为三重区划。

二、金都

金都在今天北京城的东南部。有关其宫城营建，《顺天府志》的记载如下：

> 金太祖至燕京入內見大殿動搖出於城東紫村建寨（遼史拾遺十二）未嘗營立宮室也熙宗時始詔盧彥倫營造燕京宮室（金史盧彥倫傳）海陵欲遷都於燕迺先遣畫工寫汴京宮室制度至於闊狹脩短曲盡其數（北盟會編二百四十四引張棣金虜圖經）有司以圖上愛以梁漢臣充修燕京大內正使孔彥舟為副使按圖營之運一木之費至二十萬舉一車之力至五百人（續通鑒綱目）自天德四年起至貞元元年畢工凡役民八十萬兵夫四十萬作治數年死者不可勝計宮殿皆飾以黃金五采，其屏□窗牖亦皆由破汴都輦致於此（攬轡錄初汴中宮匠有名燕用者制作精巧凡所造下刻其名及用之於燕而名已先兆）恢麗閎侈勞費以億萬計貞元四年金主亮率文武百官駕始幸焉（續資治通鑒一百三十一）

金的宫城是模仿宋的汴京所建，其面积为方圆七十五里，四方开二十二个门。城中央为皇城，方圆九里三十步，殿门九重三十六个，皆以碧瓦覆顶。正门曰应天门，

---

1 此处作者未标明是日本里还是华里，故照引原著用字，辅以换算数值供参考。1 日本里 ≈3.94 千米。

正殿曰大安殿。据推测，金大内的位置在今天的广安门右安门外。

三、元都

元都基本上就在今天北京城的位置。元取代金，一开始将此地命名为燕京路，世祖至元四年定都此地，于中都北三里处营建，改称为大都路。都城方圆六十里二百四十步，四方开二十一个门。宫城中央为皇城，周围九里三十步，开六个门。正殿曰大明殿，《顺天府志》有关此殿的记载如下：

（前略）大明殿（故宮遺錄）乃登極正旦壽節會朝之正衙也（輟耕錄元世祖紀至元十八年二月發侍衛軍四千完正殿二十一年正月帝御大明殿右丞相和爾果斯率百官奉玉冊玉寶上尊號）殿十一間東西二百尺深一百二十尺高九十尺柱廊七間深二百四十尺廣四十四尺崇五十尺寢室五間東西夾六間後連香閣三間東西一百四十尺深五十尺崇七十尺青石花礎白玉石圓磶文石甃地上籍重茵丹楹金飾龍繞其上四面朱瑣窗藻井間金繪飾燕石重陛朱闌塗金銅飛雕冒中設七寶雲龍御榻白蓋金縷褥（輟耕錄 故宮遺錄殿基高可十尺前為殿階納為三級繞直龍鳳白石闌闌下每楯壓以鼇頭虛出闌外四繞於殿殿楹四向皆方柱大可五六尺飾以起花金龍雲楹下皆白石龍雲花頂高可四尺楹上分間仰為鹿頂斗拱攢頂中盤黃金雙龍四面皆緣金紅瑣窗間貼金鋪中設山宇玲瓏金紅屏臺臺上置金龍床兩旁有二毛皮伏虎機動如生）并設后位（輟耕錄 案朱彝尊雲前代未有帝後並臨朝者惟元則然故大明殿亦設后）位焉……

由以上可知其状。

关于建筑形式及装饰有记载曰：

"凡诸宫门，皆朱户丹楹，藻绘彤壁，琉璃瓦饰檐隙。"

由此可知门制。又有：

"凡诸宫周庑并丹楹，彤壁藻绘，琉璃瓦饰檐脊。"

由此可知庑廊之制。朱即以朱漆涂之，丹即丹垩。彤壁是指用红石灰涂过的墙壁。藻绘指着色纹样，琉璃瓦指施以釉药的瓦。檐即我们所说的"轩"，脊是我们所谓的"大栋"。琉璃瓦的颜色或青或黄或碧，现已无法考证。

据《顺天府志》记载，宫城内外诸殿门皆颇精细，此处略去不录。

四、明都

明成祖（洪武）以元故宫为都，改大都路为北平府。此时将故都北方缩短五里，城门因此从十一减掉两个，剩下九门。

永乐十五年改造宫城，改北平府为顺天府，于旧都金陵置应天府，彼称南京，此称北京。

北京城周围四十里，开九门。这些门于正统二年大半进行改造后延用至今，其名称如下：

		永乐年间名	正统改名
南	中央	丽正门	正阳门
	东	文明门	崇文门
	西	顺承门	宣武门
东	南	齐化门	朝阳门
	北	东直门	东直门
西	南	平则门	阜城门
	北	西直门	西直门
北	东	安定门	安定门
	西	德胜门	德胜门

其幅员试与日本延历年间的平安城比较如下：

	永乐年间的北京城	延历年间的平安城
东面	一千七百八十六丈九尺三寸	一千七百五十三丈
西面	一千五百六十四丈五尺二寸	同上
南面	二千二百九十五丈九尺三寸	一千五百零八丈
北面	二千二百三十二丈四尺五寸	同上
面积	一千零五十四万二百坪[1]	七百三十四万三千一百坪

不过，两国彼此的尺度并不统一，延历时的大尺相当于日本曲尺的九寸七分八厘。明朝量地尺称大明铜尺，相当于日本的一尺二寸多，明朝木匠尺相当于日本的九寸三分弱。明朝的尺度有好几种，测量永乐时期的北京城用的是哪一种尺度已不得其详。此处是假设以日本曲尺均一算出的面积。北京城的形状并不是正直角形，其面积的精算十分困难。此处所举只是一个概数。总之，永乐北京城的面积要比延历平安城大百分之四十五。

嘉靖三十二年增筑京城南侧的包城，即现在的外城，万历三十三年改修。总长二十八里，南有永定门、左安门、右安门，东有广渠门、东便门，西有广宁门、西便门。南面二千四百五十四丈四尺七寸，东面一千零八十五丈一尺，西面一千零九十三丈二尺，墙高二丈，垛口四尺，基厚二丈，顶收一丈四尺。皇城在内城里，外周三千二百二十五丈九尺四寸，向南有大明门，东有东安门，西有西安门，北有北安门。

---

[1] 1坪 ≈3.3 平方米，以下不再一一加注。

紫禁城在皇城之内，南面第一重曰承天门，第二重曰端门，第三重曰午门，承天门内东有太庙，西有大社稷坛。城东为东华门，西为西华门，北为元武门。午门以内配置九重殿门。下面一节是《顺天府志》的拔萃：

午門之內曰皇極門（夢餘錄　按皇極門舊名奉天門考夢餘錄云嘉靖三十六年奉天等殿門災明史輿服志云帝以殿名奉天非題扁所宜用宜更定以答天麻明年重建奉天門更名曰大朝門　夢餘錄又云四十一年三殿成改奉天殿曰皇極殿門曰皇極門據此是奉天門曾經改為大朝門甫經一年又改為皇極門也明宮史俗所謂羅兒天銅壺滴漏在此又舊聞致引愨書云皇極門外兩廊四十八間除曠八間實四十間東二十間為實錄玉牒起居諸館及東閣會坐公揖在焉西二十間上十間為諸王館下十間則會典諸館也）左曰弘政門（夢餘錄　明史弘政門即東角門也嘉靖四十一年改東角門曰宏政考選通政司參議及鴻臚守官在此）右曰宣治門（夢餘錄　明宮史宣治門即西角門也嘉靖四十一年改西角門為宣治）居西向東曰歸極門（夢餘錄　明宮史即右順門　夢餘錄嘉靖四十一年改右順門曰歸極　明神宗實錄萬曆二十五年六月戊寅歸極門火延燒皇極等殿文昭武成二閣迴廊皆爐考天啟七年修建極等殿成蓋歸極門當亦於此時竣工云）居東向西曰會極門（夢餘錄　明宮史即左順門　夢餘錄嘉靖四十一年改左順門曰會極門　按玉光劍氣集云會極門凡京官上下接本俱於此處）皇極門內居中向南者曰皇極殿（蕪史　按皇極舊名奉天殿　明典奉天殿永樂十五年十一月建　夢餘錄嘉靖卅六年奉天等殿災四十一年三殿成改奉天殿曰皇極殿　舊聞致引明神宗實錄萬曆四十三年八月庚戌重建三殿　熹宗實錄天啟五年八月戊戌皇極殿豎金柱九月甲寅門工成七年八月乙未中極殿建極殿插劍懸牌三殿開工自天啟五年二月二十三日起至七年八月初二日報竣）殿兩傍左向西者曰文昭閣（酌中志　明世宗實錄嘉靖四十一年文樓更文昭閣　三朝野史崇禎十五年八月上御朝畢登文昭閣閣在皇極殿東上步下閣御德政殿召五閣臣言文昭閣兩旁可建直房朕不時召對及講讀有疑問先生往來亦便翌日遂於閣左右各設直房）右向東者曰武成閣（酌中志　世宗實錄嘉靖四十一年武樓更武成閣）南北連屬穿空上有滲金圓頂者曰中極殿（酌中志　明世宗實錄四十一年九月三殿成改華蓋殿為中極謹身殿為建極詔曰人君建中建極乃斂疇錫福之基臣民會極歸極實欽若從久之道特崇表正用迪訓行　野獲編卷四太祖初定大朝會正殿曰奉天殿門名亦如之其後文皇營北京遂仍其名世宗更其名曰皇極而華蓋殿則曰中極謹身殿則曰建極蓋取洪範之義若皇極建極本屬一義而中極尤為無出）殿之兩傍東曰中左門（酌中志　舊聞考引愨書中左門之左有小廂房扁曰德政殿崇禎十五年五月召諸臣入對於此）西曰中右門再北曰建極殿殿居中向後高距三纏白玉石闌干三上者雲臺門也與乾清門相對兩傍向後者東曰後左門西曰後右門

即雲臺左右門亦名平臺（酌中志　明宮史凡召對閣臣等官或於平臺即後左門也又召對記崇禎丙子八月十六日上御平臺召諸成入對）又東曰景運門西則隆宗門門西向南者曰仁德門中則乾清門門外左右金獅各一門內丹陛數重（酌中志　天啟宮詞注乾清宮丹陛下有老虎洞洞中甃石成壁可通往來）其居中南響者為乾清宮大殿（夢餘錄　明武宗實錄正德九年正月乾清宮火至十一年十一月乾清宮成萬曆二十四年乾清宮又災至二十五年二月又建　按宮史大扁曰敬天法祖崇禎元年八月初四日懸掛係司禮監掌印高太監時明筆以正殿扁額令官侍書之明之失紀卽此可見）殿左曰日精門右曰月華門左小門曰龍光右小門曰鳳彩殿之東西有斜廊廊之後左曰昭仁殿（酌中志　明史輿服志明初東為宏德西為肅雕至萬曆十一年更名東暖閣曰昭仁西暖閣曰宏德）右曰宏德殿皆南嚮又小殿二左曰端凝殿（酌中志　志又云端凝殿尚冠等近侍所司御服袞冕玉帶等錢糧儲此）右曰懋勤殿（酌中志　明典彙嘉靖十四年秋乾清宮左右小殿成上命禮部尚書夏言擬額殿東貯冕弁西藏書史言擬左曰端凝右曰懋勤上悅曰卿所擬取端冕凝旒懋學勤政義甚善遣中使賜言金幣）殿東西各有角門宮後披簷東曰思政軒西曰養德齋（酌中志　明宮殿額名思政軒養德齋崇禎五年四月添額　按宙載云暖閣在乾清宮之後凡九間有上有下上下共置床二十七張天子隨時居寢制度殊異）再北則穿堂居中圓殿曰交泰殿滲金圓頂如中極殿制再北曰坤寧宮皇后所居也有中門向後閉而不開（燕史　明宮殿額明坤寧宮嘉靖十四年七月添額）宮左曰永祥門宮右曰增瑞門（夢餘錄　明宮史俱萬曆二十五年二月十一日添額）宮之東披簷曰清暇居北圍廊曰遊藝齋（夢餘錄　明宮殿額俱崇禎五年十月添額）宮之後左曰景和門右曰龍福門再北右曰端則門左曰基化門正中為坤寧門（夢餘錄　明宮史坤寧宮有門原曰廣運門嘉靖十四年七月改曰坤寧門）

也就是说，现在的紫禁城几乎与当时的规模完全一样。

总之，北京之地自辽以来是金、元、明、清各朝的都城。其殿门的规模和形式各朝代虽不尽相同，但大体均有类似之处。至于历朝的宫城建筑沿革，应该另立题目留作他日研究。

第二章　现在的北京城

北京城位于北纬三十九度五十五分。北京作为所谓的四神相应之地与日本京都相似。地域向南开放，向北缓缓倾斜增高。东方距城十余里处有丘陵，而西方则不足四里即可见山。南面一片沃土绵延数百里与山东省的平原相连。地质方面，细微的黄土粉末形成了厚厚的土层，附近的山峦表面尽皆裸露，水利不兴，正所谓"雨天泥三尺，风天尘千丈"。

北京城的形状呈凸字形，由内城和外城组成，皇城位于内城，皇城里就是紫禁城，以下依次介绍。

一、外城

外城被欧美人叫作中国街，是构成北京城南部分的区域，正南方的城门是永定门，东面是左安门，西面是右安门。进入永定门后，有一条大街向北直通到内城正门的正阳门。这条大街叫作正阳大街。永定门相当于日本平安城的罗城门[1]，正阳大街相当于朱雀大路。永定门大街两侧，东边是天坛，西边是先农坛，相当于日本的东寺和西寺。天坛是皇帝亲自祭天之处，明永乐十八年所建。周围垣墙有九里十三步，祭坛呈圆形，三层，南向，又称圜丘。顶层直径九丈，高五尺七寸，中层直径十五丈，高五尺二寸。底层直径二十一丈，高五尺，均用白色大理石铺成，周围也以大理石为栏环绕。四方有门，形状奇异，是在立起的两个华表上横加门楣而成之物，且三门并立很像是日本的三轮鸟居在分而立之。圜丘之北有一宇，称为皇穹宇。圜坛上建有圆型建筑并铺以攒尖型屋顶。另外还有祈年殿，也是屹立在三层圆坛之上，三重檐攒尖顶高高耸起，内部和皇穹宇相同呈穹窿状。天坛的诸建筑皆用圆形及穹窿以象征天之形状。

先农坛与天坛相对，垣墙周围六里，内有天神坛、地祇坛、太岁殿、先农坛、籍田等，皆呈方形。外城东有广渠门，西是广宁门，中间有一条大路相通。此路与正阳大街相交处名为猪市口。外城西北有西便门，东北有东便门，此二门没有瓮城，其他五门皆有，永定门的瓮城为方形，其他几门为圆形。瓮城各备一个闸门。

据《宸垣识略》记载，外城中的明因寺是万历初年萧太后所建，天庆寺建于辽代，金代受灾，元代重建。精忠庙是康熙年间的建筑，延寿寺是辽金时代的巨刹，明正统年间予以修缮。长椿寺为明慈孝皇后所建，大慈仁寺于乾隆十九年重修。善果寺是创建于南梁时代的古刹，归义寺建于辽代。圣安寺金代建立，乾隆四十四年重修。悯忠寺于唐贞观十九年创立，乾隆四十三年重修。万寿西宫及玉皇庙都是万历年间所建，不过后者于顺治年间重修。关帝庙建于明天启年间，东岳庙建于顺治年间，都城隍庙、陶然亭、斗姥宫都是康熙年间所建。仁寿寺建于万历年间，重修于乾隆年间。慈悲庵的北院内有辽代慈智大师的佛顶尊胜大悲陀罗尼幢及记文，院前有金天会九年的石幢，石幢四面皆刻有佛像，三隅刻有咒文，使用的都是西域文字。

---

[1] 现在此门通称为"罗生门"。

二、内城

内城被欧洲人叫作鞑靼街。周围四十里,城墙高三丈五寸,垛口五尺八寸,基厚六丈二尺,顶收为五丈。南面为正门名正阳门,瓮城又开三门。往东是崇文门,往西是宣武门。东面有朝阳、东直两门,西面有阜城、西直两门,北面有安定、德胜两门,皆有圆型瓮城,并各备有一个闸门。唯独西直门的瓮城为方形。

城内分成八区,配以八旗。东南为正蓝旗,西南为镶蓝旗,西北为正黄旗,东北为镶黄旗。镶黄与正蓝之间北为正白,南为镶白。正黄与镶蓝之间北为正红,南为镶红。如此,八旗居址把皇城包在中央,故内城又称作包城。

举一些内城应予注意的建筑:

(一)正蓝旗辖区

翰林院署,即元代的鸿胪,规模相当宏大,殿堂为顺治年间所建,祭奠着开辟满洲之神。灵藏观音寺于明正统年间重修。观象台在城之一角,建于元代至元十六年,康熙十二年新增各种观测机,同五十四年及乾隆九年更有补充。贡院自元代有之,清代不断予以维修。

(二)镶白旗辖区

贤良寺于雍正十二年,崇真万寿宫于元代至元年间,成寿寺于明成化年间,法华寺于明景泰年间分别建立。宝庆寺是元代古刹,于雍正年间重修。

(三)正白旗辖区

大隆福寺于明景泰三年敕建,雍正九年重修。大慈延福寺及慧昭寺于明成化年间创建。

(四)镶黄旗辖区

有鼓楼钟楼之奇观。鼓楼元代时称为齐政楼,现在的钟楼是乾隆十年改建物。万宁寺建于元代大德年间,慈善寺建于万历年间,于康熙年间重修,显佑宫建于永乐年间,于雍正九年重修。圆恩寺和法通寺均为元代至元年间所建,后者于康熙年间重修,改称为净因寺。因元寺创立于唐代开元年间,乾隆三十年重修后改称慈寿寺。国子监为元代的旧学,辟雍宫在其内。先师庙即文庙,正殿名为大成殿。雍和宫是雍正帝为储君时的宫室,后来成了蒙古喇嘛宗的大本营,其建筑犹为可观。柏林寺创建于至元七年,乾隆年间重修。

(五)镶蓝旗辖区

鹫峰寺创建于唐代贞观年间,乾隆二十六年重修。双塔寺于金代章宗帝时修建。双塔一为九级一为七级,今日尚存。一时几乎颓毁,乾隆时重修。

(六)镶红旗辖区

万松老人塔建于乾隆十八年。大能仁寺于元代延祐年间创立,明洪武元年重修。

大德显灵宫于明永乐年间创建，乾隆年间重修。历代帝王庙于明嘉靖年间建成，顺治、雍正、乾隆年间改建。白塔寺于辽代寿隆年间创立，元代至元、清代康熙、乾隆年间重修。

（七）正红旗辖区

十方禅院及火德真君庙为唐代贞观年间所建。

（八）正黄旗辖区

大觉寺于顺治、乾隆年间重修。汉寿亭侯庙建于明洪武年间。龙华寺建于明成化年间，康熙二年重修。龙王庙于雍正七年敕建，乾隆十八年改铺黄瓦。广济寺于明正德九年敕建。

三、皇城

进入内城正门的正阳门后有大清门，再进有天安门。天安门是皇城的正门，高高的城墙上覆着九楹五阙的重楼。门前有河，河上有七座汉白玉石桥，此即外金水桥。河两侧左右相对有汉白玉石狮，坐在白石台上，均张着巨口，其中一狮爪下还压着一只幼狮，姿态雄伟，与日本所谓的"狛犬"完全不属同类。石台为刳形，本身没有太大的价值，但其表面所施浮雕的造型多种多样，甚是有趣。

门内外都有对称的华表。"华表"一词翻译成日本文字是以"鸟居"对应，但华表只是一根单纯的圆柱，表面施有龙的浮雕，顶部为印度式柱头，柱头之上再冠龙之坐像，柱头以下有云板且云纹贯通整个柱身。与天坛的门相比可以发现其中奇异的类似现象。北京市内店铺前所立的石柱以及冠有宝珠的高挑标柱也都应该与华表属同一系统。

皇城周围十八余里，城墙高一丈八尺，下宽六尺五寸，上宽五尺三寸，以砖筑之，涂以朱色，黄琉璃瓦铺顶。出门向东的称东安门，向西的称西安门，向北的称地安门。南面天安门后面的是端门，其建制与天安门完全一样。端门后面是午门，午门就是紫禁城的正门。

紫禁城外午门的东南有一座大庙，与此相对有社稷坛。神武门之北是景山，景山又名万寿山，俗称煤山，是一座人工堆起的小山丘，有五峰并列，中间的最高峰海拔稍过百米，各峰上均有小亭，里面安置着藏传佛教的佛像。景山西麓有一座大高玄殿，建于明嘉靖年间，雍正、乾隆年间两次重修。门前有两亭两宇相对，钩檐圆桷，做工十分精巧。明代时工匠们都称此为九梁十八柱。

紫禁城西边自皇城北部延伸到南部有一片水面，称为太液池。此池又分为北、中、南三海，周围有无数殿堂相连，总称为西苑。西苑中最有名的是北海的琼华岛和南海的瀛台。

琼华岛位于北海的东南,以积翠堆云桥相通。岛中有永安寺,寺内有塔一基,用砖筑成,纯粹是一座西域塔的好典范。塔由底部、中部及九轮的三大部分组成,底部大体上呈方形,上面有三级圆阶,再上面是类似球状的中部即塔身,九轮顶上有示水烟之意的金属盖,更有日月造像载其上。全高百尺余,塔前有一小堂共两层,下层方形,上层圆型,皆铺以琉璃瓦。堂内有神像,牛头人身,手臂无数。项颈挂着成串的人头,身上缠蛇,脚踏牲畜。这些都是藏传佛教最受尊敬的偶像。

琼华岛的南面是团城,内有承光殿。团城西面有金鳌玉𫟒桥,以此桥分出北、中两海。中海岸有紫光阁、仪鸾殿等(仪鸾殿烧毁现已不存)。南海上有瀛台,瀛台于广义上是南海一小岛上诸殿宇的总称,于狭义指诸殿宇中主要的一殿。这些殿宇是:涵元殿、渗韵殿、倚思楼、香宸殿、瀛台、春明楼、湛虚楼等。朱楹粉壁与青黄绿紫蓝的各色琉璃瓦参差相映,水面泛满红莲,景色之美难以名状。南海东岸称为蕉园,园中有很多殿堂,最有名的是万善殿。

太液北海的西岸有五龙亭,中亭名龙泽,左侧两亭名澄祥和滋香,右侧两亭名涌瑞和浮翠。五龙亭后面是极乐世界,再后面是万佛楼,东面是大佛楼,有佛高七丈余,东北面有大西天又称西天梵境,旁边是小西天。

此外还有永祐庙为雍正九年所建,大光明殿为嘉靖年间创建,雍正、乾隆年间重修。二圣庙及慈云寺都在皇城的西北角。

四、紫禁城

紫禁城相当于日本平城、平安两京大内里的一部分区域,根据文献记载占地范围如下:

	北京的紫禁城	日本平安京大内
南北	二百三十六丈二尺	四百六十丈
东西	二百零二丈九尺五寸	三百八十四丈
面积	十九万八千七百六十八坪	四十九万零六百六十六坪

但是这个记载似乎与实际不甚相符,至少南北长度肯定会超过二百三十六丈。城壁高三丈四尺五寸五分,下厚二丈五尺,上厚二丈一尺二寸五分。四方有门,南曰午门,西曰西华门,北曰神武门[1]。城壁四隅有角楼,形状十分奇特。楼中央是十字歇山顶的高阁,屋脊相交处有宝瓶,绕中央阁四面又有重檐歇山顶的抱厦。景山西麓的大高玄殿前有与此完全相同形式的两座楼阁东西对峙,可见北京建筑外形的丰富变化。

紫禁城内部又纵向分为中央、东街、西街三个部分。中央部分指从南面午门至北

---

[1] 原文未提东门。

面坤宁门的区域，东西宽七百余尺，是城中最主要的部分，正殿等主要仪式场所皆在此域之内。

东西两街在中央街左右两侧，设有帝室宫殿及侍臣、宦官等的住所、官衙、书库、佛堂、庙宇、庭苑、园囿等。紫禁城又在中部横向一分为二，即外朝和内廷。所谓外朝是指从午门至乾清门的南半部，内廷是指乾清门至神武门的北半部。城内外朝的东部诸殿：内阁在午门之东，文华殿在其北，是天子经筵御所。文渊阁位在文华殿北，用以收藏四库全书。传心殿在文华殿东侧，祭有皇师、帝师、王师、先圣、先师的神位。箭亭是天子习武阅兵之处。外朝的西部诸殿：武英殿听说是储存聚珍版之处，聚珍版即活字版。咸安宫是教习八旗大臣子弟之处。内务府即掌管内府所有事物之处。南薰殿收藏着历代帝后的画像。

内廷东部第一街称为东一长街，有景仁宫、承乾宫、钟粹宫。东二长街上有延禧宫、永和宫、景阳宫、齐宫等。再向东有奉先殿、宁寿宫。奉先殿是祭祀祖先之处，宁寿宫曾是西太后的寝宫。

内廷西部与东部规模相等。西一长街上有养心殿、永寿宫、翊坤宫、储秀宫。养心殿是皇帝的寝宫，翊坤宫是贵妃的居所。西二长街上有启祥宫、长春宫、咸福宫等。再向西是雨华阁、宝华殿、中正殿，都是祭祀喇嘛佛之处。其中雨华阁为三层建筑，形式甚为珍奇。另外还有慈宁宫、寿康宫、寿安宫、英华殿等大厦鳞次栉比。

内廷的后部即坤宁门至神武门之间是御花园。门称天一门，门内有钦安殿奉玄武神。此外还有摛藻堂、凝香亭、万春亭、绛雪轩、延晖阁、位育斋、毓翠亭、澄瑞亭、千秋亭、养性斋等建筑。

外朝及内廷的中部即所谓九重殿门之所在，于次章详述之。

第三章　紫禁城内的九重殿门

一、外朝

从紫禁城正门即午门的中央开始至乾清门的中央为止，南北长一千九百零五尺，东西之间，起自紫禁城的外墙即东面东华门至西面西华门之间的部分，是所谓的外朝。乾清门以北相对于外朝而称作内廷。

（一）午门

午门是紫禁城的正门，相当于日本平安大内里的朱雀门。高约四十尺的凹字形城壁上配建五栋殿宇，其间以回廊相接，故又名五凤楼。方便起见，本文将中央的建筑称为中楼，中楼左右侧的两座称为后楼，前面的两座称为前楼，连接各楼的通路称为回廊。午门的城壁以砖筑之，涂以朱色，中央部厚一百二十余尺，左右两翼厚八十五尺，东西长三百八十尺，南北长三百五十尺。中央开三条穿道，左右翼下还各开一条弯曲隧道。中央穿道宽十六尺，两边穿道各宽十四尺，穿窿的形状居于尖拱和半圆拱之间。中楼建筑耸立于雄伟宏壮的城墙之上，面阔九间，进深五间，通面阔约一百八十尺，通进深约七十五尺，面积约为三百七十五坪，比日本平安大内里最大的朱雀门大了三倍多。中楼形式为正面五门、后面三门、重檐、庑殿顶，平身科的斗拱下檐出五踩，上檐出九踩，明间的一檩分成九等份，装八攒，其他檩间六等份，装五攒。殿内梢间以彩绘天花为顶，手法与在日本禅刹可见之物相同。明间为"格天井"即藻井，柱头上装有七踩斗拱作为支撑。地面墁砖，墁法不用斜墁，而是十字细墁。中央有宝座，裙栏处不用板材，也不用土墙，而是以砖填充，并用石灰粉刷表面。木材的部分不分内外均涂得五彩缤纷，唯独柱子只涂红色。屋顶以黄琉璃瓦铺葺，建制按照中国特有的方法，水平方向的正脊两端冠有奇怪的动物，名为鸱吻。垂脊末端以及歇山顶的戗脊末端也有一种兽形，相对于正脊的正吻，垂脊戗脊的小兽称为旁吻。这种形式又总称为寿头。旁吻前面还有一列小怪兽的坐像。这些小怪兽或是狮子、麒麟，或是马、凤凰等，通称为走兽，也叫鬼龙子或嘲风。垂兽末端还有骑凤之人，据说是周敬王之像，样子看上去犹如是引领走兽的将领。下檐屋面的手法和上檐屋面的完全相同，围脊接在上檐的大额枋之下，四角有寿头，屋檐伸出的程度较小。椽檐为圆形，飞椽为方形，且不用瓦口木。像斜昂一样朝斜前方突出的部分实际上是斜翘的延伸，而不是斜昂本身。没有使用"鬼斗"[1]，只是把普通的斗放在了角柱之上。屋顶坡度线的凹曲程度极大，看上去反翘好像是从中央点就开始了。

中楼左右各有一段不长的走廊，约为三十尺，东边放鼓，西边置钟。天子御驾出入时鸣钟，天子祭祀大庙时击鼓，百官朝圣时钟鼓齐鸣。走廊左右各有两层阁楼，即我所说的后楼，屋顶是个五进间约六十尺的方形。楼南侧有走廊，长十三间一百九十五尺，宽五间六十尺，走廊尽头处又接阁楼，即我所说的前楼，形式与后楼完全相同。上述五栋建筑加上走廊的面积共计一千四百七十五坪。地面至中楼屋脊的目测高度约有一百四十尺，真是壮观无比。

午门的名称是明代开始使用的。有关现在午门的建筑年代，《大清会典事例》的记载是：

顺治四奉旨重建午門

所以应该是清代初期的建筑。另外还有"嘉庆六年……又重修午门"的记载。"重修"一词既可以表示重建之意，也可以表示修缮之意，语义不一。在考虑午门的构造形式及装饰等时，一般是以顺治年间重建，嘉庆年间重修为准。

---

1 日本斗拱中的一个构件，槽口开成斜45度的交叉十字。

（二）太和门

太和门在午门以里，夹内金水桥。桥共五座，均用白石建成并具白石栏杆。门即明代的皇极门，据《大清会典事例》记载，现名为顺治二年所改。现在的门则是光绪十三年至十六年间的改建，是距今仅十五年前（明治三十六年开始）的重建。但其规模完全按照旧制，没有丝毫的改窜。《顺天府志》记载：

> 太和門，九楹，三門，前後陛各三出，左右陛各一出。重檐翬飛石欄繚折。
>
> 列銅獅二，寶鼎四。環以金水河，跨石梁五，卽金水橋也。云云。

这个记载与现状一致。门前左右对称有鎏金狮子。建筑的台基用纯白的大理石，正面是三出陛。正中之陛按尺寸分成三部分，左右部分各有台阶二十九级，各级表面以浅雕法刻着灵兽。中间部分不设台阶，御路倾斜向上，铺着白石板，石板表面以深雕法刻着云龙，只有天子才能在这块白石板上行走。左右两路陛都是二十八级。台基的左右两侧陛分别是二十一级，后面陛与前面的相同，只是没有左右两路。

台基以白石筑之，高约十三尺，有白石栏杆环绕。陛左右也装有石栏。石栏制法特殊，柱为方形，柱头无宝珠，以龙凤雕刻代之，柱身上也遍施雕刻。横枋和地袱之间用栏板填充。在望柱下面与台基上枋的交接之处刻有一种怪兽[1]的上半身，这和泰西哥特式惯用的怪兽状滴水嘴具有相同的意思。用在台基四角处的这类怪兽形体都很大，相貌也都相当丑恶。正面的丹陛之间有四个宝鼎，后面有四口大缸。

门的形式是面阔九间进深四间，三门，重檐歇山顶，相当于日本平安大内里八省院正门的应天门，但面积要大 3.6 倍，通面阔一百五十九尺五分，通进深六十七尺，面积大约三百余坪。下檐有大额枋和小额枋，小额枋下面的前后两面都有一种特殊的雀替，大额枋上面有平板枋，再上面是斗拱装置。明间十七尺四寸五分，分成九等份，装入八攒斗拱，次间十八尺七寸，六等份，装入五攒斗拱，梢间十一尺六寸，四等份，装入三攒斗拱。依此可知属于一攒斗拱的宽度大约为三尺，这与直径为二尺一寸二分的檐柱和直径为二尺四寸二分的金柱相比，可想象出斗拱是多么小。平身科的斗拱出五踩，屋檐的建制与午门无异。椽当比日本"本繁[2]"的密度要高，甚至比"小间返"的密度还大。门制与日本制法相去甚远，但与日本京都府下宇治郡黄檗山万福寺的山门稍有相似。详细情况在后面的章节中介绍。

上层的手法与午门完全相同。斗拱出七踩。简而言之就是，上层等于下层去掉了檐廊的部分，即等于下层殿身平面的部分，下层殿身的柱子即所谓的金柱一直向上延伸，就成了上层的檐柱。歇山顶的山墙饰仅仅是画着一种极为粗略的纹样而已。斗拱、月梁、瓜柱等均未使用，因此既无悬鱼，也无悬挑，自然也没有了悬鱼脊，看上去令

---

1 指螭首。

2 "本繁"和"小间返"都是日本表示椽当的术语。

人颇感冷清。

垂脊的起点接在寿头的内部，外侧直接就是搏风上的勾头瓦。因此不需要另外再有一个"箕甲[1]"，自然也就没有了使用"利根丸瓦"和"袖丸瓦"的必要。搏风的曲线直接就成了屋面的曲线，所以这种屋面曲线的凹曲程度会很大。屋顶以黄色琉璃瓦葺之。內层共有七个鬼龙子。墁砖的地面、砖填的裙栏、内外色彩等皆与午门相同。

（三）太和殿

太和殿即紫禁城的正殿。从太和门中央起向北六百九十七尺五寸处就是太和殿的正中央。从太和门后面丹陛的末端起三百一十四尺处即是太和殿三层台基正中丹陛的起点。三层台基我们已在天坛见过。按中国的习俗，用于举行重要仪式的建筑往往都要先建三层台基，然后再把殿堂建在台基之上。日本平安大内里的八省院中有座龙尾坛，大极殿就是建在这座坛上的。如果把太和殿比作日本的大极殿，那么龙尾坛就应该具有这种三层台基的含义。三层台基的形状为弓形，上层面积五千二百零五十一坪，中层面积六千五百一十六坪，而底层覆盖的地面居然有八千零五十四坪。台基全部由纯白的大理石筑成，周围环绕的栏杆用的也是同样的白色大理石。建制充分体现了太和殿台基的风格，呈出一种特殊的刳形，束腰部分用浅浮雕手法刻出装饰纹样，下枋部分也有雕刻的纹样。下面将提到的各殿的台基建制大致也都出于同一意匠。

三层台基正面均出三陛。底层台基的正中陛二十七级，左右两路各二十四级。中层台基的正中陛十四级，左右两路各十级。上层台基的正中陛十二级，左右两路各十级。其建制与太和门相同。三层台基的东西两侧还各出一陛，丹陛总数为五，正合"丹陛五出"之说。三层台基的丹陛合起来的话，正中陛是五十三级，高度几乎达到三十尺。但各种文献中记载的高度都是二丈，令人难免疑惑。《国朝宫室》的记载是：

> （前略）殿前為丹陛，環以白石闌，龍墀三，龍墀三重五出，下重級二十有三，中上二重級各九，上下露臺，列寶鼎十有八，銅龜銅鶴各二，日晷嘉量各一，丹墀前甬道左右範銅為山，鑴正一品至九品，清漢文，東西各二行，行十有八，為文武官行禮班位（后略）

《宸垣识略》的记载是：

> 太和殿基高二丈殿高十一丈（中略）殿前丹陛環以白石闌，陛五出各三成，陛前共列鼎十八銅龜銅鶴各二，日圭嘉量各一（后略）

上层坛的前端至太和殿台基下的长度为一百二十五尺，这广阔的部分即是所谓的丹墀，又称玉墀或龙墀。丹墀之上及丹陛之间放有十八尊宝鼎，丹墀之上置日晷嘉量各一，铜龟铜鹤各二。宝鼎古代有九尊，即所谓的九鼎。中国分为十八省，所以要用

---

[1] "箕甲"指在有反翘檐角的屋盖上脊至檐之间的曲面部分。"利根丸瓦""袖丸瓦"形状似中国的筒瓦，铺葺"箕甲"时使用。

十八尊宝鼎作为象征。日晷即正午仪，表示正时之意，嘉量做量化标准，表示正量之意。日晷和嘉量就是君主正时正量以治理国家的表象。鹤和龟含祝君主万寿之意。另外还有金缸，以铜铸之，表面镀金，直径六尺有余，太和殿左右各放两个，据说是表示帝祚无穷之意。这里所有的设备都具有表示天子尊严的重大意义。

考察太和殿的建筑年代，根据前一章提到的《顺天府志》可知，大殿在明代时称为皇极殿，于天启七年营造完成，到清代顺治二年改名为太和殿。《大清会典事例》云：

〇二年（著者曰顺治二年也）定正中三殿名。殿前曰太和门。（中略）

太和门之後曰太和殿。（下略）

考察现在太和殿的建筑年代，我将文献分列对比如下：

	《东华录》		《大清会殿事例》
顺治二年五月	是月兴太和殿中和殿位育宫工	顺治二年	定正中三殿名殿前曰太和殿云云
顺治三年十月	太和中和等殿体仁等阁太和等门工成		
康熙八年正月	丙辰以修理太和殿兴工上移居武英殿	康熙八年	敕建太和殿
康熙十一月	壬子修造太和殿乾清宫成	康熙三十四年	重修太和殿
康熙三十四年二月	丁巳兴太和殿工	康熙三十七年	重修太和殿
康熙三十六年七月	丁酉御太和殿群臣上表行庆贺礼云云	乾隆三十年	重修太和殿中和殿

据《东华录》的记载是顺治二年到三年之间建造，康熙八年的工程据《大清会典事例》的记载是重建，但《东华录》的记载是修理。《顺天府志》对此工程的记载是重建，其全文如下：

太和殿殿基崇二丈殿直十一丈廣十一楹縱五楹康熙八年建上為重檐脊四垂前後金扉四十金瑣窗十有六龍墀丹陛陛間列寶鼎十八銅龜銅鶴各二日圭嘉量各一丹墀下為文武官行禮位范銅為山形（俗呼為品級石）鐫正從一品至九品東西各二行行十有八

康熙三十四年的工程据《东华录》记载为重建，据《会典事例》记载为重修。另外《东华录》有康熙三十六年七月皇帝亲御太和殿接受贺礼的记载，应为三十四年开工至此年竣工之故。但《会典事例》的记载为康熙三十七年重修。或许其间含有此年重修竣工之意，总之太和殿是康熙三十四年开始到三十六、三十七年间再建，又于乾隆三十年进行了修缮。

太和殿相当于日本大内里八省院的大极殿，元旦、冬至、万寿这三大节日以及国家重大仪式等在此举行。另外还举行出征、授衔等仪式。通面阔十一间就是一百九十九尺四寸，通进深五间就是一百一十尺七寸，也就是面积有六百一十三坪多，几乎是日本延历大极殿的两倍半。高度据文献记载是十一丈，但实际不详，总之，此殿是紫禁城内第一大建筑，其通面阔实际上比日本奈良的大佛寺现在的宽度还要大。正面七门，后面三门，地面铺砖，中央放置宝座。宝座正面二十二尺七寸，侧面三十一尺一寸，丹陛正面三处，左右和后面各一处。宝座周围以栏环绕，正面丹陛之间放有香炉四个，宝座左右也各放两对香炉。宝座后面立有屏风，前面是御座。此处宝座制度与日本大极殿的高御座不同，与日本御帐台的意匠也不相似。

大殿的形状为重檐庑殿顶，铺以黄色琉璃瓦，鬼龙子上下两层共十个。正吻旁吻的手法均与午门之物相同。斗拱下层出七踩，上层出九踩，正中明间的二十八尺一寸，分成九等份，装八攒，次间的十八尺四寸，六等份，装五攒，梢间的十二尺五分，四等份，装三攒，如此，一攒斗拱的平均间隔只有三尺七分。而柱子方面，檐柱直径二尺六寸，金柱直径三尺五寸，进深方面，殿内柱间最大的是明间，达三十七尺。里面的梢间用的是彩绘天花，随倾斜程度构筑井口天花，采用的方法与午门相同。殿身天井也用井口天花，但中央宝座的顶部层层叠落，掺入了一种类似阿拉伯式的格子形式，中心垂下一个球体，此球体周围再环绕六个小球，即所谓的倒茄式藻井[1]。顶部月梁之上装有驼峰。外壁以砖填充柱间，内侧涂淡黄色石灰，外侧涂红色石灰。内侧还在高度约六尺之处用黄色和绿色的琉璃瓦做出龟甲纹样的楣饰。门扉和窗户采用的是一种特殊的手法，这个放在以后的章节中详述。

（四）中和殿

中和殿在太和殿后面，立于三层台基之上。有关其形式及使用目的等，《国朝宫史》的记载如下：

> 太和殿後為中和殿，縱廣各三楹，方檐，滲金圓頂，金扉瑣牖各二十有四，南北陛各三出，東西陛各一出，左右陛各三成，東西出，殿內高宗純皇帝御筆，扁曰允執厥中，聯曰，時乘六龍以御天，所其無逸，用敷五福而錫極，彰厥有常，中設寶座，凡遇三大節，皇帝先於此升座，內閣、內大臣、禮部、都察院、翰林院、詹事府及侍衛執事人員行禮畢，迺出御太和殿，恭遇加上皇太后徽號於殿內閱視奏書，方澤大祀，及饗大廟，祭社稷，前一日於殿內閱視祝版，親祭歷代帝王廟，先師孔子，朝日，夕月，加之，每歲耕籍，閱視農器及穀種青箱，云云

中和殿非三开间而是五开间，大小为六十九尺一寸五分见方，即面积约为一百三十二坪八合[2]，单檐四角攒尖顶。

---

1 太和殿藻井一般被称为蟠龙藻井，球体称为"轩辕镜"。

2 1合≈0.33平方米。1坪 = 10合。按1坪≈3.3平方米计算等于438平方米，与现在公示的建筑面积580平米相去甚远。

所谓的渗金圆顶就是露盘手法，但和日本的露盘、伏钵、宝珠、水烟等的形状并不相同，只是在由稍稍复杂一些的刻状形成的露盘上冠上了一种球状的宝珠而已。宝珠的纵线稍长，上部丰满，下部狭瘦。丹陛的正面和后面都是正中陛八级，左右阶各七级，东西两路各七级。周围的檐柱皆游离而立，没有装枋、框、壁板之类。殿内面阔三间，正面三门，另外三面中间各开一门，门左右是槛窗。斗拱出五踩，明间二十一尺，分成七等份，装入六攒，次间十五尺六寸，六等份，装入五攒，梢间八尺五寸，三等份，装入两攒。如此，一攒的平均所占不过是二尺七寸五分。柱子方面，檐柱的直径二尺，金柱的直径二尺一寸五分。顶部是天花藻井，地上正中有宝座，大小为正面十七尺，侧面十八尺，配有屏风和御座。

中和殿即明代的中极殿。于天启七年兴建以后，只有《大清会殿事例》中记录了乾隆三十年的一次重修，此外没有任何文献记载过有关该殿的修缮。仔细观察中和殿的装饰纹样、色彩以及各类细项发现，这里所用的手法都与太和殿的意趣有所不同。想其原因，要么是天启年间兴建当时的样式得以传至今日，要么就是乾隆三十年修缮时完好地保存了古风。

（五）保和殿

保和殿位于中和殿之后，《国朝宫史》的记载如下：

> 深廣九楹，前陛各三出，殿內，高宗純皇帝御筆，匾曰，皇建有極，聯曰，祖訓昭垂，我後嗣子孫，尚克欽承有永，天心降鑒，惟萬方臣庶，當思容保無疆，中設寶座，每歲除夕，皇帝禦殿，筵宴外藩，每科策試、朝考，新進士俱於殿內左右列試。

殿广九楹就是一百五十四尺七寸五分，深五楹就是七十一尺六寸五分，即面积约为三百零八坪。前后两面都有丹陛，正中陛八级，左右阶各七级。殿顶形状为重檐歇山顶。斗拱下层出五踩，上层出七踩。明间二十四尺二寸五分，分成九等份，装入八攒，次间十八尺五寸，七等份，装入六攒，梢间十尺五寸五分，四等份，装入三攒。即一攒的平均所占约为二尺六寸余。柱子方面，檐柱直径为二尺一寸五分，金柱直径为三尺。殿内的梢间也是水平的藻井天花，只是比明间的藻井略低一些。

地上正中放置宝座，手法与太和殿大致相同。但背面没有出陛。宝座大小为正面十八尺二寸，侧面十八尺八寸五分，放有屏风和御座。丹陛正面三出，左右各一出。

屋顶为歇山顶，这是因为建筑规格要降低一等。山墙饰的手法大体上与太和门等相同。鬼龙子上层八个，下层九个。

保和殿后面的丹陛石直接与三层台基顶层的北端相接。三层台基的手法和丹陛三出的手法均与上述相同。下层台基正中陛的御路部分是一块刻着云龙的白石板，长达

应是只指未含廊檐部分的殿内面积。

五十五尺二寸，宽幅约一丈许，这竟是由一块石板做成的，建筑材料之丰富实在是令人惊叹不已。

下层台基丹陛两侧的地面上放有四个鎏金缸，前方左右还各有两个。

保和殿即明代的建极殿。其建筑年代与中和殿相同，天启七年重建以来，文件上再没有过关于此殿的修缮记录。光绪时的《顺天府志》以及《大清会典事例》中都有乾隆三十年重修的记录，可是根据现在的观察，其装饰纹样、色彩以及各类细目上的曲线性质等均与中和殿相符而与太和殿明显不同。想来应是在乾隆年间修缮之时，与中和殿一样，完好地保存了古制的结果。有关明清两朝建筑的比较将放在之后的章节中说明。

（六）其他诸建筑

除上述外朝的主要建筑之外，还有很多门廊楼阁，这些建筑都不太重要，所以不予详述，姑且列出位置及名称。

太和门左右各有七楹长廊，廊之尽头东为昭德门，西为贞度门，都是五间三门，单檐，歇山顶，通面阔约六十五尺。自两门处起向左向右各有长六尺的走廊，尽头各有阁楼，面阔三间四十二尺见方，重檐，歇山顶。楼南左右各有长十三楹的回廊，廊尽头东为协和门，西为熙和门，各五间三门，单檐，歇山顶，通面阔约八十四尺。门南又接十三楹回廊，回廊尽头即是起自午门东西的紫禁城南界的城墙。隔着太和殿左右的红墙，三层台基之外有中左门和中右门，面阔各五间，单檐，歇山顶。门左右有短廊，此廊作为外朝的东西界线，与南北走向的走廊形成直角相连。自连接点向南四间之处，东有左翼门，西有右翼门，面阔各五间，单檐，歇山顶，通面阔约七十八尺。接着东侧是体仁阁，西侧是弘义阁，都是重檐庑殿顶且面阔九间的大厦，通面阔达一百三十五尺。阁楼南面有回廊，左右各十二楹，回廊一直通到太和门的东西阁楼方尽。

保和殿左右的规模与太和殿的左右完全相同，东面的后左门和西面的后右门都是面阔五间，单檐，歇山顶，大小与中左门中右门相同。门的左右各有长三楹的回廊，回廊尽头有面阔三间重檐歇山顶的阁楼，与太和门的东西阁楼遥相对应，完全属于同一形式。此阁楼以南有长三十楹的走廊，一直延伸至太和殿，与其东西走廊相连。阁楼以北有红墙延续，东开景运门，西开隆宗门，都是五楹一门，单檐，歇山顶，可通至保和殿后的三层台基之下。

二、内廷

（一）乾清门

乾清门是内廷的正门，相当于日本大内正门的建礼门。《国朝宫史》记载如下：

乾清門，南嚮，廣宇五楹，中門三，陛三出，各九級，周以石闌，前列金獅二，皇帝御門聽政，於中門陳設御座黼宸，部院以次啓事，內閣面承諭旨於此，凡恭遇齋戒之日，太常寺進銅人，陳於扉左案上，凡召對臣工，引見庶僚，俱由門之右門出入，內廷行走大臣官員，俱得由之，云云

门五楹三户即相当于日本的五间三门，通面阔九十一尺九寸，通进深四十尺六寸五分，面积大约合不到一百零三坪八合，单檐，歇山顶。门的台基与太和门同制，高约七尺，正面丹陛三出，正中陛十四级，左右各十一级。后面于中央线上有一条甬道，高度和门的台基相同，一直通到乾清宫前的龙墀。左右侧各有丹陛一出，正面中央陛的左右各有鎏金狮一个，还有鎏金缸一对。

门的斗拱出三踩，明间十二尺七寸，七等份，装入六攒，次间十八尺六寸，六等份，装入五攒。梢间十六尺，五等份，装入四攒。一攒斗拱平均有三尺一寸左右的间隔。柱子较小，内外柱的直径均为一尺六寸六分。殿内均用天花藻井。梁及额枋的色彩纹样手法与其他相异应予关注。椽当明显比其他殿门宽松，与日本的"本繁"手法十分接近。屋顶建制与太和门相同，鬼龙子有五个。

乾清门的建筑年代不详，《大清会典事例》的记载如下：

十二年(著者曰顺治十二年也)重建內宮、前曰乾清門、東垣之中曰景運門，西垣之中曰隆宗門。云云

但是，现在的建筑似乎并不是顺治年间之物。有关乾清宫以及周围的建筑皆有于嘉庆二年再建的记录，唯独不见有乾清门的重建记录，故令人生疑。与周围情况对照观察，单单乾清门未经重建的说法很难让人相信。但其细部手法及装饰手法与乾清宫等相比的确稍有差异。我认为，此门的年代多少要比乾清宫等久远一些。

乾清门外左右有红墙，此为外朝和内廷的分界线。沿着红墙各有直庐十二间，景运隆宗二门内南侧也各有五间面北的直庐，都是乾隆十二年所建。

（二）乾清宫

乾清宫相当于日本的紫宸殿，关于其用途，《国朝宫史》记载如下：

皇帝臨軒聽政，歲時於內廷受賀賜宴，及常日召對臣工，引見庶僚，接覲外藩屬國陪臣，咸御焉，宮廣九楹，深五楹，中設寶座，左右列圖史，璣衡，彝器。云云

另外此处还于每年元旦赐宴诸王子。

宫广九楹即一百五十八尺八寸，深五楹即六十七尺九寸，面积大约不足二百八十四坪五合。重檐，庑殿顶。宫殿建于宽阔的台基即龙墀之上，台上置有宝鼎四尊，日晷、嘉量各一，铜龟、铜鹤各二。正面丹陛三出，左右各一出。正面中央陛的坡度极缓，八级，御路板石的表面施有一种特殊的雕刻。丹陛下端直接与通往乾清门的甬道相接，宽三十尺，长一百六十五尺五寸，左右有石栏。正面左右两路陛下各有鎏金缸两个，东西陛下各设一座文石台，上面摆着江山社稷金殿。

宫殿明间面阔三间，作为仪式场所，中央设有宝座。

宝座之制与中和殿相似，四方形台基，每边十八尺，正面陛三出，左右陛各一出，有勾栏环绕，置有香炉，台上有屏风和御座。

左右两次间作为皇帝休息的场所，南侧有炕，炕上摆放着各种器具，犹如普通住宅。器具以文房用具为主，书籍类也十分丰富。斗拱分为上下两层，上下均出五踩。明间二十四尺，七等份，装入六攒，次间二十尺五寸，六等份，装入五攒，其他间各十四尺三寸，四等份，装入三攒。一攒斗拱平均约为三尺七寸间隔。柱子方面，檐柱直径为二尺三寸，金柱直径为三尺。椽当甚密，间隔差不多是椽木端面的二分之一。殿内明间三楹的装饰方法与其他各殿无异。天花藻井也是美不胜收，只是与其他殿相比，装饰要简朴得多，用色十分单纯，天花也仅用白纸贴饰，使人觉得建筑内外的装饰有些不大相配。

屋顶与太和殿等同制，鬼龙子上下都是九个。

乾清宫的建筑手法中稍有与其他殿门不同之处。一般的重檐殿门，上层的殿身平面就是下层去掉檐廊部分后的殿身平面，也就是说，上层的面阔和进深，每一面要比下层的缩短一楹。但乾清宫的上层只比下层缩短半楹，即上层的檐柱立在了下层檐柱和金柱之间。这里如按常套手法做，上层会过小，中间的围脊会过大。

乾清宫之名在明代初建时既已使用，有关明代的建筑沿革前面已经讲过，正德九年火灾，十一年再建，万历二十四年又遭火灾，同二十五年再建。时至清朝，顺治十二年兴建，康熙八年重修，即重建太和殿的同时也对此殿进行了修缮。之后，嘉庆二年火灾，马上又再建。不过，以上记载都来自光绪年间的《顺天府志》，如根据《东华录》的记载，该殿应是顺治元年起工，同二年五月落成的。康熙八年的修缮与《顺天府志》的记录相符。嘉庆二年此殿与交泰殿一起烧毁，立即再建，同三年十月竣工。另外《大清会典事例》还有记载曰：

> 是年（著者曰顺治二年也）敕建乾清宫

又曰：

> 十二年（著者曰顺治十二年也）重建内宫、前曰乾清门，（中略）乾清门之内曰乾清宫，宫殿曰交泰殿，殿后曰坤宁宫，宫后曰坤宁门

如此看来，顺治十二年从乾清门至坤宁门的宫殿都进行了重建。还有记载曰：

> 八年（著者曰康熙八年也）又重修乾清宫

> 嘉庆二年奉太上皇帝敕旨重修乾清宫並乾清宫左右之昭仁殿廣德殿

看上去嘉庆年间的工程似乎只是单纯的修缮，但一度遭遇火灾之物似乎更应信其为重建。

（三）交泰殿

交泰殿位于乾清宫后面，面阔三间，四方，每边长五十三尺三寸，面积大约

七十八坪八合，单檐，屋顶是所谓的渗金圆顶，其制与中和殿相似。

《国朝宫史》记载如下：

> 乾清宮之北，正中為交泰殿，滲金圓頂，制如中和殿，嘉慶二年重建，楣間南嚮，恭懸高宗純皇帝御筆恭摹聖祖仁皇帝御筆匾曰，無為後底，恭懸高宗純皇帝聖製交泰殿銘，乾清宮後，坤寧宮前，殿名交泰，象取地天，兩楹，恭懸高宗純皇帝御筆聯曰，恒久咸和，迓天庥而滋至，關雎麟趾，立王化之始基，殿中設寶座，左安銅壺刻漏，右安自鳴鐘，國朝御用寶璽二十有五，尊藏殿中，高宗純皇帝聖製寶譜序，壺漏銘……

殿为四方形，每边中央各开一门，门左右设槛窗，槛窗下半部以砖充填。殿内中央设宝座，六尺五寸见方，放有御座。宝座左侧的刻漏放在一个形似殿堂的构架里，制作极为精致。宝座右侧的大自鸣钟为外国制造。斗拱出五踩，明间二十三尺七寸，七等份，装入六攒，左右间十四尺八寸，四等份，装入三攒。一攒平均的间隔大约为三尺五寸五分。柱子方面，檐柱直径二尺，金柱直径二尺八寸。椽当密度极大。屋顶的鬼龙子有七个。

此殿常与乾清宫为伴，经历大致相同，现在的建筑是嘉庆二年的再建之物。

（四）坤宁宫

坤宁宫在交泰殿之后，是皇后的寝宫。形式为重檐庑殿顶，不仅布局上是面阔九间，进深五间，就连尺寸也与乾清宫完全相同。及至细部的手法、柱子的大小、斗拱的配置、上层的平面等特殊部分也与乾清宫丝毫不差。只是鬼龙子上下两层都是七个。很遗憾，我们未被获准进入内部，所以详情不知。

有关建筑年代的文献记载，可以用来考证的为数不多。嘉庆二年的再建工程里没有包括坤宁宫，但实际观察的结果，可以认为此宫同是嘉庆年间的建筑。

上述内廷的乾清宫、交泰殿、坤宁宫三殿的配置，与外朝的太和、中和、保和三殿的配置相似，只是二者于规模大小上有所不同。这应该是由于仪式用途的不同以及意趣的不同而产生的结果。

（五）坤宁门

坤宁门在坤宁宫后，面阔三间，单檐，歇山顶，也应是嘉庆年间的建筑。

（六）其他殿门

乾清门东西各有回廊。于七楹之处折向北面，再经四楹即可东达日精门，西至月华门。两门各面阔三间开一门，单檐，歇山顶。再向北九楹之处，东有龙光门，西有凤彩门，此二门穿廊而造不独立成宇。从这里再向北九楹，东是景和门，西是隆福门，都是面阔三间开一门，单檐，歇山顶，与交泰殿并排而立。再向北四楹，东有永祥门，西有增瑞门，此二门也是由回廊的一部分形成。从这里再向北七楹，东是基化门，西是端则门，同是回廊的一部分。回廊在这里转向东西，终点与坤宁门相接，勾画完成了内廷中部的轮廓。乾清宫的东侧是昭仁殿,这里存放着宋、金、元、明各代的四百余部原版书籍。乾清宫西侧是弘德殿、与昭仁殿的构造形式相同。

坤宁宫左右也有类似的附属建筑。东侧称为冬暖殿、西侧称为西暖殿。很遗憾我们未能得到考察这些宫殿的许可。

乾清宫前的回廊根据其用途各有名称,东庑之北的三间称为御茶坊,稍向南的三间称为端凝殿,再向南的三间挂着敬天匾额。日精门以南称为药坊,转向北面是尚书房。西庑与端凝殿相对的是懋勤殿,其南是批本处。月华门之南称奏事房,转向北面的称南书房,其东是内办理军机事务处,再往东称为宫殿监等办事处。此记录往往被误解,因而会错把端凝殿和懋勤殿认作是独立的一座殿宇。

第四章 明清建筑的共性

以上概述了紫禁城内殿门等诸建筑的现状,下面讲述一下诸殿门共通的一般情况,以期了解明清建筑的特色。

一、丹陛

殿门必有台基,台基必备丹陛。丹陛通常用白石造成,丹陛级数未见一定之规,级高亦无规律。宽的一尺五六寸,窄的一尺一二寸。高度为四寸到五寸。宽与高的比例也无规律。三出丹陛的中央阶纵向三分,左右设级,中央铺上雕有云龙图案的石板,这已在前面提过。左右阶的表面常刻有灵兽灵禽的浅浮雕,题目多是龙、凤、鹤、虎、马等的变形,并常常配以相应的装饰雕纹。

二、石栏

丹陛两侧及台基周围常有石栏,由宝珠望柱、寻杖、面枋、地栿、净瓶、华板等形成。

宝珠望柱一般是六尺间隔竖起的方柱,表面纵向刻有木瓜纹。上部的宝珠与日本古代宝珠的意匠全然不同,均由云龙、云凤的雕刻构成。但桥梁上的宝珠则用莲花的变形或者用狮子的坐像。寻杖不用圆形,而用一种刳形。面枋与地栿都有直角形的断面,在其侧面一般雕上类似木瓜纹样的图案。方柱身上多雕云彩的纹样,但也能见到一些莲叶的变形。净瓶也是直角形,雕刻成木瓜形状,左右的面枋和地栿之间以华板充填,这些也都雕上木瓜形。

三、台基

殿门的台基也使用白石,由三部分构成,分别称为上枋、束腰、下枋。上下两枋为刳形、束腰为垂直平面。上枋和石栏望柱之间挑出一个半身怪兽，张开的大嘴用于吐水。台基四角处有一种带有角石意义的装置，角上的怪兽在那角石上挺身而出。束腰上有浅浮雕刻出的卷草纹样。下枋与底座相接的部分有一种装饰性的纹样雕刻，表示此为坛脚之意。太和、中和、保和三殿的三层台基之上更有一种白石做成的台基，这种台基与须弥座基本上具同等性质，上面有框，框上刻着卷草纹样，下面是莲花瓣，莲花瓣接着束腰，束腰表面也刻着一种卷草纹样。束腰下面是连续的仰莲花纹，最下面也用框，框上刻着有支脚之意的装饰性花纹。

四、柱础

柱础也用白石来做。在一块正方形上刻出如图2-1那样的圆形，并在上面立起圆柱。柱础的覆盆一般要大于柱子的直径。柱径、柱础覆盆和柱础的大小比例，乾清门是10比13.3和10比18.1，保和殿的外柱是10比20.4，内柱是10比20。年代的远近并未对比例关系产生影响。有关柱和柱础的连接方法如何，我未能进行实际检验。

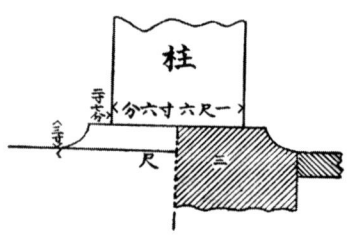

图2-1 太和门柱础

五、铺地

地面一般以石砖铺陈，石砖大小为一尺五寸见方，厚度未能检测。铺法是细墁平铺，不配用斜铺法。石缝与建筑的梁间平行，每一块砖的边缘一定是正对着下一块的中间线。

六、柱

柱皆为圆柱，粗柱由数块木材相拼而成。手法是将木片合成圆形，表面嵌上铁箍，再用布类缠住，反复涂抹用猪血拌成的泥浆，数次之后，表面再涂上朱红色，最后涂上桐油才算完成。涂抹的厚度从木材表面算起要达到五分。柱子的直径按照通例是底部最大，渐次向上递减。但轮廓一定是保持直线，而不是所谓的凸肚形状。

七、枋

枋的断面为长方形，末端做成圆头。每一根枋也是由数块木材合成，嵌上铁箍，紧结成为一根。裸柱方式时，有的只限用大额枋，有的小额枋和大额枋均用。除此之外都用彩绘枋。也有不用枋，楹柱之间全部用砖来充填的做法。有关柱与枋的嵌合方法未能进行实际考证。

八、斗拱

斗拱的设置方法与日本的"唐样"[1]或"诘组"相仿。斗拱构件的尺寸大小不一，很难发现其中的规律。一般来讲，斗拱的形状都极为粗糙，尤以斗欹的曲线为甚。拱面上有升，而升都比较小。通常斗腰小，斗耳和斗欹较大。拱件中有彩绘拱、翘，也有麻叶、菊花、蚂蚱头等，形状都相当粗糙。每一攒斗拱的大小很受限制，但用在柱头上的柱头科，大斗却又大得出奇，几乎与柱子的直径相同。而每一攒的大小因受到限制，使得厢拱异常的短，但中央的十八斗三才升以及拱木的拽架又非常大。昂是从翘的末端刻出来的，所以不是真正意义上的昂。檐部没有斜盖斗板，

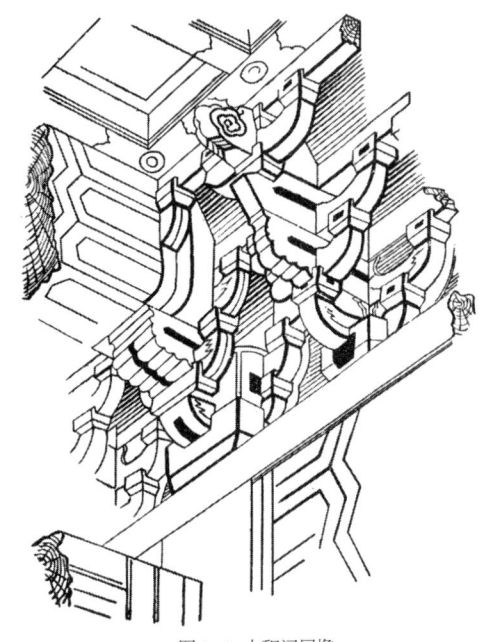

图 2-2 太和门屋檐

也没有盖斗板。"鬼斗"就是把普通的斗倾斜 45 度组装起来而已。斗拱用在建筑的内部、外部以及藻井的层层叠落上以供观赏（见图 2-2）。

九、椽木

椽木中，檐椽为圆形，飞椽为方形。与日本的古制相比，檐椽的圆径过小，飞椽的直角形过于接近正方形。椽当大小也是没有一定之规。与日本"木繁"相近的是乾清门，比日本的"小间返"更为密集的是乾清宫。另外椽角部分并没有所谓的反翘现象，其形式倒是颇具"乾固"之相。

十、屋檐

屋檐一般都是叠层，即日本所说的"二轩"，但相比之下出檐程度并不太深。挑檐桁通常有曲线形的断面，小连檐扁平，椽木之间插入闸挡板。有大连檐，但无瓦口木，在大连檐上直接铺瓦。屋檐的反翘程度于殿门建筑之上并不太大，相反于小巧的亭榭之上却十分显著。反翘起点大多较浅，应视为是从建筑外端的第一檩开始。

十一、屋顶

殿门建筑的屋顶按其等级，或为庑殿顶，或为歇山顶。当平面为方形时，屋顶就

---

1 "唐样"和"诘组"都是日本的斗拱设置样式，指除使用角科、柱头科外，柱间也要装入数攒平身科的补间铺作。

是方锥攒尖顶。另外还有圆锥攒尖或多角锥攒尖顶。屋顶的轮廓常常是有很大曲率的曲线，看上去几乎像是从中央点就开始反翘了，给人的感觉是险峻激烈，不似日本的那种温文尔雅，两者很难相提并论。不过，脊檐之间的曲度却不是很大。总体来看，对建筑整体而言，屋顶的配合可以说十分得当。

十二、瓦作

宫城的瓦全部施有深黄色釉药，即所谓的琉璃瓦或称料瓦。铺葺方法为大式瓦作，筒瓦的直径往往大于间隔，也就是比仰瓦宽度的二分之一稍大一些。勾头和滴水的纹样常用云龙。勾头无论屋顶坡度情况如何都处于垂直的位置上，所以与屋顶的倾斜面形成钝角。而滴水的位置一般都向外面倾斜，所以可以看到其与平瓦面相对形成的明显钝角。日光东照宫的铜葺手法与此相似。滴水的形状也十分奇特，与日光庙的瓦形极其相似（见图2-3）。

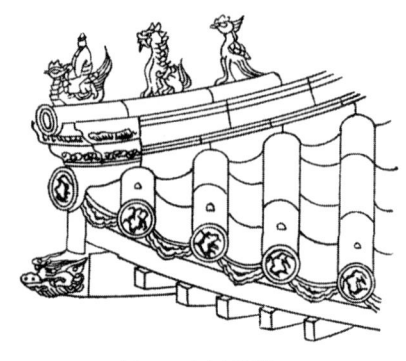

图 2-3 太和门屋檐

十三、走兽

走兽的形状具有一种十分奇特的样式。源自蚩吻，最终却又失去了原形，似兽非兽，似龙非龙。在此我不对其起源及沿革进行详细解说，总之，是一种既庄重又多少加上些滑稽成分的装饰。正脊两端的称为正吻，垂脊上的称为旁吻。中国建筑法里有五吉六寿之称，五吉通五脊，六寿通六兽。正殿的屋顶为庑殿顶，自然会有五脊，与五脊相配，走兽自然就要有六个。

旁吻前面有一列鬼龙子，每一块扣脊筒瓦上放一个，姿势极富情趣。鬼龙子前面放一个骑着凤凰的人像，相传是周敬王之像，但缘由不详。

正吻是一只怪兽，张开巨口衔住正脊，头部直折向上，卷而成尾。主要殿门的正吻上端都有一种装置，从那里垂下一条锁链，末端连在瓦上，很像日本多宝塔上的锁链手法。（见图2-4至图2-6）

十四、雀替

殿门上的小额枋或大额枋下面通常有雀替，从柱端伸出来支撑额枋。其形状很特殊，酷似日本的"拳鼻"，蒲鞋头往往做成斗拱支撑的形状。雀替表面刻有藤草花纹，侧面也绘有纹样。

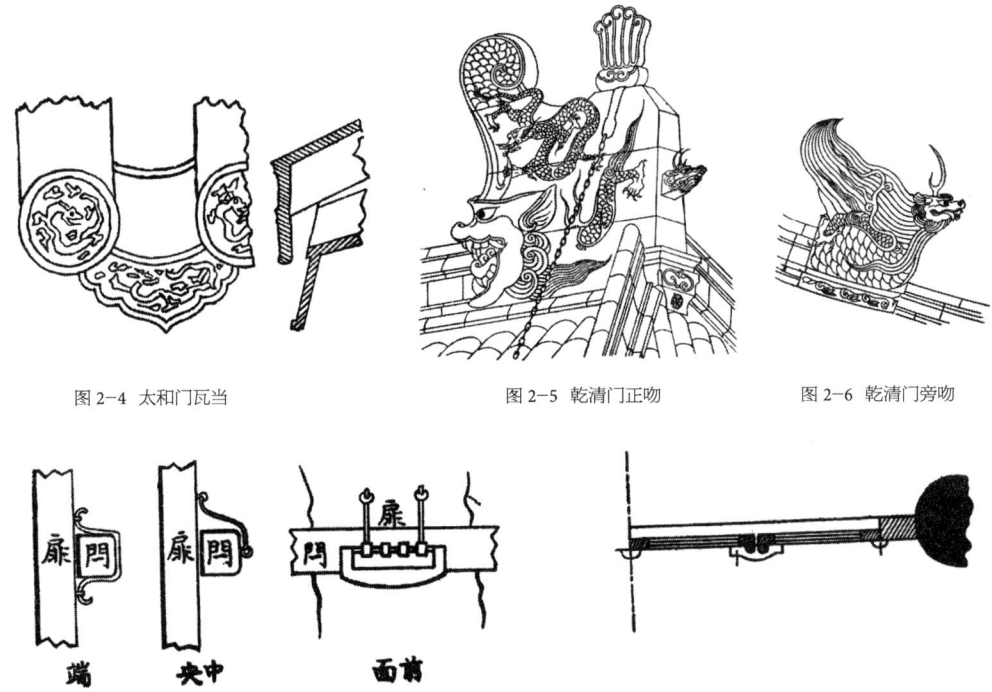

图 2-4 太和门瓦当　　　　图 2-5 乾清门正吻　　　　图 2-6 乾清门旁吻

图 2-7 太和门闩　　　　图 2-8 太和门扉

十五、殿门与窗

殿门之制与窗相同，四门皆向里开，平面如图 2-8 所示。图有二槛荷叶墩，收纳左右两扇门的转轴，还有竖闩杆可将门扇锁住。门扉是所谓的隔扇门，裙板上施有装饰性雕纹，上半部嵌着棂条花心，里面贴纸。抹头边梃上钉着一组角叶类的金属饰件，这种金属饰件有其独特的形状，面上施有云龙纹样。

十六、门扉

门扉用木版门，下轴纳入门枕，上轴纳入较长的荷叶栓斗。荷叶栓斗靠另一种栓固定在门楣上。此栓从外面看呈六角型，通常四个并排用在门楣的表面。日本山城黄檗山万福寺的三门上用了和这些几乎完全一致的手法。不过三门门栓的外部使用的不是六角型，而是雕刻成了花的形状。栓内部和荷叶栓斗相互贯通并用楔子加固。

门扉表面大多用包叶，或用一组金属组合装饰，也有做成狮子头形状的铺首。门闩也延用一种特殊的建制（见图 2-7 和图 2-9 至图 2-11）。

十七、天井

天井有海墁彩绘天花、井口天花、藻井天花、叠落藻井天花等，大致结构与日本的几乎没有差异。只是藻井结构中不用斜垫斗板，而是使用斗拱。每一格里都取有简

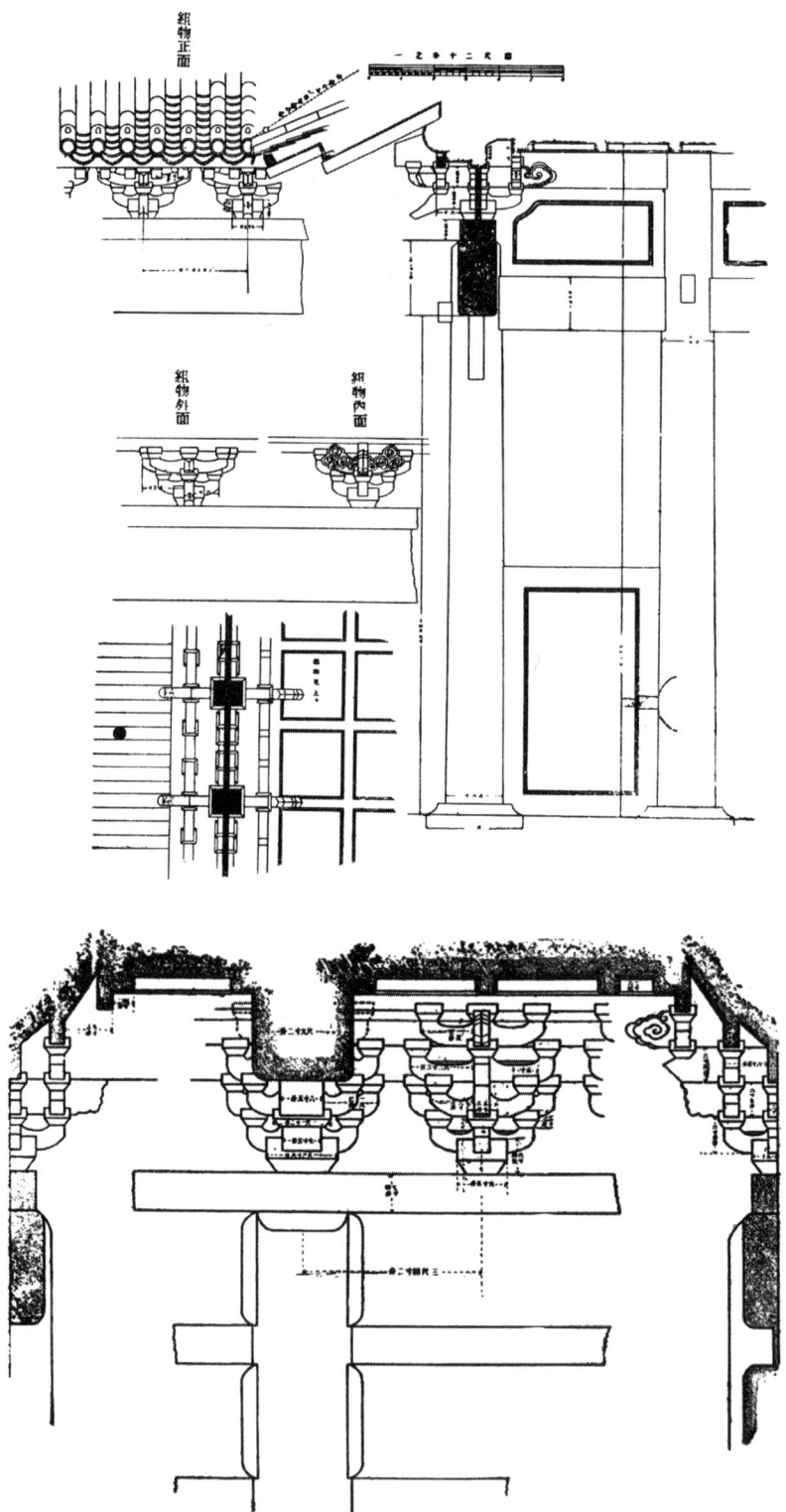

图 2-9 乾清门细绘图

图 2-10 乾清门内部斗拱图

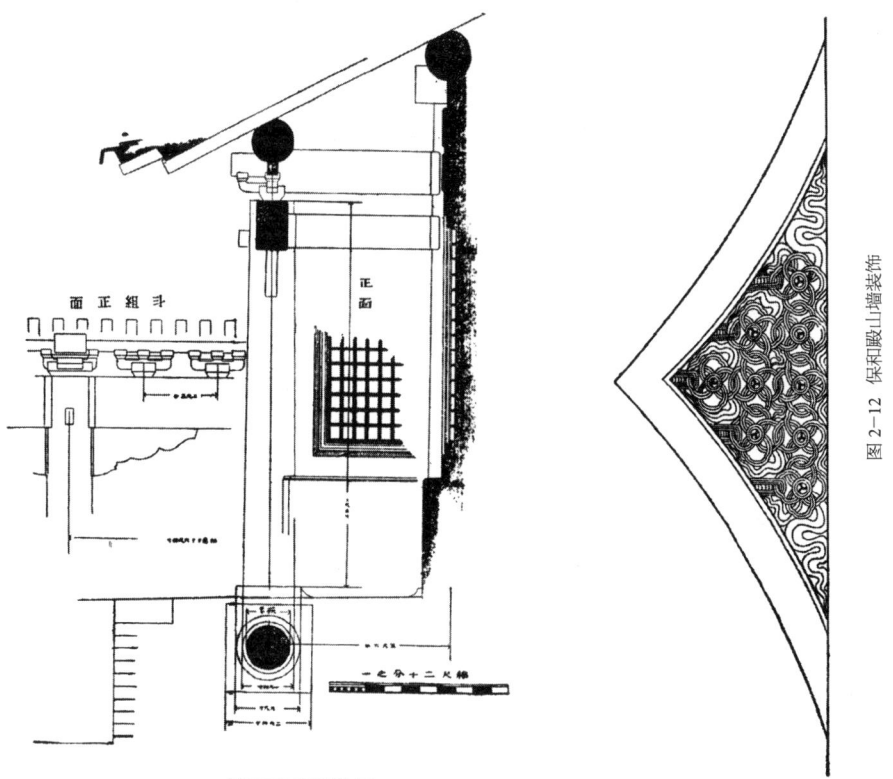

图 2-11 乾清门回廊细绘图

单的平面。宫殿宝座的上方通常用藻井天花，做成一种略带阿拉伯样式的格子组合，顶心垂下一个球体。装饰用色艳丽多彩，格间里的圆鼓心画着龙，圆外的岔角画着云纹。支条交叉处钉着一种纸制的支条燕尾作为装饰。

十八、墙壁

墙壁用砖筑成。普通的砖都是浅黑色，大块的长一尺四寸，宽六寸，厚达三四寸。外侧多将柱子包住，直砌至大额枋处，内侧起墙时则要让开柱面。外侧常常涂以朱红，内侧一般是涂上淡黄色。

十九、山墙饰

山墙饰的手法实在是奇特之至。山墙上没有悬挑，搏风板紧贴着山墙。用作山墙饰的，既无悬鱼，亦无斗拱，更无月梁和金瓜柱。另外，也见不到干阑式的杈手、大杈手之类的组织结构，用来装饰山墙壁面的只是一种像绳子错综在一起般的线团纹样（见图 2-12）。不过，逢雪轩的山墙饰用的是琉璃瓦做成的斗拱、月梁、金瓜柱，体元殿的歇山顶山墙的悬挑进深很大，但这些都属于稀有之例。

二十、纹样

纹样极为稀少，仅在大额枋的霸王拳、额枋下面的雀替、门扉的裙板、位于内面十分粗糙的驼峰以及麻叶云拱、菊花头、悬山顶的搏风板等处能够看到。而石坛及石栏上可见较多纹样。在宝座及其附属器具上可以见到各种繁杂的样式。

二十一、装饰性雕刻

雕刻纹样的种类更为稀少。日本通常施有雕刻的部分几乎均用彩画代之，仅在雀替表面可见雕有卷草纹，在门扉的裙板上可以见到用深雕法雕出的云龙纹。不过石栏、石坛、石柱以及器具类上有极其丰富的雕刻纹样。总之，雕刻在白石上的样式繁杂，但施于建筑本体上的却极为稀少。

二十二、装饰性绘画

以纯正的绘画作品作为装饰的例子，除佛堂的壁画以外，一般还可以在宫室门楣的栏板上见到。最近的宫殿往往在栋梁楹柱之上绘制艺术作品，但论其效果则难以言美。

二十三、装饰性字纹

装饰性字纹在中国建筑中最富趣味，而且占有十分重要的位置。

二十四、色彩

色彩属中国建筑中最重要的部分。对此另有奥山恒五郎氏的详细报告，此处略之。

二十五、曲线

曲线由屋顶的轮廓、屋檐的曲度、搏风的形状以及斗拱和各种纹样构成，大多属于自由发挥的范畴。应用依照数学数据画出的精确曲线，如圆周、椭圆形等的实例十分少见。总之，手法的立意都十分奇特巧妙，曲率突然变化，线条极为粗犷，配置甚是繁杂多样，但堪称流畅秀丽者可谓皆无，总体上缺乏讲究。

二十六、刳形

由上述曲线构成的刳形，显而易见，也不能称之为美观，特别是刳形的种类极为稀少，且与之相配的手法常常是千篇一律。殿门建筑本体上没有可视作刳形之处，所以只能根据石栏、石台、宝座以及器具来谈刳形。

第五章 明清建筑的异同

紫禁城内的殿门建筑在新旧方面有种种不同,这一点已在第三章提及。现试按其年代顺序排列如下:

殿门名称	现存建筑的年代
中和殿	天启七年
保和殿	同上
午门	顺治四年
太和殿	康熙三十六年
乾清门	嘉庆二年
乾清宫	同上
交泰殿	同上
坤宁宫	同上
太和门	光绪十三年

其他殿门中,还有几处应按其建筑年代举出:

东暖殿	康熙三十六年
西暖殿	同上
昭仁殿	嘉庆二年
宏德殿	同上

我认为,以上所举之中,中和殿与保和殿应为明末建筑之代表,太和殿与乾清宫应为清代前期建筑之代表,本章拟比较二者之异同。对于外朝的太和门、内廷的宁寿宫、万寿山离宫等应视为清代后期建筑的代表作品,本章暂不提及。以下是明清两代建筑的对比陈述。

一、建筑的形式与手法

建筑的大体形式于两朝极为相似,一眼望去很难发现差异。如果不经过精密的实际测量和慎重的比较就看不破其中的差别。试举实际调查的一例:每一攒斗拱的间隔在中和殿和保和殿都不过二尺六寸,而在太和殿则超过了三尺,乾清宫更达三尺七寸。也就是说,年代越久远,斗拱的间隔就越小。再来看一下柱子的大小,门柱往往比殿柱小。从柱子与建筑大小的关系上看,可知年代越古柱子就越小。一般看来,明代建筑外观比较清瘦,手法则很严谨,而清代建筑外观繁杂,手法甚为粗糙。

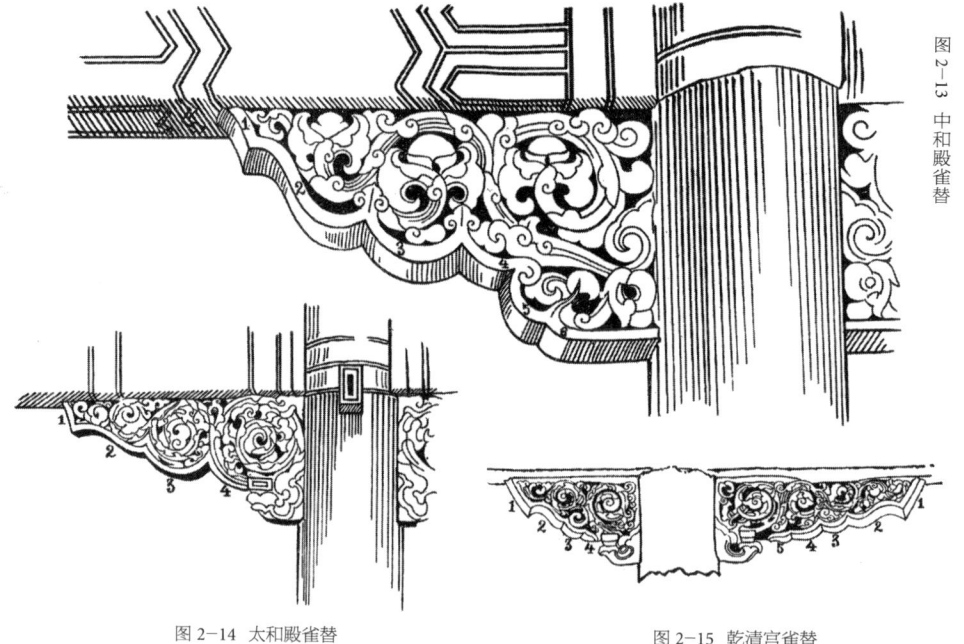

图 2-13 中和殿雀替

图 2-14 太和殿雀替

图 2-15 乾清宫雀替

二、纹样中的曲线

纹样中的曲线彼此区别比较明显，以位于小额枋下面的雀替为例试评。

比较中和殿、太和殿以及乾清宫的雀替，其轮廓见图 2-13 至图 2-14，均有图中所示 (1)(2)(3)(4) 的曲线。而图 2-13 中 (5)(6) 在中和殿直接与 (4) 相连构成雀替的轮廓，在太和殿和乾清宫则是作为支撑雀替的斗和拱木[1]。

再看图中从 (1) 到 (4) 的曲线性质，在中和殿，图 2-13 中 (1) 的凹曲线强劲短促，(2) 的 S 形曲线深而有力，(3) 的凸曲线曲率大，类属椭圆，(4) 的凸曲线较缓，呈一种高次元曲线。而在乾清宫，图 2-15 中 (1) 成凸曲线且较长，(2) 的 S 形曲线较浅且弱，(3) 类属圆弧，(4) 与 (3) 属同类。太和殿的曲线相比之下更接近于中和殿。这些曲线的形状原本是根据雀替的整体形状而来，直接用来做比较也许并不妥当，而且曲线的质与量实际上并无直接关系。总而言之，中和殿的曲线中有明代的风格，运用上富于变化，笔势十分有力。而乾清宫的曲线作为清代的作品明显带有柔弱的气质。

三、细部的装饰手法

细部的装饰手法方面，明清两代存在着明显差异，殿门是一个很好的佐证。现在

---

1 指蒲鞋头。

图 2-16 保和殿菱花棂格

图 2-17 乾清宫菱花棂格

观察中和殿及保和殿的门扉时，如图 2-16 所示，可见其上部的菱花棂格制作得十分坚实。而乾清宫的菱花棂格如图 2-17 所示，相比之下，不仅手法稍趋复杂，而且曲线柔弱，缺乏紧张感。因此可言明式优于清式。

门扉上的裙板，中和殿与保和殿的不过是一种用单纯曲线绘成的装饰，而太和殿与乾清宫的则是以复杂的云龙纹深浮雕来填充。因此可知明代崇尚简洁手法，而清代更喜欢繁杂工艺。其他例子，比如使用金属组合装饰的手法，中和殿裙板岔角上的绘样十分雄健，圆鼓心表面隆起的云龙颇有高雅的神韵。而乾清宫的金属组合装饰与此相反，岔角的绘样流于散漫，圆鼓心表面的云龙比起明代之物来也大为逊色。

四、装饰纹样

在装饰纹样方面，两朝建筑也有不同。如果是比较中和殿与保和殿的藻井以及梁柱的装饰方法，则二者极为相似，一看便知是同代之物。但与乾清宫的藻井梁柱相比，则可知两者之间存在着很大差距。格中画着的龙虽大体相同，但如果仔细观察就能发现，龙身弯曲的状态是中和殿的与保和两殿的相符，唯独乾清宫的明显不同。梁柱的雕饰方面，中和殿、保和殿的梁柱两端都有雄劲的卷草纹样，中间部分隐约可见既复杂又秀丽精致的轮廓，轮廓里绘有巨龙。而乾清宫的梁柱两端只是配置了一些粗糙的几何线条，中间的龙也画得十分拘谨。中和殿、保和殿的意匠十分精巧，乾清宫的却过于粗略。不仅藻井梁柱如此，建筑的各个部分都可见此类实例。总而言之，明代的装饰性纹样要优于清代的。

五、色彩

有关色彩的论述，因已有奥山恒五郎氏的详细报告，此处从略。不过想提一句，上述中和殿、保和殿梁柱两端的卷草纹样部分有十分可观的效果：青绿色中揉入了大量的红色，这样就使色彩十分协调。而乾清宫中的青绿色过重，有十分抢眼的感觉。乾清门与乾清宫相比颜色效果要好得多。总而言之，色彩方面也是明代远远优于清代。

六、建筑的价值

以上所举数件事实说明，明清两代的建筑于大体上基本相同，其中的差异并不容易发现，但仅就其装饰部分来讲，两者之间存在着明显不同，可以说形状、手法、纹样及色彩都是明代的远远优于清代的。想来中国建筑的大体形状自远古以来并无明显变化，其细部及装饰方面则随着时代的变迁而变化，但这种变化中应该说有着一种退步的倾向。

我们注意到唐代的装饰纹样等非常华美秀丽，这种感觉自明代发展到清代，几乎没有任何变化。总之，明代的建筑要比清代的胜出一筹，这与明代比清代早一个时代有关。

再将视线转向清朝最近的建筑装饰纹样上，其线条粗糙俗气，其设置散漫马虎，其形状支离破碎，其色彩轻浮浅薄，真是让人不忍启口论之。装饰的手法也往往欠缺妥当，有些甚至完全失去了装饰的意义。万寿山离宫的雕甍绣槛大厦高楼几乎都是这一类。

第六章 明清建筑的长处与短处

一、长处

（一）规格严整

紫禁城殿门的配置都是绝对的左右对称，不仅十分严整，而且建筑的主次配置也十分得体，相辅相配，构成美景。如午门即五凤楼，中央有雄伟壮丽的大厦高高耸立，成为这一建筑群中的主要部分，两翼隅角上的阁楼，大小形状适当，恰好与之形成主从关系。起连接作用的回廊，长度也是恰到好处，保持了相互的均衡。以太和门为主体的区域，左右扈从着贞度、昭德二门，与协和、熙和二门遥相对应，从而保持了整体的协调。以比太和门更为壮观的太和殿为主体的区域，作为从属的有比协和、熙和二门更为宽阔高大的体仁、弘义两阁遥相对应，更有左翼右翼两门从之，以保持整体均衡。内廷里以乾清宫为主的一带配有日精、月华两门，划出了一片小规模区域。

在日本，奈良时代的七堂迦蓝、平安时代的大内一类的建筑本来都是依照唐代迦蓝宫殿的规模兴建的，所以建筑的配置都十分严整。但到了后世，这些规矩逐渐失去，以致今天迦蓝宫殿的规模完全处于放任自流的状态。当然，这些都是自然的结果，但从某种意义上说，这种放任自流证明了建筑技术的进步，只不过多数都缺乏规格上的完美，尤其是作为主要建筑的大殿过于庞大，周围缺少具有保持均衡作用的辅助建筑，常常是一座大殿孤零零地坐落在旷野之中，这不能不说是一种纯粹的败笔。迦蓝宫殿类庄严建筑的规格是一定要保持严整的。

（二）坛高适度

凡是纪念碑、立像及带有底座的装饰品，对其物体本身与承载物体的底座之间的关系是需要加以研究的。这类物体的美观竟有一半是因为受底座影响而被扼杀的。因此，对作为主要成分的殿堂及其底座也就是台基，必须在设计意匠方面十分留意。这里的太和门立于十三尺高的台基之上，太和殿更是耸立在高三十余尺的三层台基之上，就连乾清宫也是建在十尺高的台基之上。加之台基本身是用纯白的大理石筑成，又以白石栏杆环绕，壮观的景象令人目眩，建筑的品位也因此增值数倍，使见到的人都会产生比建筑实体宏大得多的感觉。这实在是中国建筑独特的长处所在。

日本的迦蓝宫殿等大多与此相异，竭尽意匠却只是对建筑本身，而对台基不甚经意。京都知恩院的三门是日本屈指可数的巨大建筑，但其台基高度不过只有三尺。奈良大佛殿高一百五十六尺，而台基仅有七尺。东寺五重塔的高度约达一百九十尺，但台基却只有五尺。此外建在平地上的大型殿堂可以说比比皆是。唯有法隆寺的金堂和五重塔，其建筑本身虽然不大，但因建在了两层台基之上，所以建筑之美得以升华。总之，迦蓝宫殿以及特别是用来举行重大仪式的建筑，必须对其台基的手法加以重视，对迄今之做法要引以为戒。

（三）手法妥当

中国宫殿建筑乍看上去可以说有些粗略，但拉开一些距离来观看其整体格调时，则又会为其展现出来的良好效果而瞠目。在丹陛石栏以及门扉等接近人们视野范围之处，所施手法都无比的细微精巧，而在藻井梁柱等离视野稍远的部分，手法则相当粗糙。但用在如藻井梁柱之上的手法即使粗糙也无大碍，只要我们在仰望藻井时能够感受到协调足矣。中国的小品性建筑的物件，如龛、舆、舍利塔上经常施以精巧的手工，而在大型建筑的上部施用十分粗糙的手法，这是中国建筑的一种特征，可以称之为十分得当。而日本有一种癖习，在庞大的建筑之上施用纤细的工法，为此，庞大的建筑难免有凸显渺小之憾。在远不及人目之处施以过于细微的雕刻，或在不足以瞩目的部位加上同样的精巧细工，这种做法其实完全是出于一种对做工的重视，而对形成建筑之美毫无意义。总之，日本近世的很多建筑往往都是过于重视细部做工却忽视了整体。而中国是重视整体的协调，不问细部做工，对此可有一比：中国建筑如油画，日本建筑似风俗画。

（四）色彩华美

中国建筑实际上就是色彩的建筑。弗格森也说中国建筑是重视色彩胜过注重形式。台基的大理石是纯白色，柱子和墙壁为丹朱，里外所用色彩都极为鲜艳，屋顶上是深黄色的琉璃瓦。除了台基之外，建筑的每一个部分都被施以重彩，一眼望去几乎让人目眩。更何况屋顶盖瓦还有黄、蓝、青、绿、紫等数种，一处屋顶往往会用一种以上颜色的盖瓦来铺葺，配色的意匠纵横奇特。总之，中国建筑的色彩虽于细部显得粗糙，但从整体来看应该是成功的。

日本的建筑向来很少施用色彩。寺院以及近世的一些神社虽然能够见到一些用色鲜艳的例子，但屋顶也多是用感觉沉静的暗黑色盖瓦来铺，因此，结果常常是流于沉郁而缺少动感。在建筑物上施用色彩原本是一种十分恰当的手法，没有颜色的建筑给人的感觉枯燥无味。像日本日光庙那种施用鲜艳色彩的建筑，理应在屋顶上也使用彩色的盖瓦，更何况日本的山色翠绿，天空湛蓝，如果屋顶铺上彩瓦来与栋楹的鲜艳色彩相伴，那将会有何等的美观效果啊。人们见到中国的彩瓦或许会说成是儿戏之物，但这种说法不过是只见局部未见全局的片面看法而已。

（五）屋顶富于变化

中国建筑中，宫殿佛寺等建筑的屋顶是最富于变化的，不似日本的千篇一律。比如，从平面上看，有方形、圆形、多角形、凸字形、十字形、✥形等。从层数上看，有单层乃至四层以上，这些正是屋顶之所以富于变化的原因。下层方上层圆的、正殿与廊檐连接形式怪异的、屋顶上又起阁楼的，形式真是千变万化。我因此联想到日本平安时代八省院里的青龙白虎两楼以及栖凤翔鸾两楼的形式，我第一次于画卷中看到这些楼阁的形状时，曾不禁为其意匠的奇拔而惊叹。现在我在中国亲眼见到了同样的实物，而且是更为复杂更为奇异的实物，另外，为了防止屋顶的轮廓流于平庸，还排列了如鬼龙子那样的走兽装饰，可谓用心十分周到。

（六）平面合理

殿门的平面多为长方形，长度是宽度的两倍左右，但实际上往往都成黄金分割率。因此屋顶形状很少会有过大的。日本近代的殿堂布局大多接近于正方形，上面覆以单檐歇山顶，屋顶显得异常之大，呈现出一种建筑整体似乎都成了屋顶的奇观，搏风过大以致给山墙的装饰造成了很多困难。这绝对算不上美观。究其原因尽在布局过于接近正方形。所以，只要对实际建筑的使用没有影响，殿堂的布局还是长方形更为有利。日本古代的奈良时期，殿堂的布局也基本上是长方形的。法隆寺金堂的五间四面、唐招提寺金堂的七间四面、东大寺大佛殿的十一间七面，这些都是长方形布局的成功实例。

中国与日本相同，所有建筑的屋顶并没有所谓的奇观之例。总而言之，中国建筑的台基有一定高度，所以常常处在仰望殿门屋顶的位置上，因此，进入视野的屋顶大小很自然地被调整到了一种适当的程度。

二、短处

（一）技巧匮乏

技巧匮乏是一个不争的事实，即缺乏所谓的最根本的创意。不管在哪里都是反反复复地使用着同一或同系的技巧，其结果就是很难见到带有清新风格的实例。比如装饰纹样中用龙的实例颇多，几乎可以说是一种龙纹无处不在式的滥用。柱身、门扉、裙板、梁、枋、壁板、天花藻井、金属饰件等，无一例外地全部以龙纹作为装饰。凤纹虽然少于龙纹，但也被广泛施用在各处。构造手法方面，众多的殿门等也都流于千篇一律，如斗拱的形式，无论在哪里都是相同形式的重复。虽然为了保持建筑本身的庄严气氛，有必要使用同一的手法来维持统一形式，这种做法确实有其一定的道理，但在能够维持统一形式的范围之内尝试一些手法的变化，这也应该说是构成建筑之美的一个重要事项。总之，在中国的建筑实物中很难见到应时适地、妙趣横生的意匠，只是同系的手法被反复地使用在各处，显现出一种不烦不厌的精神，这反倒让人不得不惊叹彼之坚韧不拔的态度。

（二）结构脆弱

关于结构的精细程度，很遗憾，我未能展开有关的调查。对举架式的构造，我们完全没有机会见到，同式中有关榫卯连接等的情况也未能得到任何佐证。所以在此无法详细评论结构的细节，只能陈述一下自己所观察到的大体情况。

一般来讲，中国的椽木用料要比日本的细，柱子、额枋、斗拱都觉有些过小。只不过因为外侧被砖瓦包住，所以外观上给人一种坚实之感。下面将各殿门柱子的粗细情况与日本二三处建筑做一个对比：

	外柱直径（尺）	内柱直径（尺）	外面正中的面阔（尺）	最大柱间（尺）	建筑面积（坪）
太和门	2.12	2.12	27.45	—	300+
太和殿	2.60	3.50	28.10	37.00	613+
中和殿	2.00	2.15	21.00	—	133−
保和殿	2.15	3.00	24.25	39.60	308−
乾清门	1.66	1.66	22.70	—	343−
乾清宫	2.30	3.00	24.00	37.20	104−

交泰殿	2.00	2.80	23.70	—	79−
法隆寺金殿	1.90	1.90	10.60	21.20	42−
法隆寺南大门	1.50	1.82	13.35	13.35	20+
南禅寺三门	2.30	2.30	16.56	17.25	69−

与日本的殿门相比，中国的柱子明显偏小，其中斗拱偏小是最为特殊的事实。正因如此，屋檐自然就要浅，更何况没有什么用来支撑仔角梁。至于翼角翘椽的手法则是结构最不完善的，椽木在屋角被排成扇形，终端不过是集中在一起做老角梁的陪衬而已。而要以此来撑起格外沉重的瓦葺屋顶的出檐则实在是困难之极，屋檐反翘的程度越大，这种困难的程度也就越大。所以，中国的殿门一般都是屋顶的隅角部分先开始破损。另外充填榄间的砖类看上去似乎坚固，但实际上却十分脆弱。砖与柱之间没有什么特别的连接方法，因此二者成了相互完全独立的两个部分，一旦遇到强烈震动就会十分危险。所幸北京地区很少有强震和暴风，安全才因此得以维系。

（三）做工粗糙

做工之粗糙实在很难用言语形容。姑且不论那些不够显眼之处，但即使在丹陛、石栏这些十分引人注意、做工必须极为精细的地方，做工手法也不够精细。如丹陛的石阶，每一层的大小都不一样，这使最后的整合工序变得毫无意义。石栏望柱的配置也极无规律，间隔没有一定之规。斗拱方面，每一个斗、每一块拱木的形状大小都各不相同，同列中的斗竟有大小相差一寸以上的。而椽当实际上就是一种放纵，排列甚为杂乱，不过是在每一榄间放入若干根椽木了事而已。总之，中国建筑的施工方法是，开工之前并不做出精确的图纸，对细部的手法乃至尺寸等都是只有大概的缩尺而不精确绘图。漫然开工，随其进展，遇有紧急事态则敷衍且过。中国的设计图纸本来就十分简单，几乎找不到可以称得上是建筑绘图的例子，如此，焉能指望做工精细。不过，由于建筑整体协调方面比较成功，细部做工工艺的粗细与否不会影响大局。总之，紫禁城的殿门建筑意匠十分宏伟豪迈，足具所谓的大陆风格。

规模、配置规矩严整，手法大胆豪迈，色彩华美艳丽，这些是中国建筑的特色。日本平安城大内的建筑与此十分相似。以八省院、丰乐院为首，无数的殿门都是所谓的丹楹碧甍、灿烂夺目。虽说在宏大方面远远比不上紫禁城，但于规模的齐整、配置的严谨方面决不亚于紫禁城。可如今，这些古迹已经灰飞烟灭，能做的只不过是千古追怀罢了。而邻邦的宫殿也由于长年怠于修缮，白石栏杆已被杂草淹没，砖地上丛生怪木，屋顶上长满了异草，一片惨状。从今往后，这些珍奇的殿门恐怕还将不断衰颓下去，面对此情此景，我们不禁徒生怃然之感。

第七章 中国明清建筑与日本建筑的历史关系

中国明清建筑和日本建筑在历史上有何种关系，这是一个重大的研究课题。我现在不能轻易地对此做出结论。

在此只举出两三个在形体上有所表现的实例，权充作这个课题的研究资料。

一、与奈良朝[1]建筑的关系

（一）平面

明清建筑的平面多为长方形，通面阔为十一间、九间、七间、三间不等。建在高层台基之上，这一点与奈良朝的迦蓝建筑相仿。

（二）屋顶

重要宫殿的屋顶都是庑殿顶，其次是歇山顶。这一事实与奈良朝的迦蓝制度相符。中国屋顶上用的是走兽，日本用的是鸱尾也叫沓形。中国用于歇山顶和搏风板上的手法中没有"箕甲"，日本也有不用"箕甲"之例，法隆寺金堂里的"玉虫厨子"可作为参照。

（三）柱子

柱子上下两端都没有做梭杀，柱子的直径一般是越往上越小，柱础表面形成水平方向的刳状，在地面上微微隆起。这些均与日本奈良朝的建筑相同，说明二者之间有着密切的关系。

（四）斗拱

斗拱部件中没有"鬼斗"，而是以普通斗代之，放置角度为45度斜角。不用斜盖斗板，用圆挑檐桁。这些也与奈良朝建筑类似。

（五）椽木

屋檐为叠层时，檐椽一般用圆木，飞椽一般为方木。椽当的大小十分随意，没有规律可循。椽木与斗拱之间也似乎没有什么密切的关系。这些在日本奈良朝的建筑中都有惯用的事实。

二、与平安朝[2]建筑的关系

平安朝即是奈良朝的日本化时代。奈良朝的文物几乎全部是照搬唐朝的，因此，

---

[1] 奈良朝大约于公元 710 – 784/794 年。

[2] 平安朝大约在公元 784 – 1185/1192 年。

如前一节所述，尚未日本化的部分仍然很好地保持着与中国建筑的密切关系。

三、与镰仓、室町时代[1]建筑的关系

（一）斗拱的形式

斗拱的形式即日本所说的"唐样"，与镰仓时代传入日本之物相仿，拱木下面是一种圆弧形，上面有刻槽。斗的形状因做工的手法粗糙很难搞清其真相，但从整体的协调权衡上看，与日本的"唐样"相似。

（二）斗拱的配置

斗拱的配置即日本所说的"诘组"，槛间全部以斗拱充填。日本京都近郊妙心寺境内的玉凤院开山堂曾经是后奈良院天皇的行在，其斗拱的配置方法与明清殿门十分相似。

（三）昂

这并不是那种带有昂嘴部分的真正意义上的昂。位于日本信浓小县郡别所村的安乐寺，里面有一座室町时代的八角四重塔，上面昂的手法与明清手法完全相同。此外南都东大寺的钟楼也属于这一类。

（四）柱子与斗拱

柱子顶端都有平板枋，平板枋上面装置斗拱。大斗的大小不一定要与柱子顶端的直径完全相同，而通常是小于柱顶直径。这是明清建筑的共同之处，也是日本镰仓时代之后的唐式建筑的特征。

（五）翼角翘椽

在日本，像明清建筑那样只把檐角的部分做成翼角翘椽式的实例，有播磨国[2]净土寺的净土堂等多处。净土堂建成的年代久远，因而具有"大佛式"亦称"天竺式"的形式，明显是从明清建筑模式中照搬来的。

（六）纹样

位于额枋下的雀替、霸王拳、彩绘拱木等，画在表面的纹样大体与日本镰仓、室町时代之物相仿。尤其可以观察到的现象是：雀替的轮廓酷似日本镰仓时代常用的"贯鼻"。

（七）雕刻

日本镰仓、室町时代常用在驼峰、门楣等上面的雕刻纹样，同样也现存于明清建筑之中，特别是石栏、石台基以及木制的器具之上更为多见。石栏望柱上及净瓶上的

1　镰仓时代大约在公元 1185 – 1333 年。室町时代大约在公元 1334 – 1573 年。

2　现在的日本兵库县西南部。

雕刻都具有与日本镰仓时代以后手法相似的性质。

（八）装饰纹样及色彩

装饰纹样及色彩中与日本相似之处亦为数颇多。日本称为建武建筑的河内国[1]南河内郡关心寺本堂里的装饰纹样，几乎全部都与在明清建筑上所见之物相符。还有京都市东福寺三门楼上的内部装饰纹样，宛如纯粹的明清建筑样式的再现。总之，日本的禅刹与宋朝建筑的关系自不在话下，其他诸宗的寺院也难免受到中国艺术的影响。

四、与桃山、江户时代[2]建筑的关系

（一）装饰纹样

日本桃山、江户时代常用的装饰纹样大多是来自中国的传承。中国的天花藻井中常绘龙纹，额枋、楣子、裙板等则施以一种卷草纹或几何纹，就像日本的日光庙。我们在中国各处都能见到这类纹样，肯定不是出于偶然。

（二）色彩

色彩和纹样一样，有着相同的关系。藻井、栋梁、斗拱等处都施以浓艳的色彩。这种施色手法彼此基本相同。中国常用的颜料多为原色，施色法多为烟云退晕。

（三）绘样

明清建筑的绘样与日本桃山、江户时代绘样相似之处不在少数，尤其表现在石材、木造器具的纹样上。如十分复杂的华头窗、棂格花窗之类，彼此的想法往往都是一样的。日本陆前[3]松岛瑞严寺正门的雀替轮廓及表面雕刻的绘样几乎全部保持了纯粹的中国趣味。类似这样的实例还有很多。

（四）雕刻

有关雕刻我想说的内容和绘样基本相同，只是要注意到明代的建筑雕刻十分稀少，只能在石栏、石座、台基及一些器具上见到。龙、凤、麒麟等是最受中国人喜好的题材。其写生式且缺少变化的雕刻法与桃山、江户时代的风格最为相似。

根据以上的事实分析，我们取得了以下结论：

（a）整体形式方面：与奈良时代的建筑相似。

（b）细部手法方面：与镰仓、室町时代的建筑相似。

（c）装饰手法方面：与桃山、江户时代的建筑相似。

这是不是一个十分有趣的现象？所谓的奈良时代正是中国的唐代，镰仓、室町时

---

1 现在的日本大阪府东部。

2 安土桃山时代 = 1575 – 1596 年。江户时代 = 1597 – 1868 年。

3 现在日本的宫城县。

代是中国的宋元明时代。桃山时代为明末时期。因此，以上提及的结论如果换句话说可以是：今天的中国建筑形式，于整体方面传承的基本上是遥远的唐代意匠，于细部手法上贯通着宋代以后的精神，而于装饰方面则袭用了明代以后的手法。整体的架构千年不朽，局部的手法逐渐变通，而在装饰方法上就是改头换面了。

第八章　明清建筑的由来

最后我必须在此提一句有关明清建筑的由来问题。而要解释这个问题首先要对中国历史做一个要领性的说明。

众所周知，中国历史中有一半是汉民族与其他民族战斗的历史。汉民族最早在黄河流域繁衍生息，以后逐渐向南方开拓。与此同时北方的匈奴、蒙古族不断强大。南北朝时期，汉族的一部分领土一时被外族占领，不久又被隋唐亦即汉人统一。唐朝末年起源于辽东的金人占领了中国的北半部。元代即蒙古族吞并金宋统一了天下，这是中国第一次非汉族人统治。明灭元，赶走了外族，中国再一次回到了汉人的手中，到了清朝中国又在满族的统治下经历了二百余年的时光。

今天我们所看到的明清建筑，到底是从何处传承而来的？应该是继承了元代的建筑。元代建筑又是起源于何处呢？元代的文化原本就十分复杂，归根结底不是宋的传承就是金的传承。但有记录表明，金都城模仿的是宋代宫城，如此看来，就不得不考虑金与宋在建筑手法上并不存在差异。而如果说金依据的是辽代古都，宋照准的是更加遥远的唐代遗风，那么，有关明清建筑承继的是唐宋即汉人系统、间或掺入了少许辽金元等民族意匠的认识就值得怀疑了。

不过，当时的中国，文明已经相当发达，外族人一旦进入中原就会把中原的文物拿过来为己所用。外族人于美术工艺方面的技艺远远比不上汉人，所以营建宫殿城池的时候，往往会以中原的为典范。明清建筑属于唐宋时代的传承，但应该承认其中也受到了北方民族文化的影响。不过我们现在还没有搞清到底什么是唐宋建筑，而且也不了解北方民族的艺术，所以很遗憾不能在此做出比较。有关唐代的宫城建筑在《唐六典》里有大致的记录。虽然文字难得其要，但足以帮助想像其规模的大小，更何况日本的平安京是仿照唐代宫城而建。有关宋代宫城的记载见于《辍耕录》，但读来也是难得要领，只能是多少窥得一些规模。对于元代以后的宫城，我们大致可以得其要领。从上面对唐、宋、元以及辽、金的宫城进行的对比中可以知道，整体规模方面几乎都是按照同一方针，只是于殿门的配置及其大小等方面，各个朝代稍有差异。总之，中国的建筑形式自古以来没有显著的变化，只是在细部方面渐次产生了一些变迁。

如前一章所述，明清建筑的整体形式与日本奈良朝的建筑相似，日本奈良朝的建筑与唐代建筑有着密切的关系，因此可以说，明清建筑的整体形式与唐代建筑相类似。

明清建筑的细部手法与日本镰仓时代以后的建筑相似，日本镰仓时代的建筑与宋代建筑有着密切的关系，因此可以说，明清建筑的细部手法与宋代建筑的细部手法相类似。总之，明清建筑的起源远在唐代，唐代的建筑到了宋代于细部手法上产生了变化，到了明清时期装饰方面已是面目全非，也就是说，变成了现今中国建筑的样子。如果想上溯到唐代以前，那就是另外一个问题了，这个留待日后解决。

我想进一步研究一下唐代的建筑形式，并打算与明清建筑做一个对比，观察其中有何异同，再按照变化的顺序进行考察。我认为其中一定会有常识解释不了的巨大变化。在此先试举数例。

一、鸱吻

鸱吻在唐代的形式与日本奈良唐招提寺金堂的形式相同。而明清两代的鸱吻则完全变成了另外一种样子。日本黄檗宗佛寺的殿门上的鸱吻以及东京汤岛圣堂大成殿上被称作鬼状头的鸱吻，据说二者都是传承了明代的意匠，但却与北京城中的鸱吻形状相异。北京城中鸱吻的形状从唐代鸱吻以后是经过了怎样的路径变化而来的呢？

二、勾栏

勾栏是与佛教一起经过朝鲜半岛从中国传入日本的，对此已有定论。其形式有一定的规律，有望柱的，柱端会冠上一种宝珠，没有望柱的就使用所谓"组勾栏"。现在的明清建筑中勾栏不论石造还是木造都用宝珠柱，而不用"组勾栏"。望柱的顶端也不是绝对冠以宝珠，而是用较为复杂的云龙等雕刻，或者用狮子的坐像，偶尔也会用一种酷似莲花的形状，彼此的差异十分显著。不知唐代以后的勾栏经历了怎样的路径演变成了明清的勾栏。

三、马鞍式卷棚顶

马鞍式卷棚顶是镰仓时代以后才在日本开始出现的，也就是说是从宋代传承过来的。宋代时理应存在的马鞍式卷棚顶为什么在明清时会踪迹全无，这实在是令人不可思议。

四、山墙饰

山墙饰在明清的建筑中也变得十分乏味。有关唐宋时期山墙饰的情况我还没有完全调查清楚，但从推理的角度以及在绘画等中发现的实物上看，应该与日本的普通山墙饰类似。我不得不疑惑，唐代那么秀美的山墙饰到了明清两代怎么会变得如此索然无味？

五、装饰纹样

唐代的装饰纹样是日本天平时代装饰纹样的先师。其巧妙的意匠、灵动的曲线、精美的色彩在世间早有定评。现今明清两代的装饰纹样与唐代纹样相比完全处于劣势。我们不知道是何原因。

以上所举的不过是几个特别显著的例子。如果言及细部就会是不胜枚举了。当我想到唐代以后的建筑现在竟产生了如此剧烈的变迁时，心中的怪讶之情实是难禁。我们如果想要解决这些疑问，则首先要详细调查唐以后各个朝代的建筑，同时要研究北方民族建筑的真实情况，更要调查远及西域的建筑，研究其对中国建筑有无影响。而其中唯一的方法就是首先要对中国全境的古代建筑进行实地勘察。而我现在还不清楚中国古代建筑的遗物是否尚存，不过至少知道北京附近的天宁寺塔是隋代建造的，通州塔是在辽金之间建成的。如果探察洛阳、西安、成都等地，或许还能发现现存的古代建筑。洛阳、西安可与日本的奈良、京都相比，都是历朝曾经营建过都城的地方。商、东周、西周、东汉、西晋、隋建都洛阳，周、秦、汉、隋、唐建都长安，蜀汉的都城设在成都，其他如中国北部的邺都汴京、江南的建康、临安等，对明清建筑起源的论述应在对这些地方加以探究之后进行。另外还有一点需要我们加以注意，这就是要对中国的南北方建筑进行比较研究。中国的南方和北方不仅风土气候不同，而且北方屡屡成为北方民族的领土。因此，南北的建筑形式自然相异，比较南北方的建筑，搞清其形式之异同，对研究明清建筑的真相有着非常重要的意义。

最后我还要补充一句。我今天在此处论述的内容仅限于北京城的建筑，更具体地讲是仅限于北京的宫殿建筑。再进一步讲，主要范围仅为紫禁城内九重殿门的建筑。除了宫殿建筑之外，北京城里还有许多宗教建筑的大乾坤，有住宅建筑的别个天地，更有北京之外的中国北方地区的无数的建筑世界。除了中国的北方区域，还有南方，还有北方南方之外的塞外。中国建筑绝不是能一言以蔽之的对象。我仅仅观察了北京极小的一部分而未涉其他，在此斗胆草构成如此一篇，实在难免粗陋杜撰之嫌。如果本篇能对今后的中国建筑的研究者起到些许的参考作用，那将是笔者的望外之喜。

谨以此复命。

明治三十五[1]年二月

（刊于明治三十六年四月东京帝国大学工科大学学术报告第四号）

---

1 明治三十五年在公元 1902 年。

第三篇 关于中国北方地区建筑的调查报告

绪言

我于明治三十五年[1]六月一日从北京出发，取路西北，经昌平南口，过居庸关，沿永定河经怀来、鸡鸣、宣化等到达张家口，然后转向西南，经怀安、天镇、阳高、聚乐等地到达山西省的大同。接着从大同向西三十里至云冈，之后返回大同，再向南转，经应州，越长城，到繁峙，渡过滹沱河，登上五台山，继而转向东方，越过龙泉关，进入河北省，经阜平、王快、曲阳等到定州，搭乘火车，于七月六日回到北京。

途中对行经各处的建筑做了许多调查，但于此处无法——详述，姑且选出其中最有代表性的予以概述。

一、明陵

明陵位于昌平县以北二十华里（以下皆简称为里）处，俗称十三陵。因有明代十三个皇帝的陵墓而得名。所谓的十三陵是：

（1）永乐（成祖）长陵　　　（2）洪熙（仁宗）献陵
（3）宣德（宣宗）景陵　　　（4）正统（英宗）裕陵
（5）成化（宪宗）茂陵　　　（6）弘治（孝宗）泰陵
（7）正德（武宗）康陵　　　（8）嘉靖（世宗）永陵
（9）隆庆（穆宗）昭陵　　　（10）万历（神宗）定陵
（11）泰昌（光宗）庆陵　　　（12）天启（熹宗）德陵
（13）崇祯（毅宗）思陵

其中以永乐帝的长陵规模最大，位于天寿山南麓。其他各陵距长陵或二三里或七八里，皆倚天寿山而建。

自昌平向北行五里，有一石造的大牌楼，这就是明陵的第一门。其平面见图3-1，面阔五间，原涂有色彩，现已全部剥落不留痕迹。各部分的雕刻做工精细，十分秀美，可以认定是明代初期的手法。牌楼的北侧约三千三百尺处有一座大红门，二橝三阙，均为砖造。东西约一百二十六尺，南北约三十六尺，三阙各宽十八尺。内部是穿窿形式的藻井。屋檐是由石料制成的刭形，不出檐椽，极为坚实，具有纪念性建筑的性质。（见图3-2）

1　明治三十五年在公元1902年。

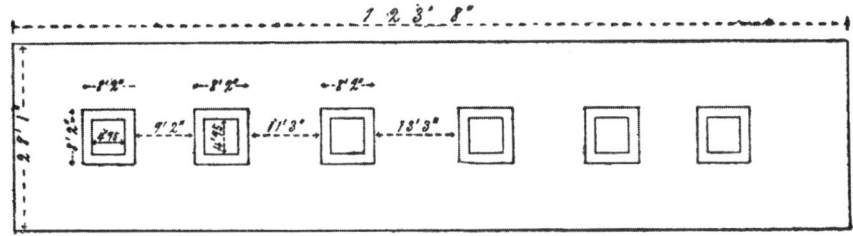

图 3-1 明陵牌楼平面图

图 3-2 明陵牌楼

  大红门以北约一千三百尺处有一座碑亭，亭前有一对华表，八角形的台基上立着一根八角石柱。石柱顶端有柱头，上面饰有一种类似龙的动物，称作"往天虎"。柱子表面刻有云龙纹深浮雕，柱头下面有云板，与建在北京城内天安门内外之物大体上相同。整体高约三十六尺，柱子每面宽一尺九寸，台基每面的宽度是四尺一寸五分。雕刻的手法与牌楼相同，极为精巧。

  碑亭是八十七尺六寸五分见方的双层建筑，屋顶为歇山顶。四面和中央各开有宽为十六尺一寸的穹窿道，穹窿道纵横呈十字形贯通全楼。中央立有一块大碑，底座为龟趺，高约二十七尺，题字为"大明长陵神功圣德碑"，最后刻着：

    高炽谨述

  洪熙元年四月十七日孝子嗣皇帝

  此建筑的柱子等皆为砖造，所施色彩犹如木造。上下斗拱都出七踩，有两个昂。形式是我们所谓的"和样"与"唐样"的混用，界限不甚分明。

  亭后也有一对华表，与庭前之物完全相同。

亭北约一千尺左右处还有一对华表，六角形，高约二十五尺，形状、做工都远劣于前者。从这对华表向北一百六十尺左右，道路两侧排列着精巧的动物石像。现按其顺序列在下面：

（1）狮子坐像　　　　　　（2）同 立像
（3）犀牛坐像　　　　　　（4）同 立像
（5）骆驼坐像　　　　　　（6）同 立像
（7）大象坐像　　　　　　（8）同 立像
（9）麒麟坐像　　　　　　（10）同 立像
（11）马坐像　　　　　　　（12）同 立像
（13）武官立像　　　　　　（14）同左
（15）文官立像　　　　　　（16）同左
（17）文官立像　　　　　　（18）同左

石像皆用白色大理石制造，底座也是用同一块石材雕成。其中最大的一座立像长十二尺余，台基以上高度为十尺，宽六尺。这说明除去台基仍需要七百二十立方尺的巨石，如果再加上台基就必须是近一千立方尺左右的巨石。这么巨大的大理石出于何处，是怎样开采出来的，又是用什么样的方法搬运来的，我们对此只有惊叹。

石像队列的终端有一座石门，三门三阙，其制与位于北京城内天坛里的祭坛前面之物相同。但是这里的柱子形式与碑亭前后的华表相同，上端有往天虎，柱头下有云板。楣枋中央有宝珠。

以上设置在十三陵范围内通用。石门里是方圆数里的广阔平原，平原尽头之处有群山连绵，山脚下密林中散见的就是陵墓所在了。十三座灵寝的建制基本相同，只是大小精粗有别，其中永乐的长陵规模最大，制作工艺也最为优秀。故在此处记下长陵现状作为十三陵的代表。

石门以北约十里，位于天寿山山麓的就是长陵。正面是三阙单层歇山顶的大门，门内东侧有一座碑亭，再往前走是五楹三阙单层歇山顶的正门，命名为稜恩门。前后丹陛三出，白石台基，白石栏杆，与紫禁城内的太和门相似。

穿过门内宽阔的庭院，正面有一座大殿屹立在三层高的白石台基之上，阔九楹深五间，重檐庑殿顶，正面五阙，其制与紫禁城内的太和殿相似。测其大小，前面为二百二十尺九寸，侧面九十五尺三寸，与太和殿的面积基本相同。内部柱子共有 32 根，直径三尺六寸，每一根都是由一棵楠木制成。因未采用近世那种用小块木材拼接柱子的方法，所以其雄伟之感实在无双。柱础也使白石，有六尺七寸见方。正面檐柱的直径为二尺五寸，侧面的直径为一尺八寸。内部的装饰纹样与当今清代之截然不同，藻井上画着唐花，甚是秀美。大殿相当于日本的拜殿，牌位安置在中央。大殿后面开三座门，门内有座小碑亭，碑亭中放着一张石桌，石桌上摆着五供座。石桌后面立着一面石壁，壁上起一座高楼，其外观类似北京城内的钟楼。

石壁下面有一条隧道，曲折而上，可登至楼顶。楼内设一碑，上刻"成祖文皇帝之陵"。以前应施有色彩，但现已剥落得几乎不留痕迹。楼后的小山丘即是成祖之坟，山丘之上未设墓标，其制与日本的古坟相似。

明陵建筑的价值在于其规模之宏大，虽然每一处陵墓以及附属建筑并没有特别值得注意之处，但从第一座面阔五间的牌楼开始一直到最后一座石门为止，中间置大红门、碑亭，配华表，列石人石兽等，意匠之丰富广阔，无际无涯，几乎会令到访之人茫然自失，真是所谓的但入其门即被夺胆之境。

二、居庸关

自南口向西北方行进约十五里即可到达万里长城。长城脚下建有关城，凿穿岩壁建成关门，穿过关门再行数十步，有一条石造的穹窿道，这在建筑学上是十分具有情趣的一处实例，弗格森氏在《印度及东洋建筑史》中也介绍了这里。

穹窿道正如弗格森氏的介绍，是一个五角的穹窿顶，南北走向，使用的全部是白色大理石石料。穹窿宽二十四尺，深四十九尺八寸，穹窿左右的石壁各长三十三尺八寸，高度自地面至顶部为三十一尺。拱券宽四尺五寸，前后拱的周围均刻有藏传佛教特有的雕像。也就是说，拱的上面有迦楼罗，左右有龙女，龙女头上缠着七条蛇，尾是蛇尾。在明代以后的遗物中，我们还没有见过这种头上缠着七条蛇的龙女。而在这座作为元末唯一遗物的关门上看到此物，让我们不禁兴趣倍增。因为藏传佛教是从元代初期开始在中国流传，到了元代末期已经拥有了压倒当时中国固有佛教的实力，更何况还有来自皇室的有力庇护。居庸关的雕刻手法毫无疑问可以成为有力的证据。

拱道的内侧也全部用精致的佛像加以装饰，前后入口之处刻着四天王雕像，手法纯熟精练，后世难见同类。四天王即藏传佛教的摩利海（西北）、摩利清（东北）、摩利红（东南）、摩利受（西南）。摩利红的左侧刻有以下铭文：

　　正統十年五月十五日功德
　　靈信官林普賢發心修造

可知是大明正统年间加以修缮。

现在仍可辨明修缮之痕迹。四天王之间有汉、蒙古、西夏、维吾尔、西藏、梵等六种文字刻成的铭文。汉字铭文的最后有以下署名：

　　至正五年□□乙酉九月吉日
　　西蜀成都寶積寺僧德成書

至正五年即元惠宗年号，公元1345年，正值日本南北朝的贞和元年。

四天王以及铭文的上部的东西两侧各刻有五尊坐佛像。我不知道每一尊的具体名

图 3-3　河北省居庸关

字,但从其外观来看,都是在藏传佛教中才可见到的特殊之物。

券洞顶部雕刻着五个曼陀罗,形状各异。

要之,此关门的拱券形状奇特,拱券周边有身缠七蛇的女体,可见迦楼罗,内面刻有精巧的佛像,有以六国文字刻记的铭文,还能在铭文中看到署名,加之做工精巧等,这些都在建筑史以及一般文艺史上具有极高的价值(见图 3-3)。

三、宣化的钟楼及玉皇阁

宣化府位于北京西北三百三十五里处,附近有许多木结构建筑,其构造形式基本上与日本的建筑相似。其中最值得观赏的是钟楼和玉皇阁。

钟楼建在砖造的台基之上。台基九十三尺二寸五分见方,通有一条宽十四尺九寸五分的穹窿道,呈十字形,中心交叉处为穹窿顶。宣化以西都邑的钟楼或鼓楼的台基基本上都是使用这种手法。

钟楼下层五间三面,檐柱游离而立,内柱以砖包之。内部中央还有四根柱子,一直向上通到上层,支撑着挂钟的横梁。上层三间三面,椽木环铺。两层前后都有抱厦,主厦和抱厦都是歇山式,抱厦屋脊低于正屋脊。这种手法使建筑形态富于变化,轮廓甚美。这一类建筑最值得观赏的是其细部手法。因为是木制结构,所以与日本的建筑

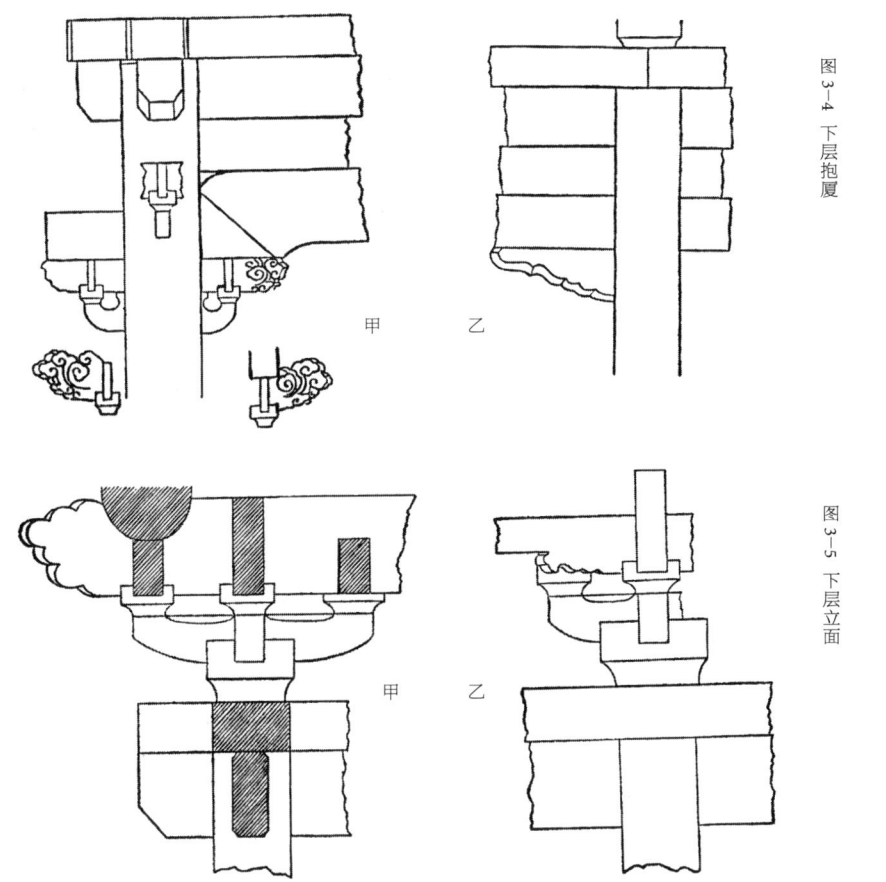

图 3-4 下层抱厦

图 3-5 下层立面

有相似之处。下层抱厦的手法如图 3-4 所示,上有平板枋、大额枋、垫板、月梁,月梁上有分瓣卷杀的弧形,下面有支撑月梁的彩绘梁垫,以及支撑彩绘梁垫的蒲鞋头。图 3-5 是下层立面的手法,雀替的形状看上去和日本镰仓时代的惯用之物基本相似。图 3-6(甲)是楼上的斗拱,里面的斗拱出九踩,三才升斜置的手法极为奇特(见图 3-6 乙),这种手法在这个地区被广泛使用,但其中缘由不得而知。

此处建筑的年代不详,大概是明代之物。现在的宣化城是在明代形成的规模。碑铭上刻有:

大明弘治七年岁次甲寅九月上日

应该说这已明确地标出了建造的年月。另外在题为"重修清远楼记"的碑铭最后还有一行:

乾隆歲次戊辰閏七月朔日文林宣化縣加一級西蜀雷建立

碑文是说,明代的建筑曾遭破损,丹青剥落,乃行修缮。不过看样子,明代样式在修缮时并未遭到大的改动。总之可认定此处为一座上好的明代建筑遗物。

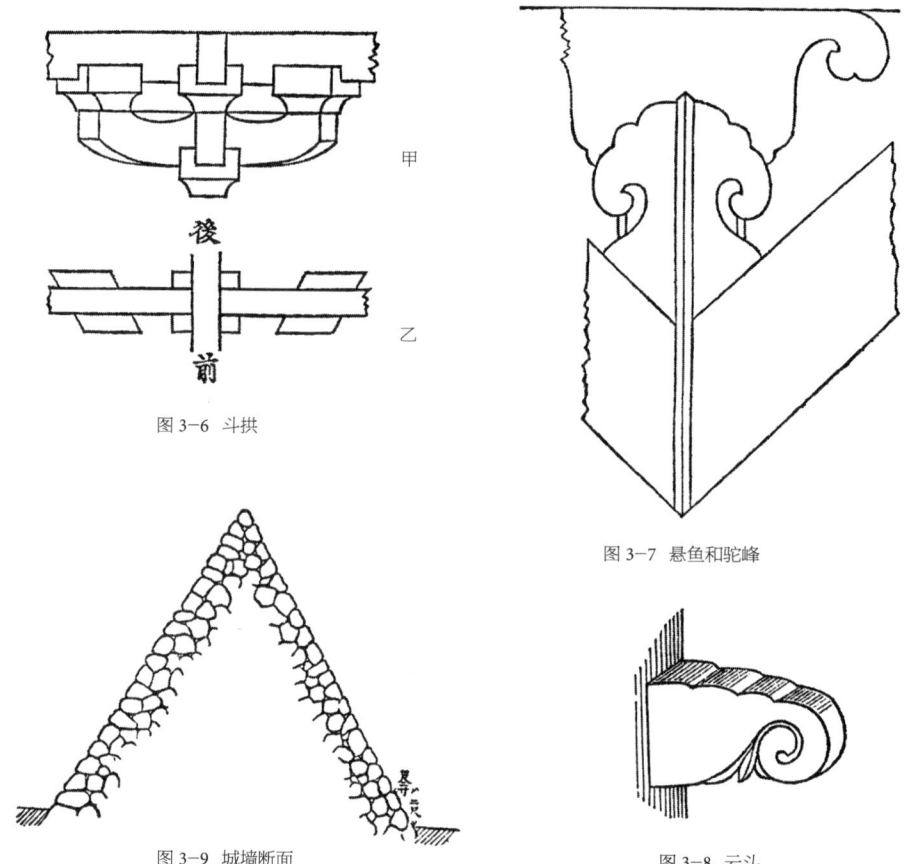

图 3-6 斗拱

图 3-7 悬鱼和驼峰

图 3-9 城墙断面

图 3-8 云头

玉皇阁和钟楼一样，也是建在一座砖砌高台之上，台座以穿窿道贯通四方，中央交叉处架穿窿顶，台上建有三层木制楼阁。平面及立面都与钟楼相似。上层为歇山形式，山墙形式与日本相似，但悬鱼和驼峰的用法颇令人感到意外（见图3-7）。下层的抱厦上有如图3-8那样的云头，很像是日本足利时代[1]用来观赏的一种手法。玉皇阁也可看作明代留下的一处上好遗物。

四、张家口长城

张家口以北的长城也许就是秦始皇所建长城的遗址。我不知道这里的长城遗址是否为秦代的遗物，但其构造方法与明代之物明显不同，工法非常简单，几乎不成城墙体裁，从遗址的实际情况来推断，这里的年代应该更为久远。

---

1 足利时代 = 室町时代 = 1334 — 1573 年。

中国建筑史 | 178

城墙位于挟洋河水系的山脊之上，山肌裸露，山体险峻，城墙自山麓关门起，沿山脊攀援而上，迂曲蜿蜒，起伏延伸。城墙的断面基本都是等边三角形，高度达两丈，坡度如图 3-9 所示。材料取自附近的山岩，凿成石块垒积为墙。石块的大小以一人之力可行搬运为适，因此，每一块石头都在一尺到一尺五寸之间，达到二尺的极少。石块并未进行特别加工，垒积时也不用泥灰，只是用土来填充内部，所以极易攀援。每隔一段还会有高达数丈的土块，应该就是望楼的遗址了。

总之，城墙的构造极为简略，筑建时应该极其容易。其长度也并非所说的连绵万里，城墙于关门左右数里之处即尽，遗迹别无可寻。我因此知道原来所谓的万里长城原来并非万里连续，只是在关门附近为防御建起的城墙而已。明代的长城亦是如此。我在八达岭、茹越口、龙泉关这三处登上长城，所见事实皆是如此。关门名为大境门，垒石为基，上面以砖重叠。现在的关门年代不详，但可见其使用的最古石材的残片，并留有明显的改建痕迹。最古的石材上刻有一种纹样，可以肯定那是一种卷草纹，但线条的运用手法现在已经分辨不出来了。我在关门的内面，在入口和出口部分一共发现了三处用作础石的相同石材。

长城于周朝末期开始在各地兴建，秦始皇将其补缀起来，而后又不断加以修筑。昭襄王的长城建在陇西、北地、上郡一带，也就是今天的陕西及甘肃一带。赵国的长城起自代州，延至阴山脚下再到高阙，其北境也就是今天的张家口北部到归化城的范围。燕国的长城起自造阳延至襄平，也就是今天张家口以东至辽河附近。秦始皇长城应该就是由以上长城的一部分补缀而成的自临洮至辽东的部分。其他如南北朝时期魏国在赤城至五原的二千里之间建起的长城，应该起于今天的张家口附近。齐国三次修筑的长城，前后加起来东西应达三千里，从东海可直到陕西之界了。现在居庸关附近的长城应该属于此线。隋代的长城从陕西的榆林开始到山西的大同附近，唐代也在怀来附近筑过长城。今天张家口的长城遗址应该属于哪个时代，我尚未听到更详细的说法。

五、新怀安的昭化寺

新怀安市内值得一看的有玉皇阁、孔子庙、昭化寺等。玉皇阁与宣化府的基本相同，此处略去不提。孔子庙因有许多同类物，此处亦予省略，唯独介绍一下昭化寺迦蓝。

昭化寺俗称观音寺，其平面图如图 3-10 所示，坐北朝南，山门在中轴线上，单檐庑殿顶，屋脊中央

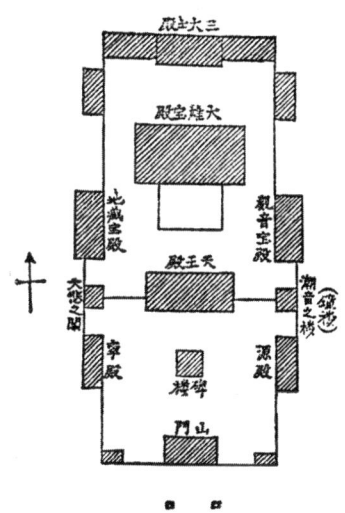

图 3-10 昭化寺平面图

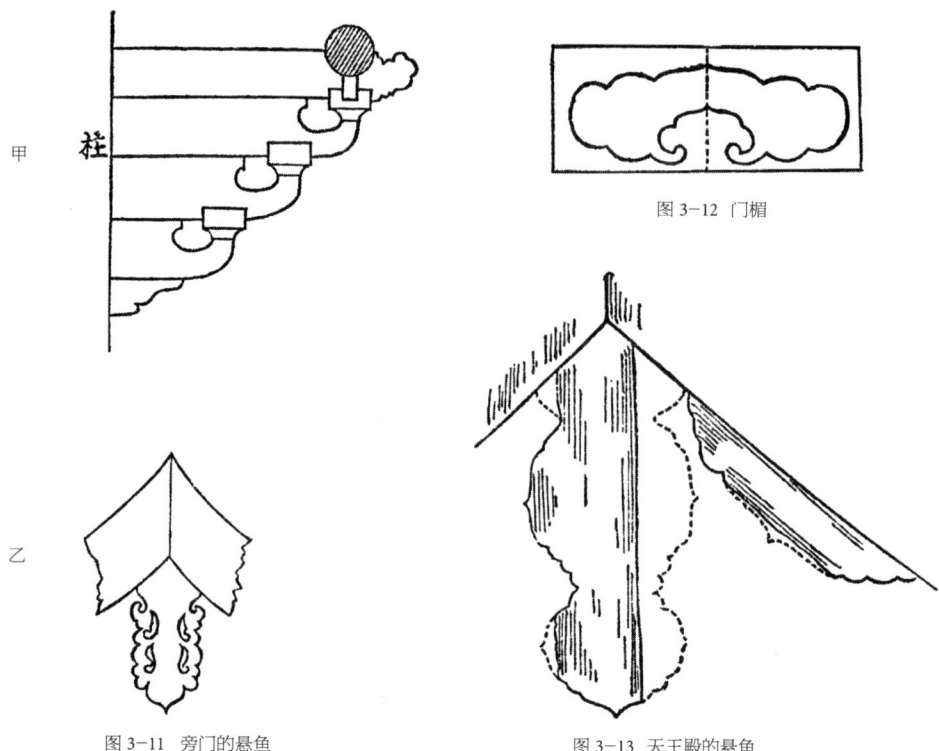

图 3-12 门楣

图 3-11 旁门的悬鱼

图 3-13 天王殿的悬鱼

施有十分复杂的装饰，一看就知道是一处道教庙宇。山门的左右有旁门，斗拱建制及悬鱼的形状颇为异样（见图 3-11）。进得山门正面有一座碑楼，一间见方，四面皆有抱厦，四面屋顶都有挑出的尖山搏风檐，中央加有特殊装饰，其轮廓很是奇特。碑上题有"敕赐昭化寺碑"，最后刻着：

大明正統十年歲次乙丑九月九日立石

推测此碑应属于重修迦蓝时之物。碑楼的左右两侧分别是宁殿、源殿。后面有天王殿，安放着藏传佛教的四天王。殿的左右都有楼，东侧楼名为潮音之楼，即钟楼，西侧楼名为大悲之阁，安放着观音之像。两楼的形式相同，四面都有尖山搏风。图 3-12 是门楣，与日本的"格狭间"很是相似。图 3-13 是天王殿的悬鱼。如果试着在其缺损的部分补上虚线，我们则可以首次获得悬鱼有鳍之例。

过了天王殿，东侧是观音宝殿，构造形式相同。图 3-14 是地藏宝殿的内部。大雄宝殿作为迦蓝的正殿安放着释迦像，做工十分优秀。只是其背光上有迦楼罗，证明是受到了藏传佛教的影响。建筑为单檐歇山顶，有悬鱼，也有藏檩悬鱼，很遗憾看不清山墙饰。图 3-15 是屋檐处的斗拱，我们在此处第一次见到了真正的昂。门扉上的棂格花窗的意匠可谓崭新。

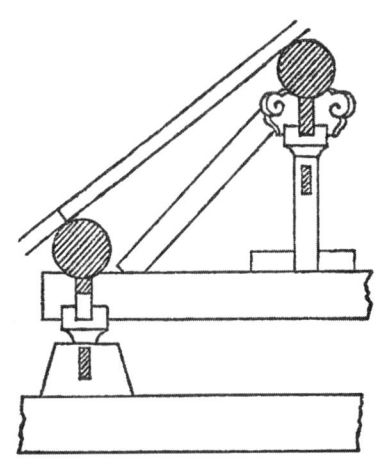

图 3-14 地藏宝殿内部

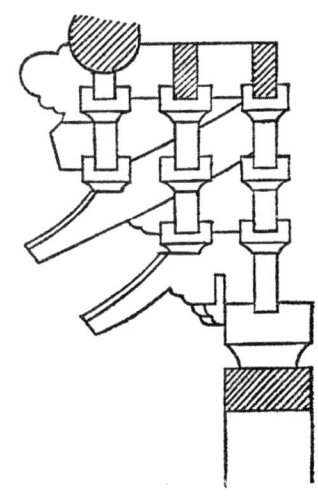

图 3-15 屋檐的斗拱

六、天镇的慈云寺及文庙

天镇市内值得观赏的有三处，一是慈云寺，另外两处是文庙和玉皇阁。

慈云寺的平面如图 3-16 所示，大体感觉与新怀安的昭化寺相似。最前面是山门，两侧各开一扇旁门，图 3-17 是山门和旁门上的云拱，门内有钟楼和鼓楼，都是圆形重檐，但没有围脊，很是奇特。上层为渗金圆顶，上下两层的柱子都做有卷杀。

天王殿里的四天王是中国藏传佛教之物。观音殿、地藏殿东西相对，形式相仿。图 3-18 是其内部的斗拱，与日本镰仓、室町时期所用的形式极为相似。禅堂、司房也是左右相对，形式相同，图 3-19 是其外部的斗拱。柱子上不仅有卷杀，斗拱的形式也与日本中世时期之物十分相似，只是云拱做得十分粗糙。图 3-20 是禅堂的正吻，其轮廓与近代正吻有些差异，倒是和日本唐招提寺的鸱吻有些相似。圆殿内供着释迦、阿弥陀、药师三尊佛像，还有壁画，说是唐代的传承。对此很难即信，不过制作的确精良。图 3-21 是圆殿山面的手法，我们可以把它看作是横跨在月梁上面脊瓜柱左右的一种驼峰。

毗卢殿五间两面，厢廊一间，单檐，悬山顶，斗拱的形状很特别。每一根圆形椽檐上都吊着一个风铎。外侧斗拱间的斗拱板上都画有佛像。门扉是木板门，上面打着五列门钉，每一列九个。下面有木制的下槛，另外三面有抱框，木框呈复杂的剖形。山面悬挑很深，屋脊中央置宝顶，左右有走兽排列，如所有道教庙观一般。

慈云寺的年代不详，碑上有大明嘉靖十八年的铭文，应该是重修的年代。该寺的创建年代应该更为久远，从圆殿内壁上画的传说以及其建筑手法推断应该就是唐宋年间，只不过因为之后屡次重修，屋顶等都发生了很多变化。屋顶上铺了数种琉璃瓦，

图3-16 慈云寺平面图　图3-17 云拱　图3-18 内部的斗拱

图3-19 外部的斗拱　图3-20 禅堂的正吻

图3-21 圆殿山面　图3-22 悬鱼　图3-23 正吻

附加有各种手法雕琢的装饰物，竭尽艳丽浮华。

有关文庙整体没有什么特别值得提起之处。举个细部的例子，如图3-22的悬鱼，是为了遮盖搏风板接缝而存在的，是为了遮盖檩桁末端而使用的一种装饰。

正吻如图3-23所示，和旁吻合成了一体。中国建筑中有时会出现在屋顶正脊上使用旁吻形状的例子，而此处正是正吻旁吻相结合之例。同类的形态变化此外还有许多，甚至还出现了两头都像龙一样的畸形之物。

玉皇阁在此省略。

七、阳高的昊天阁及文庙

阳高市内有昊天阁和文庙，二者都值得一观。

昊天阁即玉皇阁的第三层，玉皇阁三间见方，上下三层，上层歇山顶搏风板的位置很靠内侧，酷似日本藤原镰仓时代的建筑。

阁的下层立有一碑，上面题字为：

> 陽和城新建玉皇閣記

最后记有：

> 正德十一年歲在云云

由此可知此阁是大明正德年间所建。重修的石碑上有万历四十年的铭文，我们可以以此确认这是一处明代的优秀遗物。

上层搏风的坡度、曲率、长宽之比都与日本中世建筑极为相似。其悬鱼如图 3-24 所示，两个悬鱼虽然接在一起，但 A 和 B 却不在同一平面内，而是 B 挂在 A 的后面。

第三层也就是昊天阁，三面墙壁上画有壁画，开有窗牖。室内的斗拱如图 3-25 所示，其他的结构如图 3-26。不过相当于大斗的 A 并不是大斗，而是架在纵梁 B 之上的横梁末端。每四根檐椽上悬挂一个风铎。另在匾额上记有修缮的年代，如嘉靖三十九年、万历三十七年、崇祯九年、光绪五年等。

有关文庙整体没有更多要表述的。只是明伦堂的内部值得瞩目。图 3-26 所示的三重横梁和三重瓜柱，横梁上各有卷杀，形状、大小各异。瓜柱下各有驼峰，形状也都各不相同。瓜柱都做了较大卷杀，金桁都用圆木，瓜柱的枋下也做了较大卷杀。

图 3-27 是搏风上的悬鱼。

文庙的殿堂里有不少值得注意的细部，如图 3-28、图 3-29 都是悬鱼之例。

八、大同的大华严寺

大华严寺位于大同市内，建于辽金时代，分为上下两寺。下寺保存着很多古式，上寺则加入了明显的新式。

下华严寺的平面图如图 3-30 所示。其正殿名为薄迦藏经，堂内有碑，题为：

> 大金國西京大華嚴寺重修薄迦藏教記

这大概是因为大同于金代被称作西京，而大华严寺就是那时建成的。

正殿 (图 3-31) 为五间四面，单层，歇山顶。殿内安置有释迦、阿弥陀、药师三尊像。此外还有很多佛像，都是和藏传佛教的混和物。建筑形式具有金代建筑的独特之处，

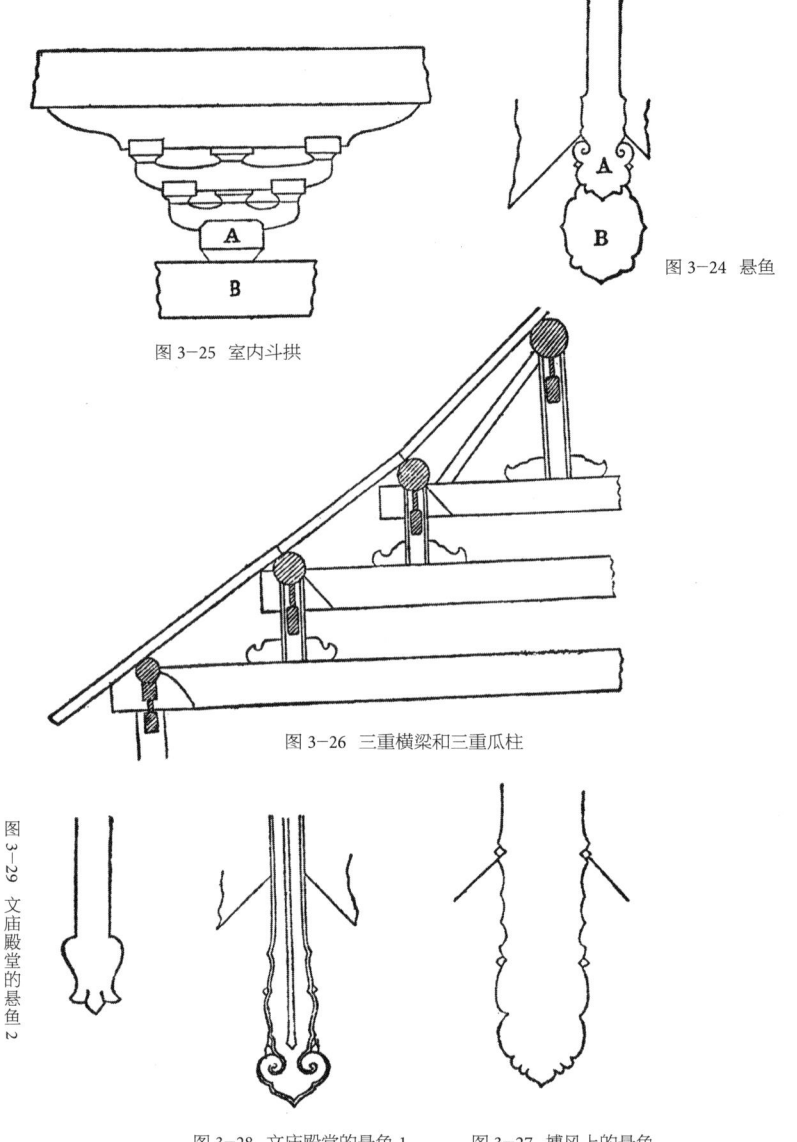

图 3-24 悬鱼
图 3-25 室内斗拱
图 3-26 三重横梁和三重瓜柱
图 3-29 文庙殿堂的悬鱼 2
图 3-28 文庙殿堂的悬鱼 1　　图 3-27 搏风上的悬鱼

其斗拱（图 3-32）手法是不用补间铺作，而用短柱。大斗和升的比例与日本斗拱相似，斗拱手法即所谓的"和样"。柱子上端做有很大的梭杀，柱子直径与大斗的大小相当。

正殿前面有钟楼和碑楼。钟铭刻着：

下華嚴寺
　住持澄定
　前住持禧因
　助緣僧清鑑
　□明

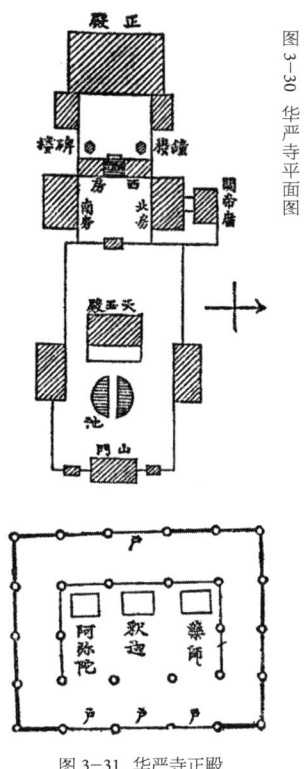

图 3-30 华严寺平面图

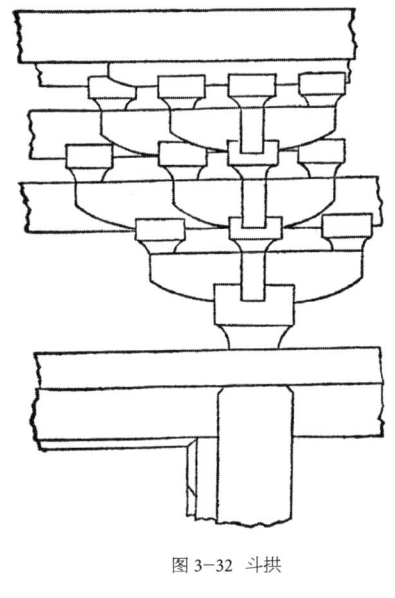

图 3-32 斗拱

图 3-31 华严寺正殿

淨寶淨果繼安

天順六年十一月吉日造鐘

□重三千三百二十斤

四川成都府化緣僧道中

此钟的龙头与日本的十分相似。

天王殿为三间三面悬山顶,建筑年代与正殿相比要晚许多。四天王是藏传佛教式。内部为彩绘海墁天花,构架图如图 3-33 所示,三条横梁上各有卷杀,卷杀的形式各有不同,耍头上的绘样相互各异。梁下的驼峰也是三者三样。

正殿东北有一座海会殿,里面安放着观音像(见图 3-34)。单檐悬山顶,形式和手法很是古朴奇特,看上去应该是金代创立之初的建筑形式。图 3-35 是装在柱头上的檐下斗拱,其斗柱的用法与日本镰仓时代以前惯用的手法相似。图 3-36 是山面的手法。图 3-37 类似于日本"外阵繁虹梁"的手法。

上华严寺的正殿就是大雄宝殿,七间五面,单檐庑殿顶,上覆黄色琉璃瓦。斗拱的建制与下华严寺相同。诸佛像以及色彩、装饰纹样等都是近代之物不值得关注。内部的壁画也完全没有观赏价值。要之,这里的建筑构造完全是下华严寺的仿制。

如上所述,华严寺迦蓝建于金代,可以说下华严寺的海会殿完好地体现了金代建筑的形式风格。海会殿里还有许多石佛,其相貌与日本所谓的弘仁时代的佛像相仿,

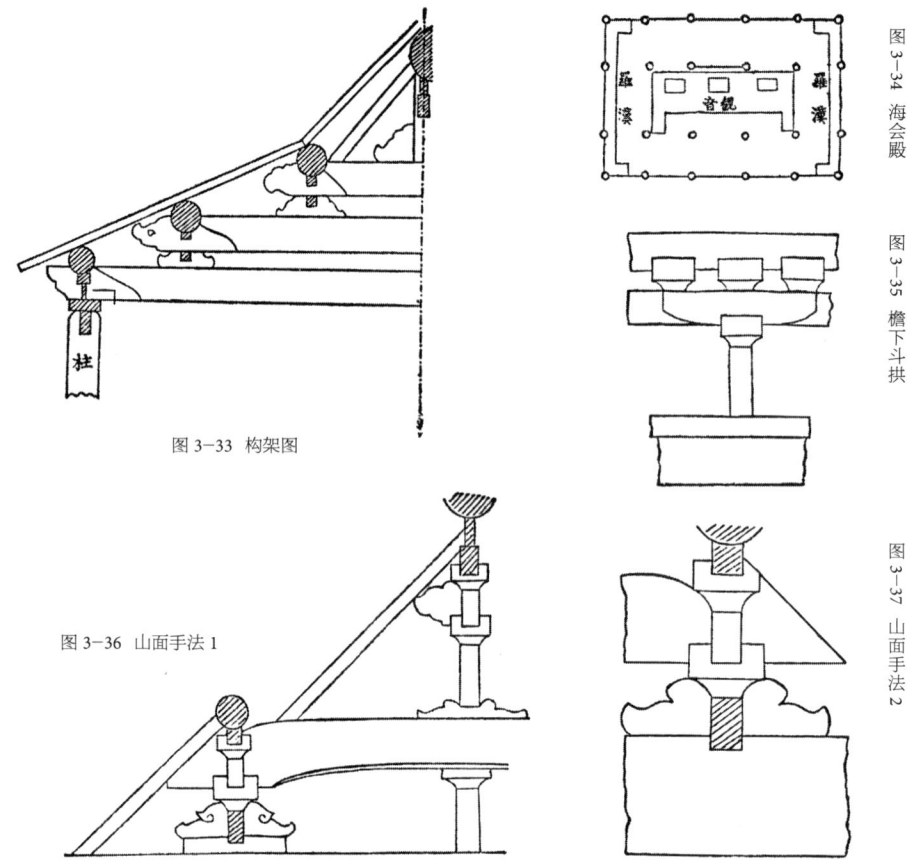

图 3-33 构架图
图 3-34 海会殿
图 3-35 檐下斗拱
图 3-36 山面手法 1
图 3-37 山面手法 2

大概都是辽金期间的产物。

九、大同的善化寺

善化寺也称南寺，因位于大同市南部而得名。有关此寺的创建，西京大普恩寺重修大殿碑记的最后有以下记载：

> 按寺建於唐明皇時與道觀皆賜開元之號而寺獨易名不見其所自今樓有銅鐘其上欵識乃是清泰三年歲在丙申所禱造也其易今名當在石晉之初或唐亡以後乎未究其所易之因云云（大同府志）

另外，该寺的碑文上有以下记载：

> （前略）始於唐玄宗開元年間名之開元寺其後傳之久更其名曰大普恩寺迨遼末兵燹而後不無殘廢金太宗天會六年寺僧圓滿重修葺焉而古剎為之一新歷明正統十年僧大用奏請藏經又為整飾為多官習儀之所復更其名曰善化寺萬

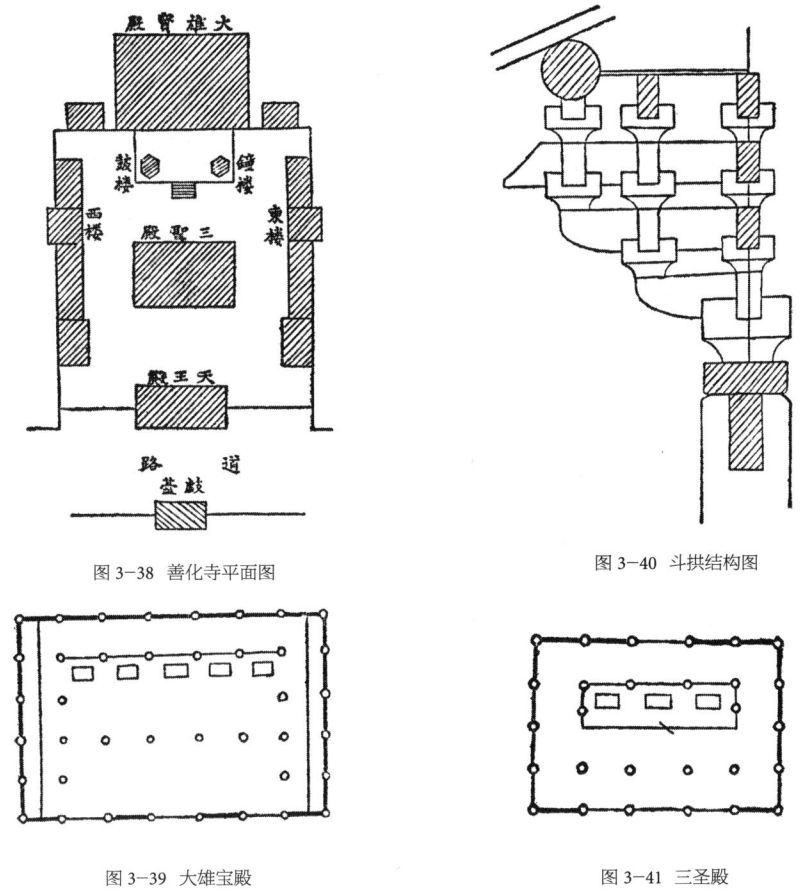

图 3-38 善化寺平面图

图 3-40 斗拱结构图

图 3-39 大雄宝殿

图 3-41 三圣殿

曆崇禎年間亦因之而規制（下略）云云　乾隆五年

如此看来，现在的建筑应该是金天会六年的重修之物，时间相当于日本的崇德天皇大治三年。大华严寺也是金代的遗物，所以二者于建筑配置上的相似应该不是偶然。图3-38是善化寺的平面图。大雄宝殿前左右相对有两个六角楼，六角楼前是三圣殿，再往前是天王殿。大雄宝殿七间五面，单檐庑殿顶，如图3-39所示。斗拱手法为不用补间铺作，其结构图见图3-40，出五踩，但拽架的间隔不等。柱子顶端有少许梭杀。殿内的须弥坛上有五尊佛像，都是结跏趺坐姿，每尊都足有一丈六尺多高，称作五如来。佛像两侧还有许多立像，每一尊都堪称杰作。另外，墙上的壁画也都堪称精品。

三圣殿五间四面，单檐庑殿顶（见图3-41）。斗拱的形式均与日本藤原时代相似，已经失去了镰仓时代的风貌。不过，昂末端的形状以及带有昂嘴的形式应该属于镰仓时代之后的同类（见图3-42）。另外柱间的斗拱有些特别，用了一种角科昂。而在角科上，角柱顶端的大斗近旁另外还装有一具大斗，构成同一斗拱组织，使角科斗拱看上去越发复杂。大雄宝殿用的也是相同手法。

天王殿为五间两面，单檐庑殿顶（见图3-43甲）。这里几乎所有殿堂用的都是庑殿顶，而在日本比较少见。一般来讲，唐代的建制中多用庑殿顶，所以，可以说这里的迦蓝建筑多少传承了唐代的意匠。四天王虽然是藏传佛教式，但脚下却未踩着恶鬼，形象极为简单。斗拱为"和样"，无补间铺作，出五踩。昂和昂嘴与三圣殿相同，拱木的形状特别精致，酷似日本藤原时代之物。图3-43乙是东西两楼的悬鱼。两楼皆为五间四方，重层，上层是歇山顶。我是根据唐初创建至辽末荒废的传记，以及此寺建筑与大华严寺建筑颇有类似的现象，对此寺做出以上考证的。但我们还必须与更多的实物进行比较，还要进行更为细致的调查，否则就不可能测定此寺的具体年代。

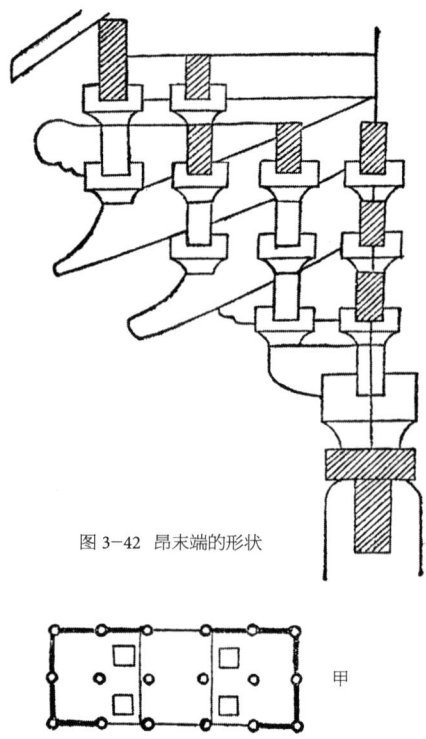

图3-42 昂末端的形状

十、云冈的石佛寺

云冈位于大同以西三十里处，石佛寺在武周川北岸，沿岸的小山丘上凿有大大小小数十个石窟，石窟中雕刻着佛像，就是那种所谓的Rock-cut Temple。有关创建事宜，该寺的碑文中有以下记载：

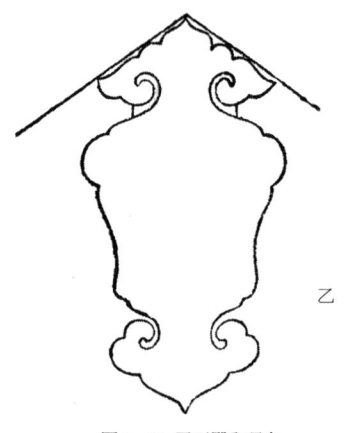

图3-43 天王殿和悬鱼

　　遊石佛寺并引　　吳伯興
　　石佛寺創自後魏拓跋氏時以定伯之猛力仰崗壁之清華接構歷七帝百餘年神峯遍石佛二十座盤空數級梯石盤似帆欲揚如翅斯倚金人錯其虛臂莅宮蔚於高天奇樹映樓閣以蔥蘢丹青并異卉而冥密斷鷟不足比其紛披操蛇不足異其轉徙梵天化城不足窮其高、云云

是说此处为拓跋氏遗址。但拓跋氏的都城定在现在的大同，石佛寺的创建是否和这个时代有关系呢？

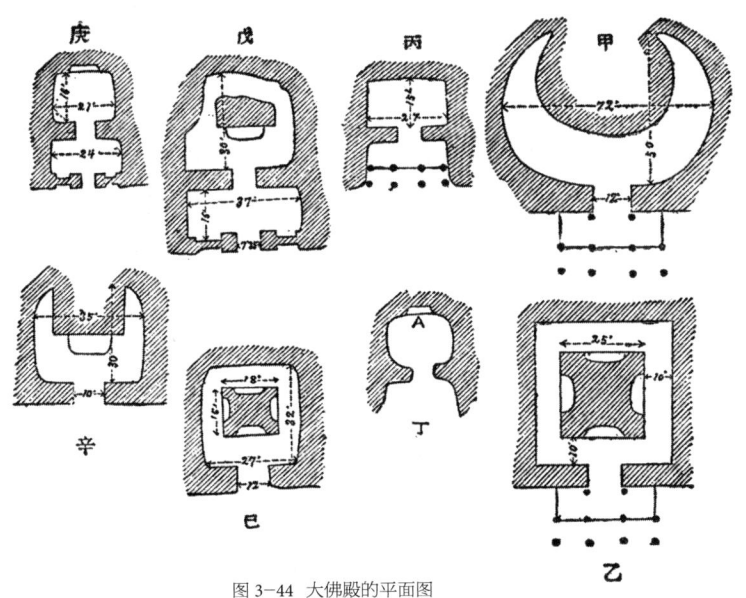

图 3-44 大佛殿的平面图

据我实地调查,石窟主要有九个,自东向西排列,最东侧的称为大佛殿,其次[1]曰弥勒殿,再其次是佛籁洞。接下去的五窟没有特别命名。现在我暂且把这些叫作第一窟、第二窟,顺排至第五窟,第五窟也就是最西侧的石窟。第五窟以西好像还有重要的石窟,但最终没能亲见,所以此处只言至第五窟而不涉其他。

(一)大佛殿

大佛殿的平面如图 3-44 甲所示,这里是石佛寺中最大的一窟。石窟前面造起一个四层的阁楼,其形式构造都是近代的建制,没有什么特别值得关注之处。不过窟内还存有几分古风,颇有异趣。本尊为结跏趺座,高约六丈,两膝间距达一丈五尺。周围的壁面上刻着无数佛像,并都施有鲜艳的色彩。只是到处都留下了后世修缮的痕迹,使原来的古风失去不少,令人遗憾。

(二)如来殿

如来殿的平面如图 3-44 乙所示,约 45 尺见方的石窟内部立有一根 25 尺见方的柱子。柱子向上延伸直通窟顶,分上下两层,下层的四面都是佛龛,龛内有佛像,佛像上有天盖,天盖直接接在龛洞顶上。洞的内壁上刻有无数佛像,还有非常复杂的装饰纹样,此处不一一记述。外部有个四层楼的构架,但属近代制作无须注意。佛像以及装饰的大部分还都保持着原来的风格,堪称奇观。佛像容貌大多古怪,酷似日本法隆寺金堂内壁画上的雕像。衣襞与同处的鸟佛师[2]的作品酷似,即纹样方面与日本所谓

---

1 按下文内容,此处应有"曰如来殿"一句。

2 鸟佛师,本名鞍作止利。日本飞鸟大佛的制作者。五世纪前后东渡日本的中国人后代。

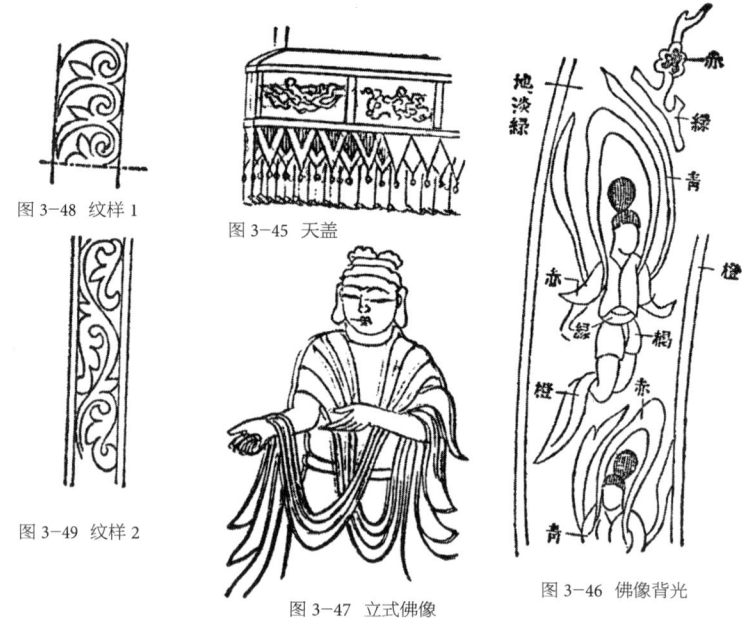

图 3-48 纹样 1

图 3-45 天盖

图 3-49 纹样 2

图 3-47 立式佛像

图 3-46 佛像背光

的推古形式即法隆寺式完全相符。图 3-45 是上层佛像顶部的天盖,那鳞形的装饰、挂在末端的悬铃以及鳞形下面被铅坠拉直形成的褶襞,每一种都与法隆寺金堂内的天盖相符。图 3-46 是佛像背光的一部分,飞天的形状、曲线、色彩等都是纯粹的法隆寺形式。图 3-47 是接着上层九重天的一尊立式佛像,身上的衣裳异于其他,但其意匠却又和法隆寺金堂药师以及释迦胁侍的衣裳完全相同。再观察其他细微之处,我们又发现了许多彼此相符、彼此类似或者彼此有关的实物,很遗憾不能在此一一予以介绍。

(三)弥勒殿

图 3-44 的丙为弥勒殿的平面图。也是前面设有四层楼高的构架,里面的佛像等几乎全部被完好地保存,后世加上的修理痕迹极少。图 3-48 及图 3-49 是墙壁上的纹样,我们认为这些与法隆寺的模样完全相同。

(四)佛籁洞

图 3-44 的丁为佛籁洞的平面图。A 的部分是两层,上层有三尊佛像,下层有一尊佛像,完整地保留着原样,几乎没有任何修缮的痕迹。

(五)第一窟

图 3-44 的戊为第一窟的平面图。进入第一门有个前庭,进入第二门是个较大的洞窟,中央有一尊佛像,高有三丈六尺余,窟内的佛像以及装饰手法都保存着古风。图 3-50 是第一门门柱柱础上的纹样。图 3-51 是柱子的上半部,其大斗的表面有很像希腊和亚述二者融合而成的纹样。斗敬上有莲花,下边是皿斗,柱子是八角形,呈很粗犷的凸肚状,柱面上刻有佛像。

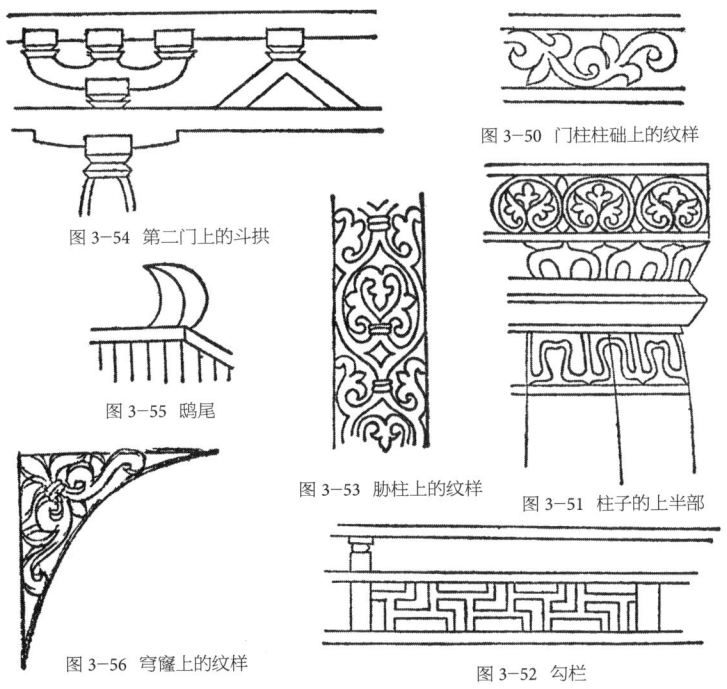

图 3-54 第二门上的斗拱
图 3-50 门柱柱础上的纹样
图 3-55 鸱尾
图 3-53 胁柱上的纹样
图 3-51 柱子的上半部
图 3-56 穿窿上的纹样
图 3-52 勾栏

图 3-52 是柱子上的勾栏,其手法也完全与法隆寺金堂相同。图 3-53 是前庭龛洞胁柱上的纹样。图 3-54 是第二门上的斗拱,每个三升斗之间都有一攒人字形驼峰,手法均与法隆寺相同。图 3-55 是前庭左右两座门中右门上的鸱尾。图 3-56 是第二门穿窿上的纹样。

(六)第二窟

第二窟的形状和宽阔之感与第一窟基本相似。细部的手法颇有值得瞩目之处。图 3-57 是前庭的柱子,爱奥尼亚式柱头的使用颇可称奇。图 3-58 多少有些科林斯式柱头的意匠,而且柱面上刻佛像的手法,一般都是自印度传来的。图 3-59 是第一门的柱础。图 3-60 是第二门门楣上的亚述纹样。第二门的门楣形状基本与西藏贝米恩奇寺院的意匠相同。(参见弗格森氏《东洋建筑史》)

(七)第三窟

图 3-44 的己为第三窟的平面。其意匠与如来殿相似,但大小逊之。中央柱子一直伸延至天井。柱子四面有佛像,正面是无量寿佛,石窟四壁都是佛像。此窟经过后世的修缮,古风受到了很大损害。

此窟的外面有无数佛像,其容貌、衣纹和背光都是法隆寺式也就是鸟佛师式。图 3-61 是其中的一例。彼此相似到如此程度,实在是令我们惊讶。

(八)第四窟

图 3-44 的庚为第四窟平面图,与第一窟相似,大小逊之。第二门没有门楣,穿窿

图 3-58 柱头　　图 3-57 前庭的柱子

图 3-61 佛像

图 3-59 柱础

图 3-62 佛像天盖　　图 3-60 亚述纹样

直露。内部经过后世修缮,古风基本不存。外面立着些鸟佛师式的佛像,大半已被风雨侵蚀。

(九)第五窟

图 3-44 的辛为第五窟的平面。与大佛寺相似,但大小逊之。佛像倚在须弥坛上,双腿交叉盘坐于地,高五丈余,脚长八尺。内部留下诸多后世修缮的痕迹。外部放满了鸟佛师式的佛像。

第六窟未建成。内外有很多大大小小的鸟佛师式佛像。图 3-62 是其天盖的一例。我们不得不对其手法与法隆寺金堂内的酷似而惊讶。

总之,石佛寺的大部分属于拓跋氏北魏的遗物,这一点不容置疑。但这里已是一千四百五十年前的遗迹,要比日本的法隆寺早一百五十年。想来,所谓推古形式的艺术无疑应该是经过三韩[1]传承过来的,可三韩又是从何处得到的传承呢?我们对此极想了解却又毫不知情,成了一个大大的疑团。而今我们已在大同附近发现了推古形式的遗物,据此推断,可以认为所谓的推古形式是从西域经过内蒙和中国北部进入朝鲜的。我们还必须对这里的石佛像进行更为精密细致的调查,以资研究此处的现状及其起源。我们应该通过这些调查研究从而踏上解释东洋美术史上那一大疑问的阶梯。

---

1 指 2～4 世纪间朝鲜半岛南部的马韩、辰韩、弁韩三个部落。

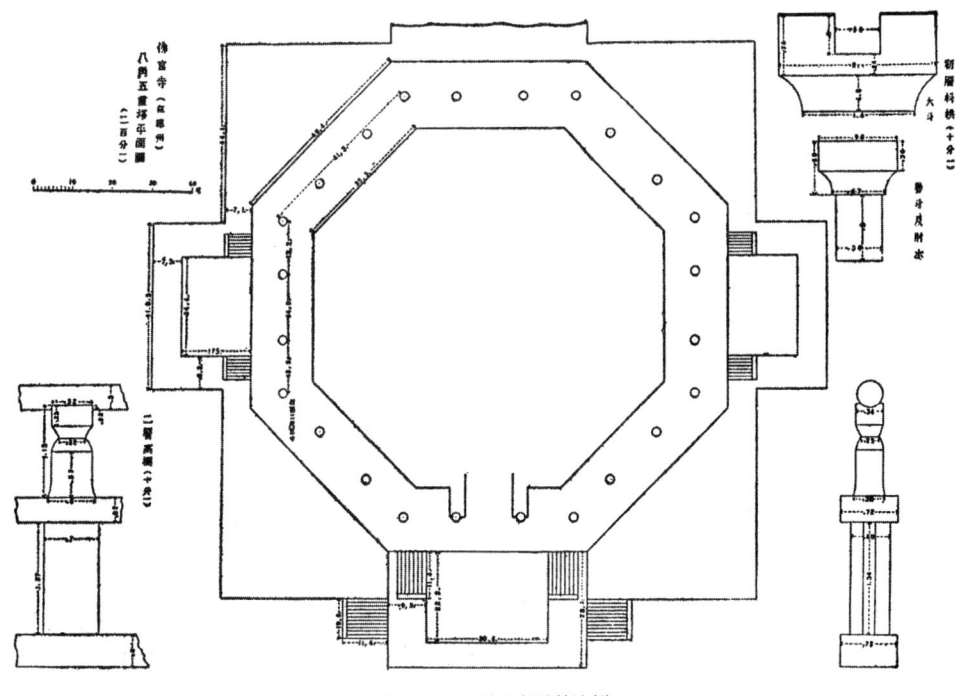

图 3-63 大斗及各升的比例

十一、应州的八角五重塔

应州位于大同府以南一百三十里,寺名为佛宫寺。有关其年代,"重修佛宫寺碑记"上云:

（上略）寺內又有古塔上下以木為之其高三百六十尺（中略）余考釋迦之塔建自遼清寧二年厥後重修者不知其凡幾（下略）

（同治）

另还有碑曰:

（上略）遼清寧二年志稱其建塔於城之西北隅高三百六十尺圍一百八十尺有奇上下架巨木為鬼斧神工非人力所能（下略）（光緒）

也就是说,此塔为辽清宁二年所建（相当于日本后冷泉天皇天喜三年）,之后虽经过数次修缮,但依然保存了八百二十年前的古风。塔为八角五重,下层有副阶。有副阶柱的一面长度为四十一尺三寸,除里外柱子用砖包住之外,其余全部为木造（见图3-63）。各层为每面三间,有檐柱和金柱,每层柱子都立在紧连下层檐柱和金柱的梁上,未用中心柱,向上逐步缩小的比例以椽木为例表示如下:

　　　　副阶每面　五十二支　　第一层　　四十六支
　　　　第二层　　四十四支　　第三层　　四十支

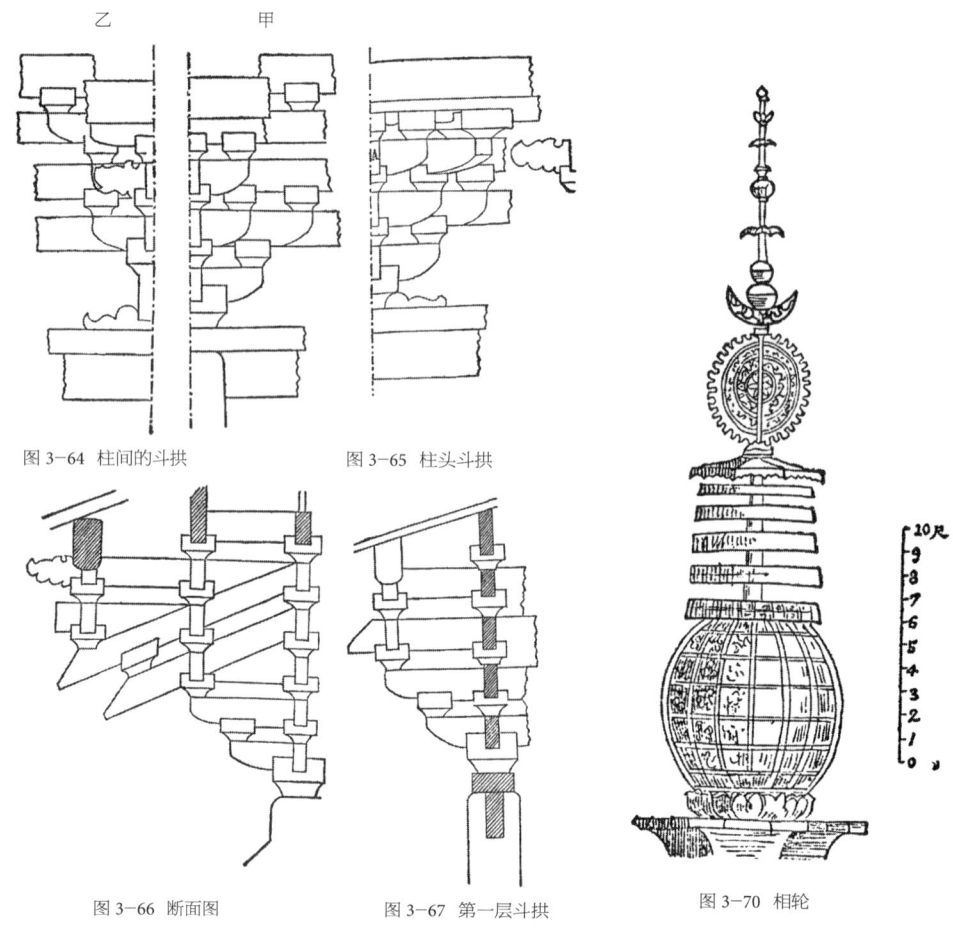

图 3-64 柱间的斗拱　　图 3-65 柱头斗拱

图 3-66 断面图　　图 3-67 第一层斗拱　　图 3-70 相轮

　　　第四层　　三十九支　　第五层　　三十六支

　　不过，椽木的配置与大小程度毫不均整，檐椽为圆形，飞椽为直角形，末端都明显地变细。其结果使得檐椽在檐檩处的直径大于日本"小间返"的椽当，而在飞椽的末端，"小间返"椽当是飞檐末端的两倍。第五层的大小为：檐柱的中心部分每一面长十九尺六寸。第二层的金柱每面为十七尺七寸。

　　第二层以上有勾栏（见图 3-63），其形式与日本古代之物极其相似。斗拱之制十分放纵，每一层都各不相同。观察副阶发现，正堂用于柱间的斗拱如图 3-64 所示，大斗比用在柱头科上的稍小，斗拱左右出有"鳍"，还用了像角科上的那种厢拱，作为正堂和次间界线的柱头斗拱，如图 3-65 所示，和大华严寺海会殿一样，也配合使用了斗柱和驼峰。图 3-66 为图 3-65 的断面图，其组织与图 3-40 所示善化寺大雄宝殿里的斗拱类似，建筑年代也应该相去不远。

　　图 3-67 是第一层的斗拱，其整体形状与日本奈良药师寺塔上的斗拱十分相似。双昂的手法特别值得我们注意。不过，已在图 3-63 中示出的大斗及各升的长宽高比例，

图 3-68 应州八角五重塔　　　　图 3-69 应州八角五重塔细部

与日本藤原时代之物相比则稍有不同。

第二层的斗拱是双昂出九踩，但柱间平身科的形式明显不同，且用有平板枋（见图 3-68 和图 3-69）。

第三层的斗拱无昂出七踩，两根金柱头上用斗拱，柱间用短瓜柱。

第四层斗拱出五踩，柱间用平身科。

第五层斗拱出五踩，正堂中央的斗拱只装在柱头上，柱间用短瓜柱。各层勾栏下面装檐下斗拱，虽都出七踩，但手法各不相同。

要之，斗拱之制变化之多源自意匠之丰富，这与日本那种千篇一律、每一层都使用相同斗拱的手法相比，孰优孰劣自不待论。

图 3-70 为相轮，顶上有八角露盘，再上面是双层仰莲，皆以砖造之。仰莲以上为铁制，最下面有莲花座，莲花座上面是像笼子一样的球状，球体表面有细致的透雕纹样，球体上面有五轮，五轮之上有天盖，盖上是四片半圆形的水烟，其表面也有精致的透雕花纹。再向上是一个宛如新月的水烟，其上是双层宝珠，宝珠之上是八叶盖，盖上又有宝珠，宝珠之上又有盖，盖上为仰莲，最上面是一颗宝珠。

相轮的大小不详，据我本人观测，从露盘到顶部大概有四十尺左右。塔全高大概有二百五六十尺，相传高度有三十六丈，不过是夸大言辞而已。日本自古也传说有高达三十六丈的建筑，最为近似的是京都相国寺的塔。这不外乎又是些佛宫寺塔之类的言辞罢了。

总而言之，在中国，木结构的塔本已十分奇特，而此八角五重塔有二百数十尺的高度，更堪称奇。而且，建筑年代为辽清宁二年的古物能够良好地得以保存更是难得，更何况还有那些运用自如、意匠洋溢的细部手法。这里与大同的大华严寺、善化寺一起，作为大同附近的辽金时代的三处遗迹会在建筑史上大放异彩。

十二、五台山

五台山又名清凉山，隶属于山西省五台县。《清凉山志》云：

> 五岳之外有清凉山者乃曼珠大士之化宇也亦名五臺山以歲積堅冰夏仍飛雪曾無炎暑故曰清涼山五峯聳出頂無樹木有如疊土之臺故曰五臺

所谓五台，是指中台、东台、西台、北台、南台五台，各高一万余尺，据我观察，东西两台相去的直线距离大概有四十里，南北两台相去也约有四十里。五台之水相汇为清水河，向南流淌最终汇入滹沱河。在河两岸的五台周围形成一个小镇，也就是五台山诸寺的所在地。传说五台山的起源是从东汉的明帝时开始。《清凉志》曰：

> 漢明帝時摩騰西至以慧眼觀清涼山乃文珠化宇中有阿育王所置佛舍利塔秦帝建寺額曰大孚靈鷲寺大孚弘信也帝以始信佛化教以名焉

其后，东魏孝文帝重建此寺，隋唐以后各朝各代都对此寺尊崇至甚，渐次加入迦蓝形成了今天的规模。

台内共有佛刹六十四所(据《清凉志》)，其中著名的是：大显通寺、大宝塔院寺、大圆照寺、大文殊寺即菩萨顶、大广宗寺、罗候寺、南山极乐寺、殊像寺、慈福寺等。现在虽都归属禅教，但其中一部分仍不脱离藏传佛教。听说五台山有十处藏传佛教迦蓝，统辖这些迦蓝的就是菩萨顶。

五台山各迦蓝的建制基本相同，在此以大显通寺为例，其他均予省略。大显通寺是五台山中最古老的迦蓝，东汉明帝时创立，东魏孝文帝又予以重建。唐太宗亦重修此寺，武则天纳入华严经，因而称此寺为大华严寺。清太宗时敕令重建，并改称大显通寺。其平面布局如图 3-71 所示。进入东门，南侧是水陆殿，供奉着观世音。文殊殿内祭祀着文殊，大殿里供奉着释迦三尊。重檐庑殿顶上冠有宝瓶，殿前的碑文上刻着天顺二年及万历三十五年的圣旨。无量殿内安置着无量佛，砖造的殿宇内部为穹窿顶，

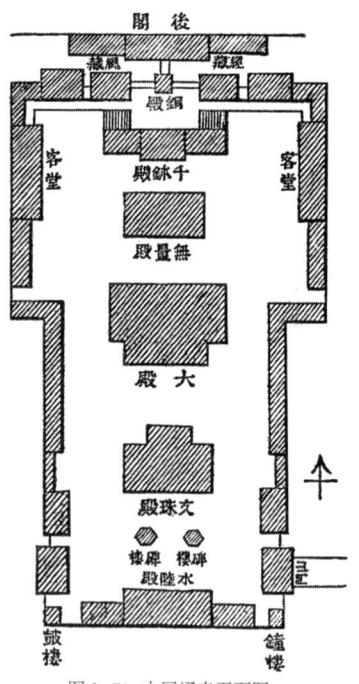

图 3-71 大显通寺平面图

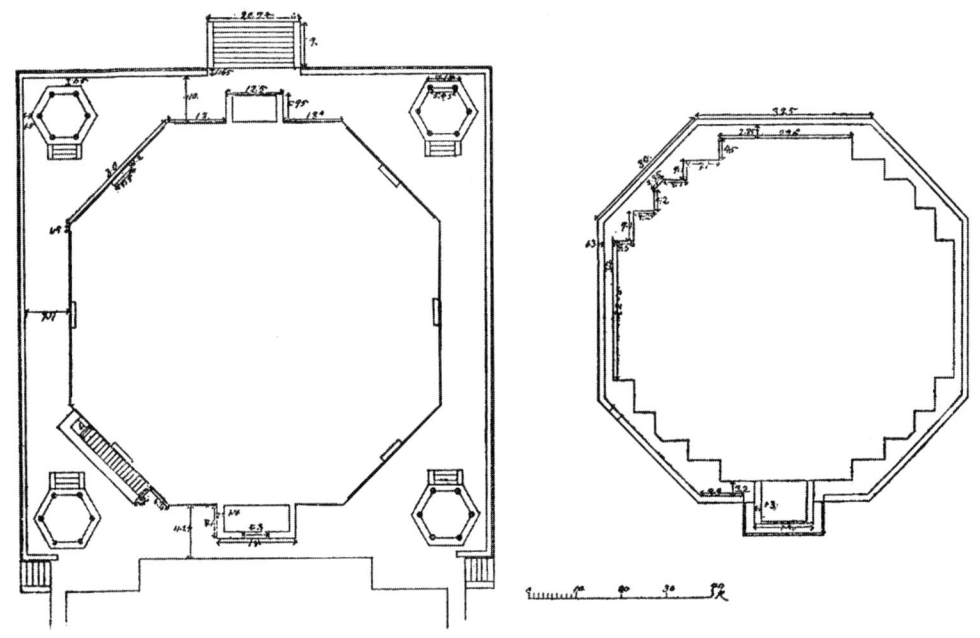

图 3-72 大塔院寺塔平面图

外部看上去呈重檐歇山形式。千钵殿里安置着千手十一面的文殊。殿后设坛，坛上建有五座小塔，传说是作为五台的象征。坛上还有座铜殿，为重檐歇山形式，全部以铜铸之。铜殿左右是藏经楼，砖造，重檐歇山顶。铜殿后面有座后阁，重檐悬山顶。其他还有客室、走廊、鼓楼、钟楼等，规模甚是宏大。但对每一座建筑单独进行观察后发现，都是清代的建筑样式，在意匠和制作方面没有特别值得关注之处。佛像等也明显地受到了藏传佛教的影响，已经说不上是纯粹的华严宗了。

大塔院寺在大显通寺南边，以大塔著称。永乐五年敕令重修大塔时始建寺。万历戊寅年圣母敕令再修大塔。《清凉志》曰：

> 塔在鹫峰之前、群山中央、基至黄泉、高二十一丈、围二十五丈、状如藻瓶、上十三级宝瓶、高一丈六尺、镀金为饰、覆盆围七丈一尺、巾以悬带、悬以金铃、更造金银宝玉等佛像及诸杂宝安置藏中、云云

此塔于万历七年九月起工，十年七月竣工，其平面如图 3-72 所示。宽阔的方形台基上建有一座八角塔基，上面建塔身，全部用砖，表面涂着白垩。其形式及细部手法基本上与北京城内白塔寺的白塔相同，只是比白塔寺白塔的台基小些，高度高些。此塔号称高二十一丈，看上去基本符合事实。

此塔台基并不是正八角形，因此建在上面的台座平面很是怪异，我们搞不清其确切的原因。另外从整体的形状来看台座、球体、相轮三个部分的划分十分含混，几乎分不出三部分之间的界线。而且塔顶部的藻瓶过小，与下面相轮之间的关系也不够巧

图 3-73 五台山大塔院寺塔

图 3-74 定州曲阳修德塔

妙。我认为此塔大概是以白塔寺的白塔为样板而建,所以或多或少会有一些窜改之处(见图 3-73)。

要之,此塔于规模上为五台山第一奇观。与北京白塔寺的白塔相比,因年代不同,二者恰好可以拿来进行对比观察,这正是我们最感兴趣之处。

五台山中佛塔甚多,形状千差万别。中台山顶的塔,其塔顶的相轮十分发达,具有了如八角七层建筑似的意匠。南山极乐寺的塔,其台座也非常发达,压住球部,很是接近宝箧印塔的形状(见图 3-73)。

十三、曲阳的北岳庙及塔

曲阳位于定州西北六十里处,域内有北岳庙,传说是因为恒山的一部分飞来落在此地,所以祭之。正殿名为德宁殿,是一座九间六面、重檐庑殿顶的大型建筑,周围的柱子游离而立,构成厢檐。观察其细部手法,斗拱的配置与明代建筑相比间隔其疏,十三尺的楹间,每柱间只装两攒。下昂斜置,有昂嘴。斗的比例与明代相比稍有差异,也许会是元代的遗物。殿内有座古钟,上面刻有元代大德六年的铭文,大体形状和明代之物没有不同之处,只是其龙头顶上冠有一点儿珠宝,使龙头的形状见异。

庙内有众多古碑,其中最古老的当属宋代皇祐元年之物,周边刻有卷草纹样,故可知此为宋代纹样之一例。此外还有相当数量的明代刻碑。

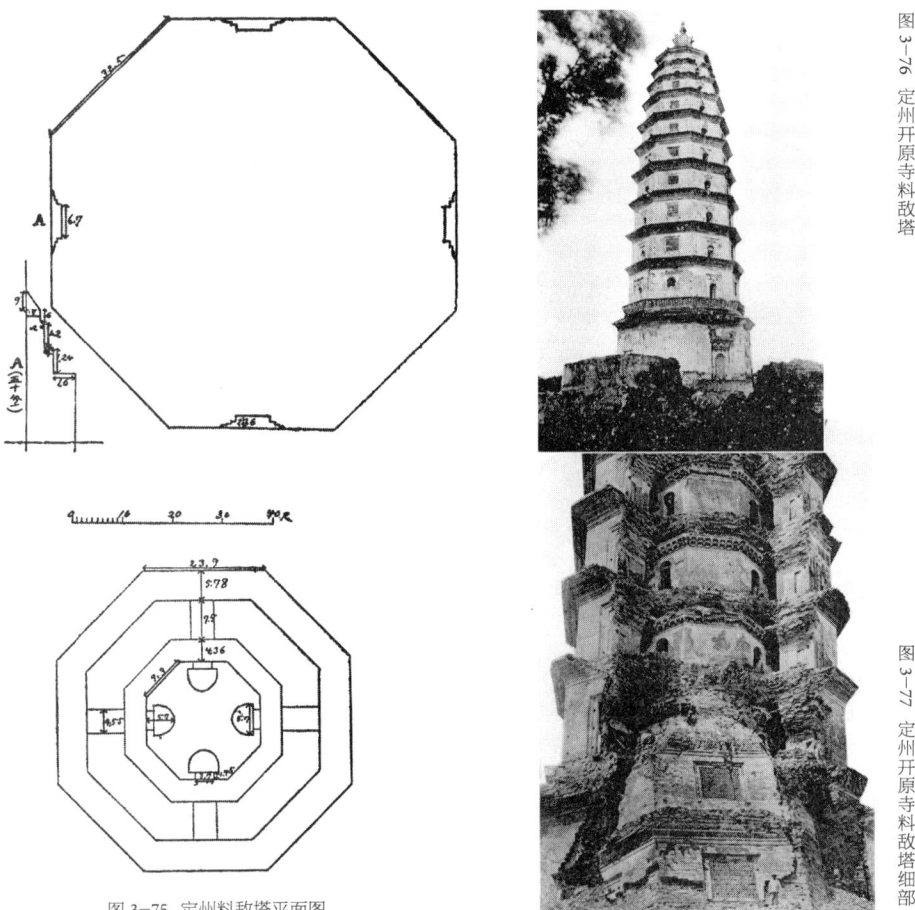

图 3-75 定州料敌塔平面图
图 3-76 定州开原寺料敌塔
图 3-77 定州开原寺料敌塔细部

城外有一座塔，名为修德塔，八角五重，下层每面十一尺七寸，高约一百二十尺。虽说是五层，但第一层是最主要的部分，第二层以上每层都很矮（见图 3-74）。与此相同的塔五台山中还有很多。

十四、定州的塔及文庙

定州位于北京西南四百九十里处，古时是汉代的中山，中山靖王曾经居住于此。城内有一座高塔，名为料敌塔，唐代开元元年创立，到宋代才建成。八角十一层，砖造，其平面如图 3-75 所示，形状可参见图 3-76。每一层都没有天井，只是以刳形构成较深的屋檐，大体轮廓就像印度的 Sikira（天宫），形成曲线，上部急促地缩小。每层东西南北四面各开有入口，另外的四面装着具有创意的花隔扇。花隔扇的纹样并不统一，都是由几何学的图案演变而成，上面涂着红色。其他部分都以白垩粉刷。

内部造有内殿，周围环有通道，顺着台阶可以登至最高一层。内殿里安置着佛像。

图 3-79 大成门上的悬鱼　　图 3-78 大成殿的悬鱼　　图 3-80 奎星阁的悬鱼

下层的通道顶上装有方格天花，方格间用浅雕手法刻着非常精巧的几何学纹样或花鸟等图案。上层通道没有方格天花而以穿窿代之。清朝光绪初期，塔的东西角从最顶层到最下面全部崩塌，以致内部裸露于外（见图 3-76、图 3-77）。

内部的方格天花下面有斗拱，手法雄浑，未用平身科。

据说塔高为二十丈，但据我观测应达二百二三十尺。

总之，可以认为此塔保存着宋代的形式。

文庙也是定州的重要建筑。大成殿五间三面，单檐悬山顶。内部的梁柱都保持着树木的自然形态，基本上都呈圆形断面。只有桁、枋、柱的结合部是直角形。因此自然而然地形成了卷杀弧面，其悬鱼见图 3-78。日本称此为"三花悬鱼"，但在这里似乎该称为"五花悬鱼"吧。大成门上有如图 3-79 所示的悬鱼。几个小藏檩悬鱼实际上就是为了遮盖桁檩末端而生成的意匠。奎星阁高三层，平面呈正方形，屋顶为歇山形式。其悬鱼可参见图 3-80，这与日本之物完全同形。

庙内还有很多古碑，其中元大德十一年碑为最古。

十五、结语

以上记录是我在山西省旅行中所观察到的一部分。我从北京出发朝西北方向行进，看到了建筑形式的渐次变化，而感觉变化最大的地方是大同附近。从大同经五台山再回到北京，那种变化又呈逆行方向渐次复原最终回到北京。这引起了我极大的兴趣。要说所谓的变化指什么，回答是：木造建筑渐次增多，施工手法渐次与日本的建筑近似，古代的建筑遗物渐次增多。如在北京我们没有发现悬鱼的身影，越过八达岭后开始见到一些类似悬鱼的装饰，到了大同附近终于见到了完整的悬鱼。其他的，如耍头、驼峰、纹样、斗拱、建筑整体的比例等全部如此。在云冈石佛寺我们终于看到了法隆寺的影子。我不由得想像，如果再向前至朔平、归化，进而入陕北北部的话，一定还能见到意想不到的建筑实体。大同之地凤为非汉族人居住，东魏拓跋氏营建起来的都城，到了辽

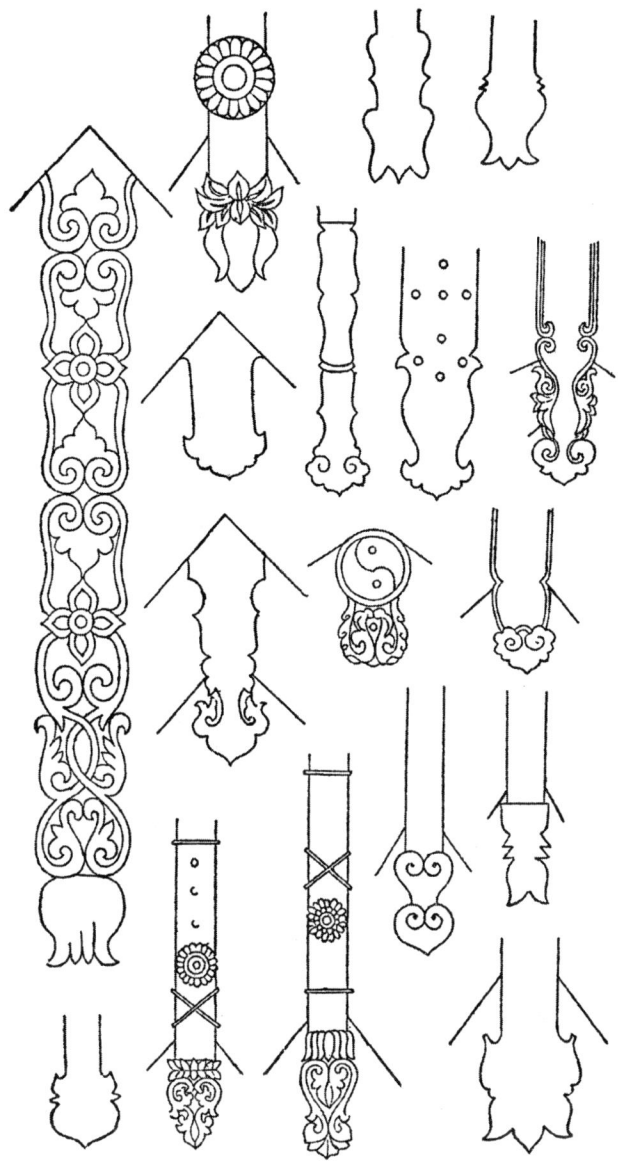

图 3-81 悬鱼实例

金时代成了西京,魏、辽、金几代的鼎盛时期,大同附近都是繁华地区。更何况汉人在驱逐其他民族的过程中,大同经常作为防御北方民族的重镇,可见处于其极其重要的地理位置。在大同附近发现古代遗物也绝非偶然。我以此认为,对中国北方地区建筑的研究非常重要,而且相信此研究也一定十分有趣。

最后我要在此展示一些悬鱼和金属饰件的实例,请参见图 3-81 和图 3-82。中国北方地区木制建筑上的悬鱼样式有无数种,可以说每一座建筑都各不相同。而日本悬

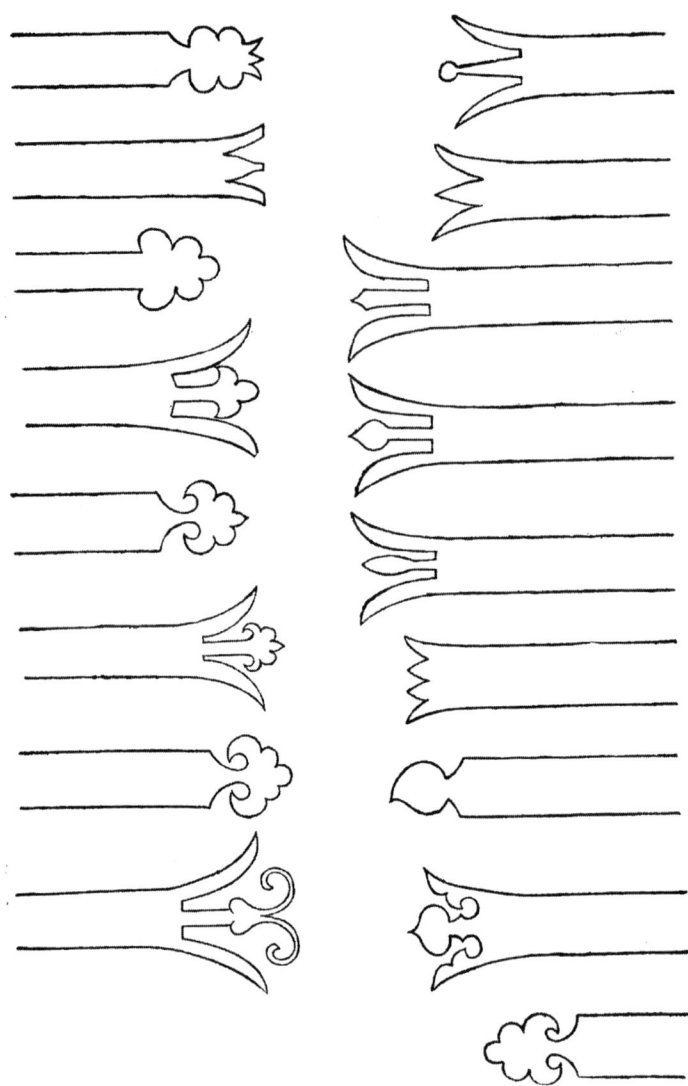

图 3-82 金属饰件实例

鱼的种类有限，只要稍稍出现了一些新意，马上就会被视为歪门邪道，违反规矩。金属饰件的情况也是一样。我现在并不是要对区区一个悬鱼或一个金属饰件进行辩论，也不是要就建筑的细部手法发出议论，我是想针对各国的各种建筑整体来谈论这些问题。

（明治三十五年七月，刊于《建筑杂志》第 189 号）

第四篇 东北地区的佛寺建筑

绪言

明治三十八年[1]秋,日俄战争进入终局,日本军自奉天向昌图方向进行军事部署之际,我奉帝国大学之命进入东北地区,在奉天从事宫殿调查的工作。我又利用余暇时间向北,越开元到达马千台边门,东过永陵访问兴京老城,其间通观了各种建筑实例。但我的主要目的是研究奉天的宫城以及陵墓,对于其他的建筑物则无法进行充分的调查,此处有关东北地区佛寺建筑的记述难免是很不全面的。我希望有朝一日能够得到重游的机会,以期使研究得以完成,并能补充和订正今天的遗漏及谬误。

本篇刊载的图表都是本人于匆忙之中的观测写生,完成实测的极少。因此一定存在许多误测误描,更何况有高度达二百余尺的高塔,要想观测其相轮的细部,必须要有高倍望远镜才能看得清楚。因此这些实物皆以照片来介绍大概轮廓,细部则尽我眼力所及的范围予以精描。

东北地区的建筑种类除佛寺之外,还有道观、庙祠、伊斯兰教寺院(清真寺)、宫殿、陵墓、城堡、住宅、会馆等。这些建筑的性质相互之间有很大关联,所以,如果想说明东北地区建筑的一般性质,必须综合各种建筑进行比较研究以判别其间的异同。但此类研究事关重大,不做很多细致的调查工作就无法完成。现在我只是在东北地区对佛寺建筑进行调查,举出其中最重要的实例,尝试进行有关建筑学方面的陈述。

我的东北地区之行得获当时东京帝国大学工科大学讲师、工学士佐野利器、大熊喜帮、大江新太郎三位的同行。本篇所载照片大部分是大熊工学博士拍摄,装饰纹样图的一部分由大江工学士写生,建筑实测图的一部分由佐野工学博士着手完成。此处的转载得到了三位的慨允。

1　明治三十八年 = 1905 年。

第一章 各地区有关佛寺的记载

首先按照我旅行途经的顺序,记述一下我所访地区的重要佛寺建筑。

一、熊岳城

熊岳城距大连有一百一十里半的火车车程。全城面积约有二百四十间[1]见方,北开绥德门,南开迎薰门。城内佛寺中稍有观赏价值的是道林寺。

(一)道林寺

寺的沿革不详,相传是唐代创立。《全辽志》古迹之部记载为:

道林寺　盖州城南熊岳堡

可知这里在明代就已属于古迹的古刹。寺境内有成化十七年(1481年)、嘉靖九年(1530年)、康熙三十三年(1694年)等重修之碑,更加佐证了此寺创建年代的久远。现在的建筑是道光三十年(1850年)的重建物,平面如图4-1所示,属于十分破格之例,但建筑本身没有特举之处。只是通常应该设置天王殿的位置上建了马殿,作为庙祠建筑,性质有所混合,此为应该引起注意的现象。

(二)水难塔

位于熊岳城外东北约一里处的小山顶上,俗称水难塔。传说是清朝顺治年间城内

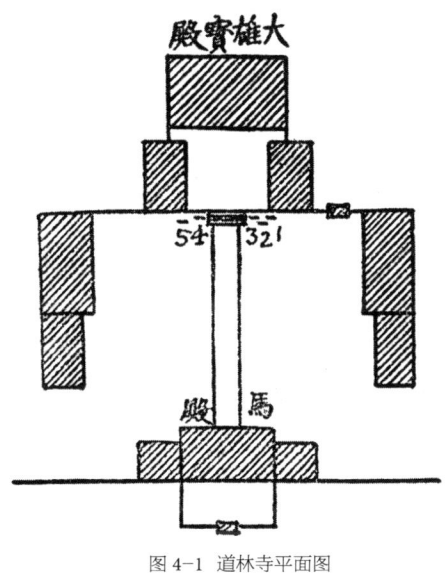

图4-1　道林寺平面图

---

[1] 日本的平方单位。于城市1间 = 6.3尺×3.15尺;于农村1间 = 5.8尺×2.9尺。因不知作者以何为准,故照引原用字,列数值供参考。以下同。

城隍庙的僧人所建，具体的历史详情不得而知。其形式如图4-2所示，八角，喇嘛式的趣味占了一半。全高约二十八尺，由台基、塔身、宝顶三部分组成。塔身上只有南面开了一个小龛，里面纳有佛像。全塔为砖造，以白垩涂之。应该是各处都施用过色彩，但现在均已脱落，原来的颜色已辨认不出了。宝顶最上面的宝珠以上为铁制（见图4-3）。此塔的价值在于，其形式介于喇嘛塔和东北地区塔（在以下章节说明）之间。塔的台基为北方地区形式，也就是与北京天宁寺的十三重塔之类的建筑性质相似，而塔身几乎是纯粹的藏传佛教式，宝顶形式也有变，呈现出一种特异之感。整体形状恰似北印度教建筑的西卡拉，上部相当于阿摩罗迦那像个压缩球体的部分是此塔最为珍奇之处。

总之，此塔的形状使人觉得这是印度佛教建筑帕高达、北印度教建筑西卡拉、西藏建筑Chod-ten以及喇嘛塔、北方地区塔等的混成体，可堪称是含有大量趣味的珍奇建筑物。如果能够搞清其创建的背景，珍奇之处即可释然。

二、海城县

海城县距大连有一百六十八里半的火车车程，位于沙河北岸。全城面积大约三百六十间见方，南面开两门，其他三面各开一门。南面的大门称广威门，东门称得胜门，西门称临清门，北门称来远门。南面的小门没有特定名称。

城中的佛寺建筑中，三学寺最值观赏。接引寺也是一流的巨刹。

（一）三学寺

三学寺传说为唐代创立。《全辽志》古迹之部有"三学寺、海州城、西南隅"的记载，证明这里于明代就已被视为古迹。现在作为学堂使用，其平面如图4-4所示。曾经的天王殿和大殿现在是讲堂，左右的殿堂

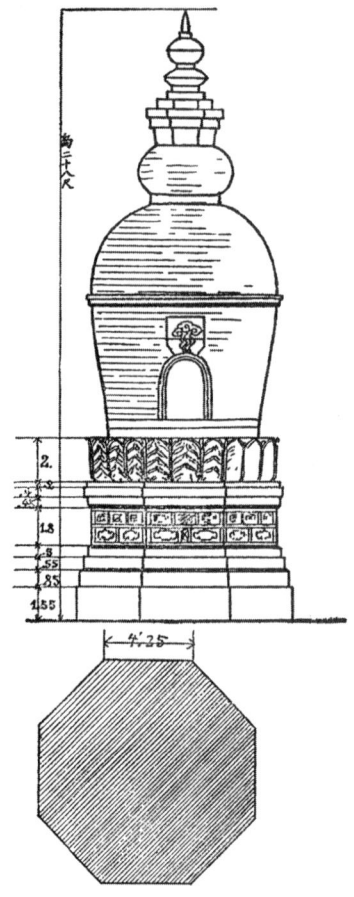

图4-2 水难塔平面图

图4-3 熊岳城水难塔

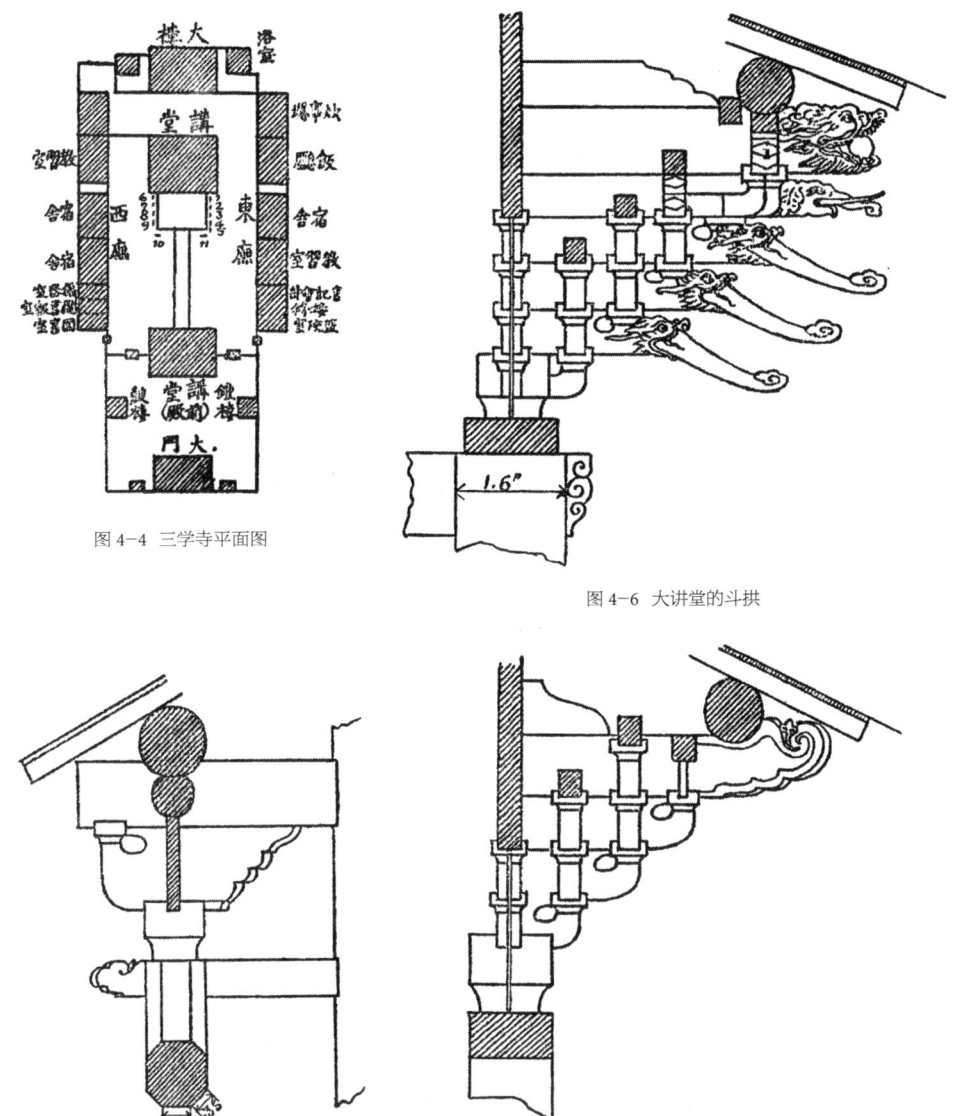

图 4-4 三学寺平面图

图 4-6 大讲堂的斗拱

图 4-5 柱头

图 4-7 前殿的斗拱

也都成了教室。现存的建筑是顺治初期或者崇德晚期的重建,但两庑的手法上明显地保存着古风。如图 4-5 所示,其柱头的大斗高宽相等,柱为石造,异常之大的梭杀使柱子几乎成了八角形。日本奈良朝以及平安朝的初期也有一些与此相似的实例,因此可以考虑这种手法是唐代遗风的传承。图 4-6 所示大讲堂的斗拱明显带有近代的趣味,下昂、耍头上施有复杂的绘样及雕刻,都是清代初期流传下来的意匠。

图 4-7 是前殿的斗拱建制,与前者的意匠相同,只是程度上有所不同,没有绘样、没有下昂,耍头上也没有雕刻,前者出九踩,这里是出七踩。

大讲堂的后面有一座大楼,面阔五间,重檐,中央有一尊巨大的毗罗佛坐像。除大门、鼓楼、钟楼之外没有特记事项。

大讲堂前左右相对排列着两列石碑,其中宣德十年(1435年)、万历四十二年(1614年)、崇德二年(1637年)、崇德六年(1641年)等碑最值得一看,都经过重新修缮。其中宣德碑周围的卷草纹优秀奇拔,从中可以观赏到遥远唐代的遗风。

(二)接引寺

接引寺的平面如图4-8所示,创立于乾隆二年(1737年)。乾隆二年岁次丁巳四月初八创立的接引寺建立碑记上有以下文字:

> 正殿五间前廊房后禅堂而山门通于街
>
> 大佛三尊左药师右弥陀而释迦居其中

另外,乾隆十五年重修接引寺正殿碑记上有以下文字:

> 接引寺者系平南王之旧第也厥后建为寺

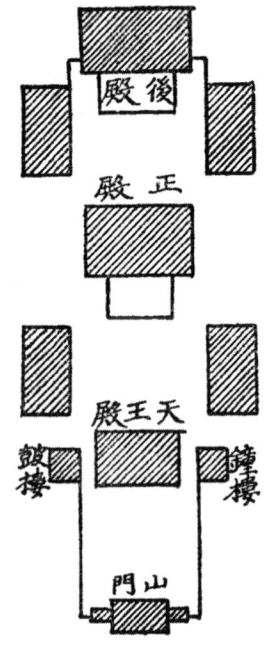

图4-8 接引寺平面图

另外还有乾隆二十八年增建天王殿、金刚殿、钟鼓楼时记的碑文,以及增建接引寺碑记。后者有如下字句:

> 天王殿三楹
>
> 金刚殿三楹
>
> 钟鼓二楼、屹如山立

以此我们可以了解此寺的规模以及渐次扩张直至完成的过程。现在金刚殿通称为山门,左右各置金刚之像。右边黑色的叫作"哈",左边红色的叫作"哼",都拿着金刚棒倚在台基上。天王殿原来安置着四大天王,现已不见踪影。正殿里有三尊佛像,制作十分拙劣,不值得一观。

总之,这里的建筑形式与手法都属于清朝中期以后,没有什么特殊的价值。

三、析木城

析木城位于海城县城东南三十五里处,汉代叫作望平乡,辽时改成析木。最初隶属东京,后归在铜州属下。金时立县,属澄州,元代时撤县。现在有个土堡,称作析木城。

城附近有三座古塔,分别叫作金塔、银塔、铁塔。

(一)金塔寺

金塔在城西北七里处,寺名为金塔大禅林寺,简称金塔寺,平面如图4-9所示。

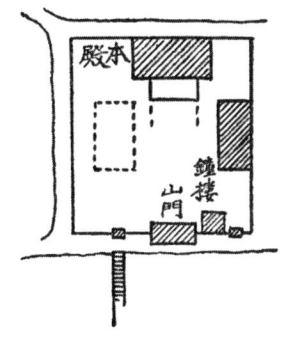

图 4-9 金塔寺平面图

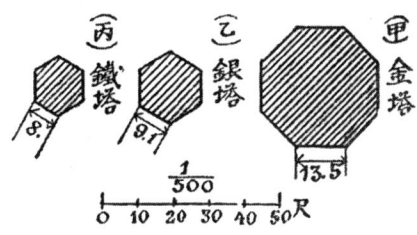

图 4-11 本殿平面图

图 4-10 柝木城外金塔寺塔

图 4-10 为其外观。有关此寺的创立及沿革不详。《全辽志》古迹之部记载：

金塔寺 海州城東南二十五裏

由此可知这里于明代就已被编入古迹之部。本殿前有万历三十九年 (1611 年) 及万历四十一年 (1613 年) 等重修碑，但没有关于创立的文字。塔在本殿后面陡峭的半山腰上，平面如图 4-11 甲所示，八角十三重，每边长十三尺五寸，被称为辽东七塔之一。规模也好、形式也好都堪称是第一流的美塔。但是上半部现在已经全部破损，因此无法知道相轮等的形式。台基由上下两层组成，下层雕着好看的包袱花边，中间纳有小佛像。上层壁面雕成像狮子一样的怪兽半身像，八角棱柱上有立像。

坛上有莲花瓣，塔身建在莲花瓣上，每面中央有龛，龛中有坐佛像，两侧是菩萨立像，制作都十分优秀。龛的上部用拱券，上面是和下面三尊相应的天盖。天盖上方有左右两个飞天的图案，这是中国六朝以后至唐宋年间最常见的配置。

第一层的斗拱是最富承力的七踩斗拱，木制的双重橡木已经腐朽，很难推想出原有的檐部曲线之美。第二层上排列着很多小型佛像。第二层以上没有使用斗拱，只是用砖叠涩出檐，这种方法似乎属于惯例。

总之，此塔是同类塔中形式最为古老的，虽然还没有搞清其确切年代的物证，但从雕刻的手法上判断，应该就是唐代或者是勃海时代的遗物无疑。与我们已经认定为辽金时代遗物的河北省涿州的塔，吉林省开原的塔相比，应该说此塔的年代更为久远。

图 4-12 栎木城内铁塔寺塔

图 4-13 栎木城外银塔寺塔

（二）铁塔寺

铁塔位于栎木城内，沿革不详。外观如图 4-12 所示，平面为六角七重，台基每边八尺（图 4-11 丙）。台基下层的壁面上原刻有包袱花边，但已全部损坏。塔身每面中央都有一尊立像，上面有天盖，但都没有胁侍、龛和飞天，制作也极为粗糙，大概是清代重修。相轮已遗落无法观察。

（三）银塔寺

银塔寺位于栎木城东北十五里处，沿革不详，相传是唐贞观年间所建。塔（图 4-13）为六角九重，台基每边九尺一寸（图 4-11 乙）。

台基壁面上没有任何修饰意匠，或许是被彻底毁损看不出来了。坛的上部，带有勾栏意匠之处一分为二，下半部刻有稍加变形的卍字形格子，上半部用深浮雕手法雕着花卉纹样。依照常规，坛上置有莲座，莲座上面是塔身。每面中央的龛中纳有坐佛像，左右是胁侍立像，三幅天盖一对飞天的设置如常规。

檐部的斗拱建制亦循惯例，第一层两柱之间只装一攒五踩，二层以上不用斗拱。相轮只能观测到其中的一部分，最下面是露盘，露盘上面有两层仰莲，再上面是壶状的宝瓶。

图 4-14 喇嘛塔

宝瓶以上部分均已损毁，但手法应该与辽阳大塔大致相同，即以几个球体作为主干贯通。

图 4-14 是金塔寺附近一座僧侣墓地的实例，是一座有着巧妙变形的喇嘛塔，用

砖建成，每个刳形都是利用砖的厚薄调整，可感到意匠中的良苦用心。建筑年代应为近代。

四、辽阳州

辽阳州在距大连二百零六里二火车车程的太子河西南岸，曾经是辽金的东京。河的东岸是新城，东北是东京陵。

广祐寺

辽阳州城西门外有一座高塔，隶属广祐寺，俗称白塔，寺也被随之称为白塔寺（见图 4-15）。《盛京通志》记载：

> 廣祐寺在東京西門外有白塔俗呼曰白塔寺天聰九年奉勅重修內有碑記謂此寺創於漢時唐尉遲恭重修蓋古剎也內有自來佛一尊、云云

《盛京典制备考》记载：

> 在州西門外三里有白塔俗呼白塔寺前明建本朝天聰九年奉旨修康熙二十一年四月駕幸寺中賜袈裟、云云

二者说法并不统一，一说为汉代所建，一说为明代所建。但天聪九年（1635年）的重修二者一致。想必汉代创建之说属于虚妄传说，尉迟恭重修之说也不可贸然信之。不过，《全辽志》古迹之部的记载是：

> 廣祐寺 遼陽武靖門外

既然明代已被录为古迹，故年代应该比辽更久远才是。我想象，广祐寺迦蓝的创立是在辽金年间，其规模的大成则是靠明代的修筑，白塔现在的形式应为天聪年间修建所成。

广祐寺的殿堂如今已然全部废灭，仅残存此白塔一座。塔南有一处殿堂建筑痕迹，塔北面的地势和隆起的部分可以想定是大殿的遗址。殿址前面有一块碑，表面已经全部风化，一个字也辨读不出来了。周边的花纹很明显是明末的风格。《通志》里所谓的汉代所建或许指的就是这座碑。塔南面的台基前现在倒放着观世音和释迦的铜像，观其制作手法也都应该是制作于明末清初。我综合这些情况相信：广祐寺迦蓝于天聪九年进行了彻底的重修，白塔也于此时改变了旧时的面貌，之后又经历过数次修缮。

塔八角十三层，建在很高的台基之上，砖造，实心，内部没有留出空间，这一点和其他的砖塔相同。台基下层每一边长七十三尺，上层坛又有数层呈带状。中间带的八

图 4-15 辽阳广祐寺塔

图 4-16 台基

面上嵌刻着八卦之像,每面的八卦像之上又各凿开五个小龛,纳入佛像,小龛之间用五踩斗拱,斗拱之上设莲座(见图 4-16)。莲座上置塔身,其平面如图 4-17 所示。八角的每面为 26 尺,棱角处立圆柱,中央做成进深很大的佛龛并架上半圆拱券,里面供有坐佛像,左右有胁侍立像,上方有天盖、飞天等,配置与栎木城的金塔寺相同。不过,金塔寺尚存庄重古雅之风,而此间则颇有轻佻卑俗之气。

檐部装着三攒五踩斗拱,形状颇为雄健有力,檐为双重,椽子料为木材,因此不宜过于挺出,老角梁用的也是木材,其末端悬有风铎。屋顶用仰合瓦通面铺葺(见图 4-18)。

第二层以上因外壁面极小,没有施予任何装饰手法的余地。檐部也未用斗拱,只是用砖叠涩而成,砖的末端相互连接形成了一种十分美妙的曲线(见图 4-19)。

相轮的形状完全是一种特殊的形式,在中国内地尚未见过。最下部是一个八角的矮台基,每面都镂刻着一种棂格,依次向上有一条带状环绕,一朵八瓣莲花,一座八瓣莲花台。但上下两个八瓣莲花并不相重,而是上面八个花瓣的棱边对着下面花瓣的中央进行排列。莲花台上面更有一个接近球状的物体,但因破损严重,已经分不清当

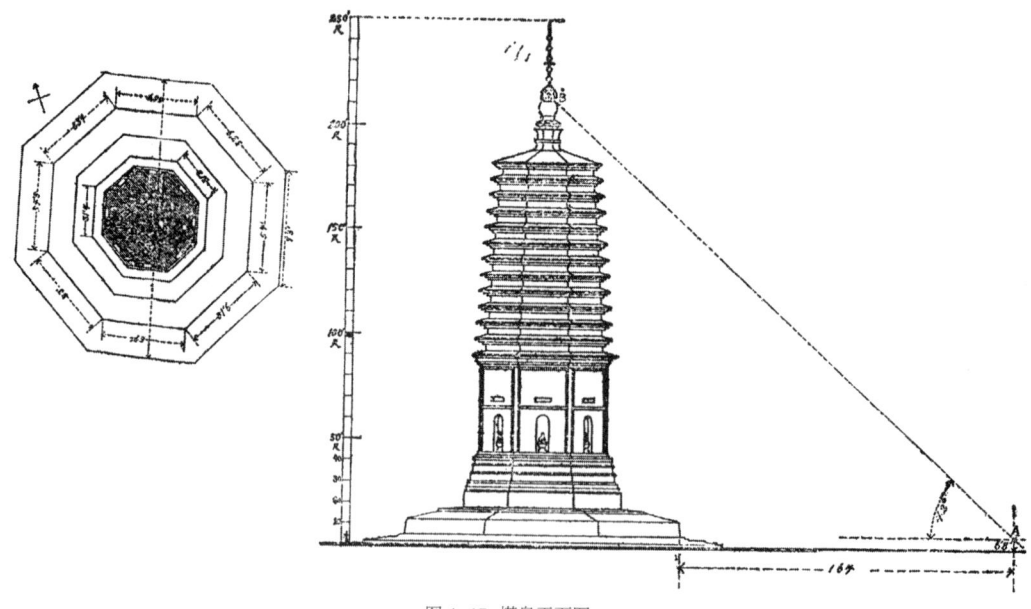

图 4-17 塔身平面图

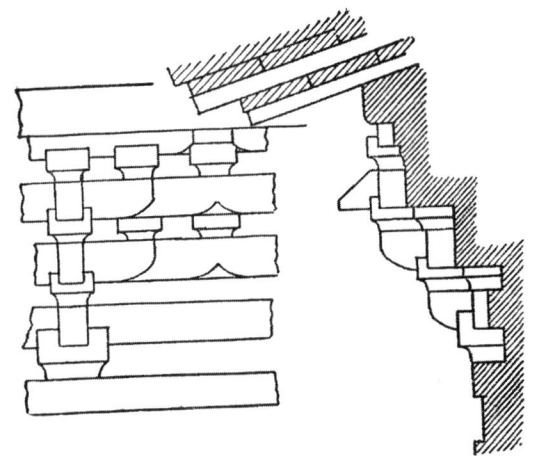

图 4-18 屋顶

图 4-19 砖的末端

时使用的手法。自底层至此球体皆为砖造。

球体上方中央立有一根细铜柱,根部有四张铜板示水烟之意。铜板上也镂刻着一种纹样,外周呈火焰状,朝向上方闪烁。水烟的上部垂有八条锁链与屋顶的八个角相接。

水烟上方是第一个球体。球体可以看作相当于中国内地以及日本的相轮。再向上有第二个球体,然后是具有伞盖之意的八角小盘,接着是第三到第五个球体。第五个球体上方还有铜柱高高挺起,冠在最尖端的宝顶是个多少有些刳形的笋状。这种形式似乎是奉天地区相轮的标准样式(见图 4-20)。

图 4-17 右侧是其立面的观测图。图 4-20 中,A 点对相轮 B 点的仰角是 42 度,由此可知地面到相轮顶端大约是 250 尺,相轮的高度为 62 尺。这应该是东北地区的第一大塔,也是中国一流的大塔。

总之,此塔由台基、塔身、段层、相轮的四部分组成,是奉天地区塔类中极好的样本。但观察其形状发现,段层部分越往上越缩小的现象并不十分明显,这应该作为其年代并不久远的一种象征。塔身上的佛像雕刻等也证明此建筑不会是遥远的唐代或渤海国之遗物。

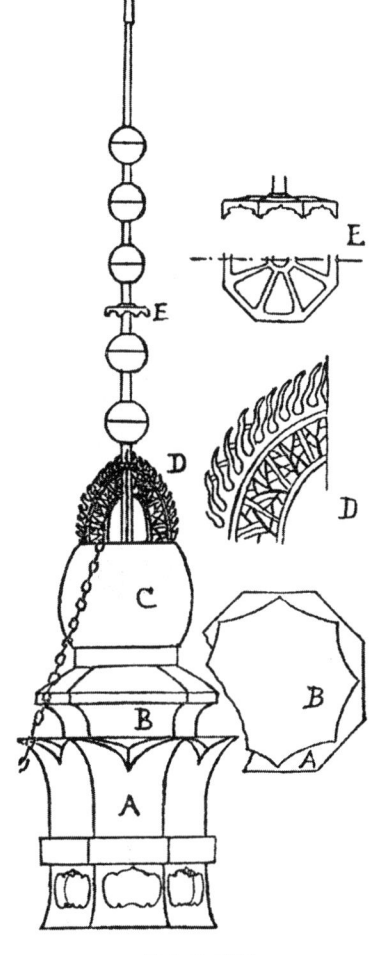

图 4-20 宝顶

五、兴京古城

兴京古城早在清太祖之前就是历代的居住城堡，建在所谓的赫图阿拉之地，位于奉天向东约 86 公里处。老城东边约二里处有座地藏寺，与显佑宫一起同为清太祖创建。

地藏寺

地藏寺的平面如图 4-21 所示，A 是山门，左右有钟鼓两楼，相当于天王殿的部分现在是 B 处的小殿堂，里面与普通的天王殿相同，安放着弥勒，身后是韦驮天。C、D 的厢房做成地狱变相的形式。B 后面并排着大殿、后殿，这也与常规相同。

此寺院如今破损严重，特别是后殿和山门几乎已形骸皆无。不过，就其残存的建筑进行考证可知其年代应属清朝初期之物。

自兴京向西到奉天的途中，所经各地都有佛寺建筑，比较显著的几处列在下面：

清云寺（位于下爽河）

慈云寺（位于古楼）

众教寺（位于铁背山外）

兴隆寺及观音阁（位于抚顺城外）

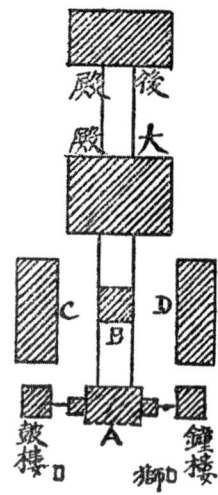

图 4-21 地藏寺平面图

这些寺院的平面基本相同，但存在道佛混淆的现象。清云寺的前殿祭祀着关帝及其诸神，众教寺的前殿则放着阎王和十王像。兴隆寺于顺治元年（1644 年）创立，规模较大。观音阁上镐儿山王处有一座塔，八角，每边长六尺五寸。上半部分已经破损，故不知原为几层，想来大概会是十三层，形状酷似栎木城的铁塔。

六、奉天府

奉天府城是清太祖根据辽金时沈州的旧制，于天聪五年（1631 年）开始着手经营。大连距此有 246 里的火车车程，城内外的佛寺颇多。而将这些大致区分一下的话，又可以分成禅教和藏传佛教两派。藏传佛教的迦蓝多在城外，禅教的迦蓝在城内留下了完好的遗物。不过今天所谓的禅教寺院的建筑，除了塔婆之外，已和藏传佛教的建筑没有什么大的区别，事实上应该认为二者的形式相同，只是在细微之处二者存在一些差异而已。下面先就藏传佛教建筑进行记述。

（一）黄寺

原名为实胜寺，位于小西门外。据《盛京通志》记载：

實勝寺外攘門關外俗呼黃寺國初敕建前有下馬牌內供邁達裹佛又有嗎哈喝喇樓天聰九年元裔察哈兒林丹汗之母以白駝載嗎哈喝喇佛金像并金字喇嘛

經傳國璽至此駝臥不起遂建此樓有碑文足據於雍正四年奉旨重修

《盛京典制備考》曰：

> 實勝寺在外攘門關外二里俗稱黃寺我朝破明兵于松山勅建此寺供奉邁達里佛并恭藏太祖太宗甲冑弓矢、云云

这个吗哈喝喇楼是元代八思巴铸造的，曾在五台山祭奉后移至察哈儿林丹汗国，清太宗征服该国后迎入本国相传，是一尊珍奇之像。根据碑文记载，迦蓝于崇德元年(1636年)开始建造，崇德三年(1638年)竣工。平面如图4-22所示，门前有一对牌楼(见图4-23)，接着是山门(图4-24)，门里钟鼓两楼相对，然后是天王殿，殿后有两座碑亭及东、西佛殿左右相峙，正面坛上是大殿即大雄宝殿(图4-26)，吗哈喝喇楼在西佛殿的北面，两层(图4-25)。大殿如图

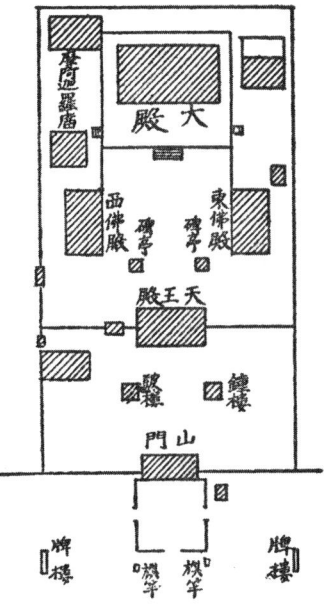

图4-22 黄寺平面图

图4-23 奉天黄寺牌楼

图4-24 奉天黄寺山门

图4-25 奉天黄寺正佛殿及吗哈噶喇楼

图4-26 奉天黄寺大殿

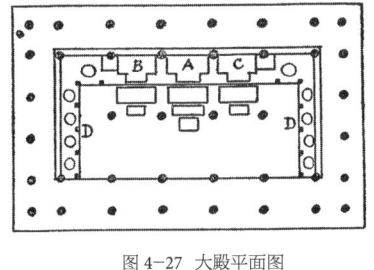

图4-27 大殿平面图

215 | 东北地区的佛寺建筑

4-27所示，通面阔七楹，内面阔五楹，划出进深两楹的殿身，紧挨中央殿身后壁处安置着三尊佛像，中间是释迦，东侧的据说名叫迈达里（见图4-28），沿着左右墙壁建有走廊，廊中有八大菩萨的立像。以廊柱、柱头以及柱头斗拱为代表的彩绘雀替的建制在中国固有的佛教建筑中不见其例，唯独适用于藏传佛教的迦蓝之中，这一点应该引起注意。柱子直径向上递减明显，配有八角型的莲叶柱础。大斗的斗欹由凸曲线的莲叶构成，轮廓的性质很像泰西罗马内斯库或者拜占庭的形式，而不像中国那种固有的大斗形式。这种形式我们在西藏建筑中可以见到。总之，黄寺的柱制与其说是中国式，不如说是藏式更为妥当。大斗上的彩绘雀替也都具有西藏或尼泊尔的形式，上方数层的水平线内施行的纤细手法也具有属于泰西古典建筑中横楣的那种性质。我们还没有在中国传统的建筑中发现过如此的手法。由此可知，黄寺建筑中的这种手法应该是从西藏传来的，是早在元代就随着藏传佛教的传入一起输入到东北。

殿内的装饰也包含了许多藏式的成分。三尊身后背光的上部雕刻着迦楼罗抢掠龙女的情景（图4-28）。这些也都是在尼泊尔以及西藏地区经常能够见到的形式。早在元代至正四年(1344年)就已刻在河北省八达岭下居庸关关门斗拱上的，就是与此同系的藏式，也就是属于藏传佛教的特殊形式。大殿的藻井也是纯粹的藏式，每个格间都画着八叶莲花形成的花卉纹样，花心及花瓣上刻有藏文（图4-29）。

图4-28 奉天黄寺大殿内部

图4-29 奉天黄寺大殿天花

大殿檐部的斗拱如图 4-30 所示，是普通的汉式，而不是藏式，但其意匠多少有些可观之处。观其出五踩的方式，瓜拱的拽架明显大于万拱，斗拱也有大小两种，表现出一种变化的形态。

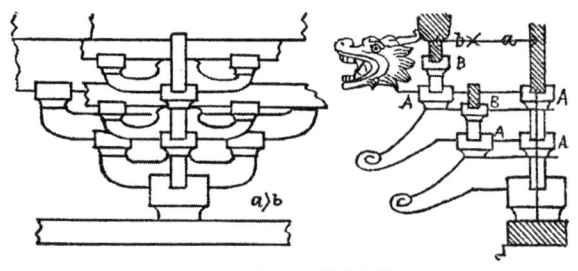

图 4-30　檐部斗拱

（二）护国法轮寺（北塔）

护国法轮寺位于奉天北郊，清太宗崇德八年（1643年）癸未仲春开工，顺治二年（1645年）乙酉仲夏竣工，原来奉天城的四周郊外分别建有规模相同的喇嘛寺，寺中各建塔一座，四寺的营建目的各异，碑铭曰：

> 盛京四面各建莊嚴寶寺每寺中大佛一尊左右佛二尊菩薩八尊天王四位浮圖一座東為慧燈朗照名曰永光寺南為普安眾庶名曰廣慈寺西為虔祝聖壽名曰延壽寺北為流通正法名曰法輪寺各立穹碑永乘來禩云云

碑立在平面图示出的碑亭中，用满、蒙、藏、汉四种文字刻成。根据碑文可知此寺为弘扬佛法而建。《盛京典制备考》曰：

> 北塔法輪寺在地載門外三里乾隆八年御書金鏡周圍一區額恭懸正殿、云云

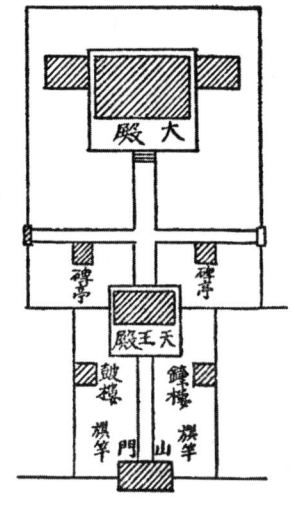

图 4-31　法轮寺平面图

迦蓝的平面如图 4-31 所示，整体酷似于黄寺。本殿内，中央安置着俗称为天地佛的两性相拥像，东侧和西侧分别配有象征太阳和太阴的刻像。左右两侧按照常规排列着八大菩萨。

塔建在迦蓝的东北，形成一个单独的区域，建制完全是藏式。另外的东西南三塔和此塔的形式完全相同。

（三）护国延寿寺（西塔）

护国延寿寺在奉天西郊，据《盛京典制备考》记载：

> 西塔延壽寺在懷遠門外五里乾隆八年御書金粟祥光區額恭懸正殿

创立时期和北塔相同，迦蓝的规模也几乎完全一致，只是塔的位置有所不同（图 4-32）。因当初的建造本意

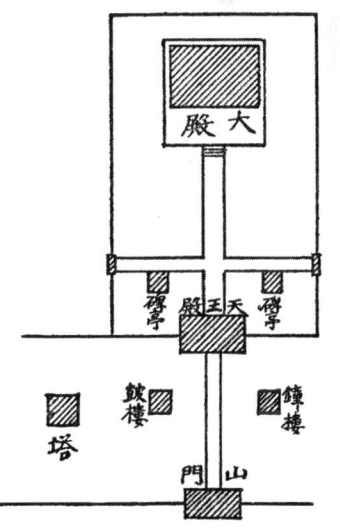

图 4-32　延寿寺平面图

图 4-33 奉天西塔大殿内部

是为天子祈求长寿，所以本殿的中尊称为长寿佛。东侧是药师如来，西侧是释迦如来，左右的八大菩萨依照常规排列。此殿内的佛像甚是庄严，皆为崇德年间建造保存至今，是极为重要的遗物。柱子、柱上的雀替、上部的手法等与黄寺几乎完全相同（见图 4-33）。

西塔内藏有一根锡杖，图 4-34 是其实测图。图中可见大小两座形式完备的喇嘛塔形，正可当作极好的标本。

（四）护国永光寺（东塔）

护国永光寺位于奉天东郊。据《盛京典制备考》记载：

> 東塔永光寺在撫近門外五里乾隆八年禦書慈育群靈匾額恭懸正殿

可知此寺为济度众生而建，建立年代同前者。迦蓝的规模，除了塔的位置在东侧之外皆与前者相同（见图 4-35）。大殿内部的三尊除相形特殊之外皆与

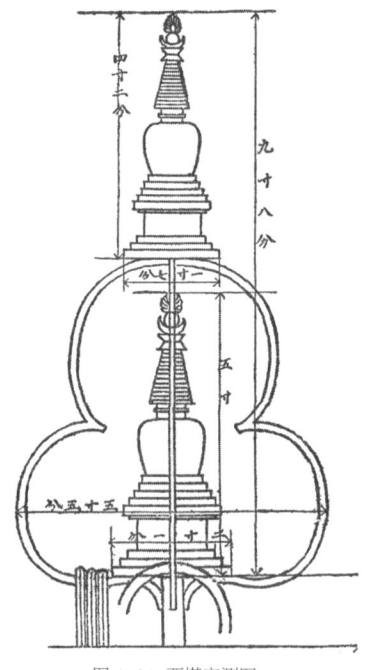

图 4-34 西塔实测图

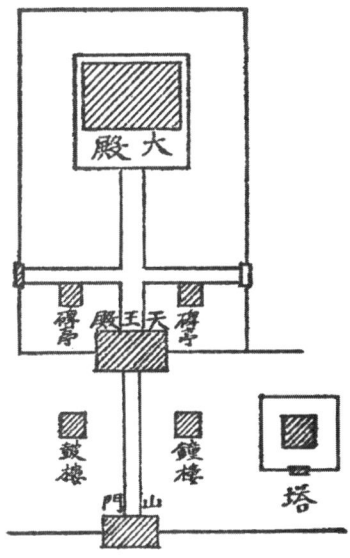

图 4-35　永光寺平面图

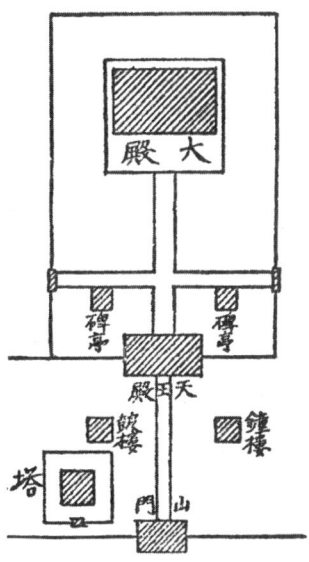

图 4-37　广慈寺平面图

图 4-36　奉天东塔

图 4-38　奉天南塔

前者相同。图 4-36 为塔的外观。

（五）护国广慈寺（南塔）

护国广慈寺位于奉天南郊。据《盛京典制备考》记载：

> 南塔廣慈寺在德盛門外五裏乾隆八年御書心空彼岸匾額恭懸正殿

根据碑文可知，此寺是为普安众庶而建，即为祈愿天下太平。建立年代与前者相同，伽蓝规模也是除去塔的位置之外与其他三寺相同（见图 4-37）。此寺现在荒废程度颇甚，大殿已被破坏，佛像也已不存，只有塔保存得还比较完整（图 4-38）。

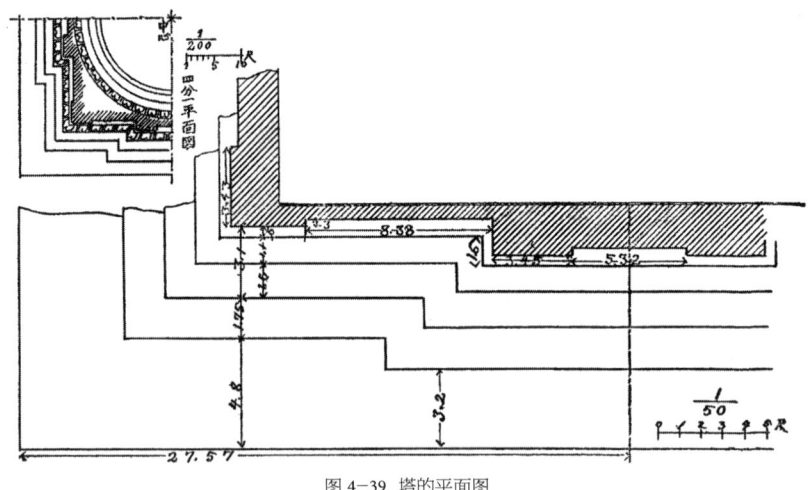

图 4-39 塔的平面图

奉天四周的四座塔，平面（见图 4-39）以及外形都几乎完全相同。《盛京通志》记载：

> 四寺俱勅建用喇嘛相地街每寺建白塔一座云能一統相傳為異、云云

现在如举其特性的话，整体可分为三个部分：台基、塔身、相轮。

台基由上下枋、上下枭和束腰三部分组成。束腰中央有一组火焰纹，左右刻着狮子，上下枭中央有个球体，上下由同样的云纹构成。上下枋都施有漂亮的雕刻，下枋下面还有仰莲形状的基座，仰莲座下面便是最下层的圭角。上枋上环绕着一条带状。塔身为藏式，塔肩部异常凸出，立于三层圆坛之上，圆坛下更有覆盆莲座。塔身的南面凿有一个三花拱券的佛龛，里面供有佛像。龛洞周围雕有线条流畅的云珠。相轮由露盘、十三轮、双盖、日月及宝珠构成。露盘的细部看不清楚，令人遗憾（可由图 4-34 推知）。轮如笋状，越向上越小，双盖的下盖朝下开放，末端悬着风铎。上盖与之相反朝上开放。两盖均由青铜制作。日月亦是铜制，太阳在弦月之上。最上方宝顶的周围附有火焰纹饰。

（六）长宁寺

《盛京备考》记载：

> 長寧寺在外攘門外西北五里舊稱御花園順治十三年勅賜為寺、云云

平面如图 4-40 所示，是一个非常简单的小伽蓝，但其由来带有十分明显的喇嘛寺特征。寺域内有一座康熙二十六年（1687 年）的敕碑，根据碑文记载，此寺的本尊原是太宗的念持佛，所以康熙帝为此建寺。现在的殿堂是最

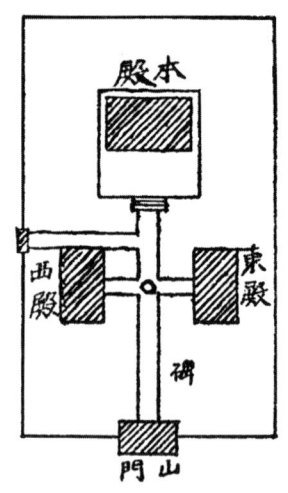

图 4-40 长宁寺平面图

近才修理过的，建筑上没有什么值得特别提及之处。不过，本殿的面阔为五楹，内部的佛龛上有一种在黄寺等处用作观赏的古典趣味的蛇腹。本尊是一尊小型观音像，另外还有一些藏文的经文以及嘉庆帝用过的弓箭等。

东殿为三楹，以夜摩天为本尊。西殿也是三楹，以天地佛为本尊。

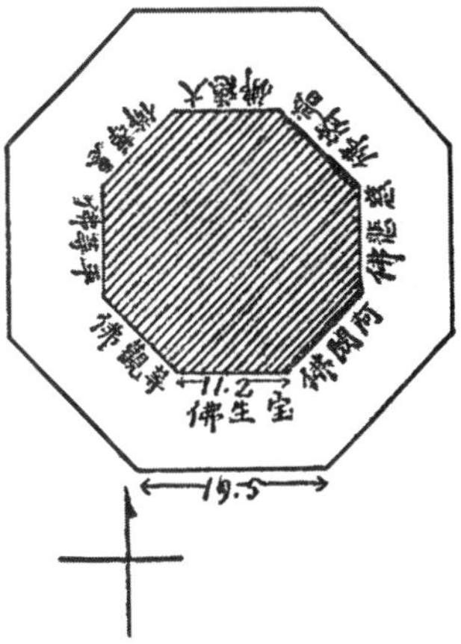

（七）舍利寺

《盛京典制备考》记载：

舍利寺在城西十二里塔湾一名回龙寺崇德六年勅工部重修寺前有舍利塔

如今迦蓝均已荒废，仅存下了这座舍利塔，现被俗称为后塔（图4-41）。八角十三层（图4-42），第一层每面都有佛像，这和辽阳塔相同。北面壁上刻有铭文：

大清崇德五年岁次庚辰工部奉圣旨重修

此记载与《盛京典制备考》中的记载有一年之差，为崇德五年开工，同六年竣工。有关此塔的兴建，塔附近有一座重修无垢净光舍利佛塔碑，碑记文如下：

一工部奉

命重修無垢淨光舍利佛塔是塔原係大遼興宗時有本邑李弘遂等百餘人見彼時君臣合德風雨順人民安欲建塔以紀一時之盛乃糾僧人雲秀法具同造此塔於重熙十三年四月告成迄今六百餘年我大清寬溫仁聖皇帝見此頹壞詳察建塔來歷於崇德六年命該部重修建佛殿三間令僧玄聲等五名看守

督工　甲喇將軍臧國祚

图4-42 舍利寺截面图

重熙十三年至崇德六年相距五百九十七年（崇熙为重熙的别名）。塔立于五尺七寸高的台基之上，坛上有三尺四寸高的护栏。塔身十分秀美，中央有双重莲瓣的带状环绕，带状下方，每一面都雕刻着兽头。带状上方有佛像、胁侍、天盖、飞天等，一如常例。斗拱出五踩，双层檐，椽子及老角梁均为木制。檐部每面悬有五个风铎，第二层以上每面嵌有三面镜子，檐部伸出并不依靠斗拱，而是用砖层层叠涩而成（图4-43）。每一层的面积逐上逐小，缩减程度要比辽阳塔显得急促，但不甚于开原塔。

相轮的意匠十分出色（见图4-44），下面是

图4-41 奉天塔湾舍利塔

图4-43 奉天塔湾舍利塔中央

图 4-44 相轮平面图

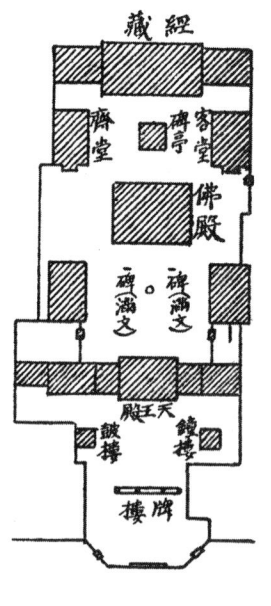
图 4-45 万寿寺平面图

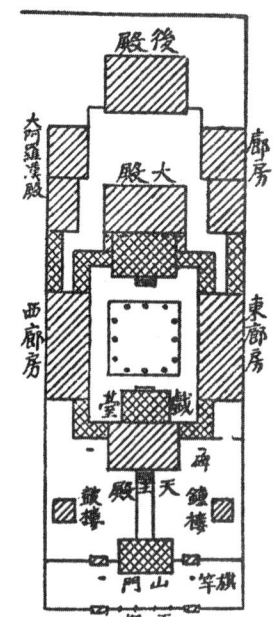
图 4-46 长安寺平面图

一个八角的露盘，露盘上是仰莲，再上面是宝瓶、八叶、三个宝珠，顶端冠有两个更小些的宝珠。全长约十五尺。我从相轮的形式和塔整体的形状推断，此塔应该保留了一些建塔当初的形式和手法，也就是说崇德五年重修时对古式手法丝毫没有进行损毁。

（八）万寿寺

据《盛京通志》记载：

> 萬壽寺在外攘門外即慈慧寺俗呼談家庵康熙五十二年改建、云云（西曆一七一三）

而《盛京典制备考》的记载是：

> 萬壽寺在外攘門外路北即慈慧寺俗呼談家菴康熙五十年勅建（西曆一七一一）

二者孰是孰非不得而知。平面如图 4-45 所示，亦为奉天第一流的大寺。佛殿前有一对满文碑，佛殿后面碑亭四角的柱子都向外倾斜，四面开放。碑上有康熙六年（1667年）的铭文。此寺现在大概已与道观混淆，殿内会有道士在跪诵经文吧。

（九）长安寺

长安寺是位于奉天城内东北角的一座古刹，据《全辽志》古迹之部记载为：

> 長安寺　奉天城東北隅

由此可知此寺于明代即属于古迹。全寺规模如图 4-46 所示。天王殿内设有戏台，以走廊环绕中央庭院的手法与神祠十分相似，同时与日本奈良朝的迦蓝也颇为类似，实可称奇。大殿前面有一块成化年间的石碑。

（十）白塔寺

白塔寺在奉天城内北侧，修建年代不详。平面如图4-47所示，进得山门便有一塔，塔后是天王殿，其后是大殿、后殿，顺次排列。后殿里有三尊及十二飞天，另外还有像图4-48那样的小佛像和一对十三层的小龛塔，形式颇为珍奇。大殿里除三尊之外还有文殊、普贤及二天。佛像的背光上附有藏传佛教的八宝，这是个十分有趣的现象。

塔为八角十一层（图4-49），旁边有一座万历碑。塔的北面嵌着刻有万历铭文的瓦块，由此可见，此寺大概是经过了万历年间的修缮，从其整体形式上看，向上递减的程度要大大超过辽阳塔，与奉天舍利塔相似，但递减程度更甚。此类的递减程度可作为一种推测年代的标准，年代越近递减的程度越小。我暂把此塔假定为万历年间的形式。

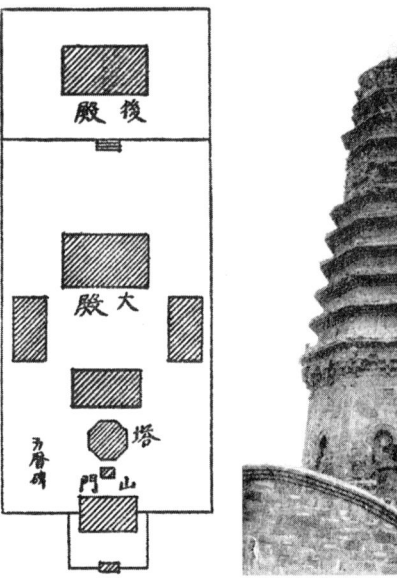

图4-47 白塔寺平面图　　图4-49 奉天白塔寺塔

图4-48 奉天白塔寺后殿内的佛像及供具

塔台基及塔身的建制也与舍利寺的塔相似。塔身各面上的龛、三尊佛、天盖、飞天等都如常例，斗拱出五踩，双层檐，椽子为木造。第二层以上不用斗拱，每面嵌有镜子。相轮现在仅残存三个球，其他情况不得而知，想像其意匠应与其他的塔基本相同。

七、铁岭县

铁岭县距大连二百九十里三，位于辽河左岸，县城大小约有四分之三里见方。城东有龙首山，山脉向南延伸。山上有慈清寺及南塔，城内有座古刹圆通寺。

（一）圆通寺

《盛京典制备考》记载：

圓通寺在城內明天順年建有碑記本朝崇德八年勅賜銀兩寺有塔高十三級

《盛京通志》记载：

圓通寺在城西北隅明天順萬曆間碑二崇德八年勅賜銀五十兩寺有浮屠高十三級向傳有老鶴棲止其上、則有科甲之應

此天顺、万历年间的两座碑今日犹存。碑上铭文如下：

銀州重修圓通寺塔寺記

（前略）國朝洪武二十三年始成銀州之城置鐵嶺衛城故有刹遂在城之西北刹故有塔皆久頹廢宣德三年指揮施興始因其舊垣而宮之八年名圓通寺正統三年都指揮使康福指揮李俊張忞繼茸之景泰之始今都指揮使孫璟偕指揮同知王斌複增新之至天順初祠樓僧之具凡百所宜有者咸備

天順六年九月

銀州重修圓通寺記

（前略）洪武初建圓通寺於城迤西構正殿五楹立佛像三尊東列伽藍西列祖師而前則有四天王一時廟皃森嚴佛光炳耀蓋摯然具矣浸淫於正統年間稍稍修葺之而猶未備也迄於今棟宇朽壞殿舍傾頹佛像蕩塵金身泄露有識者莫不憫然而竟不能為佛出一力以光大之乃寧遠伯李輕才好施暨弟原任總兵李成材共興善念隨約善人陶法明及境內助緣士夫若干人同襄厥事或出貲或出粟或出物科各有差計晷課工萬曆五年而功始落成焉、云云

萬曆二十三年歲次乙未

根据天顺碑的记载，洪武二十三年(1390年)开始在银州设置铁岭城时便有了圆通寺，圆通寺内自古就有塔。有关其年代有以下的碑铭：

重修圓通寺碑記

圓通寺古刹也在城西北隅白塔下塔建於唐大和二年明季李氏諸氏夫人捐金修塔而不及寺、云云

大清同治八年

根据此碑记载，塔是唐大和二年（828年）建的。因为万历三十四年塔的西北角遭到了巨大破坏，所以现在的塔是重新修缮的（根据万历三十六年九月初九日的碑铭记载）。故此塔自明初既已存在的事实确凿无疑。而且，从元代尊藏传佛教为国教的事实上推测，元代时是不可能创建如此规模的禅教巨刹的。而如果问所建年代是元代以前还是金或辽时，则我认为时间应该是在辽与金之间。因为开原的石塔寺是金代建筑，由此推论的话，圆通寺的塔也应该推定为是在辽与金之间建成的。

此塔为八角十三层，立在宽阔的台基之上（见图4-50、图4-51）。台基由数层组成，有壁面装饰，有卷草纹，另外八面塔身上还刻有"风调雨顺国泰民安"八个字（见图4-52）。八个面上各安置着一座佛像（用瓦叠涩而成，表面涂着灰浆），顶部除天盖

图 4-51 奉天铁岭圆通寺塔细部

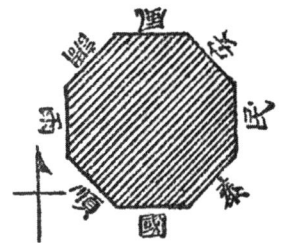

图 4-50 奉天铁岭圆通寺塔

图 4-52 塔身刻字

之外别无他物。柱子都是八角棱柱，斗拱出五踩，但因破损严重已无法辨明其技法。檐部也已破损难明细节，但均未用椽木只见刻形。

第二层以上一如常例，每面各嵌三面镜子。檐部有叠涩成的刻形。相轮如图 4-53 所示，A 部作为露盘，BC 两部分有宝瓶之意，D 的水烟部分上有双重莲叶，莲叶上又有凸出的四片大叶，包着第一球体。球体共有五个，第二球和第三球之间有一个八角的天盖，这和辽阳塔的感觉甚为相似，顶端上冠有一个形式简单的小塔。

此塔的年代从塔形和手法上推测应该和开原的石塔寺相同，是属于金初或辽末的遗物，可看作是奉天最古老的佛塔之一。现在迦蓝的平面如图 4-54 所示。

（二）慈清寺

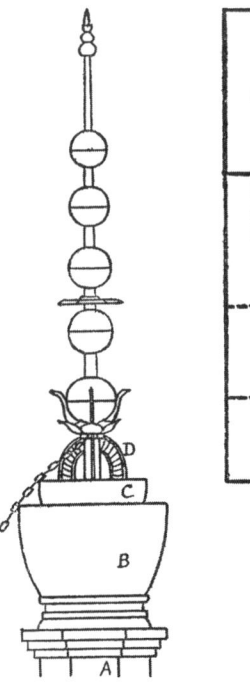 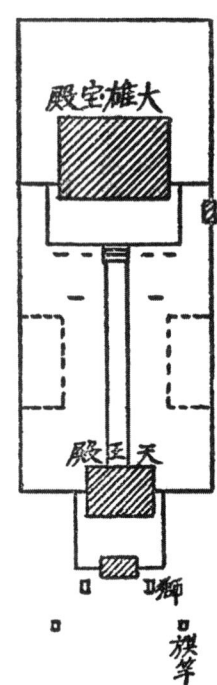

图 4-53 相轮平面图　图 4-54 圆通寺平面图

225 ｜ 东北地区的佛寺建筑

《盛京典制备考》记载：

　　慈清寺在城東龍首山山前有古塔本朝崇德八年勅賜銀兩重修

《盛京通志》记载：

　　慈清寺在城東二里龍首山上寺前有古塔一名三清觀崇德八年勅賜銀四十兩重修

寺内的龙首山慈清寺碑记曰：

　　（前略）山之嶺舊有慈清寺又名為三清觀相傳建自唐代與浮圖並古遠宋元而後志乘闕文其事無徵焉迄有明萬曆間曾經修葺父老猶有傳者然已無碑可稽矣我朝龍興遼瀋恪奉佛法崇德八年賜銀勅修於是壯其殿宇整其廊垣金碧煌照耀巖谷較前代之莊嚴模宏遠矣（後略）

　　　　　　大清咸豐八年

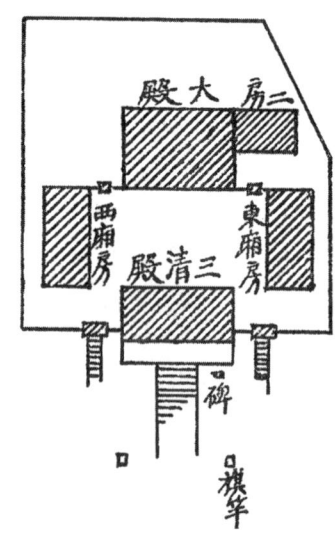

图4-55 慈清寺平面图

根据上述记录则慈清寺为唐代所建，崇德年间重修，而此间的沿革不详。现在的平面如图4-55所示，佛道两教已然混合，前面建三清殿，内祭老君、天清、地清，后面建大殿安置佛陀。辅伴佛陀的有阿难、迦叶、文殊、普贤，还有观音、地藏、二天、十八罗汉，位置排列如图4-56所示。

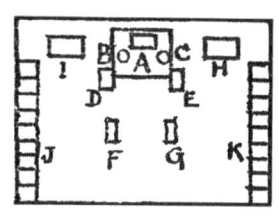

图4-56 佛陀位置图

作为迦蓝的附属物还有一座八角九重塔，塔前的补修浮屠记曰：

　　慈清寺前有浮圖九級、創自何時無所考、云云

　　　　　　大清咸豐八年歲次戊午

也就是说其创立年代无从考证，按现在的形式手法来看，应属明代中期之物（见图4-57）。塔的大小为台基每边七尺二寸，全高约七十尺。塔身立于宽大的台基之上，八面都开有印度式龛洞并纳有佛像。檐为双重，第二层以上的檐部为刳形。相轮已破损，原形虽难以想象，但顶部应有五个球体。

（三）南塔

南塔在慈清寺南面的山上，传承情况不详，六角九层，平面如图4-58所示，形状见图4-59。台基应该是同于惯例，但现在已经看不出原形了。六面塔身上都如惯例有佛像及附属物件。塔身如图4-60（甲）所示，立于莲座之上，莲座以下台基以上的部分如图4-60（乙）所示，有勾栏（见图4-61）。塔身檐为双重，斗拱出踩。第二层以上的檐部呈刳形，最上层的屋顶南面开有一个像小窗似的龛洞，里面应该纳有佛像。相轮的原形不详，现仅剩有三个球体，顶部冠一小塔（见图4-58）。想来球体原应有

图 4-57 奉天铁岭慈清寺塔

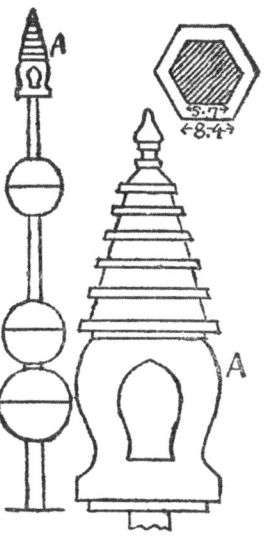

图 4-58 南塔平面图

图 4-59 奉天铁岭南塔

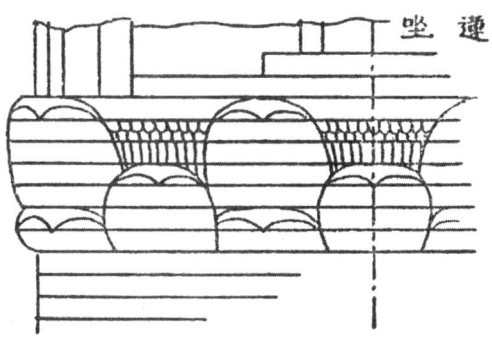

图 4-60（甲） 塔身莲座

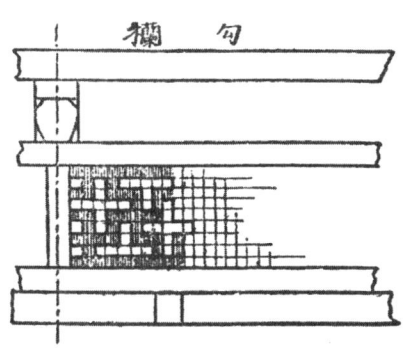

图 4-60（乙） 塔身勾栏

图 4-61 奉天铁岭南塔细部

227 | 东北地区的佛寺建筑

五个。

南塔的形式手法应该属于比慈清寺塔晚的新时代，或许是清初或明末的重建。

八、开原县

开原县距大连有三百十一点一里的铁路行程，位于哈达河北岸。县城面积大约为一里见方，四面各开一门，有月城，城墙上有雉堞。城中央的十字街上有座鼓楼，城西南角有座古刹，据说俗称为石塔寺。

石塔寺 (崇寿寺) 在《全辽志》古迹之部记载：

　　石塔寺　開原城西南隅有塔

《盛京通志》记载：

　　石塔寺在縣西南內有大塔一座

《开原县志》记载：

　　石塔寺卽古崇壽寺在城西南隅後經商民修葺前有大塔一座後有小石塔一座

正统十二年 (1447 年) 黄瓒所撰"重修石塔寺碑记"中有如下一节：

　　余撫其舊碑雖無全文可考其幸存而見者則崇壽禪寺四字熙然及載自唐乾元年有僧洪理大師始創建之遺址寬宏大定三乍人減因建石塔為大師龕此寺名之所由更也兵燹之後石塔尚存而寺就傾頹後僧淨善欲復其舊力不能致 (下略)

进士陈循所撰"重修石塔寺碑铭"有如下文字，皆为赞颂正统重修之句：

堂堂古刹	肇唐乾元	在遼之左	雄峙開原	肖像祀佛	高以何計
煌煌金身	為國幾四	非空悲色	手眼皆千	坐大悲閣	法相森然
萬法三乘	有名有號	儼乎兜率	佛法僧寶	疊石為塔	高入青冥
俯視今昔	何千百齡	風雨雪霜	閱歲既久	堅者僅存	朴者寢朽
名公鉅卿	興佛有緣	相繼修葺	加乎古先	永樂宣德	世蹟熙皞
裴鄢守邊	復務興造	逮乎正統	時極昇平	曰楊與明	遂底其成

　　（以下略）

另外还有陈嘉庆所撰"万历重修石塔寺碑记"，里面虽然没有特别记录迦蓝的由来以及对石塔的记述，但记录了自创立以来经过的八次重修，万历间的重修始于甲午 (1594 年)，完成于丙申 (1596 年)。

周佩所撰的"重修石塔寺碑记"中认为创立年代不详，所云如下：

　　嘗思開原僻處耍荒寺塔之制未至無稽考諸誌云始金元氏之國又云始於唐乾元時余幼藏修於茲閱所立石由永樂甲申迄成化丁未歲歷經五重修云云

境内有天顺四年 (1460 年) 所建"开原重修石塔寺碑"的碑铭，曰：

（前略）開原有祀佛處碑名曰石塔寺者始為崇壽寺寺建乾元間僧弘理建有塔高二十丈祀佛有殿自國朝永樂甲申重修、云云

境内还有一块道光十七年（1837年）的重修石塔寺碑记曰：

（前略）開原石塔寺始自唐乾元時洪理大師所建崇壽禪寺也至大定三年復建石塔為大師龕乃更名焉詳閱古石恭以縣志自明萬曆以前已經八重修矣、云云

根据以上的记录，此迦蓝应是唐代乾元年间（758—759年）由洪理大师创建，石塔应是自金大定三年(1163年)开始建造的。但县志所载洪理大师传中又有以下记载：

洪理大師

唐乾元時僧人洪理創建崇壽禪寺經樓佛殿五十餘間并造浮圖十三級高二十餘丈後人復造石塔於寺後更名石塔寺、云云

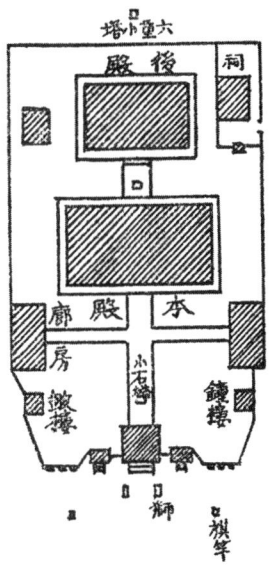

图 4-62 石塔寺平面图

如根据这个记述则大塔与迦蓝均为乾元创立，作为洪理大师之龛于大定三年建造的就应该是后面的那座小塔。不过，如果是因建石塔而更改寺名说法正确的话，很明显，此塔就一定不会是后面的那座小塔，而应该是前面的这座大塔才对。后方的小塔是一座六层的小石塔，高不过一丈左右，应该不可能对迦蓝体裁的形成构成影响。

图 4-63 开原石塔寺塔

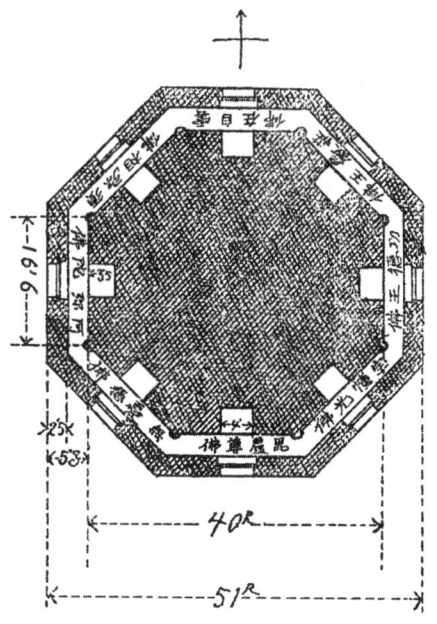

图 4-64 八角塔身平面图

229 | 东北地区的佛寺建筑

现在的迦蓝规模如图 4-62 所示，山门前方数十步处有一座八角十三层的塔，即所谓的白塔。形状如图 4-63，八角塔身的每一面为十六尺六寸，每面中央的龛洞内安放着佛像，如图 4-64 所示，周围的胁侍、天盖、飞天等建制一如常例。台基现已严重破损难以考证原状。坛上塔身的周围筑有一道矮墙，设有厢顶，造出一种副阶，此类很是少见，当是后世附加上去的（见图 4-65）。

图 4-65 开原石塔寺塔细部

塔身的檐部中央装有唯一的一攒五踩斗拱，第一层上施用的椽木稀疏，风铎是檐角处各一个加每一面四个，屋顶以瓦铺葺。第二层以上的技法亦全部与辽阳塔相同，不同的唯有每面嵌入的三个镜面，中央的镜面大于左右两侧的。相轮也大体同于辽阳塔。图 4-66 是其略图，下面有双重莲花台，上面有水烟，再往上有五个球体，但伞盖已失，最顶端冠有一个类似五重塔的四层小塔，此技法颇为有趣。

《开原县志》杂录之部中有以下记载：

> 寶塔祥異
>
> 　　城西南隅有石塔寺唐時所遺原名崇壽禪寺舊有寶塔昔在寺中今在寺外高二十丈疊級十三層東南角插寶劍一頂尖串鐵壺蘆五無風自響不過三日內冬則雪夏則雨矣週圍懸寶鏡數百晝夜放光、云云

由此可知相轮建制及镜子的存在。宝剑的痕迹如今已无处可寻。

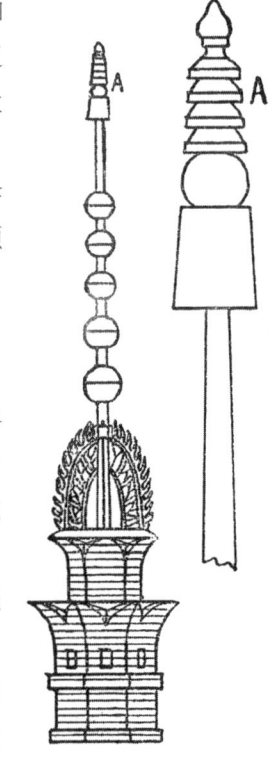

图 4-66 相轮略图

此塔的形状与辽阳等地的其他实例相比存在着很大差异，越向上递减的程度越明显，每层的面积递减，最终衍化为相轮，从远处看，恰恰就像一个海螺壳的形状。塔身的外壁也不是笔直向上，而是稍稍向里倾斜，相当于棱角之处的柱子倾斜程度更大。这种技法表明此塔的年代十分久远。

据寺内道光年间的碑文记载，此塔是金大定三年建成的。我认为这个记载值得相信，而且现在的这座塔很明显地保存着金代的古老形式，此塔佛像雕刻的形式也非常有力地支持着这种说法。

图 4-68 开原城内街上小塔

图 4-67（甲）开原石塔寺佛像（庄严佛）

（乙）看院石塔寺佛像（须弥相佛）

如前所述，此塔每面都纳有佛像的状态如图 4-63 所示，而且这里的庄严佛和须弥相佛（见图 4-67 甲、图 4-67 乙）至今仍完全保存着制作时的样子。佛像大小为四尺，木骨上卷着稻草，切碎的草掺上泥作为底层涂料，表层用灰色黏土细末掺上毛丝的涂料，最表层涂上白石灰，再施上颜色。后世修补使用的手法是，红色土掺上毛丝涂补在古代的泥塑上，厚度约一分。佛像容貌温雅，不带俗臭，毫无玄气，衣纹繁简适宜，从容的态度，含着微笑的面容，这绝对不会是元代以后的作品，既然不是元代以后的作品，那就应该是金代的作品了。

总之，我认为此塔仍保存着金代大定三年创立当时的形式手法，可以此作为测定其他建筑物年代的标准。

图 4-68 是开原市街上的一座小塔。与石塔寺内的小塔一起都属于最具趣味的珍品。《开原县志》古迹之部的记载是：

小石塔

> 在城南街、高二丈、圆径五六尺余、亭立中衢、俗传地下有一海眼、故建塔以镇之

塔之年代尚未考证。

第二章 东北地区佛寺建筑的特征

根据以上事实，下面讲述东北地区佛寺建筑的特征。

一、平面

佛教迦蓝不管是属于禅教还是属于藏传佛教，都是按照统一的方针配置殿堂。其主要的殿堂称为大殿或大雄宝殿，殿前留出一片宽旷的空地，前面建天王殿，两殿间空地的左右有东西配殿，这些形成迦蓝的中心。此外，大殿后面有后殿，天王殿前面是山门，山门和天王殿之间左右相对有鼓楼和钟楼。其他还有有牌楼的、有碑亭的、有塔的，并不完全一致。不过，像中国内地大迦蓝里那种祖师殿、迦蓝殿、禅堂、斋堂、客堂、罗汉堂等堂堂相连在一起的宏观，此处几乎不见。有如辽阳广祐寺、开原石塔寺那种拥有巨大石塔的寺院，这种情况下塔在迦蓝中则占有最为重要的位置。

东北地区的佛教迦蓝不仅规模都不大，难以与中国内地的一流迦蓝相比，而且每座殿堂也大多十分矮小。其中最大的也没有超过面阔七楹。只有辽阳广祐寺的塔，无论从高度还是从规格方面看，都不失为中国一流的大作。

二、立面

东北地区佛刹的立面上，禅教和藏传佛教之间没有明显的区别。其规模一般也不够宏大，外观大多不足以引人瞩目。虽不能说其未竭轮奂之美，未达意匠之精，但名为大殿却多是单檐且用悬山之顶，于中国内地可以经常见到的重檐或数层的大厦在东北地区从未见过。至于其余的庙宇堂室，就只能说都是些凡庸的劣质作品了。

塔的形状上，属于佛教的大都限于多角多层的一种，属于藏传佛教的则固守唯一的一种常规模式。没有在中国内地各地能够见到的那些自如的变化。

堂塔的姿态以及线条色彩的协调方面没有什么可值得议论。要之，东北地区的佛寺建筑于美观方面并没有成功之作。只有宫殿陵墓方面尚有一些较为精巧的技法，意匠方面也稍示变化。佛寺建筑在这一点上要逊宫殿陵墓建筑数步。

三、台基与台阶

中国的建筑物，不论其种类如何，一定要建在台基之上，台基更是要建于土坛之上，尤其是藏传佛教迦蓝的大殿，必定要建在宽阔的土坛之上。土坛的正面中央和左右各

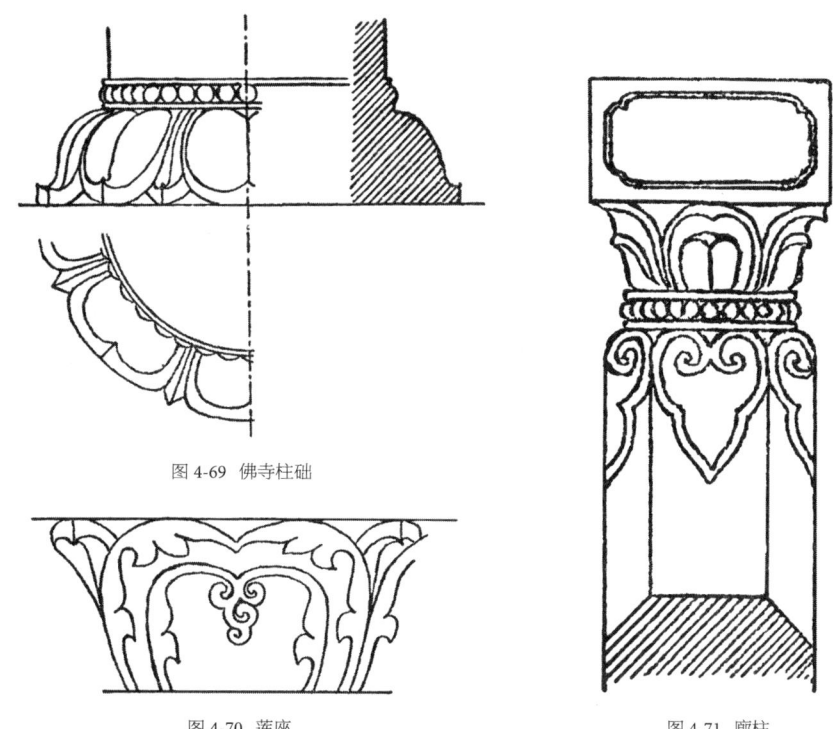

图 4-69 佛寺柱础

图 4-70 莲座

图 4-71 廊柱

设一出台阶,以砖铺之,周围大多环以石栏。殿舍下又有台基,台基的台阶根据建筑的大小分为一出、三出、五出等数种。

塔的台基往往由数层复杂的带状构成,其间还用各种各样的手法加以装饰。

四、柱础

柱础于各式建筑中呈现多种不同的样式,但佛寺建筑中的柱础则如图 4-69 所示的莲叶构成。莲叶的种类颇多,应用范围甚广,塔身的基础部分、露盘的上部以及相轮上随处可见。往往殿堂外壁的下面也沿着殿堂周围做成莲叶连续的形状。

图 4-70 是于奉天附近所见一塔的最下面的莲座,类似这种的莲叶在一些柱础上也常可见到。

五、柱与柱头(大斗)

佛教迦蓝的柱子都较为一般,没有什么值得特别记述之处。或圆,或方,或施大幅梭杀,上面都冠有平板枋装备斗拱。

藏传佛教的殿堂内部往往有一种完全不同的柱子,类似纯粹的藏式,而与中国特有的趣味相去甚远。图 4-71 是黄寺大殿里供纳菩萨的左右回廊的廊柱,上面的大斗与一般的意匠完全不同,足以让人联想起远在泰西的拜占庭式的大斗。

斗的上方相当于多立克柱式顶端的檐底托板，表面有木瓜形的刻纹。斗敬上有莲叶，莲叶的轮廓呈S形的曲线，明显地发挥着泰西的韵味。

斗的下端环绕着一圈窄带，其韵味应该是相当于泰西的柱身起拱点。柱子为八角形，顶端部分施有一种装饰纹样。

中国内地的藏传佛教迦蓝里往往都有如此形状的柱子。

图4-72是山西省五台山一座藏传佛教寺院里的柱子。

其形式和手法几乎与黄寺的如出一辙。西藏贝米恩奇等地的寺院内部也都有和这种柱式相同的柱头。可以说西藏到处都在使用这种形式的柱子。

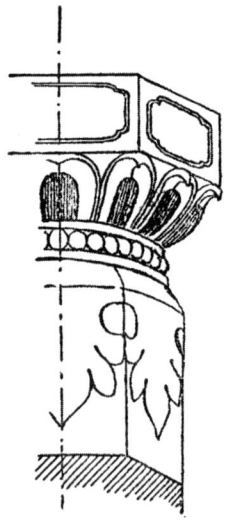

图4-72 佛寺柱子

六、斗拱

东北地区的佛寺没有什么超豪华的大作，斗拱也都是些极为简单的结构，其中最为复杂的也不会超出九踩。檐部的配置方法都是用补间铺作，年代较新，手法更为杂乱，斗拱构件上多用彩绘，也有把雕件直接用作下昂的例子。可参照图4-6、图4-7、图4-16、图4-18和图4-30等。

还有些塔，在其台基边沿下的斗拱上，可以看到一种单纯的以短瓜柱代替平身科的手法。

七、屋檐

屋檐多为叠层，由檐椽和飞椽组成，二者均为方形者居多。椽木的建制并不严格，多数是从临近檐角的地方开始排列成一种急促的放射状，终点集于老角梁，即在临近檐角的地方突然变化，形成所谓的翼角翘椽，从而在构架上形成了一种十分不自然的手法。檐角的反翘相比之下并不过激，比在华北地区见到的更为平缓。

八、藻井

一般的殿堂会将梁架结构原样露出，但大殿，特别是喇嘛寺的大殿则多用藻井遮盖。藻井相当于日本叫作"格天井"的部分。藻井上施有鲜艳的色彩。宫殿里的藻井大多画龙，佛殿里的藻井则多按惯例使用与佛教有关的装饰。黄寺的大殿是在中央纳入八瓣莲花，花心以及每片叶瓣上都写着藏文。西塔本殿的藻井只有莲叶。

九、梁架结构

梁架结构使用的是中国全域通用的梁柱式，千篇一律的方法被反复延用着。图4-73原是辽阳关帝庙里的构架，现在借来用于佛寺建筑。如图所示，梁架中的梁和柱之间

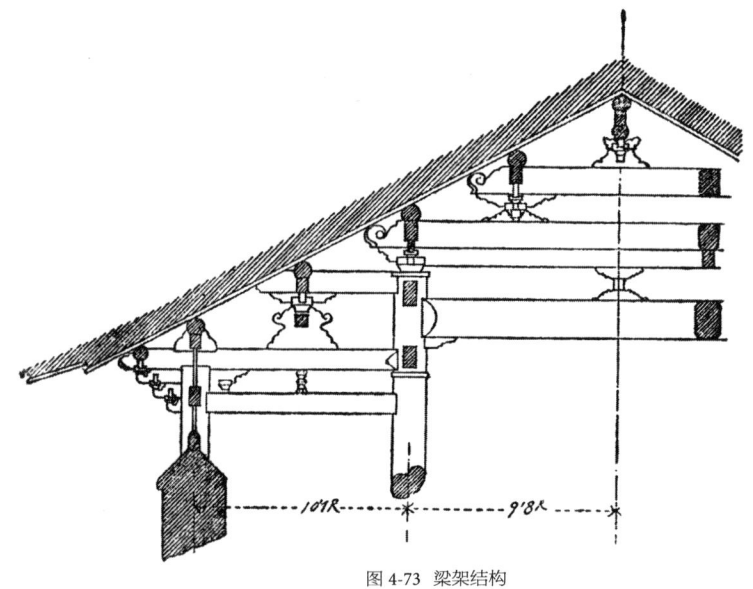

图 4-73 梁架结构

的组织结构简单，未混用一丝铁材。

黄寺的大殿以及一些其他实例，除了用藻井来遮盖梁架结构之外，还对所有露出表面的架构材料进行装饰。那些复杂的雕刻和鲜艳的色彩，往往十分华丽，令人目眩。

十、屋顶

屋顶形状有歇山、悬山、宝顶，但不见有庑殿顶。庑殿顶本是专用于宫殿以及特殊祠庙的，所以普通的佛寺里见不到。屋顶不论其形式如何都是以瓦铺之，而瓦除了黄寺使用了黄色的琉璃瓦之外，其他用的都是普通瓦，没有一处用琉璃瓦。大概琉璃瓦只限用于宫殿和特殊祠庙，所以一般不能使用。瓦的铺葺方法是，主要的殿堂塔婆用大式瓦作，规格较低的堂室与不用合瓦的普通民宅铺葺方法相同。

屋顶的装饰十分单纯，无法与宫殿的奢华相比。正脊左右有正吻，正脊中央通常置有背驮宝塔的狮子，从宝塔顶部向左右两方垂下铁链，铁链的末端由侍立在狮子左

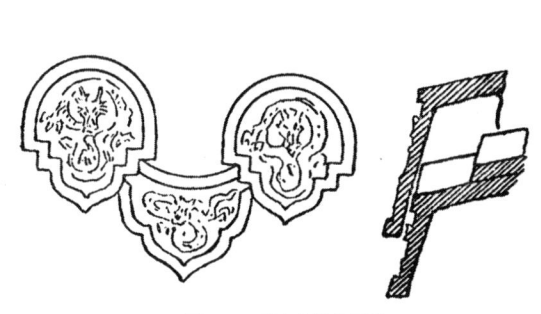

图 4-74 黄寺大殿的瓦当

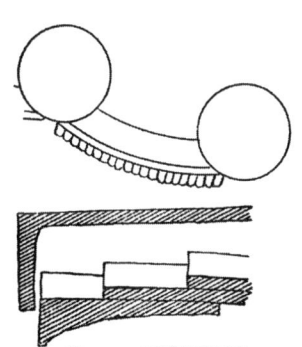

图 4-75 石塔寺的瓦当

右的童子把持。而垂脊上置旁吻、戗脊上配鬼龙子的做法在中国内地本是一种惯例，此处却见不到有鬼龙子的配置。

瓦当的形状有数种。图4-74是黄寺大殿上的瓦当，巴瓦不是圆形，而是向下形成尖端，与卷草瓦一样都有龙纹。图4-75是开原石塔寺的塔上瓦当，巴瓦呈圆形，卷草瓦的下端有齿状装饰。另外卷草瓦的末端非常厚，此现象应予以注意，这说明其年代十分久远。

十一、窗牖及门扉

窗牖通常用棂格花心。棂格的意匠虽然多歧，但主要图案是以方形、圆周、六角或三角为主，再加上些曲线形的内容构成。图4-76就是其中最为普遍的几例。图4-76（1）中是最简单最常用的图案，（2）常用于稍稍低级的堂舍，(3) 主要用于宫殿，偶尔也在寺观祠庙等处使用。

殿门用轴使之旋转，用框做出轮廓。通常在上半部装入棂格花心，下半部装上裙板，表面适当地施一些装饰纹样或雕刻。

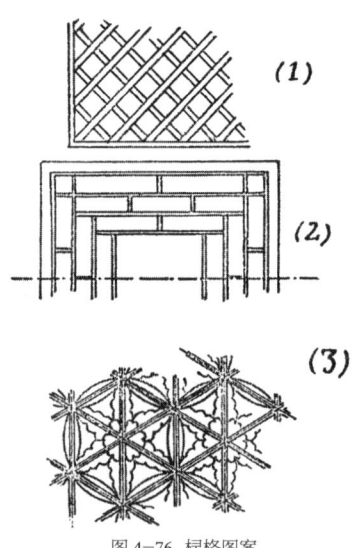

图 4-76 棂格图案

图 4-77 奉天黄寺牌楼

图 4-78 奉天黄寺正佛殿及吗哈噶喇楼

图 4-79 奉天黄寺大殿

中国建筑史 | 236

大门用实榻木门，不配棂格，大多用金属饰件装饰（见图4-77、图4-78、图4-79）。

十二、内部的规格

佛寺殿内的规格根据殿堂的性质及本尊的种类各有不同。大殿大多是以一尊或三尊释迦为本尊。本尊通常是在莲座上安置结跏趺坐像，莲座下面有华丽的台座，台座下面更有壮观的须弥坛。坛前置有供桌，供桌上陈列着五供座。五供座多由金属制成，中央放置香炉，左右放花瓶，两端放烛台（见图4-80）。隔着障壁与

图4-80 奉天黄寺大殿内部

本尊背对背地安置观自在菩萨像，周围多配上普陀洛伽山的模型并点缀上几个童子。如是禅刹则在殿内左右两侧安置十八罗汉，如是喇嘛寺则常安置八大菩萨。这种情况下，殿内装饰的华丽程度会远远超出禅寺。藏传佛教的殿内基本上均可见到陈列的八宝。所谓的八宝是：盖、鱼、罐、螺、花、伞、轮、长，各自具有其特殊的宗教意义。佛像的背光上端带有迦楼罗捉住龙女脚部的饰物，这也是属于藏传佛教的一种特殊技法。

天王殿因安置着四大天王而得名。殿中央安置貌似布袋和尚的弥勒，隔着障壁韦驮天的立像与此向背而置。殿堂的四角有四天王像，如果大殿面南，则按下列方法安置：

东北　广目天（摩利海）弹琵琶

东南　持国天（摩利青）把剑

西北　多闻天（摩利红）持伞

西南　增长天（摩利受）握蛇鼠

山门往往放有一对金刚。东西配殿以下各殿均各有本尊并各具适当的规格。但除大殿及特殊的殿堂以外，都十分粗劣不值一观。

十三、装饰绘画及纹样

佛寺建筑的装饰本来可以分为雕刻、绘画和纹样三大类，雕刻类中又分立体雕刻、浮雕、浅浮雕以及线雕四种，绘画类则要从画题、布局、画法、色彩等各方面进行具体的观察。纹饰可以根据纹饰的种类、组图、线条、配色等项分别说明。因此说来，这是一个很大的问题，本稿没有论及这一内容，在此只能摘记其中最为显著的两三个例子。

有关立体雕刻，在藏传佛教的殿内（宫城里也可见不少实例）常常见到的是柱头上部的鬼脸雕刻，十分奇异。图4-81里的屋脊末端似曲线的形状就如突发奇想，足以令

图 4-81 屋脊末端曲线雕刻

图 4-83 卷草雕刻 2

图 4-82 卷草纹雕刻 1

图 4-84 佛塔浮雕

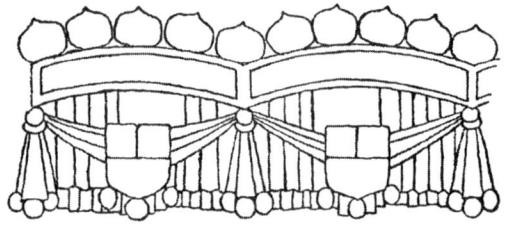

图 4-85 天盖样式 1

图 4-86 天盖样式 2

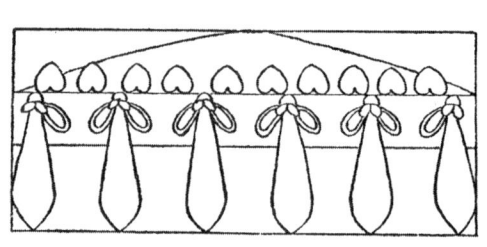

图 4-87 天盖样式 3

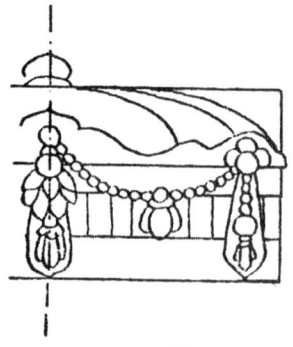

图 4-88 天盖样式 4

人惊讶。浮雕及浅浮雕的技法最为常见，石雕、木雕、砖雕等都共用此法。最多用的主题是卷草花纹、灵兽和龙。图4-82蛇腹下的卷草花纹是最常见之物，大多用于具有拱木性质的部分。图4-83也是一种惯用技法，往往相当复杂。佛塔表面实施的浅浮雕大多具有佛教意义，意匠极为丰富，而且大多具有庄严高尚的格调，图4-84就是其中一例。图4-85～图4-88都是天盖的形式，可以看出意匠十分严谨，手法也富于变化，十分自如。

相比之下，绘画用得并不太多。奉天西塔本殿内部有清朝创立初期画的佛，保存至今颇为珍贵。其他还有如兴京地藏寺里值得一观的残片。斗拱上梁角间往往都是一些粗俗的小画，不值一提。

装饰纹样历来是一个重大问题，说其掌有东北地区建筑的生杀大权也绝不为过。几乎所有的中国建筑都可以说是装饰纹样及色彩的建筑。如果从中国建筑中去掉这些成分，那么剩下的就只能是一些寂寞的枯骨。因此，我怀着对这个重大问题的尊重心情，将另择他日进行详论，此篇中予以省略。但凡说到纹样，色彩问题必然相提并论。在无色彩的情况下来谈纹样，不得不说是已经失掉了一半意义。

总之，东北地区的佛寺建筑装饰的性质大体上与中国内地相同，只是比起内地来说，往往更奇巧，更端庄。我认为，东北地区的建筑，与其平面及立体面相比，应该说其细部及装饰方面更为成功。

十四、塔及相轮

关于塔，此处有必要特别提及一句。东北地区的塔大致可分为两种，一种是佛塔，另一种是喇嘛塔。本篇记述的实例中，辽阳、开原等塔属于第一种，奉天周围的塔属于第二种。作为分类理由的特点如下：

（一）佛塔有多角形的平面和多层形的立面。

（二）喇嘛塔有圆形的平面(塔身)和单层状的立面。

喇嘛塔就是藏式塔，属于印度窣堵婆的直系。佛塔的起源虽也是窣堵婆，但是已经过西域的几多变迁之后才传入中国。

两种塔因此形式和手法均不相同，特别是最重要的相轮部分的手法显示出了属于两种全然不同的意匠。佛塔的相轮由露盘、宝瓶、水烟、五颗宝珠、宝珠间的天盖以及尖顶组成。水烟的上部应屋檐的八个角伸出八条铁链与屋檐八棱的末端相连。与此相反，喇嘛塔的相轮由露盘、十三轮、伞盖、日月以及宝珠构成的。喇嘛塔的相轮在中国内地常能见到，而佛塔的相轮在整个内地都未见过同类实例，因此可以作为一种特别流派看待。

第三章　东北地区塔的起源

一、东北地区塔的名称

上一章已经讲过，东北地区佛教建筑的现状与中国内地的基本相同，但古代的遗物极为稀少，大多数是最近重修，不值得特意记述。如果勉强言之，则只能说其规模、体裁、装饰等与中国内地的建筑相比处于相当劣势。唯独东北地区的佛塔立在其中，具有一种截然特别的形式，有自成一派的样式并得以大成。也许于规模大小、形式美丑、历史价值高低方面与中国内地之物相比时要退让一步，但也足以称霸一方。在此称此类塔为东北塔，拿来与北方地区的塔及南方地区的塔做一番比较，想来应该是妥当的。

一般的佛寺建筑大体上可以分为两大类：一为塔婆，一为殿堂。塔婆又因其目的分为舍利塔、供养塔、纪念塔、坟墓等。殿堂也因其目的和形状分为坊、门、亭、楼、阁、堂、殿等各种称谓。而在建筑史上，在建筑形式上，在各种情况下，塔往往都比殿堂更为重要，也更有趣味。理由如下：

（一）佛塔本自西域及印度传来，并非中国固有的建筑。因此是表现中国艺术与西域及印度固有艺术关系的极好遗物。

（二）佛塔的主要材料是砖石，不易损毁，从而得以保存住千年古式。在这一点上，几乎都无法与耐不住千年朽废而失的殿堂相比。即使能够得到重修，塔身则因不必全部拆毁，所以在形式与手法方面大多不会遭到全盘抹杀。

（三）佛塔的形式变化极多，而殿堂却几乎是千篇一律，二者实难相提并论。殿堂倾向于墨守中国古代模式，而塔却是在自由自在地自我经营。

鉴于这些理由，考察古代建筑形式的实例多于佛塔。这也是我之所以在此要把东北塔作为东北地区建筑代表的理由。

二、东北地区塔的产生

东北塔的形式手法是如何产生，又是如何渐次成熟的，在此我欲陈述一下自己的推想。

佛塔的形式手法于各民族之间、各朝代之间存在千差万别，但就其起源来讲，无疑都是来自印度的窣堵婆，或者塔婆。下面试用图样进行解说。

图 4-89 表现了塔的系统。其起源为图中（一）的印度固有的窣堵婆，而后发生分枝向复数方向各自发展。其中与本节叙述有关的有三个系统。甲系为东北地区佛塔的系统，乙系为西藏喇嘛塔的系统，丙系是属犍陀罗及中国式的系统，为方便甲乙两系的对比列于此处。

窣堵婆的原形如图 4-89 中（一）处所示，由圆形的台基、半球体的塔身以及相轮三部分组成。其相轮的发展属于甲系，塔身的发展属于乙系，而塔身被分割成数层的发展状况却属于丙系。

甲系中，从（一）发展到（二）的形状，进而发展到（三）的形状，此时已具有了多层塔的性质。到了（四）的阶段一种固定形式就得以大成。此塔看上去是多层塔，而当初不过是相轮的一种变形而已，第二层以上只是一种装饰性的附加部分，因此塔的里外都没有任何设备，塔身内部完全填满不留空间，与架有旋梯可直登顶层的建法有着完全不同的性质。

乙系中，从（一）开始发展，进入（2）的阶段后转向（3），在（4）的阶段得以大成，其路径极为简捷。此塔的内部也未留空间，但后世在表面开凿了龛洞并纳入了佛像，呈现了各个系统中的共通现象。

丙系所取的路径最为复杂。要之为从（一）发展到（Ⅱ），塔身高高延伸，同时塔身上出现了几条横纹，这是犍陀罗式塔的形式。然后继续进化成（Ⅲ）在中亚范围蔓延，最终进入中国境内以（Ⅳ）的形式得以大成。这种塔或许与甲系塔有某些相似之处，但就其形成的顺序来讲，二者则存在着根本的差异。丙系塔因塔身分成数层，所以明确地保持着多层的意义，每一层都用同样的方法在内部外部加上设备，内部设置空间，并有梯子可供登至顶层之用。

要之，东北地区的佛塔是从印度窣堵婆发展而来的，其相轮发生变化，最终成了多层的形状。基本特征列举如下：

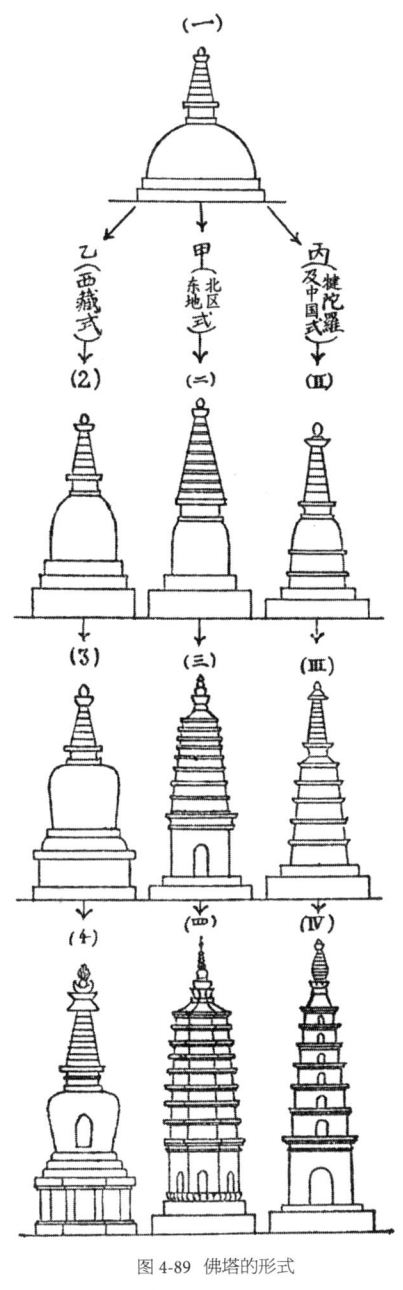

图 4-89 佛塔的形式

（一）平面为多角形（六角形或八角形，自印度的圆形变化而来）。
（二）立面为多层形式（通常以十三层为极限，自窣堵婆的相轮发展而来）。
（三）有高而复杂的台基（自窣堵婆的台基发展而来）。
（四）塔身的每一面都安置佛像（后世的窣堵婆表面也都雕有佛像）。
（五）第二层以上没有窗牖龛洞等，只是屋顶呈密檐形式（其间含有窣堵婆相轮的性质）。

（六）塔内均被填实，不留空室（窣堵婆亦不在内部设空间）。

（七）相轮由露盘、宝瓶、水烟、宝珠、宝顶构成（窣堵婆也用相同技法）。

三、东北地区塔的地理分布

下面按东北地区佛塔的测定年代顺序，试对其地理分布的情况进行考察。

在我狭隘的见识范围中，东北地区佛塔只存在于东北及河北省的北半部。以下列出的各塔都是我实际见到过的。

河北省

涿州南塔	八角五层
同北塔	八角六层
北京天宁寺塔	八角十三层
同八里庄塔	八角十三层
同双塔寺塔东塔	八角七层
西塔	八角九层
通州塔	八角十三层

辽宁省

辽阳广祐寺塔	八角十三层
奉天塔湾舍利塔	八角十三层
同白塔寺塔	八角十一层
抚顺镐儿山塔	八角（层数不明）
栎木城金塔	八角十三层
同银塔	六角九层
同铁塔	六角七层
铁岭圆通寺塔	八角十三层
同慈清寺塔	八角九层
同南塔	六角九层
开原石塔寺塔	八角十三层

此外，我还听说了许多存在于东北以及河北省北部的佛塔，其中位于大凌河上游朝阳镇的三座塔颇为重要。《蒙古游牧记》卷二土默特部中有如下的记载：

（前略）遼太祖平奚置興中府太祖平奚置霸州彰武軍重熙十年置興中府興中縣隸中京道金因之案遼金興中府為今承德府朝陽縣治故城土默時右翼西百里錦州府西北邊外大凌河之北城周七里有奇遼金所建三塔猶存土人稱為三座塔蒙古名固爾巴罕城乾隆十六年於其地設巡檢司為塔子溝廳東境三十九年

折置三座塔廳四十三年改設縣治

我现在还不知道关于这三座塔的建筑性质，但仅以"辽金所建三塔"来考虑的话，还搞不清此塔是否就是辽阳、开原等地那种我所说的东北地区佛塔的模式。

而且，河北省南部以及其他各省全然见不到此种类型的塔，这是一个应该特别注意的现象。我认为，可以说东北地区佛塔的分布几乎严格地限制在了辽的领土范围以内。

四、东北地区塔并非唐式

根据口碑和传说，东北地区佛塔大多是唐代建成的。有的说成尉迟恭所建，还有的说成仅仅是开元年间建成。日本人士对此不过分相信，唐代的势力从未到过辽河以东，这是一个不争的事实。唐要在辽阳、奉天、开原地区经营大规模的佛寺，创建秀美的浮屠是根本做不到的，更何况此地的建筑性质与中国内地的唐式之间存在着明显差异。因此，东北地区佛塔不属唐代形式，在这一点上应该丝毫不存置疑。

作为唐代的遗物，西安有慈恩寺的大雁塔、荐福寺的小雁塔以及兴教寺塔等。慈恩寺塔仿照的是西域形式，属于十分特殊的一例，其系统正好属于图4-89中所示的丙系，有方形的平面和七层的立面，各层都有独立的隔层板和空间。荐福寺塔的趣味与此稍有不同，应该说是唐代塔最普通形式的代表，平面为四角，立面为十三层，看上去虽与东北地区塔十分相似，但实际上却与慈恩寺的大雁塔属于同系，明显地具有十三层这一事实。东北塔的多层形式仅仅具有屋顶重叠之形，实际上并不具有多层之实。而且唐代塔的内部一定会设有空间用来安置佛像，东北塔则为实心塔，内部不设空间，而是在塔的表面刻出佛像。这一点表现了东北塔与犍陀罗塔更为相似的性质。

总之，东北塔是唐代所建的说法从历史角度来看不足以信。对东北塔是唐代形式一说也必须进行实例的比较和研究。

五、东北地区塔实为辽式

东北塔的形式既然不是唐式，那么应该属于什么形式呢？我欲将此命名为辽式。理由如下：

（一）东北塔的地理分布均在辽代的版图之内。

（二）奉天附近塔湾的舍利塔为辽代重熙年间所建。

（三）涿州的双塔寺相传是辽代建筑，此寺传应属可信。

（四）开原石塔寺的塔为金代大定年间所建。

我认为，以上可以作为充分的理由推定：东北塔实为辽式。

说起来，辽是在吞并了勃海，占领了东北之后，渐次向南发展进入内地，在确保了河北、山西北部领土之后才开始在各地修建佛寺、兴建佛塔的。可推测辽阳奉天附近的塔寺应属其初期之作，北京附近的应属于其后期之作。但是，同是辽代修建的佛塔却并未全部使用相同的形式和手法，山西省瀛洲的八角五层塔为清宁二年所建，但其形式却既是犍陀罗式，也极接近于中国内地形式，这就是一个很好的证明。不过，瀛洲的塔是木造，不是砖造，在形式上多少会产生一些误差，这一点无可厚非。而辽塔本身不仅适用于整个辽代，时至金代也仍然被继续袭用，以致形成了东北地区的佛塔形式并逐渐成熟，成了一种典型之作。这些塔经过重修时也没有遭到过多的窜改，得以保留至今。

六、辽式塔的起源

辽代能够使一种特殊的佛塔形式得以大成的动机究竟在何处？辽代又是从何处得到了如此这般形式的成品的暗示？或者是辽自身创造出了这种形式？这是我们最想知道的事情。

我不得不承认辽式建筑中自唐代传承下来的部分不在少数，即便不说唐代和辽代的形式均同与否，但至少可以说二者在手法的运用方面有颇多相似之处。而这一特点，或许不是应该归结为辽独创的那一部分。不过，那其中的大部分会不会是勃海形式的传承呢？很遗憾，我至今还没有见过任何勃海建筑的只形片影，对其实体也没有任何知识，但从历史的关系来推论，应该相信这种想象是有理由的。勃海国原来隶属于高句丽，高句丽灭亡（668年）以后独立建国（712年），传十四世历二百一十五年，其间拥有自辽东至日本海的领土，设五京，分十五府六十二州，振兴文学艺术，兴旺文化事业，这在历史上是有明文记载的事实。有关其寺塔建筑的传说虽然不多，但综合佛教国的事实和文化兴旺的事实，便不难想象其国内到处都有佛寺建筑的存在。而取代勃海占领了那片土地的辽代，在兴建其佛寺建筑时一定会向勃海寻求榜样，我相信，这应该是正当的路径。

勃海的艺术来自何处？我想应该归结为高句丽。正如辽传于勃海，勃海也一定会传承于高句丽。高句丽的艺术来自何处？我想应该归结为北魏。高句丽一直向北魏称臣，岁岁不息朝贡，考虑到这个事实，我们也就难免会做出此种推测。

有关高句丽艺术的性质，我还完全没有了解，但对于因从高句丽和梁陈均衡地输入文物而得以大成的新罗艺术遗物，我有幸知其一斑。根据工学博士关野贞氏的报告，韩国庆州附近佛国寺内的多宝塔（752年）、梁山郡通度寺内的三重塔（643年）、庆州南郊芬皇寺内的九重塔（643年），此外还有梁山郡梵鱼寺的三重塔、陕川郡伽椰山中海印寺的三重塔，都属于图4-89中的丙系统，与唐代形式有着相同的轨迹。我们从这里逆向推算就能够得到高句丽艺术性质的来源，即高句丽艺术也属于唐式系统，应该被编入图4-89中的丙系统。从高句丽到勃海，又从勃海到契丹的传承过程演变出了所谓的辽式。归根结底只能推定，这是勃海和契丹以独特的趣味窜改了先师的形式所引出的结果。

七、结语

综上所述，我所谓的辽式起源如下：

（一）辽式承袭了勃海艺术，同时吸取了唐式，且掺入了契丹的特殊趣味从而得以大成。

（二）勃海艺术承袭了高句丽艺术，同时吸取了唐式，且掺入了勃海的特殊趣味从而得以大成。

（三）高句丽艺术以中国北朝艺术为基础，并掺入了高句丽的特殊趣味。

（四）北朝艺术是中国固有艺术与犍陀罗系艺术相结合的产物。

我以为可不再追溯更古之事。方便起见，将以上过程做成算式表示如下：

辽式＝勃海＋唐＋X

勃海＝高句丽＋唐＋Y

高句丽＝北朝＋Z

所以：

辽＝（高句丽＋唐＋Y）＋唐＋X

　＝（北朝＋Z）＋唐＋Y＋唐＋X

　＝北朝＋2唐＋X＋Y＋Z

因此，如果想分析辽式，就必须掌握大量的唐式手法和北朝手法。另外还有必要发现高句丽、勃海、契丹等各民族的特殊手法。

我们实际上已经认识了辽式中存在的唐式和北朝式，今后我们应该了解的就是方程式中的未知数X、Y、Z的真相。

（东洋协会调查部学术报告第一册所载）

第四章　东北地区[1] 文化与史迹的历史性考察

一、概述

东北地区文化与史迹的历史性考察，这个题目讲起来颇有些麻烦。这个地区自古以来有很多民族建立了自己的国家又相继消亡，将那些民族的既往文化与其民族遗留下来的遗迹相结合，尝试着进行一番历史性的考察，这便是我的意向。

此地区的文化及历史遗迹涉及的地域过于广泛，想要在这里简单且短时间地表达清楚是根本不可能的。今天只能选出一些大致的脉络进行说明。尤其是遗迹方面，已

---

[1] 原文用"满洲"一词，译文中均改为"东北地区"。

经有东洋历史学家、考古学家、历史地理学家、人类学家以及各方面的学者进行了相当深入的研究，已经发表的刊物等也有众多的相互交流，我们十分有幸成为做此学问的一份子。不过谈及这些文化，恕我孤陋寡闻，我还没有听说过太多有关以往东北地区各民族文化的说明，我在这方面是一个外行，所以对情况不甚了解，但假如是通过遗迹来观察的话，则在若干问题上有共通之处。今天尝试着将遗迹与文化结合在一起进行论述，以期听到诸位的高见。我是出于这种考虑，敬请予以明察。

二、东北地区的地理

作为讲述的顺序，首先要对文化产生的必然也就是要从一般的原则开始论述。

不用赘言，每一个国家的文化都是赖以国土的条件及国民的资质而产生的。原则上讲，国土是否气候温和，土地是否丰饶，自然资源是否丰富，交通联络的条件是否良好等，这些条件如果不具备则文化就无以生成发展。我首先从对这一点的观察开始，进而考察东北地区，即刚才讲到的奉天省、热河省、吉林省、黑龙江省、兴安省的范围之内是否有文化的生成。

众所周知，东北地区的范围十分广阔，因地域不同而产生的差异很大。比如，如以现在的新京周围为中心划分成南部和北部来看的话，气温方面，南部每年的平均气温是五摄氏度到十摄氏度，和欧洲的苏格兰地区或德国北部边境地区的气温基本相同。这里的气候无疑是很寒冷的，但对于文化的生成并不形成巨大的障碍。但是看北半部地区的平均气温，每年平均在零度到五度，与外国相比的话，应和俄罗斯北疆或阿拉斯加最南端的气温相似。这里气候过于寒冷，对于文化的生成十分不利，即使撒下文化的种子恐怕也很难发芽。看土地方面的条件，因这不是我的专业没有进行过深入研究，但我听说，南部地区土地较为丰饶，北部地区虽不能简单地说土地条件不好，但因气候和水利关系使得地力难以发挥。自然资源方面有赖于今后调查之处颇多，但在没有文化的古代，这本不是问题。总之，辽河下游到松花江上游一带应该说有适合于文化生成的条件。但再往北的区域，则不能说是适于文化生成的地域。和外界的联系方面，吉林省的东部山峦起伏，林木丛生，兴安省有兴安岭纵贯，在这两省的山系之间有一片平原，北边以黑龙江为界，是个非常寒冷的地方，正可谓是无计可施之地。总之东北地区是以兴安岭和吉林省山系之间的平原以及辽河下游的平原为中心，面南向勃海湾展开。因这样一种地形，东北地区的活路就只有沿勃海湾出入中国内地的那一条通路，另外还有从鸭绿江下游或间岛通向朝鲜的出路。也就是说，在东北平原上生成的文化理所当然地朝着顺应气候风土的地域向南再向南式地延伸。实际上，住在此地的民族自古以来都是向南再向南式的移动，首先以内地的沃野为目标进发，最终侵入黄河、长江流域的美丽沃野。于是一方面，与内地的汉民族发生了无休无止的冲突，交涉开始了，文化的交流产生了。而另一方面与朝鲜的交涉也开始了。

三、东北地区的民族

下面从第二个条件即民族方面来观察，如果当地居住的民族有足够的智慧，加上坚忍勤劳，那么即使土地不适合文化的生成，以人力进行开发也不是不可能的。世界上有很多这样的实例。但问题是自古住在东北地区的民族是否具有这种资质，对此我没有确切的把握。古时住在东北地区的民族大多是通古斯族，还有蒙古族与通古斯族的混血，继而蒙古族也加入进来。这些民族有何等程度的智商，具有何等程度的文化是我十分想了解却还没有搞清楚的问题。仅从文献上散见到的，加上一些遗物来看，古时的东北地区民族绝说不上智能优秀，只能说十分剽悍且敦厚。这样的民族无论如何创造不出自己的固有文化，只能是接受其他优秀民族的文化。古来东北地区出现过很多民族，但是创造出重要文化的民族却很少，肃慎、涉貊、夫馀、挹娄暂且放置不谈，高句丽、北魏、勃海、辽、金以及后来的元、清都接受了汉民族文化，然后被其同化。总之从土地以及民族关系上看，东北地区并不俱备能够创造出优秀文化的要素。

四、东北地区的历史

想就这些问题再加上一些更具体的说明，就必须要提及东北地区历史的概况。这是大家都知道的，但在此还是做一个大概的介绍。

谈这个问题时，无论如何都要涉及朝鲜。不过此处姑且放下朝鲜的事情不谈，内容仅限制在东北地区对中国内地的历史上。说起来，支那原本不是国名，而是有关国土地理的名称，而且是外国人起的地名。发音是从秦的字音转化而来，此外还有"震旦"一名。震旦是"秦国"之意。"旦"这个字与至今仍存在于西亚和印度的"坦"字意思相通。那么，所谓的支那或震旦指的是什么地方呢？这似乎没有明确的区域，以黄河、长江流域为中心，周围很大范围都漠然地被称作支那。而汉民族很早就占据了其中的一角并创造了文化，其年代久远得无从考证。但是，那时汉民族与东北地区还完全没有交往。到了周代，东北地区出现了肃慎、涉貊的住民，肃慎后来成了挹娄，涉貊被夫余取代，与周王朝几乎没有任何关系。只是到了战国时期，燕国把今天的热河省南部到辽河以西的勃海湾沿岸地区划入了自己的领地。自周代以前就与汉民族有交往的是猃狁即犬戎，也就是匈奴。传说后来的秦始皇就是为了防范从北方侵入的民族修筑了万里长城。至于其他族为什么要入侵，理由刚才已经提过，因为北方物资匮乏，以致生活困难，必须要从中原地区得到生活物资才能够生存下去。始皇帝的长城和今天的长城完全没有交点，据史料记载，是从甘肃的临洮开始延伸至辽东，在东北地区，大概是贯穿热河省的中央地域一直通到辽东。出于如此考虑则必须承认现在东北地区的一部分从秦始皇的时代开始就被编入了汉族的领地。汉代的情况也是如此，而且汉代更进一步把领土范围扩展到了渤海湾沿岸的全部地域，包括现在朝鲜的西北部地区。但是海岸地带以北并没有成为汉朝的领土，因为东北地区的中心地带是北方民族的巢穴，尚未能鞭及。不过到了汉末三国时期，东北地区的民族开始向中原地区进犯，究其原因，是因为汉代势力强盛之时难以对付，而一旦汉代开始衰微，中国出现混乱，北方民族便可以趁着压力减退之机前来夺取中原。这就是所谓的五胡十六国之乱到南北朝对立的时期。在这些民族中特别称雄的是北魏政权，是鲜卑即通古斯人的一种，也有人说是靺鞨和蒙古的混血，北魏占领了中国的北半部。也有北魏政权来自高句丽，高句丽又是来自夫余的说法，这个政权占领了辽河东部的全部地域。隋朝统一了南北大地，到了唐朝，汉民族又重新繁盛再次控制了东北地区。当时东北地区正是勃海国兴盛的时期，后来勃海国为契丹所灭，契丹立国号为辽，反攻回到了中原。为什么要反攻回到中原，也是因为唐代兴盛时期无从下手，唐朝灭亡之后成了五代十国的乱世，中原地区陷入混乱，契丹趁机夺取了中原。之后女真族，这也是通古斯人的一种，继辽后而出，先征服了辽继而侵入中原。这个时代中国的国土被分成了南北两半，形成了汉族对外族，即宋对金的对立局势。在这种对立之中，蒙古继金而起，打败了金和宋，进而得到了东北地区以及中国内地的全部国土，建立了元朝。此时在中国，汉民族的国家一时消亡，之后，汉民族的明朝驱逐了蒙古人恢复了中原，但是在东北地区，明朝并没有把手伸得过长。东北地区由女直，也叫女真的民族割据，以明朝附属国的形式存在。待明朝走向衰微实力开始减退，女真族的爱新觉罗氏从东北地区兴起进而夺取了中原。总之，汉民族在中国内地建立的国家曾经经历了两次变革，先是被蒙古人建立的元朝占领了全部领土，后是被女真族建立的清朝再次全部占去。

五、汉文化对东北地区的影响

汉民族与其他民族是太古以来一直存在的一对矛盾。其他民族不断地觊觎汉族的中原，始终在寻找着可乘之机。所谓的可乘之机就是中国改朝换代之时，每逢这种时候必定是群盗四起，国家大乱，威力丧尽，其他族便趁此隙而入。且从单纯的体力对比上往往也是北方民族占据上风，汉民族总是受打击的一方。汉民族从未占领过东北、蒙古等北方民族的全部领土，仅是数次占领过渤海湾沿岸地区即东北南端的领土，而没有得到过东北的全部领土。那些领土即便是得到了，统治起来也十分困难，何况当时那些地方都是些物资匮乏的荒野，没有夺取的必要。然而北方民族却频频入侵中原，或取一部分，或取半壁江山的事实有过数次，还有两次占领了全部领土。如此看来，产生自东北、蒙古的通古斯以及蒙古等民族的确十分剽悍，武力豪强，但是涉及文化方面，这些民族就完全不是汉民族的对手了。汉满两个民族的文化之间有很大的差异。之所以这样说的根据是，汉民族很早就来到了黄河、长江流域的丰饶地区，以那里为根据地，享受着丰富物产和良好气候的恩惠，在漫长的过程中创造出了优秀的文化。这就是先发制人。如果通古斯人在汉民族进入黄河、长江流域之前就来到这里，那么他们也很有可能创造出优秀的文化。可是，因为运气好的汉民族先期在黄河、长江流域创造了文化，所以也就建成了非常优势的国家。只不过汉民族不善于征战，战时总处弱势，结果只能是依靠外交手段对北方民族实施怀柔、笼络的政策来应付局势。

　　优秀的中原文化鉴于以上的理由不断地被输入到东北地区，而东北地区民族也醉心于优秀的汉文化，无条件地加以崇拜，尽数地加以吸收，对此有各种各样的有趣记录。试举一例，北魏时，鲜卑族的拓跋氏占领了黄河流域的中国北部的土地，建立了国家，称作魏。拓跋氏赢得了战争，但在文化上打了败仗，敕令禁胡服，禁胡语，连姓名也改成了汉式，在文化方面彻底地向汉民族投了降。不仅是北魏，还有很多出自满蒙的民族也都醉心于汉文化，从而逐渐被汉化。其结果是又被逐出了中原，这种情况经过了无数次反复。要论北方民族到底给了汉民族什么文化，恐怕是找不出什么明显的证据来。在细微方面留有若干记录，比如，在北方，当然这个北方不仅限于东北地区，而是指更为广泛的地域，北方的民族教会汉族的重要一项技能是骑马术。古代的汉人只用马来拉战车或运输车，而剽悍的北方民族很会骑马，汉人跟他们学会了骑马的技术。又比如，汉人以前是席地而坐的，而且是屈膝而坐，这在古代的画像中可见实例。这种习惯后来改成了用桌子椅子，也是从外民族那里学来的。具体时代虽已无从考证，但一般认为是在六朝时期前后。"胡"这个称呼是外民族的总称，凡是加有"胡"字的都是从汉人之外的民族学来的。如胡座、胡床、胡笛、胡笳、胡琴、胡弓、胡椒、胡桃等不胜枚举。但这些都不是那么重要。而汉人传授给胡人的文化首先是学问、文学、艺术、宗教等，都是构成文化根基的重要内容。结果是，北方民族的文化摄取了汉民族文化的全部，因此可以说，北方民族是以武力征服汉土，而汉民族是以文化来影响北方。

六、遗迹的分布

　　通观现在作为问题提起的位于东北地区境内的遗迹，几乎都是汉式遗物。有没有不属于汉式的遗物呢？比如说建筑，我主要是搞建筑方面的研究，如果有乡下老百姓住的那种留有原始文化影子的建筑，一定会与黄河、长江一带的汉式房屋有所不同。二者之间肯定会存在相异之处，因为首先是气候风土不同，生活习惯也不同。可是所有的文化性建筑，无一例外地都属于汉式。尽管如此，中国文化随着时代发生变化，满蒙文化也一直在追逐着这些变化而发生变化，调查东北地区境内的遗迹就可以了解到，中国哪一个时代的文化，对哪些方面给予了何种程度的影响。当然，要想进行具体确认十分困难，那是一个需要有很长时间的研究积累才能得到结果的工作。现在结论虽然还有些模糊但是已经有了。下面想就这个话题谈上几句，为此我做了一幅史迹略图，举出了遗迹中主要的、重要的部分。另外还做出了标有遗迹的年代、国名、民族名、所在地名的表格，请大家对照观看。

国名	民族	地区	遗迹
汉	汉	辽宁	牧羊城古坟
			前牧城古坟
			貔子窝古坟
			燕家沟古址
高句丽	通古斯	辽宁	国内城
			丸都
北魏	鲜卑	辽宁	义州万佛堂
勃海	通古斯	吉林	上京忽汗府
			中京显德府
			东京龙原府
		辽宁	西京鸭渌府
		朝鲜	南京南海府
辽金	契丹	兴安	辽陵
	女真	热河	辽上京临潢
			辽中京 金北京大定
			朝阳（龙城）三座塔
			白塔 子塔
		吉林	金上京会宁
			金五国城
			农安塔
		辽宁	辽金东京辽阳
			义州奉国寺
			锦州塔
			奉天白塔
			奉天（塔湾）万寿寺塔
			辽阳广佑寺塔
			栎木城金塔
			栎木城银塔
			铁岭圆通寺塔
			铁岭慈清寺塔
			开原白塔寺塔

国名	民族	地区	遗迹
元	蒙古	辽宁	辽阳关帝庙
			奉天城隍庙
明	汉	辽宁	金州孔子庙
			盖平孔子庙
			海城孔子庙
			辽阳孔子庙
清	女真	辽宁	兴京老城
			辽阳新城
			奉天城
			兴京永陵
			奉天福陵
			奉天昭陵
			辽阳东京陵
			奉天金鸾陵
			奉天天坛
			奉天堂子庙
			奉天东西南北四寺四塔
			辽阳关帝庙
			开原清真寺
		热河	承德离宫及八大寺

研究这些遗迹首先需要的是了解这些遗迹的分布情况。当然东北地区的遗迹到底有多少尚未搞清，也不清楚何时才能完成此项调查，而且如不完成调查就无法得到确切的结论。现在我十分清楚，仅用极少的材料来立论很是勉强，但仍尝试着在这张表中标出了重要遗迹的地点。如大家已经看到的，按目前的调查结果，东北地区南半部的遗迹很多，北半部的遗迹极少，且今后即使有了发现，我想也不大会有什么特别重要的。理由很简单，因为南半部的气候和地势都有利于文化的发展，所以这里理所当然地会有很多文化艺术以及土木设施存在。尤其在与中国内地的交往方面，上面已经提过，东北地区南端到辽河下游地区是主要的交流舞台，自然会留下相关的众多遗迹。根据对这些遗迹分布情况的研究就可以继而考察文化的中心以及文化移动的路径，有关此项留在以后再谈。

七、有关遗迹的概述

（一）汉代

属于史前时代的遗迹，如贝冢、支石墓、石器、土器等此处略去不谈，因为那是属于考古学及人类学方面的研究。这样一来，东北地区有史以后的文化遗迹是从汉代开始的说法应该比较适合。迄今发现的汉代遗物主要分布在辽东半岛的南部，如牧羊城、前牧城、貔子窝等，滨田耕作博士、原田淑人君以及这方面的专家们都有相关的研究发表，今后在这些地区一定还会有若干发现。我想象这个地区还会有很多遗迹。而遗迹之所以会如此集中地群集在这里，是因为对岸的山东省与这里的距离很近，其间星散分布着许多小岛，就像是铺着踏脚石。山东省的汉族人大概会取最短距离跨越大海，经过这些岛屿来到此处。汉代的遗迹本不应该存在于东北地区腹地，但考虑到汉代的领土曾经远及朝鲜，所以也会在腹地留有遗迹。在古时乐浪地区即今天的平壤郊外发现的古坟，其内容已经为众所周知，没有必要在此赘言。

（二）高句丽与北魏

高句丽可以认为是夫余的一支，六朝初期吞并了奉天省辽河以东的全部和吉林省的一部分以及朝鲜北部，建成了一个庞大的国家。在临近鸭绿江右岸的区域内遗留有国内城、丸都城的城址，但已近乎全部荒废的状态。不过，在朝鲜平壤西郊的江西发现的坟墓十分有趣，明显地属于中国六朝时期的形式。在属于高句丽领土的东北地区，今后也一定会有若干类似的遗迹被发现。

北魏，如前所述，是占领了中国内地北半部、继而掌握了辽东一部分土地的大国，在中国境内留下的那些伟大的石窟寺极富盛名，其中东北地区也留有很不错的实物，如奉天省义州郊外有个名为万佛堂的石窟寺，其存在已经为世人所知。关野贞博士去实地进行了调查研究并已于最近发表。北魏遗迹为什么会存在于此地，这恐怕和当时此地作为六朝文化自中国北部经过辽东流入朝鲜的重要位置有着极大关系。北魏的首都初期在山西省的大同，后来移到了河南省的洛阳。从这一点考虑，从大同流入辽东的路径如果是经由张家口、北京、蓟州、山海关等，则路途虽然平坦，但距离会很远。如果从张家口出发直接到热河，再到朝阳，经义州的话，路途虽然险阻，但路程可以明显缩短。可以认为义州是连接大同与辽东这一国道上的重要地点，义州留有辽金时代的重要建筑物，这也是应该值得特别注意的现象。

（三）渤海国与唐

渤海源自靺鞨，靺鞨又出自挹娄，因此渤海是拥有南起朝鲜的元山、北至沿海州、吉林省、奉天省大片领域的大国。渤海国设有五京，其中的上京忽汗城在今天叫作东京的宁古塔附近。最近，根据原田淑人君的发掘结果，都城的全貌即将被阐明。期待其他四京的遗址也会相继被发掘出来。

渤海国也曾屡屡来日本朝贡，这是因为渤海面临日本海，一方面吸取了唐系的文化，同时又拥有享受日本文化的方便条件。

接下来的是有关东北地区境内的唐代遗迹，我认为这要作为一个问题。实际上，这里几乎不存在所谓的唐代遗迹。根据文献记载认为是唐代创建的寺塔建筑有很多，而实地观察，无论如何也不像是唐代的遗物。这里涉及很深的专业问题暂不去深究，但仅从样式上看明显不是唐代遗物，而文献上却写着是唐代的例子为数颇多，如锦州的塔、辽阳的白塔寺、栎木城的金塔寺及银塔寺的塔、铁岭圆通寺及慈清寺的塔、开原石塔寺的塔，等等。从样式上看当然都是辽金系的建筑。把这些都说成是唐代所建，究其原因，也许是因为这个地区曾经处在唐的势力范围之内，曾把唐朝奉为正统的缘故，其真相不得而知。总之，唐朝于初期灭掉了高句丽之后，随即便把勃海湾沿岸的区域编入了自己的领土，但是并没有侵入东北地区腹地，就连该地区南端的领土没过多久也放弃了。结果是，东北地区范围之内找不到真正的唐代遗迹，仅仅发现了几个属于勃海国的唐系之物而已。

（四）辽·金

现在来谈辽金，东北地区遗迹中最为重要的部分是辽金时期的，理由是在东北地区建立的王国中最具势力的就是辽金。众所周知，辽的东面拥有沿海州，西面可延伸到今天的新疆省边界，南面直抵河北省、山西省的北部，是一个非常强大的国家，其遗迹应该有相当多的存留，对汉文化的摄取自不必说，但其中仍然会拥有若干特性。金灭掉辽以后，占据了辽的全部领土，而且更深入地向中国腹地发展，所以也会有很多金的遗物。辽即契丹，是通古斯和蒙古的混血，其发祥地是热河省，金即女真通古斯，发祥地说是吉林省，但金基本上是全部承继了辽的文化。辽金的遗物从性质上看不到有明显的差异，因此辽和金一起称为辽金。其遗迹的数量过多，不可能在此一一谈及，作为其中一例，现在对遗物的分布情况与其文化路径的关系做一个介绍。现在为人熟知的金代最重要的遗迹中，最远的是吉林省的五国城，其次是金的上京会宁。辽和金都拥有五座京城，金的五都是：哈尔滨东南约八里的会宁为上京，辽阳为东京，热河省的大定为北京，山西省的大同为西京，北京为中京。之后，又占领了宋的汴京即河南省开封并以此处为都。从汴京经中京再到上京的路途中，处处分布着一些金的遗迹。关于这些情况，文学士松井等人曾在满铁发行的研究朝满历史地理的机关杂志上发表过文章，认为是宋徽宗皇帝为了祝贺金太宗即位，派了一个叫许亢宗的人作为使节，从宋都汴京来到金的上京。文中对当时的纪行进行了解说，据当时的纪行文记载，从汴京出发先到北京即燕京，然后经三河、蓟州、滦州等，通过山海关，再过锦州，然后经奉天、铁岭、开原，过农安，最终到达会宁。这条路与今天的铁路线时而重合，时而分离，途中重要的都邑都建有今天所谓辽金塔的佛塔。农安也有塔，但现在已经远离了国道，而以前这里曾经是主要干道，许亢宗的纪行里写得很明白，可以证明那座辽金塔的确存在。另外还可以做出这样的思考，即热河省赤峰附近的辽中京大定和辽东京的辽阳，连接这两处的近路会在何处？这条路应该就在经过朝阳、义州的线上。这样考虑的话，朝阳一带就应该有一座与辽金形式相近似的塔。在义州附近，这也是最近根据关野博士的调查，又新发现了一处非常出色的辽代佛殿。也就是说，这条路就是从辽中京通往辽东京的国道，这种说法应该是合乎道理的。另外，从辽中京到辽南京即今天的北京方面应该还有一条国道存在，我认为这条路必然要从承德即热河省通过。承德建有清朝的离宫，因为这里有十分优越的地形地貌，能够想象出这里是个自古就很引人瞩目的地方。辽上京即临潢在今天的林东附近，我想，中京与上京之间也许也会有些遗迹。此外，海城的东南有析木城，那里有两座出色的佛塔和一些小塔。那样一个偏僻的田舍都有如此出色的佛塔，那么肯定会让人联想，析木城或许就是通往朝鲜方面的国道干线了。目前还没有确凿的证据，只是有了这样一种感觉。总之，遗迹分布本身一定是具有重要意义的。

话题再转到其他方向，从大同即辽西京向南有一个叫作应州的地方，那里有一座出色的大型辽塔。想必以前那里会有通往太原、洛阳方面的国道。从北京附近南下若干里的圈内有很多辽金塔，而且在辽金的势力范围内的地区都一定有辽金塔。看到这些建筑遗物就知道那个国家的版图大小和交通情况了。无论如何，通过遗迹的调查研究能够了解到东北地区民族和汉民族之间的势力消长情况，并能得到考证文化交往的重要资料。根据前面的图表可以了解到，汉民族在东北地区留下的遗迹，汉代时有过一些，但以后几乎再也没有了。有关唐代的遗迹前面已经提过，完全处在一种令人生疑的状态。

（五）元·明·清

宋代当然没有在东北地区留下过痕迹。而元代尽管占领了东北地区，却也没有太多的遗迹被发现。这大概是因为元代并不太重视这个地区的缘故。庙祠中可见到若干元碑，暗示着该庙宇的建立或重修，但都没有什么重要价值。明的势力，前面已经提过，没有深入东北地区腹地，因此作为国家事业经营起来的重要土木工程遗迹肯定是为数不多的。根据村田治郎博士在"满洲学报第一"上发表的内容，金州、盖平、海城、辽阳的孔子庙都是明代洪武年间建造的，奉天的孔子庙也是明代所建。其他可称作明代重修的建筑还有很多。这又是什么原因呢？或许因为奉天以南是明的领土？不，我不这样认为。这个地方虽说是所谓的羁縻州，属于明朝的势力范围，但却不是明朝的领土。当时这里应该是女真这个强大的异民族的跋扈之处，这里之所以能有大量明代兴建或重修的建筑，是因为女真人把明朝奉为正统，使用着明朝的年号而已。这和日本的琉球使用明朝或清朝的年号是同一个道理。在琉球以明清年号敕建的建筑当然不是明清建筑本身，而是琉球的建筑，所以我认为使用了明朝年号的东北地区建筑应该是女真族的建筑。

东北地区是清朝的发祥地，所以当然会有丰富的清朝遗物。今天仍现存于东北地区的建筑几乎都是清朝时期营造的，其种类涉及多方多面，数量也很多，不可能一一予以评说。

八、有关特殊遗迹的研究

(一) 民宅

下面想就大量遗迹中具有特殊性质的几种特别地讲上几句。

东北地区现在仍然留存着原始建筑踪影的是民宅。民宅的研究我进行得并不深入，但是民宅具有原始的性质，即使是在今天也仍然不失其特色。去过吉林省的人大概都知道，在吉林省周围有很多木造的民宅，这是因为此地区树木众多的缘故。这些民宅和日本古代的房子十分相似，门的形状和日本鸟居相似，或者可以说是完全一样。门两旁的墙壁用的是立柱之间嵌上木板的形式，有如日本神社的板垣。这些就是木造的原始住宅。我在奉天和抚顺见到过一些进化了的样式，很有趣。房子本身接近日本的样式，与中国汉民族的房子完全不同。中国式的房屋原则上是在一栋里隔出三室，正中的一间作为客厅，两侧的房间为起居室，无论走到哪里都是这种三分习惯，厨房和仓房则是分开建的。但是东北地区的传统民宅却不是这种样式，一栋房子的一边设厨房、水井和灶台，另一边设起居室。结果，入口不是在房子正面的中央，而是偏到了一边。这样的结构在中国内地是见不到的。与此相似的形式在朝鲜北部的咸镜道、江原道等地能够见到很多，而与此几乎一样的民宅在日本大量地存在，从这个事实上来看，是否可以考虑高句丽、勃海等通古斯民族与日本民族之间有着某种关系。迄今为止，有关日本民族有许多传说，有的说日本民族是所谓的天孙民族，有的说是通古斯，也有的说是南洋民族，或者说是两种民族的混血，等等。这种种说法到底有什么根据，要想拿出证据来判定恐怕非常困难。但如果限定在民宅的范围内，则通古斯族和日本民族之间一脉相通的事实显而易见。

(二) 辽金塔

我认为重要性仅次于民宅的是前面已经提到过的辽金建筑尤其是辽金塔。这里面会牵涉到一些专业知识，但必须在此做一下简略的说明。

去过东北地区的人很多，大家去东北地区时一定都见到过铁路沿线有很多特殊的塔，都是实心的八角多层塔，最下层特别高，有很精致的装饰。第二层以上则每层之间的间隔被压缩得很小，屋顶也是由密密相重的多层构成，顶端还有一种形似相轮的装饰。层数最高十三层，最低三层，自然是越往上层间的间隔就越小。整个东北地区塔基本上都属于这种形式，而不是中国内地汉民族所建的那种形式。因为不知道这种形式是在辽金的哪一个时期产生的，所以我们只能称之为辽金塔。从时代上说，辽兴起的时代正好是唐代末期，认为这种形式是自唐传入也属自然。问题是唐代时中国并不存在这种塔，以西安慈恩寺大雁塔为首，西安附近还有若干其他的唐代塔，都是中空四角，各层的层间都很高，屋檐部分相互都拉开了距离。这显然与辽金塔的形式不同，所以不能认为辽金塔是从唐塔中得到的启示。那么启示又是从何而来呢？唐代以前的六朝遗物中有一座位于河南嵩山附近名叫嵩岳寺的寺庙，寺内的塔是十二角十三层，与辽金塔稍稍相近。嵩岳塔应该是东魏或北齐时的建筑，我想这里或许会是辽金塔的出处。魏与辽即契丹都属于鲜卑族的系统，地理上相通，交通也十分方便，因此从魏塔中演变出辽金塔应该是一个很自然的过程。遗憾的是，魏塔的实例过于稀少，所以做出以上判断为时过早，不过的确是一个有趣的问题。有关辽金塔，如前所述，文献记载的唐代创建主张是十分可笑的。只是前面提到的朝阳塔，其风貌完全属于辽金形式，但平面却不是八角而是四角的唐塔式。这样一来，也要考虑辽金塔与唐塔之间是否存在某种关系。现在我还没有见过朝阳塔，所以无法做出判断。

到过东北地区的人大概都见过辽阳广祐寺那座白塔的雄姿，高达二百七十余尺的白塔是辽金塔中的佼佼者。锦州也曾有过一座巨塔，不过已经倒塌。文献上记载那座塔高三百九十尺，但实际高度应该与辽阳塔不相上下，总之是一座十分出色的大塔。这些塔都是辽金兴盛时期凭其实力打造的，衰微时期是造不来的。让我更感兴趣的是，辽金时代以后，这个地区的塔也都是按照辽金塔形式建造的。就连明朝时期创建或重修的塔使用的也是辽金塔形式。如果是明朝建塔，不可能使用如此形式，应该建成在中国内地随处可见的那种明代形式才对。中国的明朝期间，东北地区是女直族的割据时代，女直就是女真，女真就是金。如此，女直依照自己祖先金代留下的塔形，或新建，或修缮，这应该是女直族自然的心理，也就是说，是女真族继承了金代遗留的形式。这是有关建筑专业方面的事情，不知大家做何感想，我自己对此很感兴趣，所以在此提上几句。

（三）清朝的各种建筑

（1）藏传佛教及其建筑

清代遗迹之多不胜枚举，而我认为其中尤为有趣的当属藏传佛教系统建筑的兴盛。这是因为清朝笃信藏传佛教的缘故。藏传佛教原是忽必烈作为国教从西藏引进的，这个藏传佛教在整个明代期间一直平稳发展，到了清代特别兴盛起来，甚至使以往的佛教大受压迫失掉了势力。至于清朝为什么会如此地推崇藏传佛教，其中的缘由肯定已经有了明确的说明，不过因为自己的寡闻，我到现在还没有听说过。一般认为清朝对蒙古采取怀柔政策，所以把蒙古人崇拜的藏传佛教当作了国教，我想这应该是事实。把这个问题放在民族关系上来看，元代的蒙古和清代的通古斯是很相近的民族，民族性方面有着一脉相通之处。清朝优待蒙古的事实显而易见，从这种关系出发，把藏传佛教当作清朝宫廷宗教的做法也就顺理成章了。无论如何，藏传佛教的势力十分了得，去过奉天的人都会知道，奉天城的四周都有清王室敕建的喇嘛寺，寺里又都建有藏式塔，俗称为东塔、西塔、南塔、北塔，意思是要依靠藏传佛教的法力镇护奉天城。更突出的是奉天的北陵即太宗昭陵、东陵即太祖福陵的建筑。当然，大体的样式自然是从中国样式中得到的启示，但陵中有一座叫作隆恩殿的大殿，里面的装饰都是藏式的，藏文出现在天井上，裙板等的装饰则更加明显地使用如藏传佛教的八宝那一类具有宗教意义的纹饰，可见藏传佛教艺术已经深入到了如此地步。这种现象还不只限于奉天，就连北京的宫殿中也充斥着藏传佛教的氛围，随处可见藏传佛教式的手法及装饰纹样。此外，热河省承德的离宫有八大庙，大家都知道，这些建筑是清朝康熙皇帝留下的。我虽然还没有去实地进行过考察，但通过照片和报告已经了解了大致情况。以前盛传的说法是，热河八大庙的主要迦蓝都是西藏布达拉的达赖喇嘛宫和扎什伦布的班禅喇嘛宫的仿制，如果想看西藏的那就去热河，去了热河就等于看到了西藏的，从照片及其他一些资料上看，确实与布达拉和扎什伦布的宫殿非常相似，但又不是完全相同。不管怎样说，二者间的大差异还是存在的，不过二者的确十分相像，毋庸赘言，东北地区的佛寺基本上全部藏传佛教化了。

（2）萨满教建筑

宗教关系方面还有一点应该予以注意，这就是萨满教。萨满教自古以来都是在通古斯民族之间流行，其庙祠的遗迹在奉天周围有所存留。这些庙祠被称为堂子庙，我不知道萨满教祭祀的过程和祭奠的做法，所以不能把堂子庙的平面图画出来进行说明，但我对现场做过实测。从其土地建筑的配置情况看，和普通的佛寺、道教祠堂有很大区别。萨满教曾经有过多大的势力不得而知，也不知道除此之外还有什么样的遗迹，只是先把堂子庙作为萨满教的标准祠堂进行了研究。

（3）陵墓

下面谈有关陵墓的问题。奉天省的兴京是清朝的发祥地。但最近我又听说，清朝爱新觉罗氏的发祥地在朝鲜的会宁，但不知这里面有多少是事实。不管怎样，不说是在长白山脚下，而说是在朝鲜的会宁，爱新觉罗氏从那里出来，先到兴京建筑城池，然后进入辽阳。兴京郊外有爱新觉罗氏祖先的墓地，叫作永陵。永陵墓的形状像个土馒头，这种做法和中国内地的做法不同，据说是根据东北地区固有的萨满教教义建成的。因为其中的细节过多，此处不再赘言。总而言之，东北地区固有的遗物有所存留。另外，辽阳的东北郊外有一个叫作东京陵的地方，那里是爱新觉罗氏的族内人士、王公们的墓地。外表看上去就知道与在内地见到的陵墓不是一种风格。我认为这些陵墓可以说是具有东北地区特色的一种形式。除此之外，我在建筑方面未能发现有值得介绍的特色。

（4）奉天金銮殿和天坛

奉天的金銮殿是乾隆敕建的宫殿，城南门外有天坛的遗迹。这些其实都是对汉文化的追随，依照中国固有的原始宗教，为天子亲自祭天所筑的祭坛。金銮殿的设施也是按中国自古以来的宫殿配置缩小而建，设计上异曲同工，到处能嗅出藏传佛教的气味。清代也同样摄取了汉文化，不过，唯有清代做了一点儿有趣的事情，大家可能都知道，清朝在全国范围对汉民族强制实行了穿满族服留辫子的政策，头上留辫子，且让全体国民身体力行，这让人多少觉得有些意外。而这些政策都是些小小不言之事，相反在重要的精神文化方面却几乎全部秉承了汉民族的文化传统。有关史迹就谈到这里。

九、结语

以上谈到的问题，因为性质多样，涉及方方面面，所以很难加以归纳，十分抱歉。辑要言之，我想说的是，首先，东北地区从文化发达方面来看并不具备良好的土地环境，在这片土地上居住的通古斯以及其他民族，不能说是天资聪颖的民族。正因如此，为寻求文化探路南下，在南下中侵入中国内地，在那里与汉民族接触，吸收汉文化，而汉民族方面也是随时向东北地区灌输汉文化。东北地区民族和汉民族之间的交往是相互消长的，其消长的痕迹可以根据对遗迹进行的历史性研究来了解。按照这个顺序讲下来，结果是讲了有关遗迹研究的一部分内容，但如不完成对遗迹的彻底调查就下不了结论，而彻底调查的前途渺茫。与遗迹一起必须要加以研究的是文献，这也是浩瀚无比，要读尽所有文献恐怕是想都难想。今天我讲的仅是以非常稀少的遗迹实物和非常浅薄的文献涉猎为基础的，因此自知难免出现很多粗糙及遗漏之处。

第五篇 佛山建筑概述

第一章 崖山

绪言

有关南宋灭亡遗址的崖山,我一直想有机会做一个发言,本来这个问题属于纯粹的历史之谈,而我是一个史学的门外汉。有关这个问题的说法往往是杜撰的,或偏离核心,我这个门外汉要在这里占用大家的宝贵时间提及这个问题,是有一定原因的。第一,我一直以来对南宋的悲惨结局抱有莫大的同情,尤其是南宋的情况与日本的平家[1]的末路十分相似,引起了我极大的兴趣。而前几年有机会去中国南方旅行,亲自到崖山进行了实地考察,真是令人感慨万千。文献记载和实地见到的相差无几,就更让人加深兴趣。历来中国的历史记录与史迹相悖的事情时有发生,有的甚至存在分歧和矛盾,这或者属于记录失误,或者是把某些地点搞错。但是,有关崖山的记录意外地正确,与实地情况吻合。当然多少还是存在一些疑点,不过总体上是十分明确的。这就是我之所以敢在此把自己的所知讲给诸位听,以求高见的理由。另外,有关当时情况的史学性研究还是请专家们来做,我的发言只是根据有限的数种参考书、若干碑铭、地图等,绝谈不上深入研究,这一点还要请诸位谅解。方便起见,发言分成两个部分,第一部分为探险记,第二部分讲海战。

第一节 探险记

一、崖山的地理

崖山是属于广东省广州府新会县的一个岛屿(见图5-1)。崖山本是此岛南端的最高峰,直立目测高度有一千八百尺左右。崖山同时也是这个岛的名字,把岛和山视为一体的情况很普通。

崖山岛也可以看作是西江三角洲的一部分,也就是说是三角洲中的一个岛屿,而不是海洋中的孤岛。其位置在新会县城南面叫作熊海的海湾东端,自北东向南西,长度约有22公里,宽4～8公里。西面的熊海犹如湖面,北面和东面环绕着狭窄的水路,南角隔着崖门与汤嘴山相对。纵贯全岛的是连续不断的红色花岗岩形成的山脉,南端的崖山为最高,峰峦起伏向北,高度逐渐减低。山的东面未能见到,临向西面熊海(我

---

[1] 指日本平安时代末期(12世纪末)的武将平清盛一族。

图 5-1 广东省崖山附近地图

称之为崖山湾)的部分，山脚下有些断断续续的小平原。地图上(图 5-1)标记有很多村落，摘录几项解说附在下面。

　　《廣州府志》　厓山延袤八十餘里高四十餘丈與湯瓶嘴對峙如兩扉故亦曰厓門山宋紹興中置寨以控鳥猪大洋之險

　　《通鑑緝覽》　厓山在鉅海中與寄石山相對如兩扉潮汐之所出入也故有鎮戍、云云

　　《經世大典》　山南北互二百餘里東南枕海西北皆港(廣州府志)

　　《寰宇記》　崖山 在新會縣南八十里臨大海(大清一統志)

　　以上记载中，崖山在新会县南八十华里的说法基本正确。延袤八十余里不算太夸大，而绵亘二百余里就是过分夸大了。与此相反，高四十丈余又太少，或许是四百余丈之误吧。"东南枕海西北皆港"的说法也与实地相符。"与汤瓶嘴对峙"，指崖山对岸即崖门的南岸是汤瓶嘴。但如根据"与寄石山相对"的说法则似乎寄石山与汤瓶嘴在一个地方，即寄石山山脚下应该就是汤瓶嘴，这个问题稍后说明。

　　从崖山向南约三里处，有一个名叫独崖山的孤岛，长宽各有七八百米的样子。认为此岛就是南宋最后海战的地点应该有相当大的出入。因为如果果真就是此岛，那么在这里进行的海战经过几乎就无法说明了。

　　有关崖门还有以下记录：

　　《廣東新語》厓門在新會南與湯瓶山對峙若天闕故曰厓門、云云

　　门的宽度大概有一千四五百米左右，两岸的斜度极大，但还称不上绝壁。

二、广东至崖山的航路

　　明治四十二年[1]正月，我为调查中国南方建筑去了广东，在广东省城停留期间做了一些有关崖山的调查，知道了那一段悲壮的事迹，禁不住心中想要前往的意愿，于是和在广东税关奉职的同乡大泷八郎氏及在此旅行的画家那须丰庆氏一起出发去崖山探险。旅途中借大泷氏工作职权之便处颇多。广东到崖山当然是要乘船，但普通的民用船不仅费时，而且不方便，危险也多，所幸正好有从广东经江门、过崖门卡去南海岸各港口的小蒸汽船出港，便搭乘此船出行了。船的样式很旧很怪，大约有二百吨位左右。第一天的下午四点半左右从广东的珠江出发，过黄埔向南转，进入西江与北江之间形成的三角洲中的支流，迂回曲折一番后横穿过西江。西江是一条宽近 800 米的大河，来往的大小船只为数颇多。不久到了新会县的江门，已是当天的半夜时分。从广东到此水路有六十海里，花费了九个小时。

1　明治四十二年为 1909 年。

江门是这一带最繁华的港口，位于连接西江和熊海的一条小支流的西岸，有一千来户人家，人口如果算上被称作疍民的水上生活者大概有近一万人，设有海关分署，市面上也是乱乱哄哄的。此地就是明代有名的文豪陈献章的故乡。陈献章与崖山有着很深的关系，这在后面还会屡屡出现，此处先介绍一下他的简历。

陈献章，字公甫，明宣德三年生于江门。因这一带叫作白沙村，所以以白沙为号。传说此人身高八尺，面方肌润，左脸上有七颗黑痣，状如北斗，耳大垂肩，双目炯然如星，一看便知绝非常人，可见其容貌是多么出众，正统十二年二十岁乡试及第，学识高深，气概宏大，擅长诗文，精于书法。有关他的传闻很多，此处不细介绍，弘治十三年七十三岁逝世。江门有一座碧玉楼，那里就是陈白沙的故居。

第二天中午从江门出发南下。水路变得又窄又浅，船也放慢了速度。两岸是一望十里的平原，栽种着的芭蕉、蜜橘、棕榈、竹子等连成一片的景色很是有趣，都是些亚热带的风貌。不久小河到了尽头，眼前突然出现了一片宽广的水面，这里就是熊海，西面很远处可以隐约看见圭峰山。山脚下就是新会县城。熊海是个长五六里、宽一里左右的海湾，东面可以看到一片连绵的山脉即崖山岛。当初从崖山这个名字想像以为会有非常险峻陡峭的山峰林立，海岸会是千丈的绝壁矗立，可到实地一看，不过是常见的普普通通的景色。船在平静的水面上航行，走到熊海的南端渐转向东，不一会儿就到了崖门。

三、崖门

崖门就像前面已经提到过的，两岸越来越接近，山的倾斜面也越来越大。根据传说这一带应该有一座张弘范的碑刻。元朝大将张弘范在此地全歼了南宋，为了表彰自己的功绩便磨平崖顶岩石刻上了"张弘范灭宋于此"几个大字。但陈白沙见到这几个字说，张弘范本是吃宋朝食禄，却降元灭宋，并引以为荣，实属不当，于是在其铭文上加上了一个宋字，成了"宋张弘范灭宋于此"。听说这些字从海上也能清楚地看到。我在船上也向几个乘客打听了，但没有结果。用望远镜尽可能地细细观看也没能搞明白。最终未能使自己的好奇心得到满足，甚是遗憾。《元史·张弘范传》中有"磨崖山之阳、勒石纪功而还"的记载，想来张弘范刻铭一事应该属实。另外，有关文字方面，《广东新语》的记载与我听来的稍有差异，《新语》的记载也许更接近事实，全文录在下面：

《廣東新語》

厓門在新會南與湯瓶山對峙若天關故曰厓門自廣州視之厓門西而虎門東西為西江之所出東為東北二江之所出蓋天所以分三江之勢而為南海之咽喉也宋末陸丞相張太傅以為天險可據奉幼帝居之連黃鵠白鷂諸艦萬餘而沉鐵碇於江時窮勢盡卒致君臣同溺從之者十餘萬人波濤之下有神華在焉山北有一奇石

書鎮國大將軍張弘範滅宋於此十二字御史徐瑆惡之命削去改書宋丞相陸秀夫
死於此九字白沙先生謂當書宋丞相陸秀夫負帝沉此石下瑆不能從光祿郭棐謂
如白沙者則君臣忠節胥備其有關於世教更大而予則欲書大宋君臣正命於此凡
八字未知有當于書法否

还有一个物证能够证明此刻铭确实存在。成化己亥年间陈白沙曾与赵某来游崖山，见过此刻铭并吟有诗句，这件事情刻在了崖山全节庙内的碑上。文字剥落得很厉害，很难辨清上面的字迹，但依然可以读出下面的字句：

經厓山觀奇石碑

忍奪中華與外夷乾坤回首重堪悲鐫功奇石張弘範不是胡兒是漢兒

　　　晉江　趙……

長年碑蹟洗殘朝野火燒來往不知亡國恨只探奇石問漁樵

　　　白沙陳獻章

成化己亥……

由此可知陈白沙和赵某一起来到崖山大忠祠（后面详述）参拜，见到奇石碑感到愤慨。这块奇石碑就是奇石山上的碑，有关其所在地点，《元史》上写的是在崖山之阳即崖山的南面，但《广东新语》的记载是山北有一奇石，即汤瓶山的北方，崖门的南岸。《通鉴缉览》的记载是崖山与奇石山相对，也是说碑在崖山南岸。两种说法哪一个正确不得而知。我认为元史的记载是错的，相信在崖门南岸的说法是对的，并计划今后完成有关调查。总之，我非常细致地在崖山西南海岸周围进行了搜寻，但没有结果，所以，我相信所谓对岸说的就是汤瓶嘴的北岸。

船到了崖门卡，距江门约二十五海里，大概用了四个小时。崖门卡正对着崖门口，东南面向大海，南与汤瓶嘴相对形成了一扇天然的大门，形势颇为险峻。东南海上可见独崖山、二虎、三虎、大虎等岛屿。这些岛屿现在是海盗们的巢穴，船舶常常受其危害，政府对此也毫无办法。我们一行上陆后马上前往"卡"也就是海关分署访问。海关分署建在一个不太高的断崖之上，孤零零的，里面的工作人员只有一个英国人。这附近几乎没有人家，不得已，只好请英国人为我们提供食品寝具。

我们试着向英国人询问南宋最后的遗迹，可他完全没有学识，反过来问我们南宋是什么。请来村民询问，我们又不懂当地语言，试着笔谈，可村民又不识字，这可真是让人着急。不过，应了"车到山前必有路"这句话吧，去山下的一个小渔村毫无目的地闲逛探险时，遇上了一个了解情况的汉子，搞清了南宋最后的行宫遗址以及庙祠所在地。当晚在海关住下，第二天按计划进行调查，第三天出发去崖山，第五天返回了广东。

四、行宫的遗迹

我们一行人为了探访行宫的遗址，一大早便从崖山海关出发，乘小船走海路向西北方向行进。过了东炮台，经过天后宫海岬又前行了大约四海里，到了后崖山西麓一个叫官涌的渔村。这里虽是个只有百余户的小村落，但却是这一带的大邑，港口停泊着的船舶有百余艘。上了岸，环视一下四周地形，一大片肥沃的土地上田亩相连，东端崖山高耸，西边熊海水阔，南面和北面有崖山的支脉伸延到海中，中间包着的一片平地大概横宽各有两千米左右，很像日本镰仓的地形，但镰仓会稍微大一些。这一片平原就是南宋最后行宫的所在地，眼前涌动的熊海就是南宋数千兵船沉没的古战场。

从海岸向东步行大概五百米左右，顺着低缓的山坡在朝南的一角有一座庙。庙后面有一个隆起的圆锥状土包，据当地人说那是南宋废帝之妃、端宗的生母杨太后之陵。陵前的庙是祭祀太后的全节庙以及大忠祠、义士祠的一部分。于是我们一行人在此处花费了一整天进行调查。

对陵墓进行的调查表明，这里当初并不是为杨太后建的陵，而是先修了庙，然后才修的陵。理由是，庙宇至今还保有左右相同的凸字形轮廓，陵墓位于其正后方。当初应该是坐落在东端的大忠祠最先建成，其次修建了位于中央的全节庙，同时扩建了大忠祠，最后在西端建成义士祠，三座庙宇最终连成了一个区域（下面详述）。而陵墓一定是后来或者是同时建在同区域的正中位置的。如果陵墓一开始就存在的话，那么大忠祠就会是故意避开陵墓正中修建的。也可以考虑陵墓一开始就在此处，所以建全节庙时改变了大忠祠的位置，把全节庙当作了中心。但如果是这样的话，文献中却又找不到有关杨太后陵的明确记载。关于杨太后陵有下面的记录：

《一統志》楊太后陵在厓山海濱時太后聞變赴海張世傑營葬倉卒莫辨其地

有传说端宗的永福陵也在崖山，但具体的所在地点也完全不明。

《廣東考古輯要》宋端宗永福陵新會縣南厓山張世傑所葬按舊志言景炎帝崩於碙州至香山殯馬南寶家後葬壽星塘山中有陵跡五處莫知真陵所在鄧光薦家所傳墳海錄則以為在厓山光薦嘗隨駕目擊其事則在厓山無疑

《廣東新語》宋端宗崩於碙州時曾淵子克山陵使奉帝還殯于沙衝馬南寶家佯為梓宮出葬其實永福陵在厓山也今新會壽星塘山中有陵跡五處以遺民隱諱故得免於會稽之禍

这就证明崖山之说是事实，但其地点不明，当然应该与现在的太后陵毫无关系。

但我认为这片平原应该就是行宫的所在地无疑。首先，这里是崖山西面的平地，有条件兴建行宫，设置军营，屯集数千或更多的兵员，除此别无他处。另外从崖山海战的情况考虑也一定是非此地莫属。况且大忠祠、全节庙等选择旧行宫之处而建，从常识角度讲也是理所当然的。下面是有关记录的摘要：

《廣州府志》 宋慈元殿在厓山行宮之後帝昺建以奉太后楊氏故名明弘治四年於遺趾建廟額全節

《一統志》宋行宮有四一在新會縣南水厓宋末張世傑奉帝昺至此遣人入山伐木造行宮及軍屋三千餘間宮後為慈元殿奉楊太后尋燬。一在香山縣南沙埔村本侍郎馬南寶家端宗駐蹕於此舊傳端宗自閩入廣行宮三十餘所此其一也。一在新安縣梅蔚山間。一在新安縣官富場

《經世大典》初弘範至甲子門獲宋斥候劉青顧凱知帝棲於厓山之西（廣州府志）

行宫在崖山西麓的事实十分明确。如果是西麓，除了此处之外应该没有更合适的地方。府志的记录是现在的全节庙建在旧时行宫的遗址之上，如果认为此记录属实，那就没有了争议。

五、大忠祠

庙的东部是大忠祠，其平面由本殿、左右配殿、牌楼、门（图 5-2）构成，前面的

图 5-2 崖山大忠祠中门

宽度约有三十尺，总体的进深约一百一十四尺左右。此庙的缘由可从位于门后方的成化十三年大忠祠记这一碑铭中详细了解。《广州府志》载有其沿革的概要：

> 大忠祠在厓山明成化十二年僉事陶魯叔建以祀宋信國公文天祥丞相陸秀夫太傅張世傑初名忠義祠奏請特賜今額加封謚與祭祀嘉靖九年巡按李美建行祠於圭峰山下十一年加增秋祭復祀厓山二十一年趙善鳴呈請修厓山祠增兩廡從祀死難諸臣改題厓山刻石建哀歌亭

以此可知初建时间是明成化十二年，当初祭祀的只是文天祥、陆秀夫、张世杰三人。而嘉靖九年后，因祭祀移至新会县圭峰山举行，以致崖山的庙祠大大颓衰。嘉靖二十一年，赵善鸣奏请修缮崖山庙祠，恢复祭祀，更增建东西配殿合祀殉难诸臣，事情详细记在全节庙内的碑铭上。现将全文录在这里：

> 重修厓山全節大忠二祠記　　　　　知新會縣事雩都何廷仁撰
> 　　全節廟大忠祠原建於厓山厓山濱海風波險阻有司歲時難於修祀乃議遷行宮行祠於邑圭峰山有司脩祀遂成常典而厓山廟祠因而廢墜十有三歲矣卿大夫趙君善鳴憫祀典不正白于提督大司馬半洲蔡公巡按澤山姚公移核憲副退齋林公議修復之於是復核新會縣知縣何廷仁主簿孫從善務協謀經度盡振其頹而督責修理主簿孫從善尤專委焉或曰環厓皆海也惟東枕九曲山延袤八十里風潮時作浪捲滄溟舟師股慄不敢進瞻祠者往往望厓而止孰若附祀圭峰將有以慰欽崇之思耶況忠烈精英無往不在正所謂掘地求泉隨在見水又何必厓山之祀也哉憶是非三公脩復之意耳夫元人憑陵侵我中國威逼二乘蹈河蹈海而丞相陸公秀夫少傅張公世傑乃收殘敗之餘擁帝厓門將致力中原以期恢復豈期事態窮促秀夫猶從容收玉璽負幼帝同投厓石帝崩而秀夫死之繼而皇太后死之張世傑又死之扈從之臣如劉鼎孫茅湘之與三軍同趣而死○屍浮蔽海丞相文公天祥雖死於帝崩五年之後而詩贊世傑其心蓋已決於厓山之戰矣嗚呼死重大山而○國之師輕猶鴻毛夫豈不愛生也哉志在綱常義不與虜奪也是故幼帝之死死於國也幼帝死則○死社稷之義盡而父子之倫明太后之死死於國也太后死則守身之道盡而夫婦之倫明三忠之死死于國也三忠死則託孤之心盡而君臣之倫明若夫劉鼎孫茅湘趙樵高桂伍隆起之死固皆以身徇國者而士卒數十萬亦隨赴之此何謂耶昔田橫士五百守死海島不肯叛橫而降漢至今義之況於厓門之士死義之正乃不肯背帝而降虜又豈橫士可同日而論哉由是觀之中原土宇元固能奪之矣而五帝三王曆數正傳元不能奪乃得使授首於厓山之陽中國冠裳元固能裂之矣而數十萬忠貞元不能奪乃得使就縛於滄波之上是其所能者雖足以勝天未定之數要之中國禮義自定之天又非胡虜所能盡勝之也是故光岳之氣不隨沒於腥風而獨存於厓巔豈夫欲自定將有所附屬以勝之耳嗚呼厓山之祠關係若此今日脩復又豈細故也哉況於三公闡幽之意亦不過崇重綱常以補前人未發之旨蓋又不專以祠之脩

否為重輕也雖然欽崇祠典有司之責也後之有司不能倡義脩復顯光祠宇乃畏險
自阻若爾使在當時得隨張陸之後親冒矢石而出入滄溟則視厓門不知又何如也
予併及之將以告夫後之脩祀君子嘉靖二十一年十二月二十二日也

此碑铭中所谓的圭峰山，据《广东新语》记载，是位于新会县城北二里处有名的灵山。有关合祀诸士的事情留在下文记述。府志中说的哀歌亭不知道建在什么地方了。府志上只有"哀歌亭在厓山侧久废"的文字。

陈白沙的哀歌亭诗抄录在此：

"祠堂千顷压江波、张陆之名更可磨、唯少当时文相国、一间亭子表哀歌。"

大忠祠门前今天仍有文天祥的正气歌碑（见图5-3）。篆额上写着"宋文丞相信国公正气歌石碑"，最后写着：

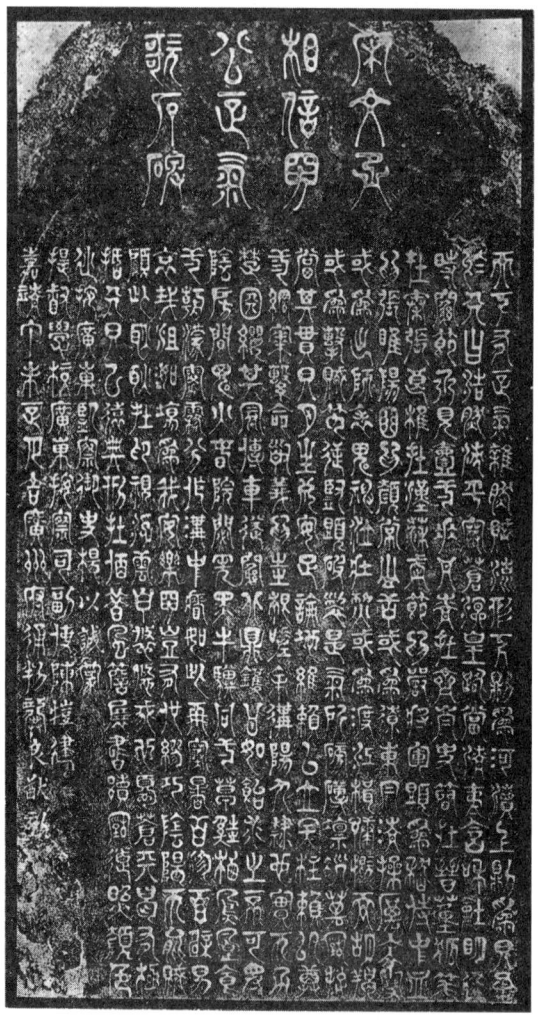

图5-3 宋文天祥正气歌之碑

中国建筑史 | 268

巡按廣東監察御史楊以誠篆

提督學校廣東按察司副使陳鎧建

嘉靖丁未正月吉廣州府通判龔良猷刻

字体颇为珍奇，开篇不言"天地有正气"，而是用"天下有正气"，不知其中缘由为何。不过牌楼匾额上写的大字是"天地正气"。

六、全节庙

全节庙（见图5-4、图5-5）是安放杨太后灵位之处，与大忠祠的西侧相接，面阔约有六十尺，进深约一百五十七尺。正殿称慈元殿，后面有后殿，前面左右有一对配殿。配殿前面左右有碑亭，再往前是大门。此庙的规模很大，建筑也十分宏伟。其中慈元殿的建筑最重要也最出色。根据《府志》的以下记载可知此庙的由来。

《府志》宋慈元殿在厓山行宮之後帝昺建以奉太后楊氏故名明弘治四年於遺趾建廟額全節

详细的内容还可以通过后殿里的慈元庙碑进一步了解。此碑为陈白沙所撰并书，很有特点。传说陈白沙晚年使用茅笔，不知这茅笔是一种什么笔，但字画如同飞白般地擦掠，却又有棱有角充满气韵，十分有趣。此碑是陈白沙书法中的名作，《广东新语》也有这样的记载：

慈元廟浴日亭莊節婦諸碑粵人心為寶

碑铭全文如下：

慈元廟碑

世道升降人有任其責者君臣是也予少讀宋史惜宋之君臣當其盛時無精一學問以誠其身無先王政教以

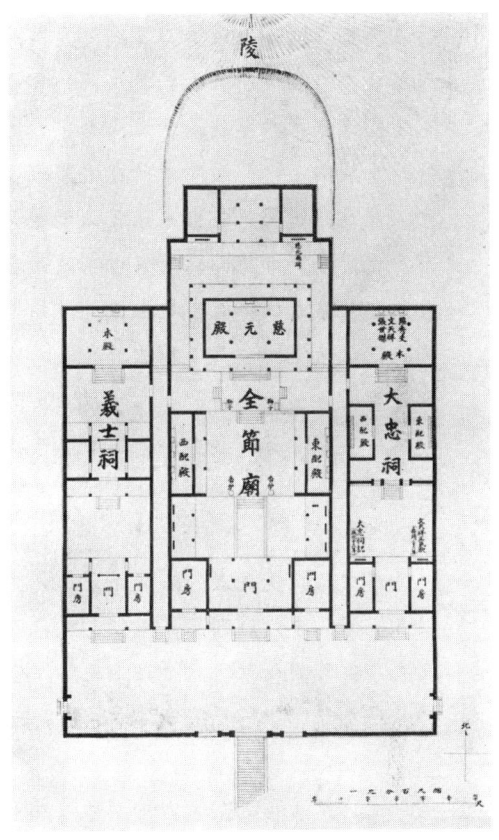

图5-4 崖山全节庙平面图

图5-5 崖山全节庙正面

新天下化本不立時措莫知雖有程明道兄弟不見用於時迹其所為高不過漢唐之間仰視三代以前師傅一尊而王業盛獻猷既處而世道亨之君臣何如也南渡之後惜其君非拔亂反正之主雖有其臣任之弗專邪議得間之大志弱而易擾大義隱而弗彰量敵玩譽國計日非往坐失機會卒不到成恢復之功至於善惡不分用捨倒置刑賞失當怨憤生禍和議成而兵益衰歲幣多而民愈困如久病之人氣息奄奄以及度宗之世則不復惜為之掩卷出涕不忍複觀之矣孔子曰人之生也直罔之生也倖而免劉夕靖廣之以詩曰王綱一紊國風沈人道方乖鬼境侵生理本直宜細玩者龜萬古在人心噫斯言也判善惡於一言決興亡於萬代其天下國家治亂之符驗歟宋室播遷慈元殿草創於邑之崖山宋亡之日陸丞相負少帝赴水死矣元師退張太傅複至崖山遇慈元后問帝所在慟哭曰吾忍死萬里間關至此正為趙氏一塊肉耳今無望矣投波而死是可哀也厓山近有大忠廟以祀文相國陸丞相張太傅弘治辛亥冬十月今戶部侍郎前廣東右布政華容劉公大廈行部至邑與予泛舟崖門弔慈元故趾始議立祠於大忠之上邑著姓趙思仁請興土木公許之予贊其決曰祠成當為公記之未幾公去為都御史修理黃河委其事府通判顧君升龍甲寅冬祠成是役也一朝而集制命不由於有司所以立大閑愧頹俗而輔名教人心之所不容已也碑於祠中使來者有所觀感弘治己未夏予病小愈尚未堪筆硯以有督府鄧先生之命念慈元落々東山作祠之意久未聞於天下力疾書之愧其不能工也南海病夫陳獻章識

　　慈文已脫藁久未入石者聞東山先生再請西涯先生為作此記許之姑留以待之耳弘治己未夏府別駕高君行部至邑問其故歎息久之曰先樹此碑於廟中竢西涯文字至再刻兩碑竝立金輝玉映照宇宙慈元得之尤為全東山之意寧不在是耶卽尋通之督府鄧先生遂命別駕終其事云

門人增城湛雨跋

可见修建慈元庙的发起人是刘大厦和陈白沙，出具资金的是赵思仁。发议时间为弘治四年辛亥，陈白沙为此碑撰并书写碑文是弘治十二年己未。陈白沙抱病力写此书，此碑建成后第二年陈白沙去世。陈白沙等大概觉得能在大忠祠祭祀三忠臣，却没有祭奠杨太后的祠堂，不免遗憾，所以创建了此庙吧。关于其位置，碑文中写着"立祠于大忠之上"，但实际上是立在了大忠祠的旁边，还是立在了上边就搞不清楚了。以后则与大忠祠一起在圭峰山上举行祭祀，庙祠归于衰颓，嘉靖二十一年重修的就是现在位置上的建筑。

七、义士祠

义士祠在全节庙的西侧，与大忠祠的规模相同。这里祭祀着南宋最后的兵士和妇女。

《府志》有这样一节说的就是此事：

忠義壇在全節廟左明嘉靖二十二年知縣何廷仁建祀宋死義將士

可知全节庙、大忠祠重修之后，接着又修了这座义士祠。其建筑配置与大忠祠基本相同，只是没有东西配殿，代之而建的是一座前殿。

现在来推想当年的计划，可知何廷仁重修全节庙和大忠祠时就已经决定要增建义士祠了。以全节庙为中心，左右建大忠祠、义士祠，形成左右均衡的格局，三祠前留出共同的庭院空间，三祠周围建外壁环绕，南面开正门，东西各设旁门，全节庙后堆出山陵作为杨太后陵墓，我认为整体设计正是此时完成的。

嘉靖二十二年规模完成之后的沿革不明，当然会有过数次修缮。观察现在的房瓦也能够分辨出有各个年代的瓦混用其中。最古老的瓦大概是运过来的，可以相信那就是嘉靖二十一年之物无疑，这些瓦用在大忠祠的配殿上，与清初清末的瓦相比的确可说是古风尚存，见图 5-6（甲）、图 5-6（乙）。

图 5-6（甲） 崖山全节庙瓦两种

图 5-6（乙） 崖山全节庙瓦三种

但以上三祠的建筑，作为建筑物的价值并不是很大，或者可以说就是些平庸的庙祠建筑而已，当然也不是充分发挥了中国南部全部特色的建筑。

八、殉难的忠臣与烈妇

下面列出三祠中祭祀的忠臣烈妇牌位上的文字。

全節廟	慈元殿	宋景炎楊太后之神位
	東配殿	故宋同死國事宮嬪妃等神位
		同上
		同上
	西配殿	故宋同死國難列婦陳氏神位
		故宋忠烈婦陸夫人神位
		故宋同死國事諸臣婦女等神位
大忠祠	正殿	宋左桂國左丞相兼樞密使前參議准東制置司事陸公諱秀夫神位
		宋少保右丞相兼樞密使前開府南劍州經略寧海節度使直學士院信國公文公諱天祥神位
		宋太傅樞密院鎮守府前湖副都統制總督府諸軍越國公張公諱世傑神位
	東配殿	故宋忠義同死國事諸臣神位
		故宋大卿招討使杜公諱滸神位
		故宋殿前指揮使蘇公諱劉義神位
		故宋忠義兵部侍郎茅公諱湘神位
		故宋禮部尚書徐公諱宗仁神位
		故宋翰林院大學士劉公諱鼎孫神位
	西配殿	故宋樞密院使高公諱桂神位
		故宋吏部侍郎趙公諱樵神位
		故宋防禦使劉公諱師男神位
		故宋工部侍郎馬公諱南寶神位
		故宋義士贈州判伍公諱隆起神位
		故同同死王事於廣諸臣神位
義士祠	正殿	故宋忠義同死衆官軍等神位
		故宋忠義同死衆官軍士婦女等神位

下面极简单地介绍一下这些人的事迹。

祭奠在全节庙慈元殿内的杨太后是南宋度宗之妃、端宗的生母，在崖山赴水而死，此事不再详述。烈妇陈氏就像日本物语中常有的贤母。

《厓山志》 南海婦陳氏東莞烏沙人嬪於李祥興帝次厓山陳氏屬其子佳且訣曰往事宋勿以我故懷二心遂赴黃木灣赴水聞者悲之 (《廣州府志》)

大忠祠本殿的文天祥、张世杰、陆秀夫的事迹现更不用重提。有关祭奠在东西配殿里的人物事迹是：

第一，杜浒，字贵乡，丞相范的次子。当初随文天祥一起行动，后赴崖山，被元军俘虏，幽愤病死。

第二，苏刘义，荆湖人。端宗在井澳遭刘深袭击时，陈宜中以求救兵为借口逃到占城，刘义前去追赶无果，崖山战败后，与张世杰一起逃到海上，却被麾下所杀。

第三，茅湘，京口人。在崖山同妻儿等一起追从帝昺赴水。

第四，徐宗仁，永丰人。追随端宗海战，战败而亡。

第五，刘鼎孙，字伯镇，江陵人。在崖山与家人一起投海，但被元军捉住，惨遭拷问，某夜逃脱，跳海而死。

第六，高桂，汴梁人。于崖山殉死。

第七，赵樵，于崖山赴水而死。

第八，刘师勇，庐州人。曾追随端宗帝昺尽瘁，但见时事不可为，幽愤纵酒，最终醉死。

第九，马南宝，香山义士。以自宅予端宗做行宫，献粟米千石做军饷，传说端宗驾崩后葬于其宅。

第十，关于伍隆起，《广东新语》中有下面一段传说：

香頭墳 在新寧縣境宋末帝舟次崖門新寧有伍隆起者以三世受國恩非死不報於是貢米七千石率其鄉人捍衛時賊臣張弘範已入廣州隆起奮身與戰累日不沮潛為其下謝子文所殺以首投降丞相陸秀夫使人收葬以香為首其墳因曰香頭墳

除此之外，宋末还有很多忠臣义士：在思州战死的张烈良；怀抱两女与妻子同在崖山赴水而死的贾纯孝；在崖山死去的张达，尤其是其妻陈壁孃收殓夫尸埋葬后说，夫能尽忠而死吾何不能尽节而亡，于是闭门不食而死。邓光荐在崖山投海，但遭元军捕获，最终仕元，证明端宗之陵在崖山的就是此人。

崖山古迹除此祠堂外一定还有其他，但却无从知晓。如果能再花些时日去耐心寻找，或许还能有一些发现，只是自己没有了余地。作为古迹，只能对此祠堂和崖山行宫故址进行观察而已。

第二节 海战记

一、端宗的广东驻跸处

中国历朝历代的末路都十分凄惨，而像南宋那样惨烈的却也不多见。元代至元十三年正月（南宋景炎元年、日本的后宇多天皇建治二年），南宋的首都临安城被元军伯颜占领，恭宗被俘，南宋实际上灭亡了。但遗臣张世杰、文天祥、陆秀夫等在福州奉恭宗之兄昰为帝（即端宗），欲恢复宋之社稷。而元军追击甚紧，宋军难以抵抗，利用海路东逃西躲，最终，端宗死在了广东碙州。现在说这些难免有杂谈之嫌，但仍想将端宗在广东省内的驻跸地点列出一观。我本人对历史是一个外行，而且只是根据一些零散参考书整理的资料，难免会出现纰漏，希望能够得到诸位的校正。正如我所推测的，端宗的水军是于至元十三年末来广东省潮州，而后又到红螺山驻跸的。《大清一统志》中这样记载：

红羅山在饒平縣東南一百四十里大程柵灣港口一名紅螺山為一方關隘相近有深坑山

红螺山的地点在广东、福建两省省界相接的海岸处，之后，至元十四年正月转移到惠州府的甲子门。《广东新语》中记载：

甲子門距海豐二百五十里為甲子港口有石六十應甲子之數又有奇石十八屹立如人（中略）景炎元年端宗航海而至良臣給軍食三日留帝像登瀛石上今石中像端然臨者帝也跪而進食者良臣也

时间有景炎元年末和二年正月（崖山志）两种说法，我对此难辨真伪。位置是从海丰向东南直径约一百五十里处，不如说是惠州府和潮州府相接处的小港湾更容易明白。

同年二月移至新安县梅蔚，同年四月移至该县的官富场，这个地方颇有疑点。《读史方舆纪要》的新安县之部中记载：

海蔚山在縣南百里大海中行朝錄宋景炎二年正月南狩幸此今有石殿遺趾又西南八十里大海中有官富山山之東有官富場行朝錄景炎二年四月帝舟次於官富場是也舊志官富山在東莞縣西南二百八十里

梅蔚和官富场都应该是广东湾口上的岛屿才是，而且西南应该是东南之误。《广东新语》中还有以下文字：

官富山在新安急水門東佛堂門西宋景炎中御舟駐其下建有行宮其前為大奚山林木蔽天人跡罕至多宋忠臣義士所葬又其前有山曰梅蔚亦有行宮其西為大虎頭門張太尉奉帝保秀山卽此秀山之東有山在亦灣之前為零丁山

另外，《大清一统志》的记载为：

> 梅蔚山在新安縣西南一百里林木叢生前護縣治後障東洋宋景炎二年帝南狩至此有石殿遺趾

> 官富山在新安縣東南七十里又東十里有馬鞍山脈皆出自大帽屏障東洋大奚山在新安縣南一名大漁山輿地紀勝在東莞縣海中有三十六嶼（中略）舊志大奚山在新安縣南百餘里周二百餘里為急水佛堂二門之障又有老萬山在大奚西南大洋中其周廣過於大奚

这些记录不仅不一致，而且都不得要领，很难据此做出确实的判断。不过的的确确能够捕捉住的地方是急水门和佛堂门，这是香港与大陆之间狭窄的海湾口，东面是佛堂门，西面是急水门。如果说官富山在此二门之间，大奚山是周围有二百里的大岛，此二门形成屏障，那么大奚山就是今天的香港岛，官富山必须位于其对岸才是。吴汝伦题字的大清全图上，香港对岸的九龙向东数里之处标有官富这个地名，应该是接近真实的。现在与香港西面相邻的大屿山，一定就是大小超过大奚山的老万山。此岛的西南方有二三个小岛，大清全地图上这个部分被标为梅蔚，也许梅蔚是指大屿山的西部。对照以上各种记录，并没有太大的矛盾，因此可以认为大清全地图的标记基本正确。端宗于同年六月移至古塔，九月移至浅湾，但这些地点我完全没能搞清，当然是不会出了广东湾的。其他像石门、海珠寺等战场的位置也尚未确认，但浅湾可以认为是属于香山县的某一地点。同年十一月，元将刘深进攻浅湾，帝避难于秀山。秀山在东莞县南，当是珠江口的虎头门，但《广东新语》说是在梅蔚之西，也是零丁山之西，即香山县方向。我不知这些说法孰是孰非。之后，帝又逃到井澳，井澳就是今天的澳门南面叫横琴山的岛屿。《大清一统志》的记载是：

> 橫琴山在香山縣南二百里（中略）其地下有井澳亦名仙女澳宋史瀛國公記景炎二年帝舟入海至仙女澳風颶舟敗幾溺又馬南寶起兵井澳即此

可知宋军在井澳遭遇飓风几乎全军覆没时，又受到了刘深的袭击，奔谢女峡，越七星洋，想去占城未果，只好又返回谢女峡，第二年二月回到广州，再前往碙州驻跸。有关谢女峡，《读史方舆纪要》中记载：

> 謝女峽一名仙女澳亦在縣境

而《一统志》中也有"井澳亦名仙女澳"的记载，如此，井澳和谢女峡应该是同一地点。这大概应该在横琴山中吧。横琴山方圆大概有日本的七八里[1]之广，是个相当大的岛了，认为两处都在同岛上且有若干距离应该没有问题。接下来的问题是碙州。一般认为碙州就是在高州府吴川县南十五里的峒州，现在是法租界广州湾入口处的小岛。这种解释是说，端宗本想去占城，所以逃到了海南岛东北角的七洲洋或叫七星洋，可最终还是返回了碙州。另外还有其他说法与此相悖，主张端宗至此时的行动，都是在香山、东莞、新安等诸县即广东湾内的小型活动，突然前往占城的行动令人难信。

---

[1] 1日本里≈3.94千米。

想来七星洋大概是九星洋或九洲洋之误。九洲洋隶属香山县，在广东湾口西部。而碙州就是东莞县的大奚山。吴莱的《南海人物古迹记》中有大奚山在东莞县一曰碙州的文字，又陈中微的《二王本末》中也说碙州属广东的东莞县，与州治仅一水之隔。无疑，此东莞县的大奚山一定就是上面提到的香港岛的新安县大奚山。新安县是从明代万历元年才开始分置的，所以之前香港地区也在东莞县的版图之内。陈中微是二王在海上时侍从左右亲见史实之人，其言最为可信。而吴莱是元人，他来粤地的游历应该离宋灭亡的时间不远，所以他所说的也应该接近事实。这样一来，虽属意外但可以得到碙州的确是今天的香港岛这样一个结论。

二、崖山的经营

元至元十五年四月，端宗因多重困苦身染疾病，在碙州愤懑而死。张世杰等人立其弟昺为帝，改年号为祥兴。六月，张世杰献策转移到崖山，以此地作为根据地。《通鉴辑览》记载：

> 厓山在鉅海中與奇石山相對如兩扉潮汐之所出入也故有鎮戍張世傑以為天險可扼以自固乃奉其主昺移駐遣人入山伐木造行宮軍屋數十餘間行宮正殿曰慈元楊太后居之時官民兵尚二十餘萬多居於舟資糧取辦於廣右諸郡海外四州復刷人匠造舟楫器伏至十月始罷

实际上崖山是个天险之地，兼有薪水之便，还有能供耕作的平原，所以张世杰选中此地是十分合于时宜的。但官民兵二十余万的说法过于夸张了。那么狭窄的崖山平地上如何能够收容二十万人呢？再说，哪里有收养二十万民众的余地。我认为暂先把人数考虑为两千人的规模比较恰当。行宫等也是极为粗糙的半永久性的，至于兵舍，可以想像，肯定都是些非常简陋的建筑。六月开工，十月竣工，费时仅四个月，仅看这一点就足以推测其简陋程度。

让我很难理解的是，张世杰为什么没有封锁崖山，或许会是因为兵力不足形不成封锁之势。但《读史方舆纪要》中说：

> 或謂世傑曰北兵以舟師塞海口則我不能進退盍往據之幸而勝國之福也不勝猶可西走世傑為必死計不聽結大舶千餘作一字陣碇水中以拒元

出于何种见地使他放弃了封锁崖门这一切实可行的献策，相反却自寻了一条赴死之路。战舰相互连接成一字阵，这虽然能够对付风浪，但海战时却不利于临机应变，所以不为上策。这种曹操在赤壁之战时使用的战法，难怪部下要痛心叹息了。

而当时文天祥在海丰县城以北二里处的五坡岺为敌军所获，广州被李恒占领，宋朝的命运一天天地陷入危机，灭亡只是时间的问题。中国全域都归属了元朝，剩下的仅有崖山一处。

三、张弘范对张世杰的海战

元至元十六年（南宋祥兴三年、日本弘安二年）正月庚戌日，张弘范从潮阳出发，壬戌日到达崖山，用了十二天。此间的行程约为二百五十海里，即每天平均航行二十海里。当初张弘范在惠州甲子门捉住了宋的时候，已经知道了帝昺居于崖山，所以想先从北面进攻，但因为水浅未能成功。之后沿崖山岛东侧向南驶进，再向西转进入崖门，从而完成了与宋军对峙的水阵。

> （經世大典）初弘範至甲子門獲宋斥候劉青顧凱知帝棲於厓山之西山南北亘二百餘里東南枕海西北皆港弘範至山北水淺不通乃由山東南又西與帝遇帝建宮山麓綦結臣艦千餘艘下碇海中艦而外舳大索貫之為柵以自固四圍樓櫓如城弘範潛舟載騎兵登麓焚其宮（廣州府志）

此书中的记载是张弘范悄悄地在船上载骑兵并使之登陆，将行宫兵营等烧毁，但《宋史》的记载是，张世杰见敌军袭来，自己放火烧了行宫，让官民悉数登船。《经世大典》记，宋军每天要上岸集柴汲水，弘范阻断路径，使宋军饱受其苦。

> （經世大典）帝以鬥艦號快船者樵汲弘範命樂總官山寨斷其汲路恒以拔都船當之帝遣兵爭之皆敗去自是樵汲日梗宏範又命樂總管自寨以礮擊帝艦艦堅不動（廣州府志）

据《宋史》的记载，宋兵苦于口渴，掬海水饮之，味咸，饮后便上吐下泻，苦不堪言。可以想像宋兵至此已经完全丧失了战斗力，恰巧李恒比弘范晚八天到达崖山，又为元军增加了气势。

> （經世大典）有烏蛋船千艘救帝艦於北弘範笑曰此徒取死耳夜擇小舟由港西潛列烏蛋船北徹其兩岸且以戰艦衝之烏蛋船白屬海民素不知戰帝又不敢援進退無據攻殺靡遺弘範因取烏蛋船載草灌油乘風縱火欲焚帝艦預以泥塗艦懸水筒無數火船至鉤而沃之竟莫能燬（廣州府志）

当时生活在水上的未开化民，虽以千艘之势增援宋军，却不堪元军一击而败阵，而宋军却没有前去救援的余力，唯有旁观。弘范把乌夷船改作火船来烧宋军，未能奏效。两军就这样对峙着，并没有什么大规模的战况发展，宋军不时地挑战一下，却又都以失败告终。张世杰处守势一方，自然不会容易得到结果。而张弘范想如何能够让张世杰投降，正好张世杰有个外甥是张弘范的手下，被派到张世杰处劝降，遭到张世杰怒斥逃了回来。弘范又更换手法，让已被捕的文天祥写劝降书，文天祥固辞，弘范不允，于是文天祥写下了《过零丁洋》一诗，而弘范看了一笑置之不问。这件事的真相到底如何我不清楚。

四、南宋最后的日子

张弘范徒然地与宋军对峙数日，又害怕宋军寻找机会逃脱，于是开始准备一举消灭宋军的计划，等待时机成熟。二月癸未日是弘范到达崖山的第二十二天，从前一天的夜里开始，天气有了变坏的征兆，弘范认为不能放过这个机会，于是将全军分成四部分，李恒在北面到西北角布阵，其他诸将在南面到西面布阵，张弘范自己守住西南角。宋军以陆地为后，面向西列阵，如此，元军以半圆形包围了宋军，这时两军的距离只有一里左右，相当于日本的五六町而已。由此可推想宋军陷入了何等的窘况。弘范待满潮之时命令诸将士曰："上午潮水向南退去时，北军趁着潮汐向敌军发起攻击，下午潮水向北涌时，南军趁着潮汐进攻敌军，听到南军中鼓乐响起，北军即转回向敌军进攻。"这一天黎明，元军于烟雾蒙蒙之中完成了布阵准备，宋军则完全陷入了袋中之鼠的境地。

上午潮水开始南退，李恒乘机先从北面向宋军发起了突击，战斗是大炮和弓箭交替使用。张世杰对此时的战况这样描述：

彼以江淮勁卒各殊死闘矢石蔽空至巳時奪三船（經世大典）

李恒部出现败势、但李恒并未期待此战必胜，他的目的首先是要把敌军搞疲惫，所以目的一旦达到就退兵了。

（經世大典）日午潮水長北流南軍復順水勢進攻世傑腹背受敵以火礮禦

南面軍（廣州府志）

正午时分，潮水渐次开始向北流，弘范命在船四周围上布障，藏伏盾牌，在里面奏起鼓乐。宋军以为元军在设宴享乐，因而放松了警惕。元军趁机突入宋将左大之阵，左大放箭如雨，却完全不奏效。弘范待敌军之箭几乎放尽之时，命除去布障，撤去盾牌，放出猛烈炮火与弓箭。北军听见南军中奏响鼓乐，转身回来再次向宋军进攻。南军中的鼓乐北军能听得如此真切，可以想像出南北两军的大体距离，也说明被包围其中的宋军人数比想像中的要少。世杰腹背受敌，深陷苦境。

（經世大典）自巳至申聲震天地（廣州府志）

这个记录的形容也许并不夸大。对于宋军来讲，这一天也许就是最后的奋战了，所以进行了相当强烈的抵抗，可是最终寡不敌众。看到没有了希望，张世杰命割断连接舟船的锁链，让各船分头随意行动。然而帝昺的船过于庞大，被众多的小船搅缠在一起无法脱身，敌人已经逼到了眼前，陆秀夫首先把自己的妻子扔进大海，随后背起帝昺投入崖山之水，时年四十四岁，帝昺九岁。诸臣及妇女纷纷殉情投海，至此宋军全军覆没。

即使是在这样的情况下，张世杰也丝毫没有慌乱。

（經世大典）開南壁率十六艦奪港門遁去恒與弘範等追至厓山口值天晚

> 風雨驟至煙霧四塞將各相失弘範還恒獨進追之 (廣州府志)

张世杰率领残败的十六舰得以突出重围完全是天公的佑护。逃离崖门时，在溟溟蒙蒙的风雨浊浪中拼命挣扎，叱咤激励将士们，最终逃到了海上。这种光景恐怕是古来少见的惨状。此时杨太后身在何处无人知晓。一般记载都说杨太后被忘在了崖山，但有一本书中记载说，是世杰让杨太后逃生去了。

《经世大典》中记载，除去被焚毁和沉没的船只外，还剩下了八百多艘船舰，甲胄浮尸十余万。《宋史》中记，"越七日浮尸十余万"。八百多艘船舰当然是夸大其词，尸体在海战的第二天就甲胄浮出，似乎有些不自然，应该是数日后才能浮出。十余万也像是夸大其词，我想也就是数千人左右。如果真有八百战舰和十数万尸体漂浮的话，那么崖山湾的水面几乎就全部被埋住了。尸体中有一具小孩尸，身着黄衣，带印签，印上刻着"诏书之宝"，有人取此献予弘范。弘范问左右，知是帝昺，急忙去寻，但未见。李恒寻帝尸，一直寻至高州的海上，听说最后终于找到了。

张弘范在崖山修整部队数日，并在崖山之阳磨崖记功，然后返回京城。

五、张世杰的末路

数日之后，张世杰悄然回到了崖山，看到眼前荒凉的古战场，他一定感慨万千。据《宋史》记载，世杰在此与杨太后邂逅。但杨太后曾在何处藏身，又是如何逃亡的，很是让人不可思议。记载中还有杨太后见到世杰听说帝昺已死失声恸哭，说道："我忍死艰关至此者正为赵氏一块肉耳今无望。"说完赴水而死。这种说法似乎也不自然。如果说她被世杰救出后一度逃到海上，后来又与世杰一起回到崖山，听说了帝昺已死的消息而恸哭，这样也许更自然一些。总之，杨太后于此时投海，世杰怀断肠之念将其葬在海滨，但具体地点不明，应该就在海战战场附近吧。

张世杰在崖山收聚残兵，开赴安南以图再起。五月四日，船到达了南恩的平章口即现在的阳江县海上，这时飓风突起，船夫提议靠岸但世杰不听，结果于海中溺死。有关当时情况的记录中有下面一节：

> （崖山志） 世傑將之安南五月四日舟抵南恩之平章港口颶風大作舟人欲艤舟世傑曰無以為也為我取瓣香來至則仰天祝曰吾為趙氏亦已至矣一君亡復立一君今又亡矣我未死者庶幾彼退別求趙氏立之以存宗祀耳今若此天意果何如耶若天不欲吾復趙氏則大風覆吾舟舟遂覆世傑溺焉諸將求得屍焚之葬陽江縣潮居裏赤坎村 (廣州府志)

这样看来，世杰至此是竭尽了全力，自暴自弃地溺水而亡了。可是，假使他又回到安南继续奔走，南宋的天下恐怕也是难以恢复了。与其抱憾客死他乡，想必他更愿意当个宋朝的鬼魂，实在是令人同情不已。文天祥也是个很有骨气的人，在五坡岭被生擒之际曾服冰片自杀未果，被捕后受尽凌辱，眼睁睁地看着南宋灭亡而无能为力。在被解送至京城的途中，又绝食以图自杀，可居然八天不死，复又进食，这到底又是为了什么。再有，陆秀夫也算得上是君子，宋末已落魄到了极点，连日常生活都难以维持，而他还能够衣冠楚楚，保持礼节，在船中为幼帝讲授《大学》，这些行为常人是难以为之的。宋末有无数这样的忠臣义士，可惜的是，唯独没有一个大家，而即使有，又能有些什么作为呢。《宋史》中有这样的评价：

  宋之亡徵已非一日厯數有歸真主御世而宋之遺臣區區奉二王為海上之謀可謂不知天命也然人臣忠於所事而至此斯其亦可悲也矣

  这似乎有些过于冷酷。当然宋史是元代脱脱等编纂的，所以评论中不存在丝毫的同情。

六、结语

  以上是我先赴崖山对地点地形古迹等做了实地勘察，然后又调查了关于崖山海战的传记，并对二者进行对照，我认为二者内容十分吻合。如果我的推论没有大误，完全可以拿来作为中国历史地理学上的参考资料。只是，因为我不是历史学的专家，不知道应该如何搞到当时正确细致的记录，而且实地调查也有不完备之处，不得已，在此做出了如此粗笨的讲演，只能请求各位的海谅。我去崖山访问的时间是明治四十二年[1]二月，年虽不同，但崖山海战也是在二月。我去的那一天也是个阴天，烟雾蒙蒙，时阴、时晴、时降骤雨，从崖门出发时浓雾四起咫尺难见，这天气和南宋灭亡的那一天极为相似。我在那里回想着六百三十年前南宋灭亡的情景，心中的感慨难以言表。我很想算一算至元十六年二月癸未日相当于现在历法的哪一日，也想算一算那一天的潮汐干满的时刻，另外还会不断出现想去进一步调查的心情。这些事情留待日后去做，今天的讲话到此结束。

（建筑杂志第 322 号所载）

第二章　五台山

绪言

  前几日，本报（时事新报）介绍南海普陀山时宣传，普陀山与五台山、峨眉山同

---

[1]　明治四十二年 = 1909 年。

是所谓的中国三山，声名甚至要高于五岳。这一回就来说一说三山中的第二山五台山。五台山这个名字很是响亮，从其本家的五台山传到中国各地和朝鲜、日本等国，几乎到处都有了五台山的分寺。在日本土佐的高知市附近有一座叫作五台山竹林寺的著名迦蓝。中国的南京也有，西安南面的终南山里也有，朝鲜的江原道江陵郡的分寺也都十分有名。此外我想还会有很多。五台山之名本来是从山顶呈五峰耸立的形状而来，各分寺似乎都没有这一明显的五峰地貌。

这一回我要说明的五台山是中国本家的五台山，位于山西省五台县，作为文殊出现的灵地，自古就极富盛名。日本的求法僧也有不少人去过。慈觉大师等人也在前往西安的途中去登了此山。另外有关释成寻登山的情况于《参天台五台山记》中有详细记述。这个成寻是参议藤佐理之子，出生于一条天皇的宽弘八年，六十二岁那一年，即后三条天皇的延久四年三月十五日，亦即宋神宗熙宁五年，从日本出发前往天台山和五台山，详情全在记行文中。据他自己说，在西台看到了五彩云霞，在东台见到了圆光，圆光中出现了上万个菩萨。在南台看见了金色的世界。他受到了宋皇帝的款待，最终没有被允归国，元丰四年（白河天皇永保元年）七十一岁时去世。皇帝敕命将其葬于天台山的国清寺，建塔题名为：日本善慧国师之塔。留下了如此显著成就的成寻以及慈觉大师也曾登顶的五台山，到底是如何的名山、如何的灵地，我认为在此介绍一番绝对有益。

一、五台山的地理

中国山西省东北部与河北省交界之处，与滹沱河上游南岸并行从东北向西南方向，大约有相当于日本三十里方圆之内有一片崇山峻岭，就是现在要说的五台山脉。山峰峥嵘嵯峨，如泉涌般竞相争高，欲飞冲天之势动人心魄，令人生畏，不愧为高度达一万二千余尺的中国北方第一高峰，自古以来作为十分灵验的佛迹受到尊崇绝非偶然。

此山脉的东北端是整个山脉的起点，五个秀丽山峰高耸，恰如梅花的花瓣围在了一个漏斗状的深谷周围，而这个深谷并不是火山的喷火口。这就是我们的五台山，按照山峰的位置各自起名叫作东台、西台、南台、北台和中台，东西南北相距的直线距离各有六七里，漏斗状的谷底处有一个小镇，即五台山村，称为杨林街，置台怀镇，有个巴总衙门。五台山重要的堂塔迦蓝都集中在这个漏斗的底部。五台以内的水系都聚集到杨林镇附近，形成了一股相当大的溪流，叫作清水河。此河先南下，转而向西南流入滹沱河。五台以外的水系也都各自寻找自己的路径，最终三三五五地结伴汇入滹沱河。滹沱河恰似一个颇有尊严的君王，从远在东北方向的恒山启程，向西南流淌，从五台山脉脚下绕过，又转向东南并入清水河，横穿太行山后进入河北省，千曲万折，最终在天津与白河合流。五台山原名为清凉山，那是因为此山终年冰雪不化，夏仍飞雪，不曾有过炎暑之故。后又改称为五台山是因为山顶上没有了林木，形状变得像个垒土之台。有一本名为《清凉山志》的书中详细地介绍了此山的情况，书中对五台山的雄伟景观做了巧妙的描述，其中一节为：

> 雄據雁代、盤敷冀州、在四關之中、周五百餘里、左鄰恒嶽、秀出千峰、右瞰滹沱、長流一帶、北淩紫塞、過萬里之煙塵、南擁中原、為大國之屏蔽、山之形勢、難以盡言

这一节可谓五台山的真实写照。

有关五台之数五的因缘之说有很难的解释。即指大圣文殊菩萨的五智已圆，五脉已净，总五部之真秘，洞五阴之真源，故首戴五佛之冠，顶分五方之髻，运五乘之要，清五浊之灾矣。

下面逐一介绍一下五台。

（一）东台

东台在杨林街西北约五里处，其顶犹如鳌背，方圆约半里。峰名为望海峰，海拔约一万一千余尺。如是秋日，云高气爽，东望可见如镜光面，那就是河北湾[1]的海面。山体倾斜向东南延伸七里即进入河北省界，向西北三里左右进入繁峙县界。据传山中有十四处灵迹。

张商英 诗云：

> 迢迢雲水陟峰巒、漸覺天低宇宙寬、東北分明觀大海、西南咫尺望長安、圓光化現珠千顆、聳日初昇火一圍、風雨每從岩下起、那羅洞裏有龍幡。

（二）南台

南台在杨林街西南约五里处，与其他四台完全相隔而立。顶部形状如同覆盆，方圆约六公顷左右。峰名为锦绣峰，海拔约一万一千尺。峰顶上长满小草野花，恰似铺上了一块绣锦，由此得名。山体倾斜向南延伸十里至岭岩寺。据传山中有二十一处灵迹。

张商英 诗云：

> 披雲躡雪上南臺、北望清涼眼豁開、一片煙霞籠紫府、萬年松徑鎖莓苔、人遊靈境涉溪去、我訪真容踏頂來、前後三三智者少、衲僧到此甚徘徊。

（三）西台

西台在杨林街西北约四里处，峰名为挂月峰，顶部既平且广。方圆约十二三公顷，海拔约一万尺，是五台中最低一峰。当月光洒在此峰之时，望去宛如明镜悬空，因此得名。山体倾斜向西北延伸约七里至滹沱河。据传山中有十七处灵迹。

张商英 诗云：

---

1 即今渤海湾。

寶臺高峻足穹蒼、獅子遺踪八水旁、五色雲中遊上界、九重天外看西方、

三時雨灑龍宮冷、一夜風飄月桂香、土石尚能消罪障、何勞菩薩放神光。

（四）北台

北台在杨林街正北约五里处，其顶既平又阔，方圆约二十五公顷左右，峰名为叶斗峰。此为五台中最高一峰，海拔约一万二千尺，从下面仰望山岭犹如斗杓，故名。山岭之间时常刮起狂风，吹人犹如扫叶之势，甚时飓风怒雷同时而至，使宇宙溟溟蒙蒙。从山巅向东可见海域，向西能眺沙漠。人居此间会深感宇宙之宏大，吾身之渺小，感怀而悲切。山体倾斜向北延伸约七里达滹沱河。据传山中有二十七处灵迹。

张商英 诗云：

北臺高峻碧崔嵬、多少遊人到便回、伯見目前生地獄、愁聞耳畔發風雷、

七星每夜霫峰頂、六出長年積澗隈、若遇黑龍靈燥者、人間心念自然灰。

（五）中台

中台在杨林街西北约四里处，在西台的西北方约一里处。其顶平阔，方圆约有三十公顷左右。海拔一万零五百尺。山巅如翠霭浮空，故名翠严峰。《水经》中说峨谷之水都出自中台，应该属实。峨水就是今天通称的鹅河，从中台发源流经西台之下，最后注入滹沱河。据传山中有二十八处灵迹。

张商英 诗云：

中臺岌岌最堪觀、四面林峰擁翠巒、萬壑松聲心地響、數條山色骨毛寒、

重重燕水東南澗、漠漠黃沙西北寬、總信文殊歸向者、大家高步白雲端。

二、五台山的沿革

五台山的缘起素来让人觉得有些荒唐，不过还是介绍一下为好。

传说汉明帝时，西域的沙门摩腾来到汉土，以慧眼一观清凉山，便知此处正是文殊的道场，里面有阿育王的佛舍利塔。因此奏请皇帝在此处建寺，取名为大孚灵鹫寺，传说此寺就是此山的起源。阿育王本名叫作阿输迦王，译成汉语就是无忧王，在释迦入灭后的三百多年间一直君临着中天竺摩揭陀国的这位名君，其事迹是众所周知的。此王能驱使鬼神，建造了八万四千座舍利塔，并使其散布于现世。日本也飞来了三座。在众多飞来中国的舍利塔中，有一个落在了五台山。

东魏的孝文帝笃信佛教，重修了大孚灵鹫寺，设立了十二院。今天的显通寺是当时的善住院，今天的菩萨顶是当时的真容院。其他的皆已湮灭不传。

隋代开皇元年（日本敏达天皇十年）皇帝下诏，命在五顶上各自建寺。唐太宗对五台山深怀尊敬。其结果是，贞观九年（日本舒明天皇七年）又建立了十座寺院。武则天对此山也是极为尊信，长安二年（日本玄武天皇大宝二年）亲临五顶游历。

肃宗乾元元年（日本孝谦天皇天平宝字二年）下诏在此山一区内建寺。代宗广德元年（日本孝谦天皇天平宝字七年）修理文殊殿，用铸铜代替了瓦，又造了一尊高一丈六尺的铸金文殊像。德宗贞元丙子（日本桓武天皇延历十五年）南天竺的乌荼国王入朝，亲自前往此山登顶朝拜。乌荼国即今天的前印度东海岸，玛哈纳迪河口的奥里萨邦地区。

宋太宗太平兴国五年四月（日本圆融天皇天元三年），又于此山起建一寺，七年八月建成，命名为太平兴国寺。真宗景德四年（日本一条天皇宽弘四年）在真容院内敕建重阁，里面安置了文殊之像，其像之美，美不胜收。此建筑命名为奉真阁。

元世祖至元元年（日本龟山天皇文应元年）有诏命十二佛刹全部重新修葺。

成宗元贞二年（日本伏见天皇永仁四年）敕建万圣裕国寺。英宗至治二年（日本后醍醐天皇元亨二年）建普门寺。

到了明朝，此山经常受到皇室庇护，不断地敕建或重修。其中，大塔院寺为万历己卯（日本正亲町天皇天正七年）敕建，同壬午（日本正亲町天皇天正十年）建成。这是中国第一流的大塔，非常雄伟，详细介绍留到下一章。五台山自创立以来，有了如此这般的经历发展到今天，其宗教体系自古属于华严宗，但现在已被藏传佛教化。听说山内共有寺院六十四座，大本营是大显通寺。其中纯正的藏传佛教迦蓝有十座，大本营寺在菩萨顶。当然，除喇嘛寺以外的佛寺也都深受了藏传佛教的影响。总而言之，五台山的今天颇有些不振，除了少数大寺之外，几乎都已经荒废掉了。

三、五台山的寺院

五台山的寺院分为台内和台外两种。所谓台内是指位于五台山间漏斗之中，而台外是指位于漏斗之外的。古时台内台外加起来，数字达到三百，后来逐渐消失，最近说台内有六十四，台外有三十六，加起来有一百寺之多。但实际数字是否真的有一百令人怀疑，也许只是方便起见说成了一百寺。不过，实际情况是杨林街上基本被寺院挤满了。去五台的途中，到处可见殿堂、高塔寺院，此光景不愧为是中国第一的梵刹基地。下面介绍一下最为重要的四五座寺塔。

（一）大显通寺

大显通寺就是上一节介绍的大孚灵鹫寺，因与天竺的灵鹫山相似故名。此寺是东汉明帝时五台山开创的第一座寺院，东魏的孝文帝重修此寺，唐太宗再重修，武则天命收华严经并把寺名改为大华严寺。清太宗敕令重建并赐予了今天的寺名大显通寺。从东门进入后首先是水陆殿，安置着观音。接着有一对碑亭，里面是康熙十六年的御制碑记。再向前走是文殊殿，接着是大殿。大殿中安置着释迦三尊，殿前有一块明崇祯年间重修永明寺记的石碑，由此可知明代曾一时被称为永明寺。大殿后面是无量殿，里面安置着无量佛。无量殿后是千钵殿，里面有一尊被喇嘛化的十一面千手文殊像。殿后有个祭坛，上面有五座小塔。据说这是五台山顶塔的模型，但与事实并不相符。这些小塔的形状为：

南台　普通的宝塔形

西台　十三重塔，塔身呈井形

北台　宝塔身上置一座十三重塔，上面再置一座两层宝塔

中台　三个与西台塔同形的塔身重叠，加有顶盖

东台　与北台相同

后面还有一座铜殿，全部由铜铸成。铜殿后面，中央是后阁，左右是藏经阁。此外还有鼓楼、钟楼等堂舍左右整列相对。此寺规模为五台山第一位，的确是堂而皇之。不过建筑方面的价值并不是很大。

（二）大塔院寺

南面与大显通寺相接，以大宝塔著称，此塔即阿育王的佛舍利塔。明永乐五年敕命重修大塔时始建寺院。万历七年，大塔重建的大工程开工，同十年七月竣工，即现存的大塔。规模宏大，令人惊叹。据《清凉山志》记载，此塔位于鹫峰前群峰的中央，基至黄泉。高二十一丈，周长二十五丈，状如藻瓶，上十三级，宝瓶高一丈六尺，以镀金饰之。覆钵周长七丈一尺，吊以垂带，悬以金铃，更有金银宝玉造的佛像及各种装饰宝物安置其中。这个描述与现场的情况相符。这是一座所谓藏式即喇嘛式的塔，高度为二十一丈，无他可比。巍然堂皇的风貌恰似从黄泉崛起，劈开大地，驾云飘渺，直升九天之势。如果再听了悬挂在七丈伞盖之下的风铎发出的那种响彻云天的铮铮之音，你一定会觉得自己是来到了西方弥陀的净土。

此寺中配置有天王殿、大慈延寿宝殿、大藏经阁、鼓楼、钟楼等，按常规排列。大塔在大慈延寿宝殿和大藏经阁之间。

（三）大文殊寺（菩萨顶）

此处即真容院。唐代一个名叫法灵的僧人在此建起殿堂，并造文殊塑像，因此得到真容院之名。明永乐初期敕命重建，改称大文殊寺。现在通称菩萨顶，是喇嘛宗的大本营。迦蓝中有牌楼、山门、鼓楼、钟楼、天王殿、中殿、文殊殿等建筑，但没有值得特别说明之处。

（四）慈福寺

清嘉庆年间创建的新喇嘛寺，采用藏式手法建筑及装饰，配置有天王殿、大殿、中殿、藏经楼。藏经楼里有喇嘛式的天地佛。

（五）罗睺寺

位于塔院寺东北。唐代创建，明成化年间赵惠王命重修。有弘治三年重修碑。现属藏传佛教，有天王殿、鼓楼、文殊殿、都网殿（大殿）、后楼等依序配列。

（六）殊像寺

因文殊骑狻猊像闻名，传此像为唐代神人所作。寺内有天王殿、鼓楼、钟楼、大殿、藏经楼等。大殿供奉的本尊不是释迦而是文殊。

（七）南山极乐寺

这是一个围绕四方形庭院配置殿堂的迦蓝，庭院中央立着一座喇嘛塔。入口的性空门实际上就是天王殿，传说于唐代开基。

除此之外，还有多处著名的迦蓝，基本上大同小异，不再赘述。但有一点需要注意是，此山作为文殊的显灵道场，百座精舍全部供祀着文殊。大迦蓝要特别建造文殊殿，小迦蓝则纳奉在大殿中。这与普陀山各寺都尊奉观音同理。普陀山上现存一处元代的古建，五台山上有一座尚未失去明代风格的大塔，其他的虽然都是些清代产物，但对了解藏传佛教形式即喇嘛式的手法能够起到一些作用。

四、五台山登山路线

现在登五台山没有什么困难和不方便。如果是从北京出发，仅用五天时间就能到达五台山村。我是从山西大同府抄近路登上山的，自然会艰险一些，不过旅行的趣味会因此加深一层。行进顺序虽然正相反，但在这里我还是想介绍一下自己的切身体验。

我是明治三十五年[1]六月一日从北京出发的，顺路来到张家口，从那里转道向西南进入山西省，到达大同府。从大同府到五台山的顺路是先出雁门经由代州，但走这条路要饶一个大弯。我取了捷径，从大同向正南方向到应州，再向南在茹越口这个地方越过复线长城，在连绵的峻岭中攀缘上下。雁门在茹越口西面约十里处，也是长城上的关口。

大同以南属山西省高原，海拔约四千五百尺，是一片受桑干河支流灌溉一望百里的大平原。放眼望去，牧草繁盛，无边无际，没有树林也没有农田。百姓吃的只有一种叫作莜麦的近似野草的谷物。平原上到处是盐湖，百姓从这些湖中炼盐来用。小小的野生动物，窥视着它们的鹰鹞，远远的山峦，近近的村落，无一不是极好的绘画题材。

这片平原的尽头就是茹越口。越过关口，顺着一条没有水的溪流向上行进，河床上乱石累累，犹如溟河河滩，两岸磐石如刃，恰似嶙峋剑山。大约攀登了五里左右到达绝顶。这里叫作铁吉岭，海拔约八千尺。从这里向南仰望，隔着万仞山谷，五台山在眼前巍然屹立，气势雄伟。谷底的滹沱河像一条丝带，繁峙城成了一粒放在丝带边上的小豆子。翻过此岭下山途中，时而冒险爬过千仞断崖，时而顺着绝壁急转直下，待到了繁峙城，景色忽然一变，滹沱河水如珠似玉般清亮，缓缓地泛起一片片涟漪，

---

1 明治三十五年 = 1902 年。

水中锦鳞在游，汀上绿草正茂，路旁杨柳成行，田里种满了小麦、白菜、粟菽等作物。百姓们的主食也肯定不会是莜麦。东魏时大同曾经是都城，皇帝屡屡行幸繁峙绝非是偶然的。

从繁峙向西南方向前进，渡过滹沱河就是五台山脉的山脚下了。这里有一大溪流，名叫鹅河，沿溪上行，途中青松杨柳连绵。河两岸开出了很窄的平地用来耕作。沿着溪水越向上走山就越陡，一直走到水的尽头，分水岭处五台山的五座顶峰忽然出现在眼前，形状却与我一直想象的完全不同。我原以为五座山峰会像剑一般地并排耸立，山体全部会被郁郁葱葱的树木覆盖着。可是，眼前的光景正好相反，五峰各自相距数里，山顶平阔山坡缓缓，山谷间只有少量树木散在，满山被覆着的都是小草。我不禁感叹，好一个平坦宽阔悠然自得的大规模大景色。分水岭上有一处道场，名叫狮子窝，里面有一座十三层琉璃瓦塔，是万历二十七年所建。从分水岭取东路下行，见一古寺，里面有一座五重塔。再向下若干里，到达五台中心的漏斗底部。这里有清水河向南一路流淌而下。溯河行半里左右就到了台怀镇，接着到了杨林街。

我在大塔院寺投宿，然后历访了台内台上的大小迦蓝。原打算走遍五台，结果未能实现，最终只游了西台和中台。从杨林街向西北方向登山而上，行程约三里半即到达西台绝顶。山巅的堂塔都已坍塌，佛像一片狼藉，仅剩下了一块大明洪武碑悄然而立。从那里往东北约一里，顺着山峰登上去，到达了中台的绝顶。环视周围，这里也仅有一座喇嘛塔完好地保存着，是明代遗物。听说南台顶上也有一塔残存，但东台和北台已经什么也没有了。

站在中台上可以把五台这个舞台尽收眼底。西台近在咫尺，东北方向二里左右可见北台高高耸立，东台和南台遥遥地在和自己水平相同的高度峙立，五台中的树林、堂塔、牛马、人影等都能一一辨明，真是世界稀有的伟观。

归途是从杨林街沿着清水河边南下到达石嘴，从石嘴东折，越过龙泉关，沿着太行山脉下来。龙泉关在山西与河北的交界处，在万里长城的支线上（从石嘴向西折就能到达五台县及太原府）。而杨林街到龙泉关事实上都是平地，从关口向东一口气顺着直立约五千尺高宛如绝壁的太行山的倾斜面下来，就是河北省的大平原了。到了这里我才确信，杨林街的海拔少说有六千尺，而五台的高度绝对不会低于一万尺。

越过龙泉关，下到太行山脚下，那里有一个龙泉关村。又得一溪，沿溪而下来到了阜平县。这一带开始山势渐平，土地渐阔，田园风光为之一变，有稻谷，有粟米，土地丰饶，村落相继，给人一种从天上回到了人间的感觉。然后经曲阳县到定州，从定州乘芦汉铁路返回了北京。

五、五台山杂观

　　五台山的地势很高，所以气候十分凉爽。最适合登山的时间是六月中旬，七八月有时还会下雪。我是六月二十八日登上西台和中台的，山上空气清新但风很凉，感觉可以用凉爽来形容。住在大塔院寺，夜里还离不开火盆。这火盆纯粹就是日本式的，在木台的中央挖一个圆孔，里面放进一个黄铜火架子，再放上三角火撑子、铁筷子和火铲子等。前来参拜的人差不多都要住下，所以每个寺里都有供住宿之处，就像普陀山一样，日本的高野山也差不多，但和尚们都比较正直，没有贪图住宿费的事情发生。热心的登山者一定要巡遍五台，要顺着山峰一个一个地历访，所以要在山顶上住上一夜两夜。奇怪的是中国有很多热心于宗教之人，其中不乏高官贵人。我在罗睺寺访问时正好就遇上了一位蒙古的某郡王带着众多奴婢住在此寺。他有清朝授予的高贵爵位，态度相当傲慢。而且他来登山与其说是为了信仰，倒不如说是为了避暑。

　　杨林街是一个略具规模的小镇，约有二三百户人家，有各种各样的商号，中国人丝毫不会感觉不便。这里是《水浒传》中的花和尚鲁智深喝醉酒大闹过的古迹，想到此事，我不由地有了一种滑稽的感觉。街上有很多五台特产在卖，有佛像、佛画等，都是些常见的藏传佛教的天地佛、夜摩天等，制作工艺十分拙劣。佛像都是些人工仿古的青铜像，不过多少还有一些参考价值。

　　五台山上没有什么古代建筑，同样，佛像、佛画、佛具等也没有什么太像样的东西。每家每户都必安置文殊像，但都涂着光灿灿的金箔，让人搞不清有关制作和年代的任何情况。不过藏传佛以及藏传锡杖中也有相当不错的，当然这也许仅仅是因为日本人看上去觉得新鲜而已。一些藏传佛神情庄严气质凛然，但除此之外没有什么值得一提。滑稽的是中台下吉祥寺里有文殊菩萨的牙齿和鞋子。仔细看看，牙齿原来是大象的奥齿，而鞋子的长度竟有二尺，大概是按照牙齿的比例想象出来的。

　　五台山的和尚们靠施主的净财和田间的收获生活，那些规模太小的寺院很是令人怜悯。我登山途中在一个叫作金刚库的地方看到了一座废庙，山门倒了，殿宇塌了，杂草已经没过了房子。走进去想看看有没有什么有用之物，却只看见了一只狂叫的瘦狗，还有一个仿佛已不是世间之人的老僧。老僧身上穿的衣服像海藻似的褴褛不堪，他晃晃悠悠地走出来，问他的生活如何，他手向山上一指说，那边有一些田亩，靠那里的收获勉强维持着生计。可是大显通寺还有菩萨顶的总司（管长类职务）却过得十分奢华。

　　五台山山高林密，有很多珍奇的动植物。猛兽中豹子最多。我在石嘴的关帝庙里就看到了一只不久前被枪杀后制成了标本供奉在那里的六尺大豹。

明治四十五年[1] 二月

---

[1] 明治四十五年＝1912年。

第三章　南海普陀山

绪言

　　中国浙江省舟山群岛中有一个名叫普陀山的孤岛。普陀山即普陀洛迦，又名补陀，华严经里称为补怛洛迦。有关岛的位置，《普陀山志》中说在今天的定海县以东，距县城百余里，孤立在海岛中。蜿蜒连绵，纵横各十余里，一周约四十余里，也有一周百里之说。南达闽粤，北接登莱，东临日本，西通吴会，是海中的一个巨大屏障，据此我们大致可以想象出来。这个普陀山是中国所谓的三大灵山之一，另外两处是山西省五台县的五台山和四川省峨眉县的峨眉山，三处并称为三山。五台山是文殊的道场，峨眉山是普贤的道场，我要在这里介绍的普陀山是观音的道场。五台山规模宏伟，峨眉山山峰奇峭，普陀山风景绝佳，此三山无论从哪一方面讲都是中国名胜中的一组佳景。

一、僧人慧锷开基

　　我去年曾历访了这三大道场，大大地引起了我对历史的兴趣。特别是普陀山，因为开基是很久以前的一位日本高僧，所以就更被吸引。历史上，中国的高僧来到日本兴建迦蓝，或者参与迦蓝兴建的事迹有很多，日本的高僧前往中国，归来后开设道场的人也不在少数。可是日本的高僧前往中国，而且在中国开山的就少之又少了。更何况所开之山现在竟然成了中国第一流的名胜，就更是稀有了。而上面提到的普陀山即补陀洛迦山就是由日本僧人慧锷开的基。慧锷是日本醍醐天皇时代的名僧，很早就远渡中国，延喜十六年（五代梁贞明二年）在五台山得到了一尊观音像，想带回日本。在历访了四明的阿育王寺、天童寺等之后在宁波登船。当船行驶过今天的定海县，来到一个孤岛附近的时候，船突然不动了，慧锷合掌瞑目，心中暗暗祈愿，如果是观音菩萨的意愿，那么就在当地建立精舍。不一会儿船又开始起动，驶到了孤岛一角便停了下来。慧锷当即弃船上岸，将灵像安置在当地人张氏宅中，并将此处命名为"不肯去观音院"。这就是今天普陀山的由来。不过，这些都是中国的传说。

二、两种传说的真伪

　　反过来寻找日本的传说，发现有一本名为《元亨释书》的书在卷十六里记载说：释慧萼于齐衡初年应橘太后之诏带着贡品前往唐朝，到登莱，抵雁门，上五台山，渐次届杭州盐官县灵池寺，拜见了齐安禅师，转达了橘太后的邀聘，请到义空长老而归。此外还入中原再登五台山，在适台岭有感于观世音像。遂于大中十二年（日本文德天皇天安二年）抱观音像经四明回国。船过补陀海滨时搁浅不能前行，船夫以为载物过重，所以卸下去许多东西，可船依旧纹丝不动。待把观音像卸下后船就能动了。慧萼不忍弃观音像自己独去，于是留下来，在海边结庐供奉此像，之后渐渐形成宝坊，号称补陀洛山寺，现在成了禅寺中的名刹，而慧萼则是开山之祖。如果照此说法，上面介绍的两种传说则完全不同，特别是时间上不一致，一个是天安二年，另一个是延喜十六年，二者相差了五十九年。慧锷和慧萼的名字也不相同。到底哪一个是真的，我在这里虽不能轻易断言，但断定此山是唐朝末年由日本僧人慧锷或慧萼开创的，应该没有任何问题。

三、实地踏勘的结果

随着时光的流逝，普陀山的张氏后人找不到了，不肯去观音院的地点辨不清了，连最重要的观音像也去向不明了。迦蓝的规模是越发展越宏大，最终整座山都发展成了佛院精舍。根据我实地考察的结果，这座岛正如《普陀山志》中记载的那样，位于定海县以东二十五海里处，从宁波出发海路约为七十五海里。当地人说从定海到这个岛大概有一百或一百二十海里，也有人说是一百五十海里。在这里暂按二十海里约为八十华里计算。顺路是从宁波走水路经由定海，根据季节，这一段路会有小蒸汽船运行，从宁波到定海一般都是利用此船。五十海里航路，费时约六个小时。从定海再往前是中国船，定海普陀间顺风的话要五六个小时，遇上逆风就要一天。普陀山的形状据我观察，全长二十华里（下面简称里），中央部分有一道弯曲，宽约三四里，周围海岸线差不多有六七十里，面积大约合日本的一方里，就是说大小和伊豆的神津岛差不多。岛内纵断的山脉连绵起伏，南端还有一片峰峦。据《普陀山志》记载，最高峰是白华顶，其次是光熙峰、大小雪浪山、象王峰、梅岑峰、达磨峰、正趣峰等。白华顶在岛的北部，实地观测结果是高度大约一千余尺，和日本房州[1]的锯山基本相同。光熙峰在白华顶左侧，又名石莲花、石屋。锦屏山在光熙峰的左侧，法雨寺坐落于此山。雪浪山在白华顶右侧，峰分两座，分别以大小称之。青鼓山在此山东侧，也是此岛的东端。白华顶的后方从北向西绵延的是茶山，与茶山相连的东北面是伏龙山。从白华顶的一脉连山向南，不久又折向西方的是观音峰，接着是盘陀山，高度逐渐降低，最终到达西端的风洞嘴。现今，全岛几乎都成了秃山，仅有些灌木丛生，有时从溪谷间多少还能见到一些树林，特别是茶山，郁郁葱葱的树木几乎盖满了整个山体。居民平日有五六百人，但到了正月、二月的朝拜季节，听说僧俗总数大概会达二千多人。

---

1 现千叶县房总半岛。

四、梵刹

　　普陀山上有两大迦蓝，一个是普济寺，另一个是法雨寺。

　　普济寺在岛的南部，灵鹫峰下。其沿革的概要为：宋元丰三年被赐名为宝陀观音禅寺，明万历三十三年敕建并赐护国永寿普陀禅寺扁额。但清康熙四年乙巳夏天遭到红毛贼寇袭击，迦蓝均被焚毁，唯有大殿免遭其难。康熙二十八年着手重建，康熙三十八年因受赐御书匾额"普济群灵"，故更名为普济寺。之后，雍正九年朝廷拨款加以修缮。

　　迦蓝占地面积为东西八十丈，南北六十丈。正面入口处有牌楼，接着是五间万寿亭。然后是池塘，中央铺有甬道，建御碑亭。再向前，左右是西山门、东山门，正面是山门。进山门有天王殿，殿内依常规安放着藏传佛教的四天王巨大塑像。东北是增长天弹琵琶，东南是持国天左手持剑，西北是广目天右手拿伞左手握鼠，西南是多闻天左手握蛇右手持珠。中央的正面放着布袋和尚模样的弥勒像，与此像相背的是韦驮天立身像。

　　天王殿后面有一个高坛，上面建有大圆通殿，殿前陈列着石制的五供座。这个大殿相当于通常的大雄宝殿，应该是供奉释迦本尊的地方。但普陀山是以观音的巨像为本尊。大圆通殿后面的高坛上建有藏经楼，下层是法堂，上层藏经。藏经楼后面是方丈。

　　以上这些殿堂都排列在中央的轴线上，轴线的左右还有各式堂舍。山门内左右有鼓楼、钟楼耸立。天王殿内，左侧是崇德殿、祖师殿、罗汉殿，右侧是功德殿、迦蓝殿、罗汉殿，顺序排列。大圆通殿和左右的罗汉殿中间，左边是关帝殿，右边是灵应殿。藏经阁的左右相对有云水堂和客室。

　　此外还有很多杂舍。可是，总体看来，迦蓝中的各个堂舍都丝毫没有作为建筑物的价值。只有号称是康熙以前形式的大圆通殿还稍稍有些观赏价值。

　　法雨禅寺在白华顶左侧的光熙峰下。明万历八年创建，万历三十四年受赐"镇海禅寺"匾额。康熙四年罹难时，整山全部归于灰烬。康熙二十八年起到三十八年重建时，得赐御书匾额"天花法雨"，故有了现在的法雨寺之名。迦蓝的大小是面阔六十九丈，进深六十二丈五尺。殿堂的配置与普济寺基本相同，即先要经池塘，过碑亭，左转进门才见牌楼。然后按天王殿、御碑亭、大圆通殿、御碑亭、上大殿（法堂）、藏经楼的顺序排列，天王殿内，左右是龙王殿和迦蓝殿、鼓楼和钟楼相对而立。大圆通殿的左右是水月楼和松风阁、客室和厨房相对而立。上大殿的左右是戒堂和禅堂、库房和功德房相互对立。上大殿和库房之间有关帝殿。藏经楼的右侧是祖堂，左侧是方丈。方丈左侧又有珠宝殿，再向左是旧方丈。这是一种重叠殿堂式的配置。

　　要之，两刹的体裁基本相同，可见与日本禅刹相似之处，尤其是普济寺与京都府宇治的黄檗山万福寺迦蓝极为相似。当然，两寺的殿堂建筑于技术方面没有太大价值。

金土奎 诗云

普濟寺

疊石長橋架水平，紅門深閉木魚聲。巍宮特創三摩地，古刹同登四大名。
不是當年傳普濟，何能此日起群誠。煙霞館上無塵到，入步先知佛教清。

法雨寺

漫說當前一寺紅，淩雲樓閣兩相同。九龍殿已偕山老，五鳳門尤對海雄。
佛古尚能施法雨，僧勒竟少出家風。廊廻檻繞疑無路，只聽鐘聲打半空。

五、佛寺·佛塔·坟墓

听说这里的静室田庵有二百余处，我自己去访问过的也有三十处左右。如果将每处都一一道来，则难免烦乱，所以此处只选著名的四五处进行介绍。

树木葱郁的茶山上有一座慧济寺，明代僧人圆慧所建。天王殿、大雄宝殿等十分庄严地并排而建，但建筑本身却很粗糙。从这里南下，沿着千步沙有几处庵舍，都不值得特别一提。左手见到朝阳洞后再越过一道山梁向前走几步，沿右手山坡登上去就是法华洞。《普陀山志》中有"方圆钜石自相累架，如人工结构者"的记载，实际情况与记录完全相符，不愧为此山的一处奇观。再南下，顺普济寺东侧走过去有一座太子塔，是普陀的第一石塔，形式也颇为奇巧。根据《普陀山志》的记载，此塔是元代元统年间（后醍醐天皇元弘三年至建武元年期间）诸王宣让耗资千锭为住持孚中禅师所建，高九丈六尺，所用皆为太湖美石，制造坚固，雕琢精巧，塔身五层四面均安置佛像，形态各异，瑞容妙丽，眉目顾盼如生，旁栏柱端都刻有守护天神和狮子莲花，做工生动巧妙，至今不见苔藓滋生。此塔的确十分美妙，但实际上是三层四角，建在两层的台基之上，没有相轮。除此之外的情况均与记载相吻合。这大概是元代的遗物，那就不仅是普陀山的第一古建，即使在全中国范围也算得上是稀有的上好遗物。

再向南走有普同塔，这里是此山无缘者的合葬坟墓，应该是近代制作的，但其意匠颇有可观之处。

普济寺的西盘陀庵属于规模较大一类，从这里北上登到山顶再向西行，可见到梅福院、灵石禅林等。灵石禅林里有磐陀石，此石是一块长二十五尺，宽十五尺，高十尺的巨石。仅靠唯一的一个支点悬在巨大的岩石顶上，以其险著称。传说以前观音菩萨曾在此处现身说法。

从这里向西南，稍下行处有个大佛头，是在摩崖顶上刻出来的大佛头像，工艺十分粗糙。再下行是观音古洞，这是一个经过了后人加工的洞穴，里面刻着佛像。制作手法可谓古朴，按洞穴的形状进行加工，还真有些像古代的遗物，也许是开山时的遗址。除此以外的与迦蓝有关系的记事此处一概省略。另外我希望大家能够参照地图确认一下这些名称和地理位置。

六、名胜

普陀山的美景在中国应该是首屈一指的,东面可望一片茫茫的大海,西、北、南三面由星罗棋布的群岛环绕。山不高却秀丽,水不长却清亮。忽而平沙十里,忽而断崖千尺,拍岸的怒涛,惊人的巨岩,营造出了南海的仙境。从古时起就有普陀山十二景的说法,所谓的十二峰就是下面这几座(但有一处不详):

  梅灣春曉　茶山凤霧　古洞潮音　龜潭寒碧　天門清梵　千步金沙

  蓮洋午渡　香爐翠靄　洛迦燈火　靜室茶煙　盤陀曉日

不过,听说旧志记载中只有短姑道头、不肯去院、太子塔三处,现在的十二景大概是近来的提法。下面介绍一下我自己最感兴趣的两三处。

(一)新罗礁。位于西南海岸的石牛港口。传说这里就是日本僧人慧锷乘船搁浅,向佛请愿的地方。虽然我没有去过,但仅闻其名就会觉兴趣横生。

(二)潮音洞。位于此岛的东南,传说是慧锷船平安着陆之处,又传是观音显身之处。狂涛与怪岩一刻不停地搏斗,场景十分壮观,让人百看不厌。洞的周围有一片紫竹林。这里的岩石上有一种酷似海草样的黑色纹路,十分有趣,当地人把这种岩石叫作紫斑石。

  陳玉賓　詩雲

  層巒回曲徑,石竅瞰長虹。大士棲霞所,龍神聽法宮。

  水梳瑤草滑,風掃白雲空。悟入三摩地,蕭然興味同。

(三)千步沙。位于此岛的东岸,一望数里,白沙犹如弯弓,浪花缓缓涌来,一派悠然景色。

  月中走千步沙　　孫渭

  千步堪留月,祥光散碧霞。遠看金布地,近泛浪成花。

  水氣雲飛絮,波聲雷駕車。慈航如可渡,此夜擬乘槎。

(四)菩萨顶。此岛最高峰,现在这里建有灯塔。从这里俯瞰,可见普陀孤岛缭绕脚下,远眺过去,八重潮路接到天边。

  九日登菩薩頂得東字　　釋常譻

  絕頂雲深處,登臨興倍雄。水明天際碧,霜薄樹頭紅。

  萬慮一身外,千山四望中。天菴容我住,歸國下山東。

(五)盘陀石。前面已经介绍过此处为灵地,这块巨石几乎是悬空立在绝壁之上的。从树林间隙中可以俯瞰下面的大海,是一个必看的景点。这附近还有另外两块巨石,一块形似俯龟,另一块形似仰龟,十分奇妙。

  何辰生

  見說盤陀著地靈,普門曾此坐談經。二龜何事翻成石,想是當年不解聽。

七、其他（旅行须知类）

去普陀山的旅游者，一般于二三月间好小蒸汽船的通航情况加以利用最为适宜。傍晚从上海出发，经宁波、定海，第二天黄昏时分即可到达普陀山。岛内当然没有旅馆，全岛都是迦蓝精舍，唯独普济寺以东有数十户商店。也就是说，迦蓝同时又是旅馆，每个庙坊都有住宿设施提供给前来参拜的香客，与日本高野山的情况相似。所以，僧侣们又都似旅店的主人，巧妙地接待客人，接受相当的喜舍充作生活资金。但是不像四川峨眉山那样，在本堂的柱子上贴着"一碗饭收费多少""住宿费收费多少"之类的字条，那种近乎纯真的露骨行为，此处未见效仿。很久以来，这里有向外国人收取分外金额的习惯，旅客也必须要对这种做法做好心理准备。作为高额支付的回报，住宿设施十分完备清洁（当然是比较地），床上铺着干净的毛毯，洗漱用具也齐全，夜晚还提供大号的煤油灯。出门观光时，僧侣们还主动充当向导，坐一种轻便的竹制轿子去各处名胜巡游，所以旅客即使自己不做准备也没什么问题。只是饭菜全部是素食，不过这种素食也非常好吃。顺便介绍一下住宿费用的标准，如果是住一夜，请导游游览各处的话，给住僧五元，厨师两元，杂役一元，轿夫两人两元，合计要交十元左右，如果带着翻译行动，还要多加五成左右。总之旅行费用不算便宜。

这张照片是在普陀山的一座庙庵中拍摄的，雕刻的观音像周围附随着一些童子雕像。不久后这些雕像都包上了金箔放在相应的位置上，信徒看到这些感动得流泪，同时喜舍出大量钱财。最后我想对大家说的是，如果诸位有机会去中国，一定要到南海普陀山一游，从上海出发仅用一昼夜便可到达。这个由日本高僧开基的世界有名灵地，风景秀美也是世界稀有，看过之后会永不忘怀。

（明治四十一年[1] 六月二十四日时事新报文艺周报）

第四章 关于五山十刹图

五山十刹图两卷收藏在加贺金泽曹洞宗迦蓝的大乘寺中，传说该寺的开山之祖彻通曾于后深草天皇正元元年即南宋开庆元年去中国，亲自历访了五山十刹，临摹了所见建筑及殿堂内的陈设等。与此图相同的作品也存在于京都的东福寺和若狭的凌霄山常高禅寺内。因此可以推论此画大概另外有原版，三寺分别对原版进行了摹写。但是大乘寺的作品称作五山十刹图，东福寺的作品叫作大宋诸山图，常高寺的作品叫作大

---

[1] 明治四十一年 = 1908 年。

唐五山诸堂图，名称各不相同。但从内容上看基本上毫无差异，只在一些极其细微之处略有不同。而大乘寺的作品最为优秀，且从与彻通的关系这一点上考虑，则大乘寺应该保存过原版，今天同寺内保存的两卷应该是后人的临摹。试将大乘寺、东福寺、常高寺的三幅作品的内容进行一下比较的话，就会发现彼有此无，或此有彼无的现象。结论是这三幅作品以外应该存在原版，三寺是分别临摹了原版，临摹过程中各自都有些漏掉或误摹之处。

另外大乘寺和东福寺的作品是白描，而常高寺的作品是彩色的，从这一点考虑，原版应该是有色彩的。

传说大乘寺所藏的画卷是出自彻通的亲笔，但我请黑板文学博士就其年代做了鉴定，博士认为不能认定为正元[1]前后的作品。我又问了一些识者的意见，也都认为很难作为镰仓时代[2]之物，结论是这些很有可能是足利时代[3]中期的作品。也就是说，可以推断这些画卷是足利时代中期根据正元年间彻通入宋之际的亲笔画进行了临摹的作品。而原版不知何时已经遗失，当今世上已无此物了。

即便现在的画卷是足利时代的作品，也应该承认其内容大多是忠实地描写了南宋末期的现实。我之所以做出这种推断，是有些根据的。

要想解决这个问题，至少应该从四个方面进行研究。第一是对画卷中所记的地名、寺名等进行史学方面的研究。第二是对画卷中的用语、文字进行研究。第三是对殿堂内部的各种设施、用具进行研究，第四是对建筑的形式与手法进行研究。这四个方面中，第二、第三对于我这个不大懂得佛教历史，又不明白殿堂内设备及其礼仪做法的人来说是搞不来的。建筑形式方面我虽然进行过一些调查，但一来因为是茫然浩瀚的中国事情，二来因为作为比较研究的资料十分稀少，所以要举出南宋、元、明、清建筑特性的明显区别本来就属于非常困难的一件事情，更何况仅凭着不是建筑学家而只是一个普通僧人的写生来论述建筑形式，认定建筑年代就更不可能了。从图中比较正确地画出的斗拱形状来推测，应该可以认定为是南宋至元代之间的手法。日本于镰仓时代从中国输入的所谓唐样的禅刹建筑中，存在着很多与此图中出现的手法完全相同的地方。这就证明了日本所谓的唐样手法的确是从中国传入的。但是，这种手法一直延用到后来的明代，所以，画卷中出现的虽然看上去是宋式建筑法，但不能说这幅画卷本身就是宋代之物。

还有就是关于地名和寺名，这虽然不是我自己的专业，但还是多少怀着兴趣做了调查。从这一点出发可以认为此画卷的内容描写的是元代以前即南宋时代的景物。试

1　日本镰仓时代中期。

2　镰仓时代 = 1185 – 1333 年。

3　足利时代 = 1336 – 1573 年。

看下面举出的两三件实例。

第一，图中有建康府蒋山图。建康府是以今天的江宁府即南京为首府的地区。这里于南宋建炎三年即日本的崇德天皇大治四年设立了建康府，元代的至元十四年即日本的后宇多天皇建治三年，南宋的临安城失陷的第二年改成建康路。图上标着的建康府应该是元代以前的称呼。

第二，图中称今天的宁波府为明州。明州本是唐代至宋代的名称，元代以后改为庆元路，明代又改为宁波府。我认为这也能作为此图是元代以前所绘的证据。

第三，图中五山之一的杭州临安县径山所在位置标示的是临安府。这个地区唐及五代时称作杭州，宋代称作临安府，元代称作杭州路，明代以后叫作杭州府。图中的称呼为宋代之名。这也是证明此图所绘乃元代以前景物的理由。

第四，图中称今天的绍兴府为越州。越州之名用于唐代到五代之间，宋代以后就已更名为绍兴府。从这一点上考虑，此图本可以认为是宋代以前的，但中国有后世袭用古代名称的习惯，所以也有可能是把当时应该称作绍兴府的地名于形式上称作了越州。如果是这样的话，第一到第三的理由也能进行如此说明，而认为是元代以前作品的理由就被排除了。

第五，五山之一的阿育王山阿育王寺在图中被标为阿育王山广利禅寺。这个名称是从何时开始又使用到何时，对此，详细调查已经无从做起。不过，元代至正二十四年（后村上天皇正平十九年）的重修记中写的是广利禅寺，明嘉靖乙酉（后柏原天皇大永五年）记里写的是育王寺。广利禅寺大概应该是宋元时的名称。

第六，五山之一的灵隐寺在此图中记为景德灵隐寺。如此，这应该是宋景德四年（一条天皇宽弘四年）命名的。康熙三十八年敕诏赐名云林禅寺，现在只通称为灵隐寺。因此，即使是写着景德灵隐寺也不能成为一定就是元代以前作品的理由。

第七，五山之一的天童山今天被称作宏法寺。图中其正门上记有敕赐景德之寺字样。这个名称的由来我记得也和灵隐寺相同，即这不能断定为是元代以前的状态。

第八，五山之一的西湖南岸净慈寺即古报恩光孝禅寺，图中显示的正是这个古名。此命名为绍兴九年（崇德天皇延保五年）实行。而此名用到了何时已无从知晓。大概会是宋元时代，当然也有是其后年代的可能。固然，以此来作画卷是元代以前之物的证据是不可能的。另外画卷最后的诸山额集中，正门的匾额上写的是敕赐净慈禅院明州。这里明确标出的明州，一定不会是西湖畔的净慈寺即五山之一的净慈寺，有关五山之一的净慈寺是西湖畔的净慈寺一事，《西湖志》中有这样的记载：

宋時定京輔佛寺推次甲乙尊表五山為諸州之綱領而淨慈在其中

看以上举出的数条，实际上并不得要领。如前面已经提到过的，在中国即使更改了地名，却依旧延用古代名称的例子实不少见，而且图中看到的往往是元代以后的名称，所以仅以上述的两三件实例是不能轻易断定图中表现的就是元代以前的景物。总之，这还是一个未知数，是一个今后应该加以研究的问题。

接下来对画卷内容做一个极为简单的介绍。本来使用大乘寺的作品最为恰当，但因现在大乘寺的作品不公开，所以此处只好用若州常高寺的作品进行讲述。大乘寺及东福寺的作品与此略有一些出入，前面已经提到过。

标题是大唐五山诸堂图，但内容与此题并不相符。凡五山之物均有记载，但也含有五山以外的寺院。大乘寺的五山十刹图也与事实不符。因为十刹中能够在图中见到的属于少数，而大多数未被记载。只有东福寺的大宋诸山图应该是最为恰当的题目。大宋的五山前面也已经讲过，就是下面列出的诸山。

（一）径山兴圣万寿禅寺　　　　杭州府临安县城北五十华里（临安县）
（二）景德灵隐寺　　　　　　　杭州府西湖西岸（钱塘县）
（三）净慈山报恩光孝禅寺　　　杭州府西湖南岸（钱塘县）
（四）天童山景德寺　　　　　　宁波府城东六十华里（鄞县）
（五）阿育王山广利禅寺　　　　宁波府城东四十五华里（鄞县）

十刹据《禅林象器笺》记载，为如下所示：

（一）中天竺山天宁万寿永祚寺　在杭州临安府
（二）道场山护圣万寿寺　　　　在潮州乌程县
（三）蒋山太平兴国寺　　　　　在建康上元府
（四）万寿山报恩光孝寺　　　　在苏州平江府
（五）雪宝山资圣寺　　　　　　在明州庆元府
（六）江心山龙翔寺　　　　　　在温州永嘉县
（七）云峰山崇圣寺　　　　　　在福州住官县
（八）云黄山宝林寺　　　　　　在婺州金华县
（九）虎丘山灵岩寺　　　　　　在苏州平江府
（十）天台山国清教忠寺　　　　在台州天台县

这五山之中，净慈寺图只有门额不见其他，这在全卷中是唯一的。十刹图中也可以见到属于蒋山之物，但其他的门额题名为数本来不多，图中都没有表现。代之的是五山十刹以外的名刹，如金山寺等，也许当时金山寺就是作为五山或十刹之中的一个。如果真是如此，那么此图中最为详细地描绘出来的是径山，其次是灵隐、天童、育王、金山。再其次比较详细画出的是天台山万年寺，此外都不值一提。净慈寺图除一个匾额外没有他物，想来大概是因为当时此寺并未被视作五山之一，代之的应该是金山或者天台山。

接下来将两卷画中内容重复的部分按照顺序列在下面。

内容方面首先应该注意的是图画得十分拙劣，文字也写得很差。这方面与大乘寺的画卷相比真是天壤之别。画卷上还加上了许多红批，这一点作为不同版本的特征犹应引起注意，大概是与原版以外的参考图书对照时留下的。此外作为参考图书使用的大概还有大乘寺和东福寺的画卷，或者还有其他。今天这种画卷除了上面提到的三种应该没有其他了（仅限我所知的范围），我想以前曾有多种誊本存在。

展开第一卷首先看到的是今上皇帝万岁之碑及另外两碑，接下来是：

祖师堂（因堂中央安置着祖师像及祖训之类，故暂假借此名）

列座次图（何寺之物不详）

天童式栅栏天童式山门扇（门扇上还画着门钹和石鼓等）

天童式华头窗及栏间（与日本禅刹惯用形式相同）

金山寺八角轮藏（与宋营造法式中的形式稍似）

观音堂列座次图（何寺之物不详）

榜示及其他杂件

天童山平面图（门前有池塘，池边有七座惜字塔。这种配置始终未变。另门上有"敕赐景德之寺"匾额）

灵隐山平面图（伽蓝面南，正面坐东，入门经过长长的甬道，沿着飞来峰行至殿前。殿前有水，临水有亭，这种配置现在也丝毫未变。不过今天的现状是天王殿左右有一对吴越王建立的石幢，而图中却找不到，可以考虑是写生过程中疏漏掉了。伽蓝平面中轴线的配置如下所示，但山门就是天王殿（图5-7）。

```
    坐 禅 堂
     方 丈
    前 方 丈
     法 堂
    卢 舍 那 殿
     佛 殿
   鼓楼   钟楼
     山 门
```

天台万年山平面图（中轴线的配置如下所示，但平田在正门位置，后面的门应为二天门）。

```
    楞 伽 堂
     觉 音
    大 舍 殿
     法 堂
    罗 汉 殿
     佛 殿
    （二天门）
```

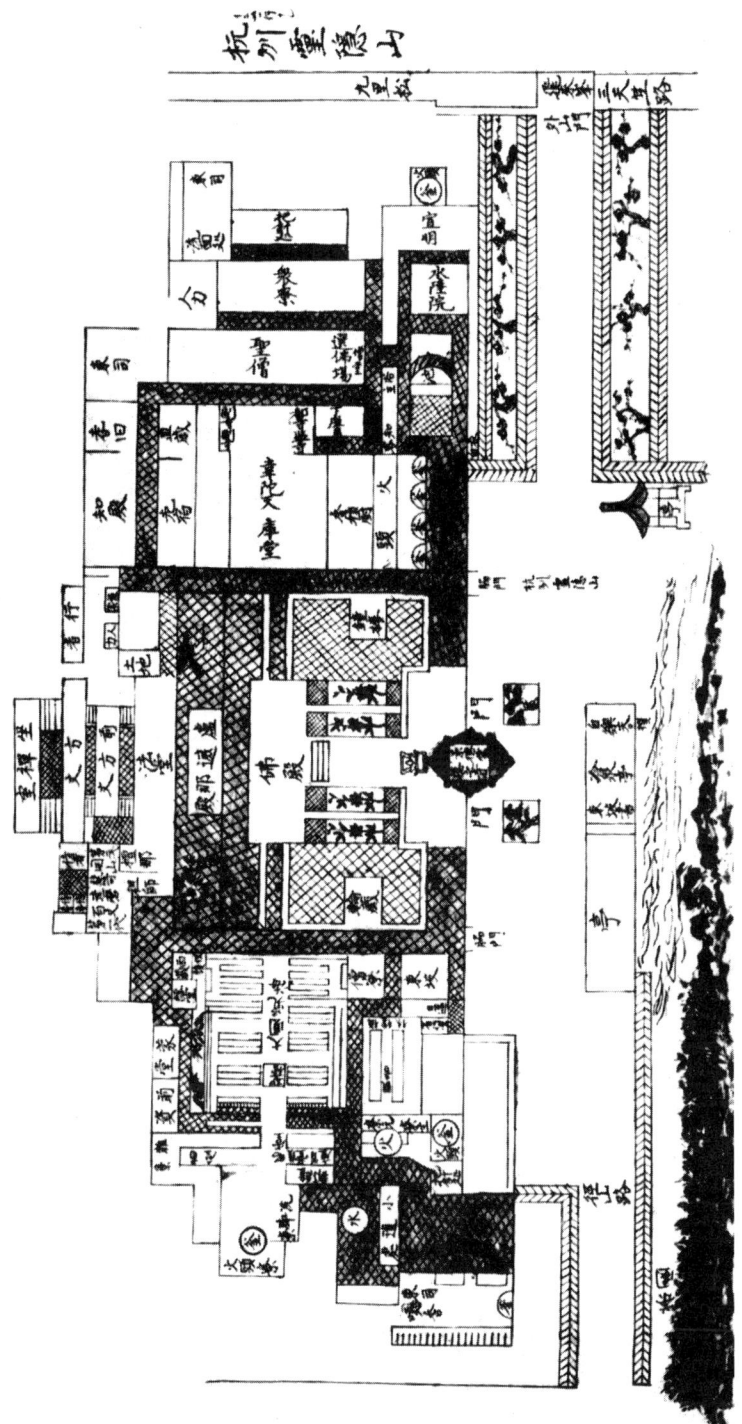

图 5-7 浙江省杭州灵隐寺图

平田八角亭

径山寺法堂断面图　
同虹梁及斗拱图　}（都是建筑方面的写生图）

灵隐寺鼓台

径山寺法座

径山寺盖（天盖形式有趣）

灵隐寺椅子

灵隐寺屏风

径山寺圣僧宫殿（须弥座式座位）

径山寺僧堂椅子

径山寺三塔式方丈椅子

径山化城接待式客位椅子

屏风　
桌子　}（应该都是径山之物）
前方丈椅子　

径山寺座床

敕赐报恩光孝禅寺额（净慈寺之额）

径山寺磬

径山寺佛坛（须弥坛）

明州碧山寺水磨

径山寺僧堂围炉内部

斗拱图（此斗拱没有记入是何处之物，应该是径山寺以及诸寺常用的一种。日本镰仓足利时代的禅刹中也可常见，与称作唐式的斗拱相符。）

香台

以下是第二卷的内容：

临安府径山寺海会堂图（平面图显示座次）

径山式障屏（类似屏风样式）

灵隐僧堂

金山佛殿（两层建筑的正面图）（见图5-8）

金山山门香炉

灵隐式山门香炉

殿堂（没有说明，不知为何处何堂）

金山寺式东司

育王山洗漱处

建康府蒋山小遣处

天童山宣明（浴场图）

云堂四方廉（何处之物不明）

安吉州何山寺钟及钟楼（此钟楼为四层建筑，所示为立面）

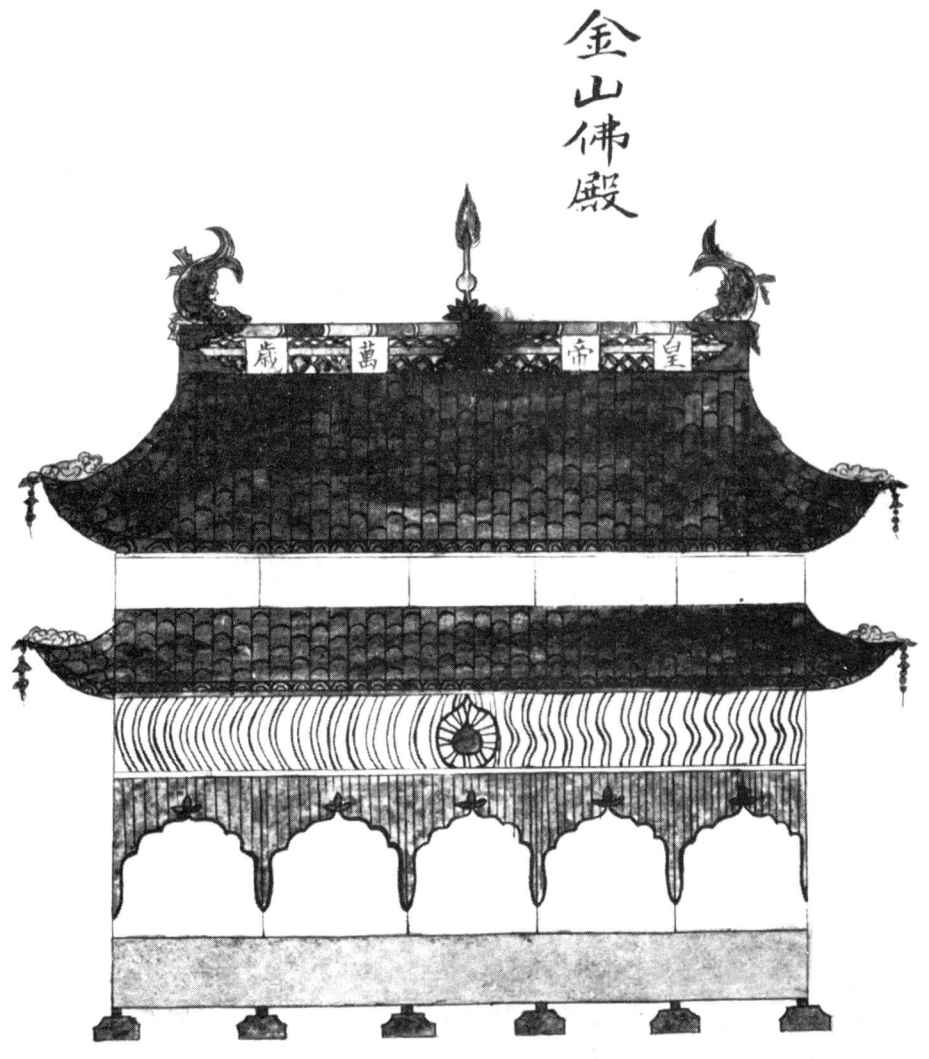

图 5-8 金山佛殿图

径山寺石鼓及另一件

观音堂前架及侧架（应为径山之物）

纲纪堂（应为径山之物。堂中央是达摩，右侧是慧可，左侧是百丈，示出自开基至第九代的配置）

径山楞严会之图（堂内示有自诸方前来参列的僧席次第，发现其中有日本六席，观上座两席，快上座一席，西上座一席，然上座一席，坚上座一席）

讽经之图（示有堂内的座次及诸设施）

礼天目和尚丛林告香图及告香榜

僧堂念诵及巡堂之图（示有座次）

最后有诸山额集，分成外山门、中门、正门三类。顺序十分混乱难得要领。摘出其中有关五山正门的匾额录在下面：

敕赐景德之寺（天童寺）

阿育王广利禅寺（阿育王山、现为阿育王寺）

敕赐报恩光孝禅院（现为净慈寺）

敕赐景德灵隐禅寺（灵隐山、现为云林寺）

径山兴圣万寿禅寺（径山）

总之，此画卷的内容的极富趣味，凡有关禅刹之事，都有大致的建筑配置、每一座殿堂的形状构造、堂内的设备、佛坛、桌子、椅子等佛具、仪式作法座次等无一遗漏。尤其是厨房、厕所、浴场、洗漱场等，画得十分全面也十分细致，实在令人惊叹。画中饱含着作画人研究中国禅刹制度并欲使其适用于日本的热情，所以才能有如此细致入微的调查。

我去年在苏浙一带巡游之际，曾经想过访遍五山十刹，但由于种种困难未能实现。不过五山中，除了径山之外都得到了视察的机会。至于十刹，当时甚至连所在的确实地点都未完全搞清，所以仅看了其中的四五处。归国以后重新观赏五山十刹图，与现状进行对比，更加引发了我的兴趣。有机会的话，我想去完成更为详细的调查，但目前尚未就绪暂且放弃。

这一次因要在《佛教史学》上刊出此事，所以仓促执笔，以致文章难免有首尾不一，不得要领之处。倘或有杜撰疏漏之处敬请诸君叱正。关于五山范围内诸寺的建筑现状，有待他日再陈述所见，以求得到诸君高教。

（《佛教史学》第一编第四号所载、明治四十四年[1]七月）

1　明治四十四年＝1911 年。

第六篇 其他

第一章　广东的伊斯兰教建筑

概述

首先我要说的是，看过提圆中村先生在"锯屑集"(12) 中有关 Minaret[1] 的见解，不禁颇有同感。建筑语汇编纂委员会将此词翻译为"长尖塔"，中村先生的意见是译成"照塔"更为恰当。我个人也认为"照塔"比"长尖塔"贴切，如果用"光塔"就更加贴切了。实际上汉人从很久以前就把 Minaret 叫作光塔了。当然，我的意思并不是要求我们去盲从汉人，而是觉得光塔从文字方面看确实十分贴切。

本来 Minaret 这个词是从阿拉伯语 Manara 即 Light 转义而来，直译的话应该是灯塔、照明塔、光塔之类。如果不喜欢直译，那么从伊斯兰教建筑专用这一事实出发，叫作伊斯兰教塔也会十分有趣。不过，此前既然汉人已经命名为光塔，而且现在仍在使用，所以采用这个简明的用语应该是最为恰当的选择。实例在广东省广州府城内中国最古老的伊斯兰教寺怀圣寺内，寺院所在的那条街就叫作光塔街。

我曾经就这座怀圣寺在史学会上做过一次讲话，但尚未在杂志上公开发表过。今天借此机会介绍一下有关广东伊斯兰教建筑的情况，以期能为诸君提供一点点参考。

一、绪言

我是于明治四十三年[2]春天去广东地区对有关建筑方面的事迹进行调查的。其中有关伊斯兰教的事项，即对已在序言中提到的怀圣寺为首的各种寺院坟墓等进行的调查，对我来说是最感到兴趣的部分。因此，在此想把当时的实地情况和自己的见闻介绍给大家，不过，有关广东伊斯兰教遗迹的文献本来就不多，而且这个题目既不珍奇也不新鲜，只是我自己通过这次实地调查发现了一些以前文献中没有的新事实，产生了各种与此相关的疑问。在此将大概情况讲给大家，以期求得各位的指教。关于这个问题，特别是京都大学文科大学教授桑原博士以及东洋史的各位研究专家已经于史学方面完成了各种研究，就怀圣寺的传说发表了崭新的见解。与这些见解相比，我在这里将要陈述的怀圣寺创建一节几乎就成了虚构之谈。我自己也知道，说我是虚构之谈的说法正确，只是无论如何，我相信，记录现场的真实状况决不是一件无益的事情，更何况对建筑物件的实际记录一定能够给学术提供研究参考。

1　光塔。多指伊斯兰教寺塔。

2　明治四十三年 = 1910 年。

二、有关广东伊斯兰教寺的文献诸例

我首先想举出数例有关广东伊斯兰教寺院即 Mosque 的文献。本应先涉猎阿拉伯语的文献并刊在此处，但我在这方面完全是无知的。此外经汉人之手形成的文献应该也有很多，但我在这方面未能得到充分的时间去进行调查。至于欧美人的著书，自己手头只有有限的几种，而且就连这有限的几种于价值方面也存有疑念。这样说来，对想在这里举出的数例，我心里没有把握，即使在不是东洋史各位专家的面前，把重点放在这些实例上也不免十分踌躇。不过还是试将诸例列在下面。

（一）帕克[1]著《中国与宗教[2]》的见解

广东有座著名的伊斯兰教塔。据传，公元611年（隋大业七年）穆罕默德的叔父撒阿迪·幹葛思（Saad Wakkas）来到大唐，在广州和南京修建了伊斯兰教寺院，后来死在了广东。但据 M. Devria 的考证，撒阿迪参加过与萨珊朝波斯国最后一战（公元636年、唐贞观十年），是穆罕默德的第二个外甥，死于梅吉那，所以不可能来过中国。广东有六个伊斯兰教寺院，五个在城内，其中一个有斜塔（Leaning Pagoda），据说是建于唐代。这座塔于公元1343年（元至正三年）被焚毁，1350年（元至正十年）由马默德重建。据该寺内的阿拉伯文碑铭记载，1351年（元至正十一年）即希吉拉历法的七百五十一年改建。同碑的下方刻着的汉字铭文中没有提及撒阿迪·幹葛思的事情，只有"凡八百年前流布回教"几个字。

这一节与实地情况大相径庭。怀圣寺的至正十年（帕克误为至正十一年）之碑上部刻的是阿拉伯文字，下部刻的是汉文，其中有"乃第子子撒哈八以师命来东教于岁计殆八百制塔三此其一……"之句。所谓的撒哈八指的应该就是幹葛思。

帕克又说"第六个回教寺在广东城北，埋葬着撒阿迪·幹葛思。公元1749年（清乾隆十四年）哈齐·穆罕默德（Hadji Muhammad）来此寻访，同葬于此。"

这说的是广东城外北郊的蕃人冢，与实际情况吻合。有关蕃人冢将放在后面说明。

（二）布歇尔[3]著《中国艺术[4]》的见解

穆罕默德的叔母撒阿迪·伊文·阿布·幹葛思（Saad-ib-abu-wakkas）为了布教来到中国，在广东兴建了伊斯兰教寺院。此寺在公元九世纪来广东的阿拉伯移民众多的时期仍存在，但1341年（元至正元年）被焚毁，不久重建。1699年（清康熙三十八年）再次重建。

---

1 Parker

2 《China and Religion》

3 Bushell

4 《China Art》

（三）迪耶·保尔[1]著《中国事情[2]》的见解

七世纪时，穆罕默德的叔母幹思·卡欣(Wos Kassin)来到中国广布伊斯兰教。广东有四个伊斯兰教寺院，其中两个是幹思·卡欣创建的。广东有两座伊斯兰教塔，其中一座是附属于幹思寺院的。幹思墓在城北门外。幹思·卡欣在广东居住了十五年后去世。

（四）那瓦拉[3]著《中国与中国人[4]》的见解

瓦·阿比·卡布沙(Wah-Abi-Kabsha)是穆罕默德母系的外甥，628年（唐贞观二年）来中国，先到西安晋见太宗，献上贡品，奏明使命，并受到太宗嘉许，开始弘布伊斯兰教，在广东建造了最早的伊斯兰教寺院。

632年（贞观六年）卡布沙回到阿拉伯，随后又带着许多经书重返中国（635年即贞观九年），不久死去，葬在广东城北门外两千步处。

（五）威廉姆斯[5]著《中原帝国[6]》的见解

伊斯兰教何时传播到中国不详，广东于唐代起就有伊斯兰教寺院存在，其名为怀圣寺，意思是Remember the Holy Temple。寺内有塔，外观平滑，按照中国的传说，其高度为一百六十五尺(Cubit)。每年五六月份，寺僧们登上塔顶齐声呼喊。城北有穆罕默德母系叔父之墓。

（六）中国的文献

为起草本篇可参考的文献实在是十分匮乏，尽管如此，除了根据上述外国人所记载的文字之外，我还参照了许多珍说奇文。大概列出目录如下：

（1）广州府志

（2）羊城古钞

（3）广东考古辑要

（4）广东新语

（5）诸碑

（6）匾额

（7）栋札

其中最让人感兴趣的是碑刻类，此类的数量多得出乎意料。碑刻的全文要想全部

---

[1] Dyer Ball

[2] 《Things Chinese》

[3] Navarra

[4] 《China and Chinese》

[5] Williams

[6] 《Middle Kingdom》

录在此处，恐怕会有徒费版面之嫌，故予省略，仅将下文需要的部分拔萃出来。府志以外的文献也准备在下文中录出。

以上列出的文献虽是众说纷纭、莫衷一是，但在穆罕默德的亲戚斡葛思（也有不同说法）于唐代来到中国，在广州创建了伊斯兰教寺院，即怀圣寺，此寺中有一座伊斯兰教塔，斡葛思被葬在广东城北等说法上是基本一致的。下面进一步介绍一些关于斡葛思的事迹。

三、斡葛思的有关事迹

东洋史的专家们好像在这个问题上的意见是一致的，即认为有争议的斡葛思是一个子虚乌有的人物。我个人不知道这样的看法是否正确，但在唐代贞观年间广东地区就已经出现了伊斯兰教寺院的说法，我认为是不可信的。进一步，伊斯兰教塔是在七世纪出现在中国的说法我认为也不可信。但即便如此，这些传说在中国被想象到了何种程度，又被相信到了何种程度，对此进行的观察我认为绝对不是没有益处的事情，而且经过一段时间一定能够从中获得可供参考的资料。

首先来看对所谓的斡葛思之名的各种议论孰是孰非。中国存在着各种各样的音译，列举如下：

（1）斡葛思　　　　　　　　广东城北先贤古墓碑寺
（2）苏哈白汪葛素　　　　　广东城北大忠墓碑
（3）苏哈白斡葛思　　　　　同上（嘉庆）
（4）赛尔德　　　　　　　　广东城北先贤古墓寺碑（嘉庆）
（5）色哈白赛阿德斡葛思　　肇庆东清真寺碑
（6）撒哈八　　　　　　　　广东怀圣寺碑（至正）

都说这个人和伊斯兰教教祖穆罕默德有亲戚关系，这真是件怪事。《羊城古钞》中说他是穆罕默德的母系舅父，此外也有说成是外甥或叔父的，真伪难辨。此处暂且作为真相不明处置，别无他法。

那么这个斡葛思是何时、又是为了何事来到唐朝的，据中国方面传说，关于时间有隋开皇年间和唐贞观年间两种说法，关于目的有为前来通商贸易之说和为了弘布回教之说。现在有关的说法变得越来越繁杂，试举几例碑铭解释一下。

（一）广东城北先贤古墓寺即埋葬着瓦拉斯卡的那座寺之碑铭

開皇六年丙午（碑文記為貴聖紀元，實為希吉拉三年）太史占星知西方有異人遣使往徵其實明年丁未聖遣先賢等四人偕來答禮建懷聖寺於羊城以居來使（旧志中说唐朝开放海舶，遣圣先贤前来寻求通商，两说完全不同）寺內有光塔中空外直高十六丈頂有金雞仙鶴則府志可徵也未幾先賢旋國閱二十餘年己巳(公元609年、隋大業四年)煬帝遣使圖天下方域聖復命先賢奉經來東闡宣教化後聞聖歿哀毀過甚卒於番寓邦人以禮葬於此(下略)

此说很是珍奇。当然其出处不详。

(二)广东省肇庆府城内东清真寺之碑铭

隋開皇中有色哈白賽阿德幹葛思者入中國而傳其教(下略)

(三)广东城北大忠墓之碑铭

當貞觀始年至聖穆罕默德遣蘇哈白幹葛素賚送天經來入中國(下略)

(四)先贤古墓寺又一碑铭

先賢幹葛思由唐代頒經傳教而來東土初建光塔及懷聖寺居焉寺塔告成尋歿葬於于此維時貞觀三年也(下略)

(五)广东城北先贤古墓寺属蕃人冢内Hadji Mehemed的碑铭最后刻着幹葛思死歿之日曰：

唐貞觀三年歐墨勒爸爸為克理法年蚤勒哈者見月第廿七日歿

怀疑这个"三年"的"三"字是后世人插写进去的。文章本身的意思大概是，贞观三年欧墨勒(Omar)成为克理法(Khalifa)的那一年的蚤勒哈者见之月二十七日去世的。这应该是对幹葛思忌日最精确的记录了。

总之，穆罕默德将其惊人的前瞻注入了对中国的方略中，所以派了幹葛思去调查情况。明白了这一点我感到十分有趣。当时正逢中国处在继往开来，文明达到最高潮的唐太宗贞观年间，这就更加令人备感兴趣了。

幹葛思之墓在蕃人冢内，这一记录出现在所有的文献中。即：

廣州北郊許曰桂華之岡天方先賢賽爾德之墓在焉(先賢古墳事碑)

蕃人塚 在城西十里疊疊數千皆首西向(廣東考古輯要)

按回回墳在廣城北門外建於唐貞觀三年其墳築拱頂形如懸鐘人入內語聲相應移時方止故俗呼為響墳(羊城古鈔)

这是幹葛思墓记，记得很真实。我在下面一节还会进一步说明。

有关幹葛思的事迹暂先讲到这里，下面谈一下传说是他经营的怀圣寺的沿革。此寺内建有一座Minaret即光塔，被公认为是广东地区首屈一指的清真寺。元代至正三年(1343年)迦蓝曾遭到焚毁，但因光塔本为砖造，虽多少受到一些损害但不至于被烧毁，至正十年加以重建。明洪武二十年(1387年)或洪武二十五年(1392年)光塔顶部的金鸡坠落。明成化三年(1467年)或成化四年重建迦蓝。清康熙八年(1669年)金鸡再次坠落。康熙三十七年或三十八年(1698年或1699年)再度重建迦蓝存留至今。以上内容以表格形式列出如下：

文献\事迹	*China & Chinese*, Navarra	*China & Religion*, Parker	*Chinese Art*, Bushell	*Things Chinese*, Dyer Ball	中国文献	
斡葛思初来	628（贞观二）	611（大业七）		（斡葛思滞在十五年）	587（开皇七）	蕃
斡葛思归国	632（贞观六）					
斡葛思再来	635（贞观九）				609（大业四）	蕃
建怀圣寺	628（贞观二）				627（贞观元）	额
斡葛思死去					629（贞观三）	羊・蕃
元代罹难		1343（至正三）	1341（至正元）		1343（至正三）	怀
元代重建		1350（至正一〇）			1350（至正一〇）	怀
					1467（成化三）	志
					1387（洪武二〇）	羊
金鸡坠落					1392（洪武二五）	识
明代重建					1468（成化四）	羊
金鸡再坠					1669（康熙八）	羊
					1695（康熙三四）	额
清代重建			1699（康熙三八）		1698（康熙三七）	怀
备考	中国文献中略字解	蕃=蕃人冢碑 怀=怀圣寺碑	额=怀圣寺额 志=广州府志	羊=羊城古钞 识=怀圣寺施工标识		

四、调查经过

我去广东出差之前曾尝试着通过文献对广东的建筑物做了一番调查，当然是未得要领。不过，有关伊斯兰教建筑，我大概了解到一些，广东有中国最古老的清真礼拜寺，其中一个礼拜寺里还有一座光塔，此外还有若干清真寺存在，广东城郊外还有伊斯兰教的坟墓等。

到达广东后，向日本领事馆及一些住在广东的同胞们询问，也向中国官方机构和有识之士请教，研究了数种文献，对情况逐渐明晰起来，于是赴实地开始进行现场调查。其间发生了很多误会和麻烦，以致调查未能取得足够的成果。在这里就调查经过做一个要点介绍，我想，对了解在中国进行实地调查是多么不容易，这次报告一定不会是无益的。

首先，为了对广东市街的情况进行一番观察，我前后纵横地到处走了走。进入大西门向东行进数十米就会看到一座怪塔与六榕寺的华塔相对，从栉比鳞次的民宅群中高耸而出，这就是中国最古老的清真寺怀圣寺内的光塔。这条街就叫作光塔街，这座塔就叫作光塔。我想应该首先从这座塔着手开始调查，来到现场一看，塔立在离开怀圣寺本堂南面约百余步的地方，被一道四方的、已经破损了差不多一半的土墙围着不能近前。仰望上去，看到此塔的形状，外国人称这种形状的塔为坎德·帕古达 (Candle Pagoda)，此名不无道理，外表平滑且细细高高的圆塔，顶部立着一根像蜡烛芯似的细细的短棒。我们一看凭直觉就知道是伊斯兰教的建筑，不知外国人是怎么想的，把这种塔叫作帕古达，着实可笑。我从附近的居民家里借来梯子架在高约七八尺的土墙上，想越过土墙去塔下看一下，可是周围的居民一起哄哄嚷嚷地骂着制止我。他们主张说不能接近此塔，如果非要接近塔身就必须要得到有关部门的许可才行。于是，我通过日本领事馆介绍到广东省总督衙门拜访，见到总督，提出了视察光塔的申请。总督的态度很是随便，回答说："没有问题，随意参观就是了。想进入塔身内部也没有关系。想花些费用进行外部调查也可以。想怎样做就怎样做好了。"我要求发一份许可证，否则无法解除居民的怀疑。可是对方却说完全没有申请许可证的必要。请他们派一个工作人员来当向导，对方仍然坚持说没有必要。我心里虽然毫无把握但还是又去了一趟光塔，告诉居民我得到了总督的许可，然后就朝塔下走，果然居民们还是不答应。我转而去了怀圣寺，见到寺僧，请他们为参观光塔给予方便，可寺僧也不答应，说如果见不到相关的许可证就不能为视察光塔提供方便。我只好再次去总督衙门申请许可证，可衙门说的话都不得要领，一点儿也不明白。这样来回扯了数日之后才知道，处理光塔事情的是将军府。马上前往将军府面见增祺将军请求批准对光塔的调查，将军很轻易地就答应了。于是，约定好去光塔调查的日期，当天请将军府的官员到现场会合，并请官员通知寺院方面和当地居民。

调查当天来到光塔等官员来，他如约到了。可是，他不仅没有通知寺方和居民调查的事情，甚至劝告我停止对光塔的调查。我又无奈又生气，对他的做法提出抗议，可是一时半会儿又得不到要领，就像是在和挂帘掰腕子。没一会儿他推说有急事，像逃跑似的离开了现场。我完全没了办法，除了想到去领事官看看有没有别的办法之外，什么主意也想不出来了。就在我非常失望的时候，没想到柳暗花明，住在广东的同胞中有一位认识的人，他告诉我说，有一个住在广东的杨氏曾经在日本公使馆供过职，对日本人抱有很大好感，而且是一个热心的伊斯兰教徒，是怀圣寺具有实力的施主，找到他也许能够帮助我达到目的。

我直接就去访问了杨氏，把迄今的经过讲给他听，请他在视察光塔的事上行些方便。杨氏是一位温和的长者，他缓缓地回答我说："足下与总督衙门和将军府的交涉纯属徒劳。清真寺的事宜完全由伊斯兰教徒说了算，衙门官府是管不着的。总督和将军不过是对足下说了些不负责任又不得要领的言辞而已。我能够以怀圣寺信徒总代表的资格为足下提供方便。"他这样说完，把其子叫过来，命与我同行。我和其子一起前往光塔。令郎对寺僧和居民做了一些说明，他们都听了令郎的话。

就这样，我在杨氏令郎的斡旋下，得以攀梯进入土墙之内，踏着瓦砾狼藉的污土走近光塔观看。塔是用砖堆积而成的，表面涂着白灰，这里那里地安着一些小窗。台基已被埋进瓦砾之中辨认不出，但能确认东面是入口。不过，这个入口已被砖块填满，所以里面是进不去了。得到杨氏的承诺，把梯子架到最矮的窗户上，从窗户窥视内部，隐隐约约地看到了螺旋状楼梯绕着中心的圆轴从底部一直延伸到屋顶。我本想接着做些更为具体的调查，但杨氏切切地劝阻了我。他说，伊斯兰教徒对此塔抱有绝对深笃的信仰，认为攀缘时会触犯到什么，肯定会遭到报应。他担心如果搭上架子之类会引起信徒骚乱。我说："因为窗户太小，不便于观察内部的情况，希望能把这扇窗打破，进到内部近距离调查，恳请提供方便，调查之后再修好窗户恢复原样。"我试着和杨氏商量，但他没有同意。他是害怕遭到信徒们的反对。结果，我花费了十几天好不容易接近了塔身，却只能从窗户上窥测一下内部。尽管只是登着梯子从窗户对光塔的窥测，也是光塔有史以来绝无仅有的，所以附近的居民全都惊愕不已，又骂又闹。这次调查如此费事，对我来说也是从未有过的体验。费了很大气力测出的光塔尺寸和其他建筑性质方面研究的结果将在其他章节予以陈述。

怀圣寺方面在调查上没有任何不方便之处。寺僧和信徒都对日本人表示了极大厚意。另外，我还历访了广东的清真教寺，各处都没有出现问题。去肇庆府看那里的两个清真寺也非常顺利。这些地方都没有通过官宪之手，而是直接去寺院访问的。当然，在中国，无论到了什么地方都要花些钱财疏通关系，清真教徒也不例外，只不过清真教徒与其他中国人比起来，感觉上要廉洁一些。

关于那个斡葛思之墓刚开始时也是完全搞不明白。《广东考古辑要》中写着城西十里处有蕃人冢，而其他的文献中却写着在北门之外，向当地人询问也都说不知道。随着调查的进行渐渐搞清楚了，北门外的记述是正确的，城西的说法是错误的。像这样的珍奇古迹为什么广东人都一概不知道呢？其原因在于，第一，他们几乎都没有文化；第二，他们对异教徒的事情毫无兴趣；第三，蕃人冢的所在地现在是麻疯病人的群居地，多数人都因忌讳不肯靠近。正因为这些原因，广东城的北郊虽然距离极近，却被城里人忘却了。也是同样的原因，驻广东的日本领事馆的官员及同胞们也没有人知道蕃人冢的存在。我来这里访问，意外地取得了好成绩，深感兴奋。除了斡葛思之墓，我还看了很多其他墓冢，发现了一些有趣的有传说的珍奇之例，同时还看到了清真礼拜堂建筑、碑刻以及其他有关物品，让我觉得十分有趣。

我在广东各地访问期间，无论走到哪里都没有忘记探求当地的伊斯兰教建筑的存址。但是，有关的实例比我想象的要少得多。我本来以为，广东是伊斯兰教最早落脚的地方，自古以来就有很多阿拉伯系的移民，更有阿拉伯船舶频繁进出的时代，按理说，伊斯兰教建筑应该不在少数，伊斯兰艺术理应产生很大的影响。可是现实与我想象的相去甚远。一般说全中国的伊斯兰教徒的总数大约有两千万，这虽然不是精确统计，但应该与事实相差不大。可是从广东省伊斯兰教徒的总数不过只有两万五千人的现实来看，伊斯兰教在这个地区的势力比想象的要小，这让我感到很吃惊。用有关建筑的艺术作比，比如建筑装饰纹样，建筑物上的雕刻等，可以找到几例带一些伊斯兰教味道的，但其本质也还是中国式的，很难判定哪个部分是属于伊斯兰教形式的。注意观察一下针织品、陶瓷器等上面的纹样，可以确认为伊斯兰教或伊斯兰教系统的样式十分稀少。但是这个问题没有经过细致调查还不能轻易地下结论，所以这作为另外的问题，今天并不打算过多涉及。总之，一般认为伊斯兰教是从广州湾北上，上溯珠江、西江然后传到广东、肇庆等地区的。我在北江流域最终也没能见到实例，就连韶州也没能见到一座清真寺。在广东东部的汕头、潮州等地访问时，最终也都未能发现清真寺的影子。但潮州可溪塔的外观虽然是中国式的，内部构造却是伊斯兰教的形式。肇庆的蕃塔也的确可以认作是光塔的一种。对这些实物的建筑性记录将在下节逐一进行解说。

五、怀圣寺及光塔

怀圣寺的传说已经在前面讲过，是阿拉伯人斡葛思于唐贞观年间建立的。名称的由来传说是因为斡葛思在广东听说了穆罕默德去世的消息，为了表示对圣人的怀念之情建了这座怀圣寺，我感觉这种说法很牵强。不管由来如何吧，下面谈一谈有关现在的怀圣寺的建筑。

怀圣寺的平面图如图 6-1 所示。其位置大概和创立当时没有出入，但殿宇及附属建筑的大小形式等会有一些变化。现在建筑的修建年月有清康熙三十三年、三十四年、三十七年、三十八年等数种记录，但根据施工标识的记录，认定康熙三十四年予以重建应该是比较妥当的。进入光塔街北侧的一段狭窄路段的尽头是中门，进入中门有沿三面形成的凹字形走廊，正面中央有座看月楼，楼下是条通路。走廊里有一段高出来的台基，台基的后面屹立着一座高大的殿宇，这就是怀圣寺的本堂清真寺。东廊后面是会客室同时也是僧房，大殿左右有一对碑亭。看月楼前右方有平安处。这里的整体配置宛然就是中国固有的庙祠寺院，看上去感觉不出这是伊斯兰教的建筑。其样式手法也完全是中国建筑固有的，一点儿也看不出伊斯兰教建筑的特征。唯有看到本殿扁额上写着的阿拉伯文字才能知道这里不是普通的中国建筑。

但是走进内部一看，里面的感觉与一般的中国建筑完全不同，心境就好像是看到了土耳其、波斯、印度那样的伊斯兰教寺院。首先，殿宇朝向正南方，入口偏东。这是因为阿拉伯的圣地麦加在正西方，所以殿内表示方向的祈祷标识有必要挂在西面墙上，入口是与此相对设计的。祈祷标识就是一个很简单的拱龛，拱是所谓的华灯形也就是印度形的一种。龛内用金色写着阿拉伯字母，周围有装饰纹样。祈祷标识的右面有一个说教坛。壁面用阿拉伯文字和阿拉伯纹样装饰，十分有趣。其中纹样大体上都带有中国风格，但在伊斯兰教建筑的内部与阿拉伯文字的那种相互协调，不觉让人产生出一种奇妙的感觉。祈祷标识前面的通路成了三个拱间,着实有趣。

这座殿宇的外形与中国南方的建筑样式完全属于同形,此处没有必要再详细记述。只是其外侧的柱子是一根八角形的花岗石,柱础带有伊斯兰教建筑的感觉,这根柱子挺出的彩绘斗拱有些特别,十分醒目。

先补充一下在第三章里漏掉的有关此殿建筑年代的问题,殿内房梁上挂着的施工标识上记有下面的文字:

　　大明成化三年歲次丁亥秋九月二十日戊午重建

　　大清康熙三十四年歲次乙亥臘月十七日己巳再重建

另外看月楼的匾额上有:

　　唐貞觀元年歲次丁亥季秋鼎建

　　懷聖光塔寺

　　康熙三十四年歲次乙亥仲冬重建

比这个更早的沿革是元代至正三年被焚毁,至正十年重建,除此之外再没有其他参照。

光塔在前面已经简略介绍过,是一个有来历的珍奇建筑物。与其叫作怀圣寺的光塔,倒不如说应该叫作光塔的怀圣寺更为恰当。大殿的西南面突然冒出一座高耸之物,不能不说是一个奇观。有关塔的记录虽然很少,但大殿东面的碑亭里存有两块非常重要的碑刻。一块是元代至正十年之物,另一块是清代康熙三十一年之物。大殿的西面也有两块碑刻,文字尽被磨损难以认读,令人遗憾。至正碑的碑文中有以下一段:

　　重修懷聖寺記

　　　白雲之麓坡山之隅有浮圖
　　焉製則西域礌然石立中州所未
　　睹世傳自李唐記今蟻陟左右九
　　轉南北其扃其膚則混然若不可
　　級而登也其中為二道上出惟一

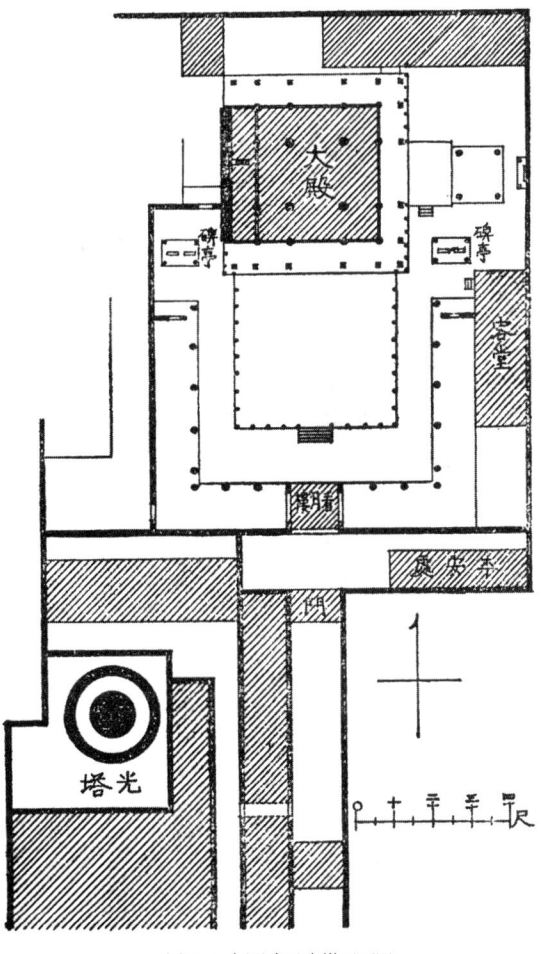

图 6-1　怀圣寺及光塔平面图

户古碑漫而莫之或纪寺之燬于至正癸未也殿宇一空（下略）

此碑的上半部刻着三行多阿拉伯文，试着将其送到土耳其君士但丁堡的熟人处求解，大概了解了其中的意思，不过就不在这里详述了。康熙三十一年的碑铭中有这样一段：

重修懷聖塔寺記

余行天下多矣所見浮圖無不七級而上六面通門者始至廣州登高遙望有特立十餘丈若華表聳出城中上銳而多圓古色蒼翠問之曰懷聖寺浮圖也既而稽其年代蓋建于唐之貞觀有古碑然不可讀矣（中略）至正癸未燬于火元帥僧家訥馬合謀與之而志載成化中都御史韓雍重建則千年之間寺之廢興不知凡幾而此塔則巋然獨存固其形勢峻峭風火所不能侵而創造工力心力之精堅深遠固非後世得而及也（下略）

《广州府志》记载：

懷聖寺在府城西二里唐時番夷所創明成化四年都御史韓雍重建留達官指揮阿都剌等十七家居之寺有番塔始於唐時輪囷直上一十六丈五尺絕無等級其穎標一金雞隨風南北每歲五六月夷人率以五鼓登其絕頂呼佛號以祈風信下有禮堂歷代沿革載懷聖將軍所建故今稱懷聖塔明洪武二十年金雞墜於颶風

謹案南海百詠云塔高六百十五丈蓋傳寫之譌今從黃通志塔在今番塔街俗稱光塔有回回寺在其左即禮拜堂之故趾也

《羊城古钞》记载：

懷聖寺在府城內西二里唐時番人所創內建番塔輪囷凡十有六丈五尺廣人呼為光塔明成化四年都御史韓雍重建以所留達官指揮阿都剌等十七家居之相傳塔頂舊有金雞隨風南北每歲五六月番人率以五鼓登絕頂呼號以祈風信不設佛像惟書金字為號以禮拜焉洪武二十五年七月金雞惟颶風所墜送京貯內庫復以銅易之亦于颶風萬曆庚子重修易以葫蘆康熙八年復墮於颶風

《广东考古辑要》记载：

懷聖寺在府城內唐時番彝所創有塔曰懷聖塔其穎標一金雞隨風南北每五六月夷人於五鼓登其頂呼佛號以祈風信明洪武中金雞墮于颶風今粵人呼曰光塔

这些记载的内容基本上大同小异，与现状也基本相符。但是，把唐代作为创建的时期显然是很难让人相信的。不过到底是谁在何时建立的，这又是一个不容易解决的问题。桑原文学博士和其他的历史学家们对此问题已经有了基本结论，认为应该是宋代创建的。元代至正的灾害使迦蓝焚烧殆尽，但因光塔全部是砖造，不会轻易地被烧掉，只是长年因风雨的侵蚀遭到破损，所以需要时时加以大规模的修缮，这种看法应该是比较妥当的。此塔的年代虽然不详，但即使是宋代初期兴建，那也是有上千年历史的

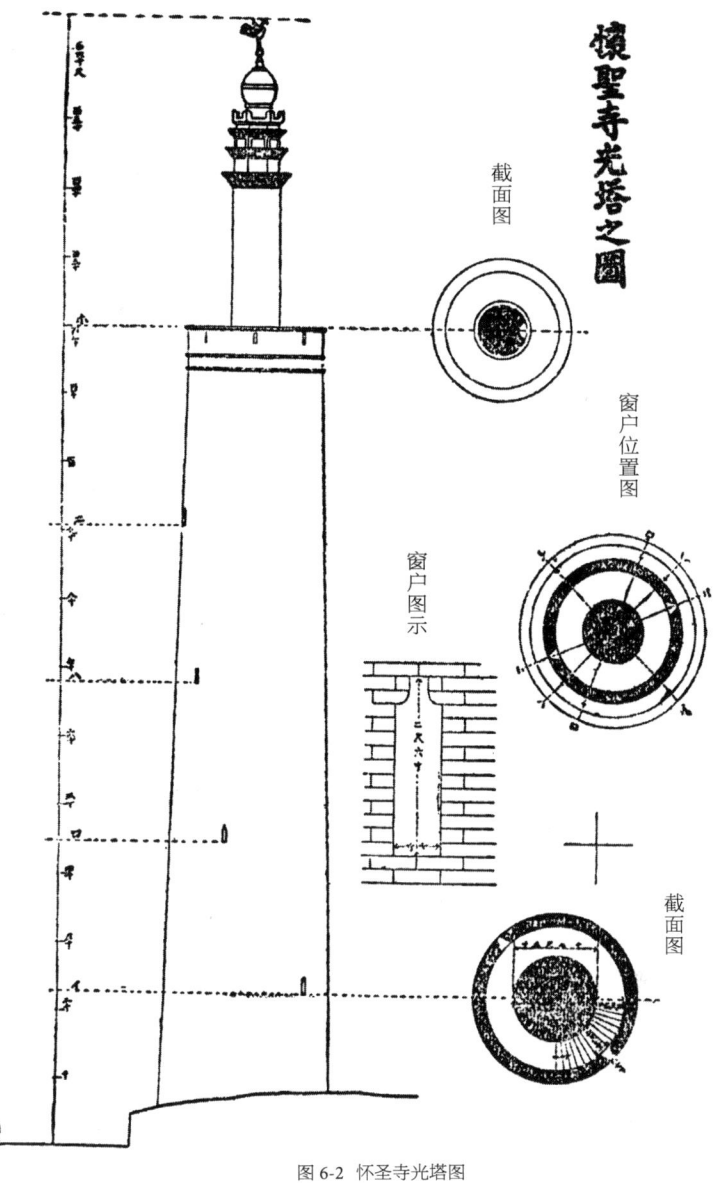

图 6-2 怀圣寺光塔图

古建筑。说此塔是世界上稀有的伊斯兰教古建筑应该是很恰当的。

光塔图（见图 6-2）是为了说明上一节中的内容，一部分进行了实测，一部分则用目测。全高为一百六十五尺的数据采用了《广州府志》等的记载。另外顶部的金鸡形状是尝试着做出的复原形状。现在塔的顶端已经损毁不知是个什么模样。如果将此塔的形状比作蜡烛的话，相当于烛心的上面很细的部分，特别是那顶端的部分，即使用了很大倍数的望远镜也还是没能看得很清楚。当然我不敢说此图绝对正确，但也绝对自信不会有太大的错误。

就上面的塔图观察，塔为圆筒状，越向上越细。高度约为一百二十尺左右的地方有雉堞。从这里往上就是所谓的蜡烛芯的部分，细细的，向上方延伸，上方环绕着一个三层的八角小屋顶形状的刻形。再上面的部分是依照我的想象附加上去的。塔底的部分被埋没，现在已经无法看到。有迹象表明入口在东方，但后来被填住了。从窗户向内部观测的结果是：塔全部由砖筑造，砖的大小为长七寸五分，宽三寸，厚二寸。从地基开始，大概二十二尺八寸左右处的外壁厚度是一尺七寸，中心柱子的直径为十二尺五寸。中心支柱与外壁之间的距离是四尺五寸，其间设有螺旋式楼梯。楼梯的台阶也是砖造，与踏面高度的尺寸相同。天井的高度为九尺，窗户的大小及配置如图所示。楼梯应该一直达到此塔的雉堞之处。再向上的细细的部分的直径大概只有七尺左右，所以当然不能在里侧设台阶。但是下部的西侧有个龛状的凹部，我想这里或许会是极为狭窄的楼梯的入口，但是未能搞清楚。

这座塔到底是哪一个时期的建筑，是否能够从建筑的样式手法入手进行考察，下面就此问题试论一二。本来对于光塔即清真寺建筑的发展，根据最近的研究，可以考虑其起源应该远溯到亚述的阶段式神坛，作为伊斯兰教迦蓝不可欠缺的附属建筑则是从伊斯兰教纪元百年，即公元八世纪前叶开始的。如果这个学说正确的话，那么公元七世纪开始时，在距离阿拉伯故国十分遥远的中国就没有能够建造出光塔的道理。现今世界中最古老的清真寺是埃及开罗的阿穆尔寺 (Mosque of Amr)，建于公元 640 年。如果怀圣寺是贞观二年所建，那就是公元 628 年，比阿穆尔寺要早十二年，就成了世界上最古老的清真寺，但这种想象几乎是不可能的。另外现存世界最古老的光塔在埃及开罗市内伊本·土伦寺 (Mosque of Ibn Tuln) 内，建于公元 879 年。怀圣寺的光塔不可能比这座塔更古。如果考虑埃及或叙利亚最早的光塔于八九世纪之间出现，然后逐渐传播到其他国家的话，那么传到中国的时间也应该是十世纪以后的宋代，这才是最为合理的。可是，现在的光塔的形式手法是否肯定就是宋代留下的，还是元代以后修缮时留下的，要对此进行判断实属不易。无论如何有理由说的是，光塔的形式手法以及各部分的装饰等都过于简单，因其属于伊斯兰教的缘故，就有理由不同时采用与中国建筑相同的形式手法。总之，光塔的形式手法完全是一种特别之物，不应拿来与其他做比较。非要勉强说有相似之物的话，那就是印度旧德里 (Old Delhi) 的库特布高塔 (Ktb Minar)，此塔属于公元十二世纪末阿富汗王朝即所谓的帕坦 (Pathan) 朝代。从光塔与此塔有类似性质一点上推测，光塔属于距十二世纪不远的时代，这还是可以考虑的。更进一步，捕捉住光塔比库特布高塔更遥远更原始的事实，进而考虑光塔属于比十二世纪更为久远的时代，我认为，这种考虑也应该是合理的。

第二章 中国的住宅

绪言

说清中国的住宅不是一件容易的事情。首先，中国的社会状况，国民的生活状况和兴趣嗜好，一般工艺的情况，加上中国思想史的要领，如果没有对这些方面的深刻理解，也就根本不可能说清楚中国的住宅。但是，这些标准在短时间之内是无论如何也达不到的。所以在此，我只能是将自己在中国旅行过程中所见到的实际情况做一个描述，仅限于介绍中国建筑的现状方面。由于自己见识不广，参考资料匮乏，加上自己判断的愚钝，所以记述难免有粗糙之处，敬请识者谅解。

另外以下各论中有必要加上东北地区住宅一项，但工学博士大熊喜邦氏曾经对此问题在建筑杂志上发表过详尽的记述，所以此处略去不谈。

一、总论

最为恰当的方法是按照顺序先从中国住宅的产生与发展谈起，但我在这方面还没有进行过很好的研究，加之没有可以用来做对照的遗物，文献又过于浩瀚难得要领。结果只好是考证再考证，为了不与本书的主旨脱轨，此处避开所有关于产生发展的话题，仅就现今中国各地存在的住宅进行一般性质方面的陈述。

中国建筑一直以来都是非常有特色的，其住宅方面自然也有显著的特色。试分成几条列在下面。

第一，中国的住宅，在这里当然是以中流乃至上流社会绅士的宅第为标准，不管是官吏还是商贾，也不问是在城里还是在乡下，这些住宅都一定是被围墙包围着。围墙的材料：下等的用泥，中等以上的用砖即炼瓦，像宫殿那样的上等住宅除了用砖之外，还会在砖上涂上红色石灰，装饰上琉璃瓦。这样的宅第周围都会用墙围起来，这种习惯很早以前就有了，所谓的墙或墙壁的字眼早在周代的文献中就能屡屡见到。这样做的目的自然是出于自卫。中国各地自古至今都有盗贼出没，因此个人有必要自己做好防范。有资产的阶层必须自己建筑城郭，躲藏在自己的城郭里悄悄地享受那些只属于自己的快乐，他们十分讨厌被外界窥视。我认为是这样的社会状态以及中国人的天性形成了中国住宅周围要以高墙围之的习惯。

第二，中国住宅的宅地几乎都是长方形的，门口很窄，进深却很大。即使宅地是方形，或近乎方形，建造的屋宇也一定会在长方形进深的深处配置。其余的部分则用作庭院或池塘之类。我还没有在中国的住宅里见过左右宽进深窄的房屋配置。这是由秘密主义引起的一种现象，尤其是妇女使用的房间一定是在最里面的，原则就是向里再向里。

第三，中国住宅的长方形房屋和走廊是左右对称排列的。这在世界上也是一种无比的珍奇现象。世界各地不管去了什么地方也找不到与此相同配置的住宅。当然，仪式性质的住宅，或原始的住宅中会有此类配置。日本也有和中国一样的所谓"寝殿造"式的配置，中央置寝殿，左右相对井然有序地配上相同形状的房屋、回廊、水榭、亭台。不过，"书院造"最早时期并不是左右同形的。后来，建有茶室的住宅渐渐打破了左右同形的趋向。今天住宅的轮廓已经演变成了不规则的凹凸形状，而左右对称的形式只用在公共建筑方面了。这是住宅发展的必然趋势。而中国从数千年前的古代开始到今天一直坚持着左右相称的配置状态，证明了中国在住宅方面没有进步和发展。这也是社会形态以及生活样式虽然古往今来却毫无变化所带来的结果。

在中国住宅中，所谓的规模大小指的是房屋数量的多少、门廊重厚的程度，而不是仅指一块地一间房的大小。比如，规模最简单的只有一进一房，稍好的是一进三房。这种情况下一般是正中央配置大房屋，大房屋面前是庭院，隔着庭院，左右对称配置东西厢房（宅地为坐北朝南式）。三房或者相互独立，或者以走廊连接。再高级的有二进、三进，同时房屋的数量，走廊的数量也相应增多。总的说来，中国人的自我本位、孤立主义的精神也体现在其住宅之中，所以，主人的房间，夫人的房间，其他眷属的房间等都是各自独立的，相互之间不相互连接。住宅的配置又往往与庙祠及其他的公共建筑相同，从中找不出与家庭有关的情趣来。日本的住宅，正门、客厅、卧室、厨房等都相依相辅，形成一种有机的组织，而中国的住宅完全没有这种趣味。

第四，中国住宅都是单层建筑。如果住宅同时又是临街的店铺，当然也会有两层或者三层的建筑，但如果是独立的宅地则往往只有单层建筑。偶尔也能见到一些重层的建筑，那些则都是用作特殊目的的楼阁，而不是用作住宅的。总之，中国的住宅如前所述，是向着平面发展扩张，而不是向上方发展的。

第五，中国古代本来有坐礼的习俗，但曾几何时开始模仿北方胡人的做法，最终形成了一套站礼习俗传至今日。站礼习俗始于何时难知其详，但汉代末期时还是坐礼，到了唐代站礼就已经确实形成了，所以此种习俗的变化应该是在六朝期间，是北方胡人的风俗向中国全境普及的结果。今天中国人使用的是所谓桌子椅子的形式，其住宅内的设备是在地面上铺上砖瓦，或者就是土地本身，有时还会在土地上铺上木板。因为出入都不脱鞋，所以见不到装饰性的地板地。睡觉时一定要用床，社会最底层的贫民家就在床上和衣而寝，此类例子除外。中国北方有一种叫作炕的寝台，高出地面大约两尺，类似日本"床间"式的设备，内部有取暖设备。中国南方气候很温暖，所以没有炕，但寝床一定要高出地面。

第六，中国建筑一概没有日本式的那种壁内橱柜，当然也就没有壁橱门、拉门之类。房间之间的走动是设置普通的开关门扇，偶尔也用拉门。家什物件放在橱里柜里，橱柜则放在房间的犄角处。中国人一般都没有过多的家什器物，偶尔有一些拥有众多器物的人，也是另外为装器物准备一个普通的房间，所以没有必要特别为家什器做仓库或壁橱之类的设备。我以前在端方氏做南京总督时去他家拜访过。他所珍藏的数千件贵重物品中，石像石碑类都被扔在走廊上经受风吹雨打，惨不忍睹。周汉时期的古铜器类也都散乱在室外任凭风雨侵蚀。我曾经问他为什么要这样，他毫不在意地说，受到风雨侵蚀就破损，就失掉古风古色的物品本来就没有珍藏的价值。其他的小件藏品都堆放在一个房间里，而这个房间既不耐火也不防震，就是一个很普通的房间，藏品被杂乱无章地放置其中。当然他们那些人时时刻刻都有可能被从甲地调往乙地，住的都是官舍，并不拥有永久性的自家住宅。尽管如此，一方面搜集了数千件的珍奇藏品，另一方面竟连将藏品放在耐久的建筑物中加以保管的想法都不存在，这可真是中国的风格。话题稍稍有些走偏了。不过，日本在"寝殿造"的时代也是没有壁橱之类的。叫作涂笼的收纳小屋就是家具的收藏处。日用的小物件都摆在厨子里。日本后来逐渐发展成了今天这种方便的设备形式，而中国依然延续着太古时期的样式。

第七，中国住宅使用的材料是砖瓦和木材。一栋独立的房屋在正面中央装置门扇，左右配置窗户，其他三面则都用砖墙围住。房间的隔断多是木制的薄板。南方的住宅还有不用砖瓦全部用木材建造的。房檐当然是木造，从挑檐桁处有深度适当的椽木伸出，屋顶铺瓦，多为硬山顶。因雨水较少，所以没有什么排泄雨水的准备，当然没有屋檐导水管，排水设备很不完善。遇上暴雨院子变成池塘的现象毫不稀奇。不过，因为房屋之间都有走廊连接，所以院内即使变成了池塘也无关痛痒。

第八，中国的住宅也和其他建筑一样全部施以色彩。多数用深赭色，铁丹为主要颜料。还有一些涂的是用砖磨成粉末用猪血和成的颜料，上面再涂上一层朱色，最后在表面涂上桐油。高级些的住宅还会施上一些雕刻并涂上各种各样的颜色。用纯木质材料不施色彩的住宅绝不存在。即使有使用纯木质的，那也一定是紫檀、朱檀、黑檀以及其他一些有色木材。中国木材的数量原本不少，南方一部分地区的建材十分丰富，但北方只有靠水边的地区才会有一些杨柳木，因此，在修建比较奢华的建筑时一般要用云南一带产的木材，一般建筑则用杨柳或其他杂木。而这些原木的样子很是难看，那些粗糙的手工技法也让人难以入目，所以需要靠少量的色彩对这种状况进行一番粉饰。这就是我经常说的，如果把中国建筑中的色彩部分抽去，那么留下来的只会是一些荒凉的枯骨。

第九，中国普通住宅的室内装饰十分随意。正房中央的堂屋用来会客，尽头的一端稍微高出一些的部分是上座。那里放着主客两人使用的坐垫、手枕、小桌，堂屋的两侧相对用同样的形式摆着桌子椅子，让人觉得十分讲究。起居室里备有床、桌子、椅子等，根据主人的需要摆放着若干器具。除了以上言及的家具以外，作为建筑性的装饰没有什么值得一提的。柱子上贴对联，门楣上挂匾额，墙壁上悬书画，这种情况比较普通，除此之外，墙面、天井、地面等都找不到施有特殊意匠之处。墙面上往往会贴上壁纸，也有贴木版的，天井也一样。偶尔也会有一些把梁架结构显露出来的房屋。

第十，中国住宅的男女厕所有设在房廊之外的，也有只设大便所，不设小便所的，女性一定要在室内方便。至于浴室，普通人家是没有的。庖厨大多离开正房即堂屋，设在另外一处。饭桌常会搬到院子中间，一家人围着桌子一起吃饭。当然，中产阶级以上的家庭主妇是不自己动手做饭的，而做饭杂事等都是男人的职责。

中国住宅的一般情况先介绍到这里。下面举出一些各地区的实例，为上面的介绍补充一些具体情况。

二、实例

（一）北方的住宅

作为北方住宅的实例，在这里介绍的图 6-3 是北京南锣鼓巷黑芝麻胡同里的一处缙绅宅院。我于明治三十五年[1] 去中国留学时，这里正好作为当时清政府警务学堂教官的官舍，我也在这里借住了数十天。这里曾经是东北出身的高级官吏的住宅，可以认作是此类建筑的标准样式。

首先是面街的第一道门，入口前有数级台阶，台阶的左右有称作上马石的大石头，是上马时用来做踏脚石的。门扉左右有叫作抱鼓石的鼓形石，摆放位置相当于日本的"唐居敷"。两扇门扉表面本应画上神荼和郁垒的二神像，现在很多地方都省略了做法，只贴上菱形红色方块纸，在红纸上写上神荼、郁垒的字样而已。

和大门并列着的是门房，接应来往的客人。门房是侍从们的聚集处。进入第一道门当面就是一道障蔽墙，叫作影壁。向左拐进入中庭也叫作院子，再向右折，面对着的就是第二道门了。门的左右叫作腰房，用来做待客室。通过第二道门后还有一座垂花门。因屋檐下有垂下来的雕刻花卉，因而得名。门的左右有游廊，把宽阔的院子围在中间。正面为正房，两侧配置厢房，游廊将这些房屋连接起来。正房是主人的居室，分为三个部分，中间作为会客室，左右作为起居室。两侧的厢房由眷属居住，也都分成三个部分，中间会客，两侧起居。正房后面是后院，一般是夫人的住房，这里分成数个小房间，由夫人、幼子及侍女们各自使用。

此外，庖厨位于第二道门的右侧，再往右的墙外是杂舍即仓库、马厩、杂役们的住处等。正房和后院的右侧墙外是后花园。本来中国的所谓庭园是前庭和后园的并称，按照规定，庭在房前，园在房后。庭内多用石块或瓦块铺砌，不种花草树木，只摆设盆栽之类。园里则种菜、种花草、造林，奢侈的家庭还会引泉造池，筑造假山，配置

1　明治三十五年 = 1902 年。

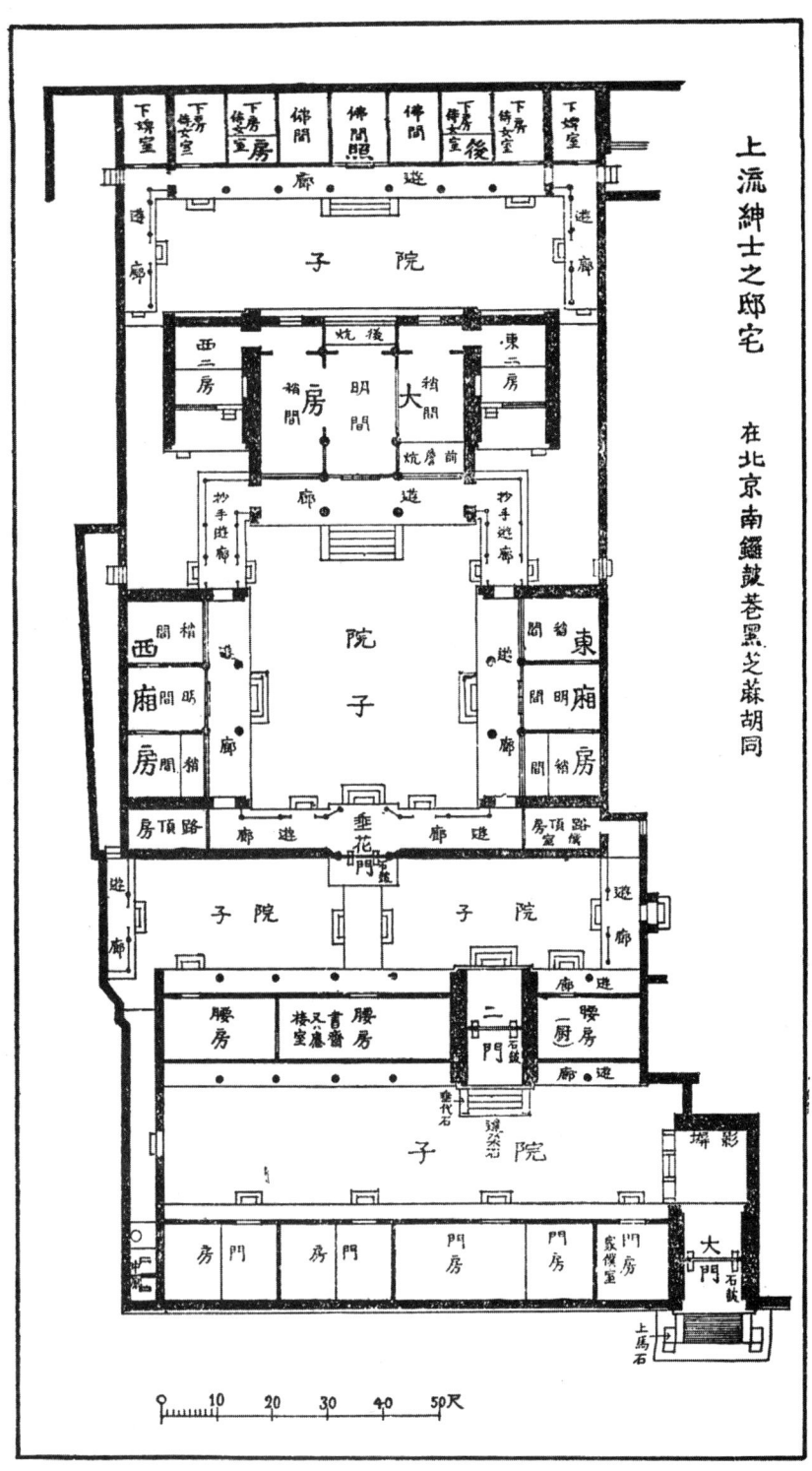

图 6-3 北京胡同宅院平面图

像文人画中描绘的那种岩石，加上像彩虹一样的小桥，用宛如波浪一样的围墙围住，凿成看似骇人的洞门，建起奇巧的亭台等以享乐其中。

这种建筑当然是中国第一流的宅第。仅次于此的宅第也如总论中提到的，门有第一道和垂花门，房间也基本按此规矩，只是数目减少。规模更小的只有第一道门，没有垂花门。但平面的性质都是一样的。

总之，中国北方的住宅都有悠然自得之感。这与南方的住宅相比，可以看到在趣味方面存在着很大差异。

（二）中部地区的住宅

作为中部地区住宅的一例，这里有江西省南昌市旧道台某氏的宅第（见图6-4）。这是中国住宅中属于上流的一类，规模相当宏大。入口堂而皇之，是绝对的左右均衡形式，看上去作为住宅使用起来并不是很方便。首先贯通中央的空地及通路占去了大量的面积，这使得实用房间的面积相对减少。各个房间之间的联络不够充分，光线不足，厕所设备欠缺，庭院完全隔离，与房屋之间没有任何关系。柱子用在主要房间内部相隔不过四尺六寸，太过紧密。还有很多比这种间隔大出五成，柱间为六尺九寸间隔。

中部地区中流以上阶层的绅士宅第基本上都是以这种形式作为基准，但与北方住宅相比，配置上多少有些狭窄拘谨之感。

（三）四川的住宅

四川本来属于中部地区，但因与扬子江下游地区有若干相异之处，所以另外举出一例。这是位于重庆附近的一处中流以上的官吏住宅，总体的感觉和南昌道台的宅第属于同一类型。只是这里的中庭即天井的数目很多，但面积相对比较小。

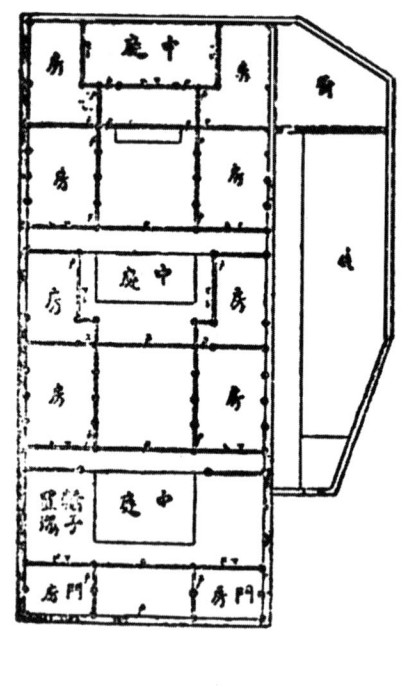

图6-4 江西省南昌市道台宅第平面图

关于这个地区房屋的一般构造形式以及细部名称，我多少有一些见闻，很是奇特，此处附图加以说明。当然这不是整个中国的共同特点，也许仅仅在这个地区周围通用。不过这些东西很是惹人兴趣。图解之外再介绍几种名称：

柱、知麻柱、天花板、地楼板、窗子、爽磴、门墙子、门双、门肖、瓦沟、瓦齐、敖鱼、燕子、正吉、寸吉、叶角、宝顶。

不过，有关建筑局部名称的研究属于另外领域的问题，此处不予细说。对中国宋代李诫撰写的《营造法式》，还有《夺天工》，最近的《舜水朱氏谈绮》中涉及的建筑细部名称的比较研究，有待他日再行阐述。

四川省盛产木材，因此这里的住宅往往全部用木材建造，而不混用砖石等建材。建筑的形式手法自然轻快，个中带着一种温情。

（四）南方的住宅

作为南方住宅的例子，此处举广东省城里的一家（见图6-5）。首先，这是一个中等家庭的住宅，因规模很小，所以没有遵守左右均衡规则的余地。仅有一排房间，可见其困窘之貌。但后面部分建有二层，用来居住是不成问题的。

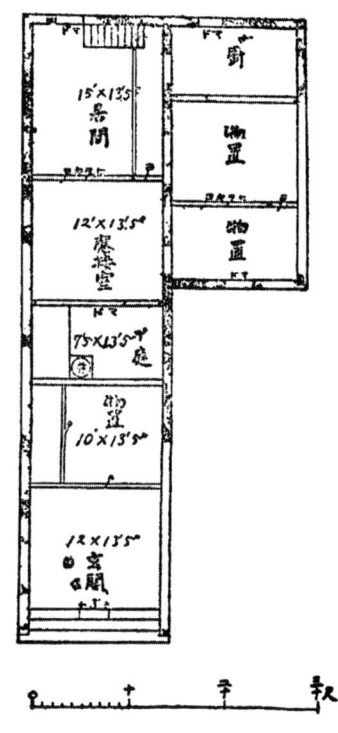

图 6-5 广东省城住家平面图

尽管是这种规模很小的住宅，正门也占去了不相应的面积，其他只有会客室勉强对着中庭，并装着略显华丽的窗户。起居室的感觉极不舒服，二楼的天花板太过低矮，室内阴气过重，只有建筑的外观看上去无可挑剔。依此，我想能够推测出中国人住宅理想的一端。

这一家没有设置厕所。小便自然可以在门外的任何地方随意解决，但大便则一定要去公共厕所才行。但实际上对随地大小便的情况几乎没有任何限制。

有关广东的大规模住宅我知道的不多，曾经去总督衙门拜访过，参观了一下里面总督的起居室。但是那里的平面至少不是严整的左右均衡形式，有相当数量的不规则屋宇和回廊被配置在一起。不过我想，不能马上把这种形式认作是广东住宅的标准。只是可以想像出，在以广东地区为首的中国南方地区，左右均衡主义并不似北方那样严格。

（五）台湾的住宅

台湾从地理位置以及历史的政治关系上来看，很明确，其建筑性质中自然会带有中国南方建筑的性质。我曾经去台北访问过，虽然只见到了台湾北部建筑的一斑，对中部及南部的情况不甚了解，但我访问了台北富豪林氏的宅第，亲眼见到了那里非常明显的、中国特有的建筑性质（见图6-6）。不过，在这里刊载的平面图仅限于仓促之间的目测结果，并不十分精确。而且房屋的名称、用途等都没有得到说明，所以难免有一种隔靴搔痒之感，令人遗憾。

林氏宅第的规模十分宏伟，在中国内地没有见到能够与此处相比的建筑。宅中的甬道、前院的池塘、中院里的戏台，还有一些其他设施几乎都和庙祠以及公共建筑同趣。作为宅第的确是有些异样，但证明了中国建筑中的宅第与庙祠、公共建筑等使用的完全是共通的平面图。

台湾的住宅平面及设备等方面与中国内地相比固然存在种种差异。我认为其中最为显著的一点是台湾房屋前面的部分有很深的列柱走廊。大概这是用来对付酷暑的一种防备设施。从外形上看屋顶的形状及其装饰很有特色。整根正脊如同弯弓一般，这种形式于中国南方未见同例。

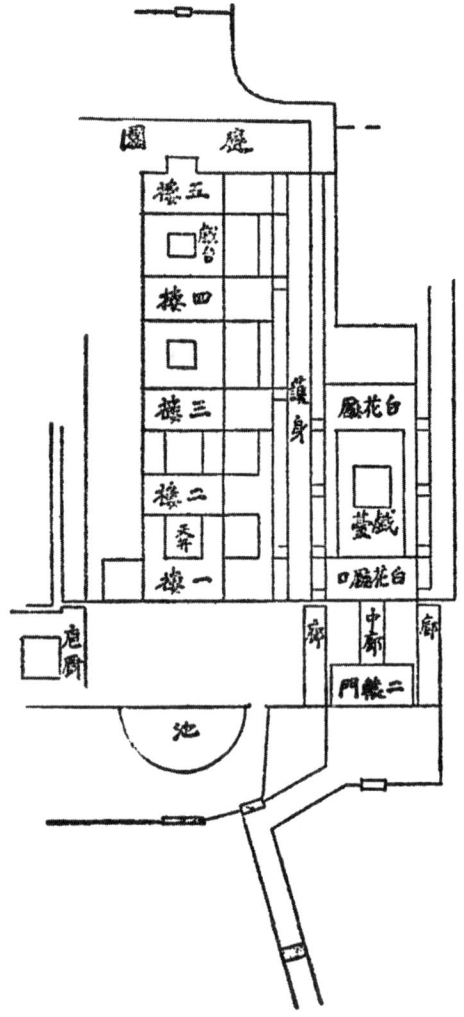

图 6-6 台湾台北林氏宅第平面图

（六）其他

除以上例子之外，中国各地还存在着无数个具有当地地方特色的住宅建筑的种类。此处试将其中最具特色的数种列在下面。

（1）吊脚楼

这是我在云南西南部潞江以西通往缅甸的国道附近见到的。大概在四川省或什么地方也依然存在着。这是一种最为简单的吊脚楼，用草或者木版铺葺。建材不用圆木，而是做成大致的三角形状，这与日本的正仓院形式相仿。不过，地板直接接在地面上，没有形成高脚。当然，这不过是一个下层农民的住宅，而整个村庄或整个小城都使用吊脚楼式的例子我还没有见过。

（2）洞穴

这是我在河南省洛阳附近，在往西去陕西省西安府的国道沿线上的某一处见到的。

听说西安府以西一带有很多类似的洞穴，甘肃省内也有不少。可以想像这是属于黄河流域中国北部特有的形式。不知道南方地区是否有此类实例，但至少在我本人所见所闻的范围之内是不存在的。

北部地区的黏土层长期受到雨水的侵蚀而自然形成了绝壁，此类洞穴就是在这些绝壁上朝与通路形成水平的横向挖出来的，洞穴的入口大多形成圆拱或尖拱的形状，下面装上门扉，上面的拱形部分做窗用以采光。入口的旁边往往开有高窗。

内部的宽窄程度不一：有的是入口里面只有单独一小间，有的则在左右两侧再凿出一个或几个小房间，用来存放物品，或做庖厨，设备相当齐全。室内都是挖掘后的原样，没有见到用木材铺葺过的地板、天井、墙壁等。

中国北部有全村都住在这类洞穴里的地区。而村民们都不是永住，有时整个村子会一起迁移，到其他地方再开凿新洞。我在旅行途中，在粘土性的小山坡上屡次见过像蜂窝一样的被遗弃的洞穴痕迹。

听说陕西北部的洞穴分横穴和纵穴两种。纵穴是在上面盖上盖子以防雨水侵入。还说如果家里死了人，就会就地埋在那个洞穴中，其他人则迁移到另外的地方居住。如果真是如此的话，倒是与日本远古时的风俗有些类似之处。

（3）泥造

这是中国北方特别是长城以北地区下层农民的住宅。当然，这些地区的土地多为荒漠，不生树木。放眼望去，到处是秃山野岭，尽是岩石和沙土。所以，普通的当地居民只能用泥土来造房子。墙壁是用沙土和成泥夯实垒建起来的，屋顶是用收获后的高粱杆搭的，上面再抹上一层泥。而这种用泥夯成的墙壁非常结实，足以在这个地区挡风遮雨。当然这个地区没有暴雨，或者说雨水甚少，偶尔遇上暴雨时屋顶自然会被损坏，但修复起来很容易也很快。此地风很大，经常会刮得房倒屋塌，而当地住民会毫不在乎地立刻修复如初。

（4）大社造

我在湖南省沅江县附近见到的一处奇怪民宅。其平面图以及前面的形状和日本的出云大社完全相同。屋顶为硬山式，入口在中央柱子的右侧。这种古代的原始民族建造的原始建筑形式，竟然完全出乎预料地归属于完全相同的形式。墙壁用粗糙的砖和木材建成，轮廓很像哥特式的尖拱，或者说是印度式的尖拱，屋顶用很多茅草铺葺。而屋顶上堆叠草捆的形状又和日本的"胜男木"极为相似，真是个十分有趣的现象。

关于中国住宅，实在是有很多很多需要讲述的事情，正如我在开篇时讲的，在这里我只能以自己的见闻为基础，介绍一下有关中国住宅一般建筑性质的情况而已。希望今后还能有机会继续探讨这个问题，并能够把每一点梳理得更加明确。本篇的资料甚是匮乏，记述方面也有疏忽之处，真心希望得到读者的谅解与宽恕。